"十二五"普通高等教育本科国家级规划教材

国家一流本科课程/国家精品在线课程教学成果
教育部—华为"智能基座"优秀教材
教育部—华为"智能基座"优秀在线课程的推荐参考用书
中国大学MOOC课程配套教材
新型工业化·新计算·大学计算机系列

C语言大学实用教程

第5版

苏小红　陈惠鹏　郑贵滨　江俊君◎编著
刘宏伟◎主审

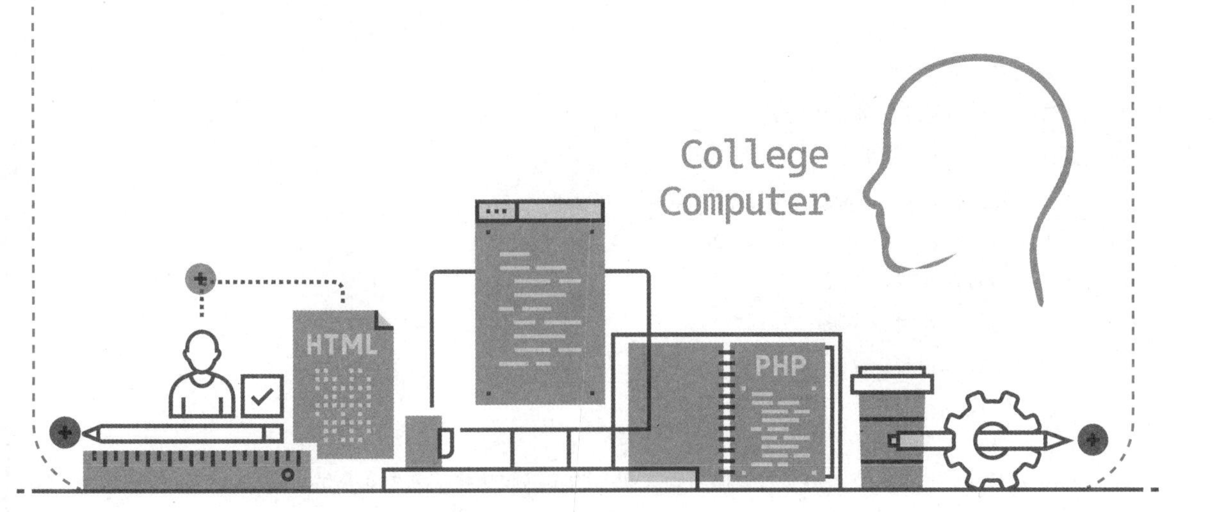

電子工業出版社
Publishing House of Electronics Industry
北京·BEIJING

内 容 简 介

本书是“十二五”普通高等教育本科国家级规划教材和国家精品课程教材。全书共 10 章，内容包括：程序设计 ABC，数据类型、运算符和表达式，键盘输入和屏幕输出，程序的控制结构，函数，数组，指针，结构体和共用体，文件操作，游戏程序设计等。

本书注重教材的可读性和可用性，每章开头有内容关键词、重点和难点；每章结尾安排本章小结，给出了该章常见编程错误提示；典型例题一题多解，由浅入深，强化知识点、算法、编程方法与技巧；将程序测试、程序调试与排错、软件的健壮性和代码风格、结构化与模块化程序设计方法等软件工程知识以及弘扬传统文化和社会主义核心价值观的元素融入其中，新增对华为鲲鹏技术的相关内容的介绍，包括“C 语言程序设计精髓”智能基座精品慕课中与华为鲲鹏技术相关的微视频。本书为任课教师免费提供电子课件及全部例题和习题源代码。

配套教材《C 语言大学实用教程学习指导（第 5 版）》包括习题解答、上机实验指导、案例分析三部分。其中，上机实验指导部分增加了鲲鹏平台下的 C 语言程序开发方法的介绍，案例分析部分给出了错误案例与趣味经典实例分析。

本书为新形态教材，配备丰富的教学资源，读者可以扫描相应的二维码来获取相关教学资源。

本书是一本充满趣味性和实用性的大学 C 语言教材，适合作为大学各专业公共课教材、ACM 程序设计大赛培训教材和全国计算机等级考试参考书。

未经许可，不得以任何方式复制或抄袭本书之部分或全部内容。
版权所有，侵权必究。

图书在版编目（CIP）数据

C 语言大学实用教程 / 苏小红等编著. —5 版. —北京：电子工业出版社，2022.9

ISBN 978-7-121-44334-3

Ⅰ. ① C… Ⅱ. ① 苏… Ⅲ. ① C 语言－程序设计－高等学校－教材 Ⅳ. ① TP312.8

中国版本图书馆 CIP 数据核字（2022）第 175540 号

责任编辑：郝志恒　章海涛
印　　刷：三河市君旺印务有限公司
装　　订：三河市君旺印务有限公司
出版发行：电子工业出版社
　　　　　北京市海淀区万寿路 173 信箱　邮编　100036
开　　本：787×1 092　1/16　　印张：20.75　　字数：525 千字
版　　次：2004 年 8 月第 1 版
　　　　　2022 年 9 月第 5 版
印　　次：2024 年12月第 7 次印刷
定　　价：68.00 元

凡所购买电子工业出版社图书有缺损问题，请向购买书店调换。若书店售缺，请与本社发行部联系，联系及邮购电话：（010）88254888，88258888。

质量投诉请发邮件至 zlts@phei.com.cn，盗版侵权举报请发邮件至 dbqq@phei.com.cn。

本书咨询联系方式：192910558（QQ 群）。

致本书读者

在 Java、C#等充满“面向对象”“快速开发”和“稳定可靠”这样溢美之词的计算机编程语言大行其道的今天，还如此耗费心力写一本关于已经“落伍的”C 语言的书，着实让人匪夷所思。虽然 C 语言在教育界还举足轻重，在系统开发领域依然健硕，铁杆支持者遍布世界各地，但是 C 语言的书籍种类繁多，早已被写到“滥”的地步了。这本书的存在还会有价值吗？

万物皆将成为时间的灰烬，其价值体现在燃烧时发出的光热。

C 语言的重要性将在本书第 1 章中阐述。在计算机教育方面，C 语言是为数不多的与国外保持内容同步的课程之一，这大概也是因为 C 语言自身多年以来没有什么变化吧。但在教学深度上，尤其在把 C 语言从应试课程转变为实践工具方面，国内无论教材还是课程建设方面都有很长的路要走。

计算机科学日进千里，很多旧的思想、方法都被打破，不能与时俱进的语言必遭淘汰。可是 C 语言却能奇迹般地以不动如山之姿态笑傲天下，论剑江湖，这套以静制动的本领来自 C 语言的灵活。

灵活，使 C 语言的用法可以产生诸般变化。每种变化都有其利与害，趋利避害是根本。但何为利，何为害呢？这是程序设计科学研究的主题之一。随着时间的推移，判断的标准总在变化。比如 20 世纪 90 年代以前，性能一直是最重要的，所有的程序设计方法都趋向于提高性能。当硬件越来越快、越来越便宜，软件越来越复杂、越来越昂贵时，设计程序时考虑更多的是如何降低开发成本和难度，不惜以牺牲性能为代价。当网络成为技术推动力时，安全问题又成为重中之重。

无论思潮怎样变化，C 语言总能有一套行之有效的方法来应对。这些方法完全构建在对 C 语言基本语法的应用之上，丝毫影响不到它固有的体系。一些适时的方法被制定为规则，另一些落后的方法则被划为禁手。如果 C 语言的教科书还只以讲述语法为主，而忽略在新形势下的新方法、新规则和新思想的传授，就真的没有价值了。

本书要做有价值的书，要让读这本书的人真正学会 C 语言。那么，达到什么程度算是“学会”了 C 语言呢？这倒是一个很有意思的问题。

本书作者中有一人，自称一生三次学会了 C 语言。

第一次是大一，看到 C 语言成绩后，不禁自封“C 语言王子”。

待到大二，偶遇一个机会，用 C 语言开发一个真实的软件，才知道自己“卷上谈兵”的本领实在太小，与会用 C 语言的目标相去甚远。写了上万行代码，做了大小几个项目，自觉对 C 语言的掌握已炉火纯青，此为第二次学会。

待回眸品评这些项目，发现除了几副好皮囊能取悦用户，无论程序结构、可读性、可维护性还是稳定性都一团糟。年轻程序员的良心大受谴责，终于认识到，写好程序绝不是懂语法、会调用函数那么简单。又经历练，其间苦学软件工程、面向对象等理论，打造出第一个让自己由衷满意的程序，于是长出一口气，叹曰：“C，我终于会用了！”。

这条路走得着实辛苦，但确实滋味无穷，乐在其中。留校任教后，他很快获得了教授 C 语言课程的机会，欣然领命，欲把经年积累倾囊相授。经前辈高人指点，他选择了 Kernighan

和 Ritchie 合著的 *C Programming Language* 为教材。早闻此书，初见其形；边教边品，仰天长叹："原来 C 语言若此，吾不曾会矣！"

总结往事，环顾业界，何谓"学会"？这是一个没有答案的提问。学完语法规则只是读完了小学，识字不少，还会造句，但还写不出大篇的漂亮文章。若要进步，就非要在算法和结构设计两方面努力了。但这两者实非一蹴而就，大学四年也只能学到一些条条框框，就像高中毕业，尽管作文无数，能力却仅止于八股应试而已。若要写出"惊天地、泣鬼神"之程序，还必须广泛实践，多方积累。学无止境啊！

行文至此，终于完成了这本自认还有价值的书。目前的计算机图书市场异常火爆，"经典与滥竽齐飞，赞美共炒作一色"。我们不知道此书能发出多少光热，也不知道有多少人能见到这份光、感到这点热，只知道它也会成为时间的灰烬，而且盼望这一天越早到来越好。因为，此书观点被大量否定之时，必是 IT 再次飞跃之日。

作　者

于哈尔滨工业大学计算学部

教学资源

- ❖ 国家精品在线开放课程、国家级一流本科课程、华为智能基座精品慕课、中国大学MOOC 课程。
- ❖ 面向教师的电子课件和实例源代码。
- ❖ 二维码应用，扫描二维码可观看视频或动画演示。
- ❖ 面向读者的教材网站。
- ❖ Code::Blocks 安装程序下载。
- ❖ 面向学生自主学习的作业和实验在线测试系统。
- ❖ 程序设计远程在线考试和实验平台。
- ❖ 基于 B/S 架构的 C 语言题库与试卷管理系统。
- ❖ 基于 B/S 架构的 C 语言编程题考试自动评分系统。

上述系统之间的关系如下所示。

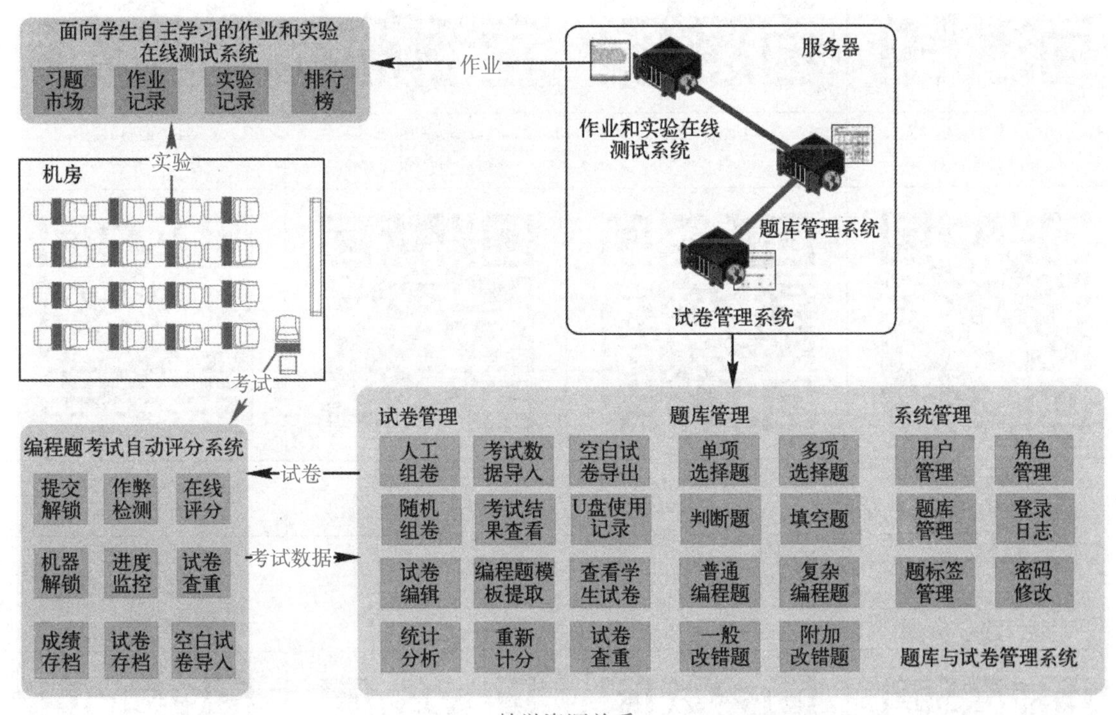

教学资源关系

平台使用方法和购买优惠，请扫描旁边的二维码

咨询：sxh@hit.edu.cn

相关教学资源

MOOC 视频

课程视频 01 变量与常量	课程视频 02 基本运算符	课程视频 03 基本输入和输出	课程视频 04 选择控制结构
课程视频 05 循环控制结构	课程视频 06 函数和递归	课程视频 07 数组和排序查找算法	课程视频 08 指针和字符串
课程视频 09 指针和数组之间的关系	课程视频 10 结构体和共用体	课程视频 11 动态内存分配和动态数组	课程视频 12 动态数据结构

其他教学资源

教学课件	源代码	常见错误及解决方案	华为智能基座相关

前 言

随便进入一家书店，来到计算机图书专柜，都可以看到琳琅满目的 C 语言书籍。在这种状况下写书，特色和实用性非常重要。

本书的目标是力争成为最易懂、最专业、最时尚、最实用的 C 语言教材和参考手册。

本书首先是一本教材，适合程序设计的初学者和想更深入了解 C 语言的人。每行文字的落笔，都以把问题讲清楚、讲明白、讲透彻，又不累赘为目标。同时抛弃了一些陈旧的内容，把程序设计领域最新、最有价值的思想和方法渗透到古老的 C 语言中，赋予 C 语言焕然一新的面貌。

读者会有这样的体会：只追求浅显的教材在读过一遍之后便可送人，没有长久保留的必要，也不会有常读常新的感觉。本书不同，我们做了大量的搜集和整理工作，把各种知识点、实际经验和常用算法等分散渗透到相应章节中，或者独立组织成文。这样做的目的是便于读者随时查阅，使本书成为一本有保留价值的参考手册。毕竟很多深刻的内容不是简简单单读一遍就能掌握的，需要逐渐积累。愿读者每次重读本书字句，都能获得新的提高。

C 语言在本书中仅是起点，而非终点。本着面向未来的精神，我们把程序设计中最基本的、放之四海而皆准的思想和方法挖掘出来，以 C 语言为工具描述它们，却不拘泥于 C 语言，以此培养读者无论在学习、工作中使用什么语言编程，都具有灵活应用这些思想和方法的能力。

趣味也是本书的一大特色。学习本身是一件充满乐趣的事情，它之所以使很多人感到枯燥，是因为没有人帮助他们发掘趣味。本书的作者都是有多年开发和授课经验的大学教师，并一直乐在其中。他们自然而然流露出的对 C 语言的赞叹、喜爱和沉迷之情，一定会感染读者。那些驾轻就熟的诙谐语言和生动有趣的示例，更能带给读者全新的学习体验。

本书的一个主要特色是，引入了 Intel x86 系列处理器与华为鲲鹏处理器的差异（作为附录介绍），同时将“C 语言程序设计精髓”智能基座精品慕课中关于华为编程实践与编码规范、华为鲲鹏技术的微视频以二维码形式放入教材，供读者自主学习。

融入中华优秀传统文化等，增强人文素质，是本书的另一特色。本书从内容知识点中挖掘中华优秀传统文化元素，潜移默化地将其融入教材内容中，使其成为本书的画龙点睛之笔，在弘扬传统文化、增强文化自信的同时，激励读者砥砺奋斗，使教材也像课堂一样成为弘扬主旋律、传播正能量的主阵地。

全书共 10 章，内容包括：程序设计 ABC，数据类型、运算符和表达式，键盘输入和屏幕输出，程序的控制结构，函数，数组，指针，结构体和共用体，文件操作，游戏程序设计等。最后一章为游戏程序设计，可谓锦上添花之笔，相信一定能激发读者的学习兴趣。文前的“致本书读者”则是作者多年从事程序设计的亲身体验和感悟，正所谓“众里寻他千百度，蓦然回首，那人却在灯火阑珊处”，希望点点滴滴的感悟能引起读者的共鸣。

本书注重教材的可读性和可用性，每章开头有内容关键词、重点与难点，指导读者阅读；每章结尾安排本章小结，帮助读者整理思路，形成清晰的逻辑体系和主线，还给出了每章中的常见编程错误；典型例题一题多解，由浅入深，强化知识点、算法、编程方法与技巧，还以“编程提示”和“常见错误”的形式在书中穿插了大量的与编码规范和编程实践相关的内容和编程注意事项。很多例题后面给出了思考题，不仅帮助读者了解什么是对的，还帮助读者了解什么是容易出错的。本书还融入了程序测试、程序调试与排错、软件的健壮性和代码风格、结构化与模块化程序设计方法等软件工程知识；习题以巩固基本知识点为目的，题型丰富，包括简答题、选择题、阅读程序写出运行结果、程序改错、程序填空和编程题等全国计算机等级考试二级考试的各种常见题型；附录中给出了实用学习资料列表。

本课程于 2007 年被教育部评为“国家级精品课程”，2016 年被评为“国家精品资源共享课”，2017 年被评为“国家精品在线开放课程”，2020 年被评为“国家级一流本科课程”。

本书被列入“十二五”普通高等教育本科国家级规划教材。

为方便高校各专业 C 语言教学和学生的自学，我们还会提供全方位的辅教和辅学方面的信息服务。

本书配套教材《C 语言大学实用教程学习指导（第 5 版）》提供全部习题解答、上机实验指导和案例分析内容。实验指导部分给出了 Code::Blocks+gcc+gdb（本书后面将其简称为 Code::Blocks）集成开发环境下的标准 C 程序调试方法和鲲鹏平台下的 C 语言程序开发方法。以主要知识点为主线设计的实验题目兼具趣味性和实用性，并以循序渐进的任务驱动方式指导读者完成实验程序设计，最后还给出了一个贯穿全书内容的综合应用实例（学生成绩管理系统，可作为课程设计内容）。案例分析部分不仅给出了趣味经典实例、游戏设计案例，还给出了常见错误案例分析，帮助读者了解错误发生的原因、实质、排错方法以及解决对策。

本书配套的多媒体教学课件、全部例题和习题的源代码都可在我们的 C 语言程序设计教材网站（请扫描封底的二维码）或华信教育资源网（http://www.hxedu.com.cn）上免费下载。程序设计远程在线考试和实验平台（已获软件著作权登记）也将免费提供给使用本书的教学单位，有需要者可直接与作者本人联系（sxh@hit.edu.cn）。该系统可以根据程序的结构和语义以及程序运行结果对 C 语言编程题自动评分，对于有语法错误的编程题也能评分。另外，扫描二维码可以观看视频或动画演示，以及 C 程序设计常见错误及解决方案。

学时建议：前面加“*”的章节和习题为有一定深度和开放性的选学内容，如果授课学时为 32 学时，教师可以留给学生自学；如果授课学时为 48 学时，可以有选择地讲授。具体学时分配建议如下所示。

32 学时		48 学时	
章	学时	章	学时
第 1 章　程序设计 ABC	1	第 1 章　程序设计 ABC	1
第 2 章　数据类型、运算符和表达式	3	第 2 章　数据类型、运算符和表达式	3
第 3 章　键盘输入和屏幕输出	2	第 3 章　键盘输入和屏幕输出	4
第 4 章　程序的控制结构	6	第 4 章　程序的控制结构	8
第 5 章　函数	4	第 5 章　函数	6
第 6 章　数组	4	第 6 章　数组	8
第 7 章　指针	6	第 7 章　指针	8
第 8 章　结构体和共用体	4	第 8 章　结构体和共用体	6
第 9 章　文件操作	2	第 9 章　文件操作	2
/		第 10 章　游戏程序设计	2

全书由苏小红统稿，第 2、3、4、6、7 章和附录 A、B、C、D、E、F 由苏小红编写，第 1 章、第 5 章（除了 5.9 节）、第 9 章由孙志岗编写，第 8 章及 5.9 节由陈惠鹏编写，第 10 章由江俊君编写，附录 G 由郑贵滨编写。在本次修订中，全部章节的修订工作均由苏小红完成。

刘宏伟教授在百忙之中审阅了全部初稿，对本书提出了许多宝贵意见。

王甜甜、赵玲玲、张彦航、张羽、袁永峰、叶麟、傅忠传、赵巍、车万翔、李秀坤、孙大烈、单丽莉等参与了书稿的校对、例题和习题程序的调试工作。

国防科技大学的徐锡山教授、长春理工大学光电信息学院的苗长彦、南京邮电大学计算机学院的朱立华、太原理工大学的马建芬等老师以及电子工业出版社童占梅老师都曾为本书的编写提出了许多宝贵的意见和建议，其中太原理工大学的马建芬还参与了第 3 版部分章节的修订工作；特别感谢华为云 PaaS 产品部内容团队杨川淮博士和裴曼辰提供的企业编码规范和教育部-华为“智能基座”联合工作组提供的相关资料。

很多热心的读者给我们来信提出意见和建议，在此一并向他们表示衷心的感谢。

因作者水平有限，书中疏漏在所难免，恳请读者批评指正。我们会在每次重印时修改发现的错误，并及时将教材勘误表刊登于我们的教材网站上，欢迎读者给我们发送电子邮件或在网站上留言，提出宝贵意见。

作者 E-mail 地址为 sxh@hit.edu.cn。

作　者

于哈尔滨工业大学计算学部

目　录

第 1 章　程序设计 ABC

📖 内容关键词

- 计算机的工作原理
- 程序设计语言的工作原理
- 二进制、内存

📖 重点与难点

- 冯·诺依曼机工作过程
- 编译运行与解释运行

智能手机在你手中是否还只是一个上网、聊天、玩游戏、看电影的工具？你是否觉得“编程”是件高不可攀的事情？“黑客”是否还是你崇拜的对象？互联网创业是否距离你很遥远？如果你给出的答案是“是”，那么这本书将力图把它们变成“否”。

在这一切开始之前，要先明确书中讲到的“计算机”是指什么。显然，有些读者对智能手机的了解和喜爱是远超台式机（包括笔记本电脑）的。两者在外观上尽管有很大不同，但在计算机专家眼中，它们并没有本质区别。对于各种智能硬件（智能路由器、智能手环、智能电灯等），其“智能”的核心也是与手机、台式机类似的。它们都是计算机的一种。本书在第 2 版写作时（2011 年）讲到“计算机”时无须特别说明，指的就是台式机。台式机彼时也是最重要的计算机。短短几年过去，台式机似乎日薄西山，“计算机”或“电脑”都很少被提及了，已经彻底内化到了各种各样的设备中，像空气一样无处不在，但人们并不需要特别留意它的存在。本书是需要不断使用“计算机”这一名词的。这里并非特指某一种计算机，而是泛指所有嵌入了计算机芯片的设备，大概可以理解为各种所谓“智能”的设备吧。

本章将用通俗的语言展现计算机和程序设计的无穷魅力。你将了解到计算机对人类生活的影响；计算机是如何获得魔力的，程序设计扮演什么样的角色，程序设计语言是怎样的语言，怎样驾驭语言成为“编程高手”。

图 1-1　阿兰·图灵

1.1　计算机与人

计算机界的泰斗——图灵（Turing）[①]（见图 1-1）曾经做过一个梦。梦中他与隔壁的一个人聊天，谈了很多事情。聊天结束，他走到隔壁，

① Alan Turing（1912—1954），生于英国伦敦，被认为是 20 世纪最著名的数学家之一。美国计算机协会（ACM）在 1966 年设立的每年一届的以他的名字命名的“图灵奖（Turing Award）”，是计算科学领域的最高荣誉，是计算机界的“诺贝尔奖”。

想见见这个人，却只看到一台计算机，原来一直陪他说话的是这台计算机。这便是著名的“图灵测试”[②]的故事。让计算机像人一样思考，与人自然交流，也就是所谓的“人工智能（Artificial Intelligence）”，一直是计算机行业的梦想。所以我们给计算机又起了一个可爱的昵称——电脑，期望其能与人脑相当，控制机器做出像人甚至超越人的事情。

很多科幻故事描绘了计算机真正成为电脑时的景象。例如，《变形金刚》里的机器人大战，AI（《人工智能》）里探讨的人类与机器的情感关系，《终结者》里机器人企图消灭人类等。在最有想象力的 Matrix（《黑客帝国》）中，计算机不仅奴役了人类的躯体，使人类成为机器的生物电池，更奴役了人类的精神，让人类生活在计算机程序构成的虚拟世界里，按照计算机的指挥去行动、思考。如此下去，计算机简直要让“上帝”下岗了。

当然，这些都是文学家、艺术家的幻想，在可预见的未来，计算机还不可能达到这样的智能程度。即便达到了，人类的智慧也是有能力控制它的。但是有三件事可以表现出计算机在某些需要“智能”的方面是过人的。

第一件发生在 1997 年，IBM 公司研制的深蓝（Deep Blue）超级计算机在一场“人机大战”中打败了国际象棋大师卡斯帕罗夫，被誉为“人工智能的一大胜利”。

第二件发生在 2011 年，还是 IBM 公司，他们研制的“沃森（Watson）”系统参加了一个有近 50 年历史的电视知识竞赛节目——危险边缘（Jeopardy!），战胜了两位人类——节目史上最高奖金得主和连胜纪录保持者。

第三件发生在 2016 年，Google 公司研制的 AlphaGo 战胜了人类围棋冠军李世石。

在一般人看来，这三件事似乎都能说明计算机已经有了超越人类的“智能”，但从专业角度来说，它们的达成虽然不容易，但依靠的并不是想象中的“人工智能”。比如，深蓝的主要研制者之一许峰雄博士曾说：“AI is bullshit.”在他看来，胜利靠的只是不知疲倦的高速运算，并不是什么智能。而沃森所依靠的，除了强大的运算，还有事先存储的 2 亿页百科全书、字典、文学作品等资料。每当主持人提出一个新问题，沃森能用每秒查阅 100 万本书的速度查找答案，人类自然望尘莫及。AlphaGo 的胜利是最接近智能的，因为它使用了机器学习方法，大概思路是先让计算机去学习历史棋局，记住在已发生的各种盘面下怎样落子胜算大，然后让 AlphaGo 不眠不休地与自己下棋，这样就产生了无数新的盘面，以及在该盘面下胜算较大的落子方法。当与人类对弈时，AlphaGo 做的大概就是拿当前盘面的状态与已知盘面匹配，然后做最佳落子。学习产生经验，在场景中应用经验，这确实比较像人的智能了，但其核心依赖的还是不知疲倦的高速自我弈棋，在很短的时间内获取并存储人类可能穷其一生都无法积累的经验量级，并没有多少推理、演绎、灵光乍现这样的真正的智能。

我们可以尽情地幻想人工智能的未来，但目前计算机超乎常人的本领只有两样：不知疲倦的高速运算和海量的存储能力。然而，仅此两项已经足以影响甚至完全改变我们的生活。

计算机技术与通信技术融合就形成了信息技术（Information Technology，IT）。信息技术带来的是又一次的工业革命。现在有很多热词，像“云计算”“物联网”“智慧城市”等，它们描绘的都是无所不在的网络和星罗棋布的大大小小的计算机如何改变我们学习、生产和生活的方式，乃至改变社会的运作方式。

这里，不得不提及非常值得哈尔滨工业大学（简称“哈工大”）计算机人骄傲和自豪的一

---

② 图灵测试：图灵在 1950 年的文章《计算机器和智能》中讨论了可以把一个机器视为有智能的条件。他说，如果一个机器可以在一个博学的人面前成功地假扮成一个人，那么我们可以说这个机器是 “有智能的”。

件事情，即哈工大曾研制成功中国第一台会说话、会下棋的专用数字电子计算机，是1958年的8月到10月期间由哈工大计算机专业创始人陈光熙教授、吴忠明教授、李仲荣教授领导众多师生参与研制的。邓小平、周恩来、朱德、陈毅等党和国家领导人都曾参观过这台计算机。

如果早几年写这本书，可能作者还要列举一些轰轰烈烈的计算机推动产业的例子。但今天不同了，已经不需要了，因为几乎所有的人都已经体会过信息技术带来的成功和便利。但是，即使你每天与计算机和网络为伴，你所体会的还只是冰山一角。

从某种程度来说，信息技术产业更像发电厂、自来水厂，是其他行业的支持者。信息技术产业纵深研究的主要目的之一是为其他行业提供更好的服务。这种努力的结果已经显现，各行各业几乎都开始离不开信息技术了。例如，在自动控制领域，计算机的出现简直令其改天换地，因为其主要应用是嵌入式系统（Embedded System）[③]，而且实时性要求高，所以这个行业里的程序员对 C/C++语言及计算机底层技术的掌握程度甚至超过了绝大多数计算机专业人士。再如玩钢筋水泥的建筑业，对建筑师来说，鼠标已成为安全帽以外的另一个标配。如果不用计算机画设计效果图，不用软件仿真各种应力对建筑的影响，那么这个建筑师就落伍了。众多建筑公司协同软件公司开发了很多非常流行的专用软件，为建筑这一最古老的工程行业带来了新的动力。这样看来，“水泥+鼠标”绝不仅仅是网络泡沫[④]下 IT 人士的理想，而在另一领域，“听诊器+鼠标”则成了医生的一个梦。生物医学技术的飞速发展同样依靠信息技术。例如，当前的研究热点基因组图谱工程的工作量巨大，如果没有计算机的帮助，几乎不可能完成；在医学上，CT、核磁共振和彩超等医疗器械也广泛使用了计算机技术，未来的远程医疗将更加依赖信息技术。

信息技术对其他学科有影响，反过来，其他学科对信息技术也有影响。例如，“DNA 计算机”就是利用生物技术建造的全新架构的计算机，它成本更低、速度更快、容量更大，在一些领域很可能完全替代现有的计算机。再如，计算机科学很重要的一个方向——软件工程，从建筑工程里借鉴了很多宝贵的管理、设计经验。在计算机专业中，现在有越来越多的研究方向是与生物、机械、控制、管理等相结合的交叉方向。

由此可见，不管未来是什么样的世界，它都离不开信息技术。不管读者从事什么工作，IT 都将是你的有力工具。2015年，基于国家战略，我国提出了“互联网+”的概念，强调互联网技术与传统行业的融合和应用，正印证了这一点。

1.2 计算机与程序设计语言

计算机很神奇，其魔力可用古老的中国哲学《易经》来解释。“易有太极，是生两仪，两仪生四象，四象生八卦，八卦定吉凶，吉凶生大业。”“吉凶”与“大业”可代表世间万物，《易经》中的这句话阐述的哲学观点是，万物起源于“两仪”，也就是“阴阳”。按此观点，如果计算机想“什么都能干”，想控制万物，那么它只要抓住万物的本质——“阴阳”——就可以了。计算机确实以“阴阳”为根本，并把二者表示成“0”和“1”，命名为“二进制（Binary）”。

---

③ 嵌入式系统：简单地说，是将计算机嵌入另一个系统，控制那个系统工作。典型的嵌入式系统有机器人、手机和智能家电等。这是 IT 未来的主要发展方向之一。

④ 20世纪末，随着互联网的发展，网络经济迅速崛起，很多年轻的网络公司很快壮大起来，其股票市值扶摇直上。21世纪初，因为这些公司中的绝大部分都不赢利，股票开始大幅下跌，投资人信心崩溃，“网络泡沫”破灭，众多网站合并、倒闭或惨淡维持。那时诞生了一个观点，就是互联网要与传统行业结合发展，也就是所谓的“水泥+鼠标”。

二进制是否源自于《易经》，各界人士有很多论战，并无定论，有兴趣的读者可以从网上搜索相关文章，但计算机靠二进制来表达万物确是真的。

计算机为什么用二进制呢？为什么不用我们日常熟悉的十进制？一方面，二进制在电器元件中容易实现。二进制只有 0 和 1 两个数，在电学中具有两种稳定状态，而且可以用 0 和 1 表示的东西很多。例如，电压的高和低、电容器的充电与放电、脉冲的有与无、晶体管的导通与截止，等等；而要找出具有 10 种稳定状态的电子元件则是很困难的。另一方面，二进制数的加法运算规则只有 $2^2=4$ 条，非常简单，而十进制数的加法运算公式从 0+0=0 到 9+9=18 共有加法运算规则 $10^2=100$ 条。显然，计算机进行二进制数运算比进行十进制数运算要简单得多。

英文“Computer”是“Compute（计算）”加“er”后缀派生而来的，直译过来就是“计算的机器”，简称计算机。从名字上看，计算机不过是一台机器，只会计算，事实上也确实如此。计算机把万物都表达成二进制数 0 与 1 的排列组合的形式，形成一个个二进制数序列，然后用各种运算手段对这些数序列进行计算，结果还是二进制数序列。这样做看上去并不复杂，你我稍加学习都能做到同样的事情，但是我们都没有计算机算得快、记得多，且不知疲倦，所以计算机大有用处。

正因为计算机只会计算，所以专门研究计算的数学在计算机科学中是很重要的。现实世界中的各种过程都被抽象成数学模型，表达成一个个数学公式；各种事物都用数字表示，代入公式中求解。这里面的奇特原理实非本书所要阐述的重点，若读者有兴趣，可以广泛阅读其他专业资料。本书在后面的章节也会简单介绍这方面的知识。

不管多么复杂的算式，计算机都能算。怎么让计算机知道你想让它算什么呢？最理想的情况是对着它说一声：“嗨，计算机，帮我把《高等数学》第 12 页第 25 题做了。”答案马上打印出来，甚至直接用电子邮件发给老师。不过目前计算机还做不到，但将来肯定能做到。这里面的主要问题是，计算机听不懂“人话”。

你可能用过 iPhone 内置的 Siri 软件，它能根据人的语音指示去回答问题、搜索资料、安排日程等。例如，你可以对着手机说：“Siri，附近哪里有图书馆？”Siri 就会在手机地图上为你标记最近的图书馆的位置，并指明路线。看上去好像计算机已经理解了我们说的话，但其实它的“理解力”非常有限，准确度也不高。如果发音稍有含糊，遣词造句也不够大众化，问题又比较生僻，Siri 就很难给出想要的结果，甚至会闹笑话。为什么会这样？Siri 是一套非常复杂的系统，集成了语音识别、自然语言处理和搜索等技术。这些技术都是用计算机语言编写的程序实现的，这些程序没有“智能”，只会将用户说的话与内置的各种模式匹配。如果匹配对了，就做对应的动作，否则就会犯错。整个过程是先要有人懂计算机语言，用计算机语言对计算机说话（编写程序），再一点点地教计算机学会人类的语言（完善各种模式）。因为人类的表达和思维都太多样了，所以不可能穷尽所有的模式，计算机也就不可能完全精确地理解人类的语言（为了做到“精确”，联想公司的“乐助理”采用了比较有喜感的“人肉”方式，由真正的人听用户的语音，再做出反应）。那么，精确控制计算机的唯一途径就是我们学习并掌握计算机语言，也就是“程序设计语言”。

在弄清程序设计语言之前，我们先看一看计算机是如何工作的。

1946 年，冯・诺依曼[5]在总结前人工作的基础上，率先在计算机中采用二进制，并且提出

---

⑤ John von Neumann（1903—1957），生于匈牙利的布达佩斯，是 20 世纪最杰出的数学家之一，现代计算机之父。

了著名的“冯·诺依曼”结构机。这一结构至今仍然被几乎所有的计算机采用，他也因此被誉为“计算机之父”（如图 1-2 所示）。

冯·诺依曼机把计算机简化为控制器、运算器、存储器、输入设备和输出设备五部分。控制器和运算器就是 CPU，被比作计算机的大脑；存储器分为内存和外存两部分，它们使计算机具有记忆能力；输入设备就是计算机的耳朵和眼睛，是接受人类指令的工具，如键盘、鼠标；输出设备是计算机给人类反馈结果的设备，如显示器、打印机。

人与计算机的一次对话是这样完成的：用户从键盘输入程序和数据（程序就是用计算机语言书写的指令集合），程序和数据被存入计算机的内存；然后由 CPU 逐一读出每条指令、数据，按指令对数据进行运算；运算的结果写回内存，并显示给用户。如果用户认为有长久保存结果的必要，就将其存入外存备用。

硬盘、u 盘等均为外存，它们与内存的主要区别是数据可以长久保存。内存在每次计算机关闭后都会丢失所有数据，而外存不会。外存除了可以保存数据，也可以保存程序。使用过计算机的读者应该知道，想运行某个程序，只需在命令行中输入程序名，或者在窗口中双击该程序的图标即可，并不需要输入程序代码。这些程序就是预先保存在外存中的，当用户需要运行它时，只要发出运行命令，它们就被读入内存，然后按照上面的过程执行。

图 1-3 是简化了的计算机工作过程（计算机的实际工作过程当然比这复杂得多），但还是完整地体现了其基本工作原理，尤其体现了“软件指挥硬件”这一根本思想。在整个过程中，如果没有软件程序，计算机什么也干不了，可见软件程序多么重要。而且，如果软件程序编得好，计算机就运行得快且结果正确；如果程序编得不好，就可能需要运行很久才出结果，而且结果还不一定正确。程序是软件的灵魂，CPU、显示器等硬件必须由软件指挥，否则只是一堆没有灵性的工程塑料与金属的混合物。本书就是要教会读者怎样用 C 语言又快又好地编写程序（软件）。

图 1-2　冯·诺依曼和 ENIAC

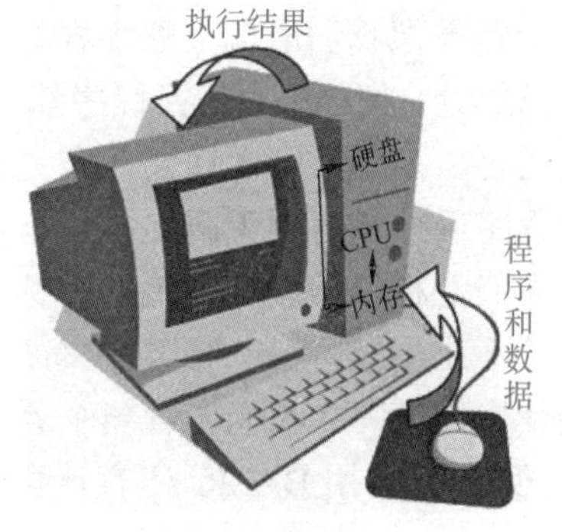

图 1-3　简化了的计算机工作过程

1.3　程序设计语言的故事

计算机直接能够读懂的语言是机器语言（machine language），也叫机器代码（machine code），简称机器码。这是一种纯粹的二进制语言，用二进制代码来代表不同的指令。

【例 1-1】 下面的程序是用通常使用的 x86 计算机[⑥]的机器语言编写的，功能是计算 1+1。

⑥ 美国 Intel 公司推出的系列 CPU 统称为 x86 CPU。使用 x86 CPU 的计算机被称为 x86 计算机。目前绝大部分个人计算机都使用这个家族的 CPU 或者兼容其指令系统的 CPU。早期的 286、386、486 及现在流行的奔腾（Pentium）系列都在此列。

```
10111000
00000001
00000000
00000101
00000001
00000000
```

这段程序是不是给你一种看“天书”的感觉？在最早的用拨钮开关和纸带打孔的方式向计算机输入程序的时代，程序员编写的都是这样的程序。这种程序编起来很费力气，人类很难读懂。从那时起，让计算机能直接懂得人类的语言就成了计算机科学家们梦寐以求的目标。

有人想出了这样的办法，编写一个可以把人类的语言翻译成计算机语言的程序，这样计算机就能读懂人类语言了。这说起来容易，做起来难。以计算 1+1 为例，人们可以用“1+1 等于几”“算一下 1+1 的结果”“1+1 得多少”等多种说法，再加上用英语、法语、日语、韩语、爪哇语等来描述。如果想把这些都自动转换成上面的机器码，是可望而不可即的。所以人们退后一步，打算设计一种中间语言，它还是一种程序设计语言，但比较容易翻译成机器代码，且容易被人学会和读懂。于是诞生了“汇编语言（assemble language）”。

【例 1-2】 用汇编语言计算 1+1。

```
MOV    AX, 1
ADD    AX, 1
```

这个程序的功能是什么？从程序中 ADD 和 1 的字样或许我们能猜个大概。没错，它还是计算 1+1 的。这个程序经过编译器（也是一个程序，它能把 CPU 不能识别的语言翻译成 CPU 能直接识别的机器语言）编译，就会自动生成例 1-1 的程序。这已经是很大的进步了，但并不理想。这里面的 MOV 是什么含义？好像是 Move 的缩写。这里的 AX 又代表什么？这是一个纯粹的计算机概念。从这个小程序我们能看出，汇编语言虽然已经开始贴近人类的语言，但还全然不像我们所期望的那样，里面还有很多计算机固有的东西必须学习。它与机器语言的距离很近，例 1-2 的每行程序都直接对应例 1-1 的三行代码。也许以后你有机会学习、使用汇编语言，那时你将学到更多有关计算机内部的知识。

程序设计语言要无限地接近自然语言，所以它注定要不停地发展。此时出现了一道分水岭，人们把机器语言和汇编语言称为低级语言，把以后发展起来的语言称为高级语言。低级语言并不比高级语言“低级”，而是说它与计算机（硬件）的距离的级别比较低。高级语言高级到什么程度呢？我们先看一个著名的高级语言——BASIC 语言怎样完成 1+1 的计算。

【例 1-3】 用 BASIC 语言计算并显示 1+1。

```
PRINT  1+1
```

怎么样？如果你不知道英文 PRINT 的中文意思，马上查字典吧。比起前两个例子，它确实简单了不少，而且功能很强。前两个例子的计算结果只保存在 CPU 内，并没有输出给用户，就算你拿纳米显微镜往里看也看不到。这个例子直接把计算结果显示在屏幕上，它才是真正功能完备的程序。如果把计算 1+1 改成计算 10-8，能自己想出来怎么改前两个程序吗？第三个程序呢？相信读者很快就会体会到高级语言的魅力[⑦]。

因为高级语言易学、易用、强大，所以发展很快，其种类已经不能用“百家争鸣”来形

⑦ 改为“PRINT 10-8”即可。另两个程序要分别改成“10111000 | 00001010 | 00000000 | 00101101 | 00001000 | 00000000”和“MOV AX, 0A | SUB AX, 08”。

容。据民间人士 Bill Kinnersley 耗时多年的不完全统计，目前已有超过 2500 种计算机语言[8]，其中绝大多数都是高级语言。

1.4 C 语言的故事

高级语言门类繁多，其中影响最大的是 C 语言；高级语言此起彼伏，其中寿命最长的也是 C 语言。Tiobe 每个月都会统计各种程序设计语言的受欢迎程度。图 1-4 是 2001 年到 2023 年的统计，可以看到 C 语言始终稳居前两位。

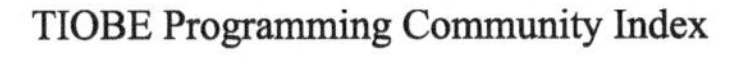

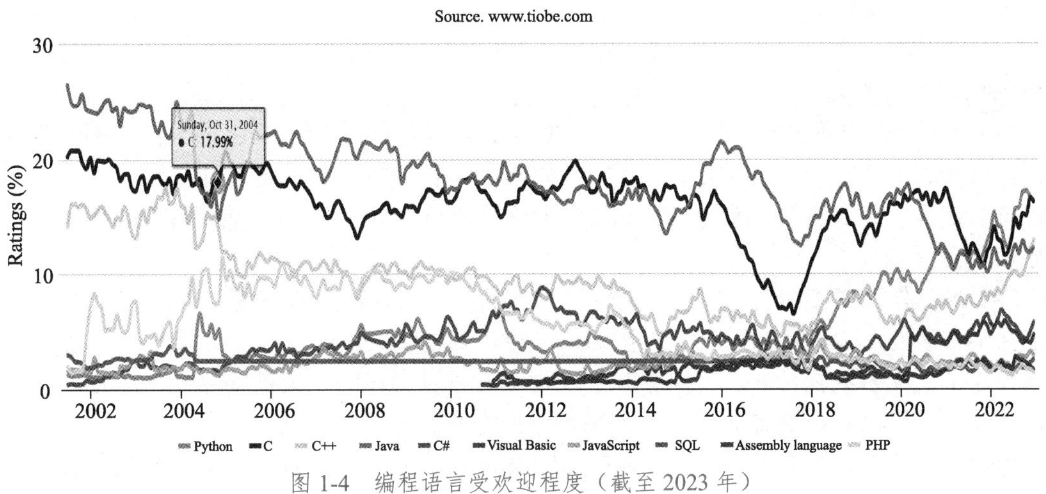

图 1-4　编程语言受欢迎程度（截至 2023 年）

20 世纪 60 年代，美国 AT&T 公司贝尔实验室（Bell Laboratory）的研究员 Ken Thompson 闲来无事，想玩一个他自己编的、模拟在太阳系航行的电子游戏——Space Travel[9]。他找到了一台空闲的机器——PDP-7，但这台机器没有操作系统，而游戏必须使用操作系统的一些功能，于是他着手为 PDP-7 开发操作系统。后来，这个操作系统被命名为 UNIX。

1971 年，同样酷爱 Space Travel 的 Dennis M. Ritchie[10]为了能早点儿玩上游戏，加入了 Thompson 的开发项目，合作开发 UNIX。他的主要工作是改造 B 语言，使其更成熟。后来这个语言被命名为 C 语言。

1973 年年初，C 语言的主体完成。Thompson 和 Ritchie 迫不及待地开始用它完全重写了 UNIX。编程的乐趣使他们已经完全忘记了那个 Space Travel，一门心思地投入到 UNIX 和 C 语言的开发中。随着 UNIX 的发展，C 语言自身也在不断地完善。直到今天，各种版本的 UNIX[11] 内核和周边工具仍然使用 C 语言作为最主要的开发语言，其中还有不少继承自 Thompson 和 Ritchie 之手的代码。

---

[8] 在 people.ku 网站上可以看到这 2500 种语言的列表和简介。另外，levenez 网站搜集了大约 50 种极具代表性的语言故事和资料，它们都正在或曾经叱咤风云。

[9] 这个游戏是真实存在的，请参考 bell-labs 网站的相关网页。

[10] Dennis M. Ritchie（1941—2011），C 语言发明人。后人评价：“他的名字并非耳熟能详，但是，如果你用显微镜来仔细观察一台计算机，会发现到处都有他的贡献。”

[11] UNIX 的发展有很多分支，产生过多种流派，可以参见 levenez 网站。

在开发中，他们还考虑把 UNIX 移植到其他类型的计算机上使用。C 语言强大的可移植性（Portability）在此显现。机器语言和汇编语言都不具有可移植性，为 x86 开发的程序不可能在 Alpha、SPARC 和 ARM 等机器上运行。而 C 语言程序可以在任意机器上运行，只要该计算机上有 C 语言编译器和库。

C 语言继续发展。1982 年，很多有识之士和美国国家标准协会（American National Standards Institute，ANSI）为了使这个语言健康地发展，决定成立 C 标准委员会，建立 C 语言的标准。委员会由硬件厂商、编译器及其他软件工具生产商、软件设计师、顾问、学术界人士、C 语言作者和应用程序员组成。1989 年，ANSI 发布了第一个完整的 C 语言标准：ANSI X3.159—1989，简称 C89，不过人们也习惯称其为 ANSI C。C89 在 1990 年被国际标准化组织（International Organization for Standardization，ISO）一字不改地采纳，所以也有 C90 的说法。1999 年，在做了一些必要的修正和完善后，ISO 发布了新的 C 语言标准，命名为 ISO/IEC 9899:1999，简称 C99。

C99 之后，C 语言的发展基本停止。直到今天，C 的标准文档只在字面上做过两次少量的修订，最新版 C11 于 2011 年生效。此文档是对 C 语言最精准的描述，所有关于 C 语言的疑惑都可以在其中找到答案。因为 C11 与 C99 区别并不大，而 C99 的影响更深远，所以业内交流通常只会提 C99。

C99 虽然修正了 C89 中很多不完善甚至被广泛诟病的地方，但它扩展的一些新特性在实践中并不被看好，编译器对其进行支持的进度也比较缓慢。相对而言，支持 C89 的编译器就遍地开花了，大多数教科书、资料是以 C89 为核心进行讲述的，大量软件也根据 C89 标准编写，所以本书也以 C89 为蓝本讲述，但适当时候会介绍 C99 的改进。

值得一提的是，在 1983 年，Thompson 和 Ritchie 共同获得了图灵奖。虽然这个奖项的授予是因为他们在 UNIX 上的开创性工作，但谁也不能忽视 C 语言在其中发挥的巨大作用。另外，Thompson 和 Ritchie 在 1999 年获得了美国的国家技术勋章。

看了上面的讲述，如果你认为 C 语言就是用来开发 UNIX 的，那可就大错特错了。它是一种通用语言，任何想让计算机做的事情都可以用它编程实现。你可不要小看这个能力，2500 种计算机语言中，真正“什么都能做”的语言很少。例如开发操作系统，除了 C 语言和 C++ 语言，还没有任何一个成熟的系统（包括 Windows、Linux、iOS 和 Android）采用其他高级语言（这样说有些武断，笔者的能力确实无法做最完备的统计。在能力所及范围内，此论点成立）。而且现在使用 C++语言开发操作系统的也是凤毛麟角，还不是用于做关键的核心开发，C 语言的能力由此可见一斑。在很长时间内，C 语言一直是应用最广泛的语言。

既然 C 语言如此强大，那还要其他语言做什么？此言差矣。C 语言的万能源自它的简单、灵活，对各种需求的适应性强。适应性和专用性是一对冤家对头，这就注定了 C 语言很难专用化。有一个笑话：“如果你想用 C 语言来造汽车，那么你不得不自己先造轮子。”而很多其他高级语言都已经把各种轮子造好放在那里，任你挑选。另外，C 语言距离机器代码比其他高级语言更近。因此也有人把 C 语言看成唯一的介于低级语言和高级语言之间的语言。这就使它距离自然语言比较远，其思维还是顺应计算机而不是顺应人的，所以学起来比较费劲，用起来也不简单。

【例 1-4】 下面是用 C 语言编写的计算 1+1 的程序，里面有英文单词，也有不知所云的符号（很快你就会知其所云了）。

```
#include <stdio.h>
```

```
int main(void)
{
    printf("%d\n", 1+1);
    return 0;
}
```

在当今世界，C 语言已经偏居一隅，除了其固守的系统软件开发阵地和历史延续下来的大型软件，几乎仅在小型的且追求运行效率的软件和嵌入式软件开发方面还有一定空间。这一点点空间也正在逐渐缩小，取而代之的是 C++、Java 和 C#等“后生”语言，以及一些很专门化的语言。有趣的是，C 语言有为数不少的铁杆迷，他们对其爱不释手，对那些“后生”语言不屑一顾。这样的人在代表最高编程水平的黑客社区里特别多。能轻松驾驭 C 语言几乎是“高手”必备的素质之一。

C++从名字上看就知道其与 C 语言有着不解的渊源。它的设计者 Bjarne Stroustrup 早年曾在 Thompson 和 Ritchie 的实验室工作，C++几乎完全兼容 C 语言的语法，且所有流行的 C++编译器都能编译 C 程序，所以很多人认为 C++就是 C 语言的升级。在很多场合，二者也被放在一起，称为 C/C++。这个“++”加上的便是大名鼎鼎的“面向对象（Object Oriented）”。

在面向对象被广泛接受之前，流行的是结构化程序设计思想。C 和 Pascal 等语言都是结构化的，在后面章节中会介绍详细的结构化思想。面向对象的程序设计思想对程序设计的影响可谓翻天覆地，整个计算机界的思维都因其而改变，程序设计更加贴近现实世界，更加符合人类固有的习惯。C++借助 C 语言的影响力，携面向对象的威力，其影响迅速增大。在 20 世纪 90 年代曾有民间组织统计，在当年发布的软件中，90%以上采用 C++语言开发。

C++兼有 C 语言的能力，也是一种“什么都能干”的高级语言，所以学习和使用起来也不简单。做系统开发的毕竟是少数，直接面向最终用户的应用开发才是语言的必争之地。Java 语言就是在这种情况下诞生的。

Sun 公司推出的 Java 语言以纯面向对象、平台无关和易学易用而著称，全面照搬了 C++语法，并去掉了其不常用和不成功的部分，化繁为简，迅速博得了程序员的认可，获得了越来越多的支持。Java 语言融合了很多先进的程序设计思想、方法，不管是桌面应用，还是网络服务、嵌入式应用，都可用它进行高效的开发。当然，如果要编写底层的、占用资源少的程序，Java 语言就无能为力了。Java 语言的市场做得很不错，已经被广泛接受，以致很多客户都指名道姓地要求开发商必须用 Java 语言为其开发软件，尽管他们并不十分明白 Java 语言究竟如何。如今，Java 是阿里巴巴、腾讯、网易等互联网公司用得最多的开发语言，多数网站都是用 Java 开发的，而 Android 上的 App 也只能用 Java 进行编程。

Java 语言的成功让软件大鳄 Microsoft 公司坐不住了。Microsoft 及时推出了 C#（读作 C Sharp）语言。“#”这个符号就是 4 个加号围坐一圈，所以有人戏称其为 C++++。从名字可以看出它与 C/C++的渊源。没错，它也照搬了 C/C++的语法。

C#语言诞生在 Java 语言后，所以能吸收 Java 语言的成功之处，抛弃其不成功之处，打造了一个似 Java 而非 Java 还有点超越 Java 的语言。但 C#年龄不大，于 2000 年诞生（Java 语言诞生于 1995 年），发展得也不算很好，主要在一些大型企业应用系统里采用。

此外，Python、PHP、Ruby、JavaScript 等其他语言都在一些专属领域里发挥着巨大作用。同时，C++、Java 和 C#语言也在不断地完善、扩充自身，极力挤压其他语言的空间。在此种情况下，C 语言的空间变得越来越小，那么为什么还要学习 C 语言呢？相信聪明的读者已经能从上面的故事中找到答案了。C 语言可以说是 C++、Java 和 C#语言的基础，还有很多专用语言也学习和借鉴了 C 语言，如进行 Web 开发的 PHP 语言、做仿真的 MATLAB 内嵌语言、浏览器上唯一可运行的 JavaScript 语言，以及被广泛用于智能家居、物联网、无人机、智能小车、3D 打印机的 Arduino 开发板的 Arduino 语言等。另外，学好 C 语言对以后学习其他语言大有帮助。计算机科学发展很快，若干年后，什么技术、什么语言尽显风流无法预言。唯有掌握最基础的，才能以不变应万变，并立于不败之地。

我们并不想误导读者，使读者认为学习 C 语言是学其他语言的必由之路。相反，有不少人认为，C 语言学得太好有碍于继续学习其他语言，典型例子就是前面提到的那些不愿接受新事物的 C 语言的铁杆迷们。其他语言从 C 语言所继承的主要是语法和一些基本概念等外在的东西。每种语言都有其内涵，都有其独特的神韵。已经完全陶醉于一种语言的人较难领会、接受另一种语言的神韵，这就造成了学习新语言的障碍。例如，有为数不少的人在使用 C++的时候总按照 C 语言的习惯去编程，导致程序表面看上去是 C++的，但内部还是结构化而非面向对象的，完全发挥不出 C++的威力，以至于 C++之父跳出来疾呼“C++是一个全新的语言，使用的时候请忘记 C 语言。”同样的现象在从 C++程序员转变成 Java 程序员时也发生了。可见，唯有以包容的心态去面对，以客观的手段去选择，才能对各种语言驾轻就熟，趋利避害，成为语言的主宰而并非奴隶。所以，学习语法是次要的，学神韵是最重要的。各种语言的语法大同小异，就算互不抄袭，也基本难以逾越几条普遍规则。只要熟练掌握一种语言的语法，再学任何其他语言的语法基本上只要几天，甚至几个小时就可以搞定。但要真正掌握语言的神韵，就非一蹴而就了。

学习程序设计的道路不止一条，从 C 语言开始也不见得是最明智的。但既然现在有机会从此入门，那么为什么不牢牢抓住这个机会呢？

敬请步入程序设计的奇妙世界……

1.5 程序设计语言的工作原理

虽然本书力图让学习 C 语言成为一件快乐的事情，但总无法避免讲述一些可能有点儿枯燥的理论。阳光总在风雨后，不经历跋涉的辛苦与攀岩的枯燥，又怎能体会到“会当凌绝顶，一览众山小”的快乐呢？所以，先学点枯燥的（其实，至少对计算机爱好者而言，这些内容并不枯燥，反倒非常有趣）吧，为了快乐。

1．运行

程序源代码是静态的，只有运行起来才能发挥作用。

编译运行是最经典、效率最高的运行方式。C/C++的高性能在很大程度上归功于编译。用编译语言开发一个软件所要经历的过程是：编辑、编译、链接和运行。

编辑（edit），就是用程序设计语言编写源代码（source code）。这是一个创造艺术品的过程，你所有的思维、能力、知识都体现在这个过程中。本书的其余章节讲的都是怎样把这个过程做好。

对于编译（compile），用户只需要发出编译指令，其余事情交给编译器（compiler）完成即可。前面提到过编译器，它是把程序设计语言转换成目标代码（object code）的软件。这个转换过程很复杂，如果读者将来有机会学习“编译原理”这门课程，会了解其复杂程度。我们作为编译器的用户，可以全然不管这些。鼠标一点，键盘一按，轻轻松松，编译完成。程序设计的意义就在这里体现出来，因为我们编写程序时，把复杂的东西都“包装”在程序里，给用户一个最简单的使用界面。

如果程序员编写的源代码有问题，通常指语法错误，那么编译器会报错，并停止编译。因为它读不懂程序员编写的代码，不知道该转成什么。一些聪明的编译器还会找出程序中逻辑上的问题和不安全的地方。当遇到编译器给出错误提示时，就要分析出错的原因，重新修改代码后，再重新编译。如此往复，直到编译成功为止。

链接（link）过程很简单，有时候甚至完全体会不到，所以很多人习惯上把它也算作编译的一部分。在这个过程中，链接器（linker）把用户程序和支持它运行的必需的其他程序都“合成”在一起，形成最后的可执行文件（在 DOS 和 Windows 下扩展名为 .exe 的文件）。可执行文件中都是执行代码，也就是机器语言代码。全部转换完毕，用户就可以把这个文件复制给别人用了。通常，用户并不需要程序的源代码，有这个可执行文件足矣，唯一要做的就是运行（run）它。

不要以为程序能运行就万事大吉了。运行时还会出现错误，开发者必须捕获这些错误，并通过修改源代码解决错误，重新编译、链接，最终交付无错的可执行文件。有些错误很快就会被发现和及时改正；有些错误则隐藏很深，很长时间才会被发现，如著名的 2000 年问题——千年虫。

还有一种被大量采用的程序运行方式，称为解释运行。最具代表性的解释语言是 BASIC、JavaScript、PHP、ASP、Perl、Python 和 Ruby 等语言。这些语言的共同特点是运行速度慢，但简单。

用这类语言编写的程序在运行时，必须先运行一个“解释器”。解释器能读懂这种语言，按照程序指令一步一步地工作，完成开发者需要的功能。因为必须一条一条地解释语句并执行，所以速度很慢，比编译语言要慢数十甚至上百倍。因为解释器的功能可以做得很强，并且可以把计算机的复杂性隐藏起来，所以这类语言都比较易学。

解释语言简单好用，获得了大量的支持者。甚至有人预言，它将完全替代编译语言。说此话的人好像忘记了一件事情，那就是解释语言的解释器几乎都是用 C/C++开发的。编译语言的编译器、链接器可以用编译语言自己编写，而解释语言只能借助编译语言发展。

解释语言还有一个致命伤——源代码必须交给用户。对把源代码视作最高商业机密的软件企业来说，这简直是自砸饭碗，不会有人愿意这样做。因而，也有人预言，解释语言的生命力不会长，不过他也错了。现在，解释语言已经是高级语言中不可或缺的一部分，在 Web 开发和应用软件脚本扩展等领域发挥着巨大作用。通过法律的保护，人们已经不再特别介意源代码的保密，甚至有人愿意公开源代码与人交流。至于速度问题，一方面，因为硬件性能提升、成本下降，硬件瓶颈不再突出；另一方面，解释语言也采用了很多提高速度的办法。有一种办法是：先编译、后解释。这演变出了一种新类型的语言。

Java 和 C#语言都是先编译、后解释的。编译器并不把它们编译成机器代码，而是编译成一种中间代码（Java 语言中称为字节码，C#语言中称为 MSIL），当然，这个中间代码必须在其支持的平台上运行。Java 语言提供的平台称为 JVM（Java Virtual Machine），它纯粹靠解释字节码来运行程序；C#语言的运行平台称为 CLR（Common Language Runtime），它并不是一个纯粹的解释器，而是翻译器，把 MSIL 代码翻译成机器代码，再运行它。

总之，它们都要有平台才能运行，所以它们都比编译语言慢，Java 语言比 C#语言更慢。

不过它们具备解释语言最大的好处——简单，而且只需经过一次编译，避免了源代码的传播，非常适合开发大型应用软件。

2. 内存

通过前面的介绍我们知道，程序在运行时是与数据一起保存在内存（memory）中的，由CPU执行。内存是怎样存储它们的呢？

程序和数据都是以二进制形式存储的，存储单位是字节（byte）。每台计算机的内存都能存储一定字节数的内容，也就是我们俗称的“内存大小”。通常，每个存储单元能保存1字节。程序和数据怎样存储和该往哪里存储并不需要用户操心，操作系统和编译器会打理这一切。但在程序运行时，我们经常需要知道某个数据究竟保存在什么地方，这就需要知道地址信息。

内存的每个单元都被分配一个唯一的整数，称为地址（address）。就像门牌号码，用它就能找到你要找的地方。因此，知道数据所在的地址也就知道了数据的存储位置。程序指令存储在内存中，所以它也有地址。关于地址，第7章会讲到很多奇妙的用法。

本章小结

本章简要介绍了计算机程序设计语言发展中的人和事。总的来说，计算机和计算机语言都越来越易用，越来越符合人类自身的习惯。C语言是这个发展过程中的一个里程碑。

程序可以指挥计算机做各种事情。但是计算机不能直接读懂高级语言，必须由编译器或者解释器把高级语言翻译为机器可读懂的机器语言。

驾驭计算机必须编写程序。仅懂得程序设计语言还不足以编写好的程序，至少需要了解一定的计算机工作原理，如计算机的工作过程、二进制和内存等基础知识。

习 题 1

1.1 列举几种你所知道的计算机硬件和软件。

1.2 冯·诺依曼机模型有哪几个基本组成部分？

1.3 列举几种常见的程序设计语言。

1.4 列举几个生活和学习中成功应用信息技术的例子。

第 2 章　数据类型、运算符与表达式

📖 内容关键词

- ✍ 基本数据类型
- ✍ 常量和变量，标识符命名
- ✍ 常用运算符和表达式，运算符的优先级与结合性

📖 重点与难点

- ✍ 变量的定义，使用变量的基本原则，变量占内存的字节数
- ✍ 增 1 和减 1 运算符、强制转换运算符
- ✍ 赋值与表达式中的类型转换
- ✍ 将数学表达式写成合法的 C 语言表达式

📖 典型实例

- ✍ 计算圆的面积和周长

2.1　一个简单的 C 程序例子

在学习本章内容前，我们先来看一个简单的 C 程序例子。

【例 2-1】 编写一个能对从键盘任意输入的两个整型数进行求和运算的 C 程序。

```
#include <stdio.h>
// 函数功能：  计算两个整型数之和
// 入口参数：  整型数 a 和 b
// 函数返回值：整型数 a 与 b 之和
int Add(int a, int b)
{
    return   a + b;                          // 从函数返回整型数 a 与 b 之和
}
int main(void)                               // 主函数
{
    int  x, y, sum = 0;                      // 变量定义和初始化
    printf("Input two integers:");           // 在屏幕上显示一条提示信息
```

```
    scanf("%d%d", &x, &y);                    // 输入两个整型数 x 和 y
    sum = Add(x, y);                          // 调用函数 Add()，计算 x 和 y 之和
    printf("sum = %d\n", sum);                // 输出 x 和 y 之和
    return 0;
}
```

在运行上面这个程序时，先显示一条提示信息：

```
Input two integers:
```

要求用户从键盘输入两个整型数。假设用户输入 4 和 5，即

```
Input two integers:4 5↙
```

这里，符号↙表示按一下回车键，以示数据输入的结束。此时，屏幕上显示如下信息：

```
sum = 9
```

当然，现在还不能要求读者明白程序的每个细节。目前，我们要做的是从宏观上考察 C 语言程序的特点，就像你认识一位陌生人时，在对他深入了解之前，要先看看他的外貌和举止。那么，C 语言程序究竟有什么特点呢？从上面的例子可以大致归纳出以下三个特点。

1．函数（Function）是 C 语言程序的基本单位，即 C 语言程序是由函数构成的

① 一个标准 C 语言程序（program）必须有且仅有一个用 main 命名的函数，这个函数称为主函数。标准 C 程序总是从 main()函数开始执行的，而与它在程序中的位置无关。

② 根据需要，一个 C 语言程序可以包含零到多个用户自定义函数。例 2-1 中有一个用户自定义函数 Add()。main()函数调用这个函数计算两个整型数之和。

③ 在函数中可以调用系统提供的库函数，在调用前只要将相应的头文件（header file）通过编译预处理命令（preprocessor directive）包含到本文件中即可。例如，使用系统输入/输出函数时，需要用下面的编译预处理命令将头文件 stdio.h 包含到本文件中。

```
#include <stdio.h>
```

2．函数由函数首部和函数体两部分组成

① 函数首部包括对函数返回值类型、函数名、形参类型、形参名的说明，如例 2-1 中对函数 Add()的定义。函数的参数表示函数需要从外界接收的信息。当然，有时函数也可以没有形参，这时函数名后的一对“()”不能省略，通常在其中写上 void，明确表示函数没有参数，即 main()函数不需要从外界接收任何信息，如例 2-1 中对 main()函数的定义。在 main()函数左侧的关键字 int 表示执行完 main()函数后将返回一个整型数给操作系统，它与 main()函数的最后一条语句 return 0 是呼应的，返回 0 值给操作系统表示程序正常结束。现在，你只要记住这个基本框架即可，第 5 章会详细介绍从函数返回一个值到底意味着什么。

② 函数体由函数首部下面最外层的一对“{}”中的内容组成，包括变量定义语句和可执行语句序列。变量定义语句是对函数中“对象”的描述，可执行语句序列是对函数要实现的“动作”的描述。

3．C 语言程序的书写格式与规则

① 除了复合语句，C 语言语句（statement）都以“;”作为结束标志。注意，本书程序中

语句前面的行号并非程序语句的一部分，只是为了便于解释程序语句的功能而额外添加的。

② C 语言程序的书写格式比较自由，既允许在一行内写多条语句，也允许将一条语句分写在多行上，而不必加任何标识。为了提高程序的可读性（readability）和可测试性（testability），建议读者一行内仍然只写一条语句。就像养成良好的卫生习惯一样，养成良好的程序设计风格，按照清晰、规范的代码风格书写程序，与编写正确的程序是同样重要的。

③ 在 C 程序中，用“/*”和“*/”包含起来的内容被称为注释（comment）。注释是对程序功能的必要说明和解释。虽然有无注释并不影响程序的执行，但注释能起到“提示”代码的作用，提高程序的可读性。因此，良好的程序设计风格提倡给程序加必要的和有意义的注释。

C 语言编译器并不对注释内容进行语法检查，可用英语或汉语来书写注释内容，一行写不下，可以继续在下一行书写，只要是在一对“/*”和“*/”中间的内容都被当作注释来处理。写注释时应注意，“/”与“*”之间不能留有空格。

C99 允许使用单行注释符（one-line comments）“//”。就像 C++、Java 和 C#中的注释一样，只要字符“//”在一对引号之外的任何地方出现，一行中“//”后面的内容都会被处理为注释。这种注释方法更为简单，因此本书的全部程序都采用这种风格的注释。

2.2 C 语言程序常见符号分类

如例 2-1 所示，一个 C 语言程序中有很多标识符号，这些标识符号分别代表不同的含义。C 语言程序中常见的标识符号主要有以下 6 类。

1．关键字（Keyword）

关键字，又称为保留字，是 C 语言中预先规定的具有固定含义的一些单词，如例 2-1 中的 int 和 return 等，用户只能按预先规定的含义来使用它们，不能擅自改变其含义。C 语言提供的关键字详见附录 A。

2．标识符（Identifier）

标识符分为系统预定义标识符和用户自定义标识符两类。

顾名思义，系统预定义标识符的含义是由系统预先定义好的，如例 2-1 中的主函数名 main、库函数名 scanf 和 printf 等。与关键字不同的是：系统预定义标识符允许用户赋予新的含义。但这样做会失去原有的预先定义的含义，从而造成误解，因此这种做法是不提倡的。

用户自定义标识符是由用户根据需要自行定义的标识符，通常用作函数名、变量名等，如例 2-1 中的用户自定义函数名 Add，变量名 x、y、sum 等。

3．运算符（Operator）

C 语言提供了丰富的运算符，共 34 种（详见附录 C）。按照不同的用途，这些运算符大致可分为如下 13 类。

（1） 算术运算符 + - * / %

（2） 关系运算符 > >= == < <= !=

（3） 逻辑运算符 ! && ||

（4） 赋值运算符 =

复合的赋值运算符 += -= *= /= %= &= |= ^= <<= >>=

（5）　增 1 和减 1 运算符　++　--
（6）　条件运算符　? :
（7）　强制类型转换运算符　(类型名)
（8）　指针和地址运算符　*　&
（9）　计算字节数运算符　sizeof
（10）　下标运算符　[ ]
（11）　结构体成员运算符　->　.
（12）　位运算符　<<　>>　|　^　&　~
（13）　逗号运算符　,

4．分隔符（Separator）

就像写文章要有标点符号一样，写程序也要有一些分隔符。在 C 语言程序中，空格、回车/换行、逗号等，在各自不同的应用场合起着分隔符的作用。例如，程序中相邻的关键字、标识符之间应由空格或回车/换行作为分隔符，逗号则用于相邻同类项之间的分隔。再如，在定义相同类型的变量之间可用逗号分隔，在向屏幕输出的变量列表中，各变量或表达式之间也用逗号分隔。

```
int  a, b, c;                      // 在这里，逗号起着分隔符的作用
printf("%d%d%d\n", a, b, c);       // 在这里，逗号起着分隔符的作用
```

5．其他符号

除了上述符号，C 语言中还有一些具有特定含义的符号。例如，“{”和“}”通常用于标识函数体或一个语句块，“/*”和“*/”是程序注释所需的定界符。

6．数据（Data）

程序处理的数据有变量和常量两种基本数据形式。例如，例 2-1 中的"Input two integers:"和 0 都是常量，只是类型不同而已。其中，前者是字符串常量，后者是整型常量，而标识符 x、y、sum 等是变量。常量与变量的区别在于：在程序运行过程中，常量的值保持不变，变量的值则是可以改变的。

2.3　数据类型

2.3.1　为什么引入数据类型

对计算机硬件系统而言，数据类型的概念并不存在。在高级语言中，数据之所以要区分类型，主要是为了能更有效地组织数据，规范数据的使用，提高程序的可读性。所谓物以类聚，人以群分，不同类型的数据在数据存储形式、取值范围、占用内存大小及可参与的运算种类等方面都有所不同。

C 语言提供的数据类型（data type）分类如图 2-1 所示。

本章只介绍基本数据类型；数组类型在第 6 章中介绍；结构体和共用体类型在第 8 章中介绍；指针类型在第 7 章中介绍；空类型，也称为无类型（void），在第 5 章中介绍。

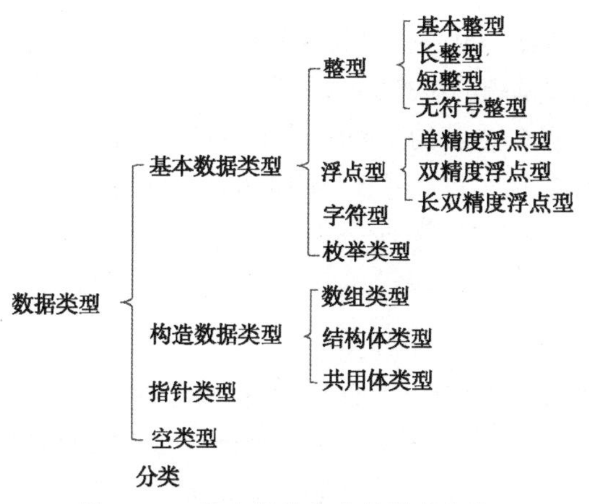

图 2-1　C 语言提供的数据类型分类

2.3.2　从基本数据类型到抽象数据类型

本节内容用于帮助读者对数据类型的发展有一个更深入的了解和认识，初学者可跳过此节，待学完第 8 章结构体和共用体的内容以后再回过头来阅读本节。

在早期的机器指令及汇编语言中，程序设计中的数据对象均用二进制数表示，没有数据类型的概念。后来出现了 FORTRAN、ALGOL 等高级语言。在这些高级语言中，为了方便用户使用，引入了整型、实型、布尔类型等基本数据类型。这些数据类型反映一个较高的抽象层次。编程时，如定义一个整型变量的方式和对整型数据能执行的各种运算，如+、-、*、/等，我们只需知道如何使用这些类型的变量，而不必了解变量的内部数据表示形式。这些数据的内部表示和操作的具体实现都是系统提供的，这其实就是一种简单的抽象数据类型。

这些常用的基本数据类型给编程人员带来了许多方便，但当表示复杂数据对象时，仅使用几种基本数据类型显然是不够的。

曾有人试图在语言（如 PL/1）中规定较多的基本数据类型，如数组、树、栈等。实践表明，这不是一个好办法，因为任何一个程序设计语言都无法将实际应用中涉及的所有复杂的数据对象都作为其基本数据类型。所以，根本方法是使语言具有让用户自己来构造或定义所需数据类型的机制。于是在后来发展的语言（如 C 语言）中出现了构造数据类型，允许用户根据实际需要利用基本数据类型来自己构造数据类型。例如，C 语言中的数组、结构体和共用体就属于构造数据类型，用户利用这种机制可以自己构造链表、树、栈等复杂的数据结构。

尽管构造数据类型机制使得某些比较复杂的数据对象可以作为某种类型的变量直接处理，但是这些类型的表示细节对外是可见的，没有相应的保护机制，因而使用中会带来许多问题。例如，在一个模块中用户可以随意修改该类型变量的某个成分，而这种修改对处理该数据对象的其他模块又会产生间接的影响，这对一个由多人合作完成的大型程序系统的开发是很不利的。于是出现了信息隐藏（information hiding）和抽象数据类型的概念。

所谓抽象数据类型（Abstract Data Type，ADT），是指这样一种数据类型，它不再单纯是一组值的集合，还包括作用在值集上的动作或操作的集合，而且类型的表示细节及操作的实现细节对外是不可见的。之所以说它是抽象的，是因为外部只知道它做什么，而不知道它如何做，更不知道数据的内部表示细节。这样，即使改变数据的表示，改变操作的实现，也不会影响程序的其他部分。抽象数据类型可以达到更好的信息隐藏效果，因为它使得程序不依赖于数据结构的具体实现方法，只要提供相同的操作，换用其他方法实现同样的数据结构后，程序不需修改。这个特征对系统的维护和修改非常有利。C++语言中的类（class）就是抽象数据类型的一种具体实现。从 C 语言的结构体过渡到 C++语言的类，其实不仅是数据类型的扩展，也使得从面向过程的 C 语言过渡到面向对象的 C++语言发生了思考问题角度和程序设计方法的根本性转变。

2.3.3 类型修饰符

除了 void 类型，基本数据类型前都可以加各种修饰符。在基本类型前加类型修饰符（type modifier）可以更准确地对类型进行定义。用于修饰基本类型的修饰符有如下 4 种。

① signed：“有符号”之意，可以修饰 int、char 基本类型。因为默认的 int 型定义为有符号整数，所以对 int 型使用 signed 是冗余的。signed 的最重要用途是在 char 类型默认为无符号时，使用 signed 修饰 char，表示有符号字符型。

② unsigned：“无符号”之意，可以修饰 int、char 基本类型。

③ long：“长型”之意，可以修饰 int、double 基本类型。

④ short：“短型”之意，可以修饰 int 基本类型。

当类型修饰符被单独使用（即将其修饰的基本类型省略）时，系统默认其为 int 型，因此下面几种用法是等价的。

```
signed        等价于    signed int
unsigned      等价于    unsigned int
long          等价于    long int
short         等价于    short int
```

另外，signed 和 unsigned 也可以用来修饰 long int 和 short int，但是不能修饰 double 和 float。

计算机处理的最小单元就是位（bit），一个位的值要么是 0，要么是 1，只有两种可能，因此称为二进制数（binary digit）。bit 就是 binary digit 的缩写。8 位构成 1 字节（byte）。有符号和无符号整数之间的区别在于怎样解释整数对应于内存中的二进制数的最高位。对于无符号数，其最高位被 C 编译器解释为数据位。而对于有符号数，C 语言编译器将其最高位解释为符号位，符号位为 0，表示该数为正；符号位为 1，表示该数为负。计算机硬件是没有数据类型的概念的，更不区分内存中的二进制数哪些是有符号数，哪些是无符号数。在某种意义上，你把它看成什么，它就是什么。例如，把它的最高位看成符号位，它就是一个有符号数；把它的最高位看成数据位，它就是一个无符号数。

对于具有相同字节数的整数而言，因为有符号数的数据位比无符号数的数据位少了 1 位（1 bit），且少的这 1 位恰好是最高位，所以有符号整数中的最大数的绝对值仅为最大无符号整数的一半。例如，编译系统为 int 类型分配 2 字节的存储空间，即 16 个二进制位中的最高位是符号位，以 32767 为例，其在内存中的存储形式为

最高位

0 ¦ 1	11	11	11	11	11	11	11

如果该数被定义为无符号整型，将其最高位置为 1 后，该数变成了 65535；而如果该数被定义为有符号数，将其最高位置为 1 后，该数将被解释为-1。

下面具体说明为什么该数会被解释成-1。

在计算机内存中，负数是以二进制补码（complement）形式表示和存放的。为什么要用补码呢？原因主要有两方面：一方面可以将减法运算变为加法运算来处理，另一方面可以对 0 这个数形成统一的表示（否则会出现+0 和-0）。下面让我们来看究竟什么是补码。

在保持符号位不变的情况下，将负数的原码中的 0 变成 1、1 变成 0，得到的是该负数的反码。负数的补码就是，在保持符号位不变的情况下，先求得其反码，再将其结果加 1。正数的反码、补码与其原码是相同的。

由于-1 的二进制补码为全 1，因此若将最高位的 1 解释为符号位（有符号数），则这个数就是-1；若将最高位的 1 解释为数据位（无符号数），则这个数就是 $1\times2^0+1\times2^1+1\times2^2+1\times2^3+1\times2^4+1\times2^5+1\times2^6+1\times2^7+1\times2^8+1\times2^9+1\times2^{10}+1\times2^{11}+1\times2^{12}+1\times2^{13}+1\times2^{14}+1\times2^{15}=65535$。

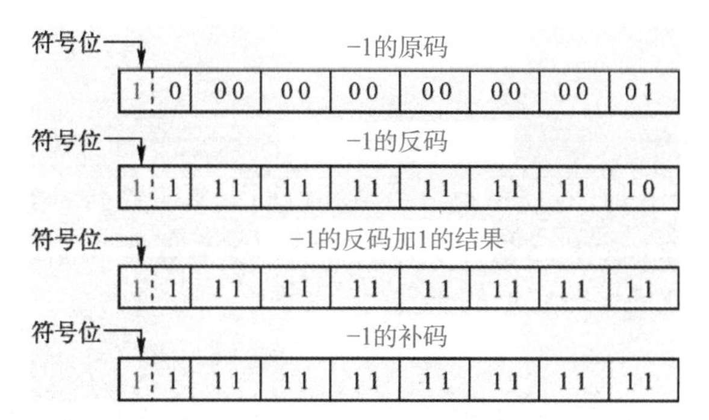

显然，若编译器为 int 类型分配 2 字节的内存，则有符号整数的最高位为符号位，能表示的最小值为$(1000000000000000)_2$，即-32768（-2^{15}），最大值为$(0111111111111111)_2$，即 32767（$2^{15}-1$）。而无符号整数的最高位也为数据位，能表示的最小值为$(0000000000000000)_2$，即 0，最大值为$(1111111111111111)_2$，即 65535（$2^{16}-1$）。

下面来看为什么用补码可以用统一的形式来表示 0，并且可以将减法运算转化为加法运算来处理。

对于双字节整型数，+0 的原码和补码都是 00000000 00000000，−0 的原码是 10000000 00000000，其反码为 11111111 11111111，将这个反码加 1 后，得到 00000000 00000000（其中舍掉了最高位的进位）。显而易见，+0 和−0 的补码是相同的，即 0 的表示是唯一的，而+0 和−0 的原码是不同的，也就是说，0 的原码表示是不唯一的。

再看计算 7−6 的例子。+7 的补码就是其原码 00000000 00000111，−6 的补码是 11111111 11111010，而 00000000 00000111 和 11111111 11111010 相加后，得到 00000000 00000001（其中舍掉了最高位的进位），这个结果就是+1。可见，在补码表示方法下，我们可以容易地将 7−6 的减法运算转化为(+7) + (−6)的加法运算。

2.3.4 标识符命名

标识符的命名必须遵循一定的规则。这里只介绍被大多数程序员所采纳的共性规则。一般的标识符命名规则（naming rules）如下：

① 由英文字母、数字和下画线组成，且必须以英文字母或下画线开头。

② 不允许使用关键字作为标识符的名字，同时标识符不应该与库函数重名。

③ 在 C 语言中，标识符可以是任意长度的。然而，旧的 ANSI C 规定，有意义的标识符长度为前 6 个字符，现今的 C/C++已经突破此局限，但一般还是有最大长度限制，具体情况

请查阅编译器手册。不过在大多数情况下，我们并不会达到此限制。

④ 标识符命名应以直观且易于拼读为宜，即做到“见名知意”，最好使用英文单词及其组合，这样便于记忆和阅读。切忌使用汉语拼音来命名。给变量起一个有意义的名字有助于程序自我文档化，减少所需注释的数量。

⑤ 命名规则应尽量与所采用的操作系统或开发工具的风格保持一致。例如，Windows 应用程序的标识符通常采用“大小写”混排方式，如 AddChild，而 UNIX 应用程序的标识符通常采用“小写+下画线”的方式，如 add_child。不要将这两类风格混在一起使用。

⑥ 标识符区分大小写。例如，sum、Sum 和 SUM 是三个不同的标识符。虽然 C 语言程序区分大小写标识符，但为避免引起混淆，最好不要使用仅靠大小写区分的相似的标识符。

2.4 常量

常量（constant）是一种在程序中保持类型和值都不变的数据。按照类型，常量有以下几种：整型常量、实型常量、字符常量、字符串常量、枚举常量。除了枚举类型，编译系统从它们的数据表示形式上就能区分它们的类型。

2.4.1 整型常量

1．整型（Integer）常量的表示形式

计算机中的数据都以二进制形式存储。在 C 程序中，为便于表示和使用，整型常量可用十进制（Decimal）、八进制（Octal）、十六进制（Hexadecimal）三种形式来表示，编译系统会自动将其转换为二进制形式存储。整型常量的表示形式如表 2-1 所示。

表 2-1　整型常量的表示形式

整型常量的表示形式	特　点	举　例
十进制	由 0 ~ 9 的数字序列组成，数字前可以带正负号	如 256、-128、0、+7 是合法的十进制整数，而 256.0 是非法的十进制整数
八进制	以 8 为基的数值系统称为八进制。八进制整数由以数字 0 开头，后跟 0 ~ 7 的数字序列组成。八进制数 010 相当于十进制数 8	如 021 是合法的八进制整数，代表十进制数 17，而 089 作为八进制整数是非法的
十六进制	以 16 为基的数值系统称为十六进制。十六进制整数由数字 0 加字母 x（大小写均可）开头，后跟 0 ~ 9 和 a ~ f（大小写均可）的数字序列组成。十六进制数 0x10 相当于十进制数 16	如 0x12 是合法的十六进制整数，代表十进制数 18

2．整型常量的类型确定

长整型常量由常量值后跟 L 或 l 来表示，如-256l、1024L 等。

无符号整型常量由常量值后跟 U 或 u 来表示，如 30u、256U 等，但不能表示成小于 0 的数（如-30u）。无符号长整型常量由常量值后跟 LU、Lu、lU 或 lu 来表示，如 30lu 等。

2.4.2 实型常量

1．实型（Float）常量的表示形式

由于计算机中的实型数以浮点（floating-point）形式表示，即小数点位置可以是浮动的，

因此实型常量既可以称为实数，也可以称为浮点数，如 3.14159、-42.8 等都是实型常量。在 C 语言程序中，实型常量的表示方法有如下两种。

① 十进制小数形式。十进制小数形式与人们表示实数的惯用形式相同，是由数字和小数点组成的。注意，必须有小数点，如 0.123、-12.35、.98、18.等都是合法的表示形式，其中，.98 等价于 0.98，18.等价于 18.0。如果没有小数点，就不能作为小数形式的实型数。

② 指数形式。在实际应用中有时会遇到绝对值很大或很小的数，这时我们将其写成指数形式，更直观、方便，如 0.00000345 写成 3.45×10^{-6}，或者 0.345×10^{-5}。程序编辑时不能输入角标，因此在 C 语言中，以字母 e 或 E 来代表以 10 为底的指数。如 0.00000345 写成 3.45e-6，或者 0.345e-5。其中，e 的左边是数值部分（有效数字），可以表示成整数或者小数形式，它不能省略；e 的右边是指数部分，必须是整数形式。例如，3e-2、3.0e-2、3.e-2、.6e-2 等都是合法的表示形式，而 e3、2e3.0、.e3 等都是不合法的表示形式。

2．实型常量的类型确定

实型常量隐含按双精度型（double）处理。单精度实型常量由常量值后跟 F 或 f 来表示，如 1.25F、1.25e-2f 等。长双精度（long double）实型常量由常量值后跟 L 或 l 来表示，如 1.25L 等。

2.4.3 字符常量

C 语言中的字符常量是由单引号括起来的一个字符，如'a'、'2'、'#'等。字符常量两侧的一对单引号是必不可少的，如'B'是字符常量，而 B 是一个标识符；再如，'3'表示一个字符，而 3 表示一个整数。为了表示某些控制字符（如回车符、换行符等），C 语言中还引入了一种特殊形式的字符常量——转义序列（escape sequence），是以反斜线“\”开头的字符序列，使用时同样要括在一对单引号内。这里的“\”有着特殊的含义，编译器会将其视为转义字符（escape character）。当编译器遇到字符串中的转义字符时，会将转义字符及其下一个字符组成一个转义序列。常用的转义序列及其含义如表 2-2 所示。

表 2-2　常用的转义序列

字　符	含　义	字　符	含　义
'\n'	换行（Newline）	'\a'	响铃报警（Alert or Bell）
'\r'	回车（但不换行）（Carriage Return）	'\"'	双引号（Double Quotation Mark）
'\0'	空字符，通常用作字符串结束标志（Null）	'\''	单引号（Single Quotation Mark）
'\t'	水平制表（Horizontal Tabulation ）	'\\'	反斜线（Backslash）
'\v'	垂直制表（Vertical Tabulation）	'\?'	问号（Question Mark）
'\b'	退格（Backspace）	'\ddd'	1 ~ 3 位八进制 ASCII 值所代表的字符
'\f'	走纸换页（Form Feed）	'\xhh'	1 ~ 2 位十六进制 ASCII 值所代表的字符

例如，例 2-1 中涉及的字符'\n'用于控制输出时的换行处理，即将光标移到下一行的起始位置；而'\r'表示回车，但不换行，即将光标移到当前行的起始位置。

又如，'\0'代表 ASCII 值为 0 的字符，代表一个字符，而不是两个字符；'\t'为水平制表符，相当于按 Tab 键。屏幕上的一行通常被划分成若干域，相邻域之间的交界点称为“制表位”，每个域的宽度就是一个 Tab 宽度。有些开发环境对 Tab 宽度的默认设置为 4，有些则为 8，多数人习惯上将其设置为 4。

【编码规范和编程实践】 每次按下 Tab 键，并不是从当前光标位置向后移动一个 Tab 宽度，而是移到下一个制表位，实际移动的宽度视当前光标位置距相邻的下一个制表位的距离而定。

2.4.4 字符串常量

字符串常量是由一对双引号括起来的一个字符序列，如"qwer"、"123"、"w"等都是字符串。注意，"a"是字符串常量，不是字符常量，'a'才是字符常量。

为便于 C 语言程序判断字符串是否结束，系统对每个用双引号括起来的字符串常量都添加一个字符串结束标志——ASCII 值为 0 的空操作符'\0'。它不引起任何控制动作，也不显示。

2.4.5 宏常量

宏常量，也称为符号常量（symbolic names or constant），是指用一个标识符号代表的一个常量，这时该标识符号与此常量是等价的。宏常量是由 C 语言中的宏定义编译处理命令来定义的。宏定义的一般形式为：

```
#define    标识符  字符串
```

其作用是用#define 编译预处理指令定义一个标识符和一个字符串，凡在源程序中发现该标识符时，都用其后指定的字符串来替换。宏定义中的标识符被称为宏名（macro name），将程序中出现的宏名替换成字符串的过程称为宏替换（macro substitution）。宏名与字符串之间可以有多个空白符，但字符串后只能以换行符终止，且除非特殊需要一般不出现分号。例如：

```
#define PI 3.14159
```

它的作用是在编译预处理时，把程序中在该命令后出现的所有标识符 PI 均用 3.14159 代替。其优点在于，能使用户以一个简单的名字代替一个长的字符串，提高程序的可读性。

【例 2-2】 计算圆的面积和周长。

```
1    #include <stdio.h>
2    #define   PI    3.14159
3    #define   R     5.3
4    int main(void)
5    {
6        printf("area = %f\n", PI * R * R);
7        printf("circumference = %f\n", 2 * PI * R);
8        return 0;
9    }
```

程序第 2 行定义了宏常量 PI，代表圆周率 3.14159，第 3 行定义了宏常量 R，代表半径 5.3。经过宏展开后，第 6 行和第 7 行语句将分别被替换成如下语句：

```
printf("area = %f\n", 3.14159 * 5.3 * 5.3);
printf("circumference = %f\n", 2 * 3.14159 * 5.3);
```

这两条语句的作用是分别打印输出当半径 R 取值为 5.3 时的圆面积和圆周长。

该程序的运行结果如下：

```
area = 88.247263
circumference = 33.300854
```

【编码规范和编程实践】 为了与源程序中的变量名有所区别，宏常量名一般采用大写字母表示。

【常见错误提示①】 以为程序中用双引号括起来的字符串中与宏名相同的字符也会被宏替换。

例如，语句“printf("PI");”中的 PI 不被替换，因为这里的"PI"代表一个字符串，不是宏名。

【常见错误提示②】 误以为宏替换时进行语法检查。

事实上，宏替换只是一种简单的字符串替换，替换时是不进行任何语法检查的，因此，只有在对已被宏展开后的源程序进行编译时才会发现错误。

【常见错误提示③】 将宏定义当作 C 语句来使用，在行末加上了“;”，或者在宏名后加了“=”。

宏定义是一种编译预处理命令，如果在行末加分号，就会连同分号一起进行替换。例如，假设将第 2 行语句改写为：

```
#define  PI  3.14159;
```

则经过宏展开后，第 6 行语句将被替换成如下语句，从而出现语法错误。

```
printf("area = %f\n", 3.14159;*5.3*5.3);
```

2.4.6 枚举常量

所谓“枚举（enumeration）”，就是一一列举之意，当某些量仅由有限个数据值组成时，通常用枚举类型来表示。枚举数据类型（enumerated data type）描述的是一组整型值的集合，可用关键字 enum 来定义这种类型。例如：

```
enum response{no, yes, none};
enum response answer;
```

这两条语句首先声明了名为 response 的枚举数据类型，有三种可能的取值：no、yes、none，然后用该枚举类型定义了一个名为 answer 的变量。

在枚举类型声明语句中，包含在“{ }”中的标识符均为整型常量，称为枚举常量。除非特别指定，否则这组常量中的第 1 个常量的值为 0，第 2 个常量的值为 1，第 3 个常量的值为 2，以后依次递增 1。

在上例中，变量 answer 可被赋予 no、yes、none 这三种值中的任何一种。例如：

```
answer = no;
```

相当于

```
answer = 0;
```

变量 answer 还可以用在条件语句中，如

```
if (answer == yes)
```

相当于

```
if (answer == 1)
```

使用枚举类型的目的是提高程序的可读性。例如，在上例中，使用 no、yes、none 比使用 0、1、2 的程序可读性更好。

在上例中，response 被称为枚举标记（enumeration tag）。枚举标记是可选的（optional），也可以省略不写。例如：

```
enum{no, yes, none}answer;
```

C 语言还允许在枚举类型定义时，明确地设置每一个枚举常量的值。例如：

```
enum response{no = -1, yes = 1, none = 0};
```

若要在枚举类型定义中增加一种可能的取值，则在“{”和“}”之间直接添加即可。例如：

```
enum response{no = -1, yes = 1, none = 0, unsure = 2};
```

又如：

```
enum month{JAN=1, FEB, MAR, APR, MAY, JUN, JUL, AUG, SEP, OCT, NOV, DEC};
```

这里，第一个枚举常量值被明确地设置为 1，以下常量值依次递增 1。再如：

```
enum weekday{Sunday, Monday, Tuesday, Wednesday, Thursday, Friday, Saturday};
```

理解枚举类型的要点是：枚举标记后面变量表中的每个标识符都代表一个整型常数，这些标识符只是一个整型常数的名字，不是字符串，因此可以用于使用整型常数值的任何场合，但不能将其作为字符串直接输入和输出。例如，如下语句并不能达到输出字符串"yes"的目的。

```
answer = 1;
printf("%s", answer);                   // 错误
```

2.5 变量

2.5.1 变量的定义与初始化

变量（variable）是在程序执行过程中可以改变、可以赋值的量。在 C 语言中，变量必须遵循“先定义，后使用”的原则，即每个变量在使用前都要用变量定义语句将其定义为某种具体的数据类型。变量定义语句的形式如下：

```
类型关键字  变量名1 [, 变量名2, …];
```

其中，“[ ]”中的内容为可选项，当同时定义多个相同类型的变量时，它们之间需用“,”分隔。

整型的类型关键字为 int，单精度实型的类型关键字为 float，双精度实型的类型关键字为 double，字符型的类型关键字为 char。变量类型决定了编译器为其分配的内存单元的字节数、内存单元中能存放哪种类型的数据、数据在内存中的存储形式、该类型变量合法的取值范围及可参与的运算种类。例如：

```
short  max;                         // 等价于语句 short int max;
long  sum;                          // 等价于 long int sum;
unsigned int  area;                 // 定义 area 为无符号整型变量
float  score;                       // 定义 score 为单精度实型变量
```

```
double  total;                    // 定义 total 为双精度实型变量
char  sex;                        // 定义 sex 为字符型变量
```

变量名是由用户定义的标识符，用于标识内存中一个具体的存储单元，其中存放的数据称为变量的值。通常，定义但未赋初值的变量的值是随机值（静态变量和全局变量除外）。因此，我们提倡在定义变量的同时对变量进行初始化（即为其赋初值）。其形式如下：

```
类型关键字  变量名1 = 常量1[, 变量名2 = 常量2, …];
```

例如：

```
long int  sum = 0;                // 定义 sum 为长整型变量，初值为 0
float  score = 91.5;              // 定义 score 为单精度实型变量，初值为 91.5
char  sex = 'M';                  // 定义 sex 为字符型变量，初值为'M'
```

可通过赋值的方法改变变量的值。例如，下面语句修改变量 score 的值为 94：

```
score = 94;
```

还可以通过变量名引用变量的值。例如，下面语句输出变量 score 的值：

```
printf("score = %f\n", score);
```

2.5.2 const 类型修饰符

const 类型修饰符必须放在它所修饰的类型名之前，用 const 修饰的标识符为常量，编译器将其放在只读存储区。因此，const 常量只能在定义时赋初值，不能在程序中改变其值。例如：

```
const float  pi = 3.1415926;
```

定义了名为 pi 的 const 实型常量，其初始值为 3.1415926，程序不能修改其内容。标识符声明为 const 型的好处是确保标识符不受任何程序修改。

为什么需要常量呢？直接在程序中书写数字或字符串，难道不可以吗？

这是因为直接在程序中书写数字或字符串，会带来很多麻烦和问题。例如：

① 如果程序中使用过多的数字或字符串，就会导致程序的可读性变差，过一段时间后，程序员自己可能也会忘记那些数字或字符串代表什么意思了。

② 在程序的许多地方输入相同的数字或字符串，很难保证不发生书写错误。

③ 若要修改数字或字符串，则需要在很多地方进行同样的改动，既麻烦，又容易出错。

因此，使用含义直观的宏常量或 const 常量代替程序中多次出现的数字或字符串，对提高程序的可读性和可维护性都有好处。

与用#define 定义的宏常量相比，const 常量的优点如下：

① const 常量有数据类型，而宏常量没有数据类型。编译器对 const 常量进行类型检查，但对宏常量只进行字符串替换，不进行类型检查，字符串替换时极易产生意想不到的错误。

② 有些集成化的调试工具可对 const 常量进行调试，而不能对宏常量进行调试。

2.5.3 使用变量时的注意事项

1．使用变量的基本原则

使用变量必须遵循“先定义，后使用”的原则，一条定义语句可以定义若干同类型的变量，变量定义的先后顺序无关紧要。C 语言要求所有变量必须在第一条可执行语句前定义。

2．注意区分变量名和变量值的概念

变量名标识内存中一个具体的存储单元，变量值则是存储单元中存放的数据。

3．int 类型变量隐含的修饰类型

定义整型变量时，只要不指定为无符号型（unsigned），其隐含的类型就是有符号型（signed）。在实际使用时，signed 通常都是省略不写的。

4．用 sizeof 获得类型或变量的字长（所占存储空间的大小）

ANSI C 对于 int 类型数据所占内存的字节数没有明确定义，只是规定其所占内存的字节数大于 short 类型所占内存的字节数，但不大于 long 类型所占内存的字节数，通常与程序的执行环境的字长相同。

例如，对于 32 位编译系统，int 型数据在内存中占 4 字节（32 位）。因此，不能对变量所占的字节数想当然，用 sizeof 是获知某种数据类型在内存中所占字节数的最准确可靠的方法。

注意，sizeof 是 C 语言提供的专门用于计算类型字节数的运算符，不是函数。例如，int 类型数据所占内存的字节数用 sizeof(int)计算即可。

【编码规范和编程实践】 sizeof 是一个编译时执行的运算符，不会导致额外的运行时开销，是在编译期间执行的，除非它的操作数是一个可变长度数组。

【例 2-3】在屏幕上显示每种数据类型所占内存的字节数。

```
1   #include <stdio.h>
2   int main(void)
3   {
4       printf("Data type          Number of bytes\n");
5       printf("------------      ---------------------\n");
6       printf("char               %d\n", sizeof(char));
7       printf("int                %d\n", sizeof(int));
8       printf("short int          %d\n", sizeof(short));
9       printf("long int           %d\n", sizeof(long));
10      printf("float              %d\n", sizeof(float));
11      printf("double             %d\n", sizeof(double));
12      printf("long double        %d\n", sizeof(long double));
13      return 0;
14  }
```

这个程序在 Windows 系统中用 Code::Blocks 编译得到的运行结果如下：

```
Data type                      Number of bytes
------------                 ---------------------
char                                    1
int                                     4
short int                               2
long int                                4
float                                   4
double                                  8
long double                             12
```

注意，该程序的运行结果可能因不同的平台或相同平台不同的编译器而不同。在 Linux 系统中采用 GNU gcc 编译器时，long double 型数据的大小是 12 字节。在 Mac 系统中采用 Xcode 的 LLVM 编译器时，long 型数据的大小是 8 字节，而 long double 型数据的大小是 16 字节。

5．注意实型数据内存存储格式的特殊性

与整型数据在内存中的存储方式不同，对于实型数据，无论是小数表示形式还是指数表示形式，在内存中都是用浮点方式来实现存储的。

所谓浮点方式，是相对于定点方式而言的。定点数指小数点位置是固定的，小数点位于符号位和第一个数值位之间，表示的是纯小数；整数是定点表示的特例，只不过其小数点的位置在数值位末尾而已。实际上，计算机处理的数据不一定是纯小数或整数，而且有些数据的数值很大或很小，不能直接用定点数表示，可采取另一种表示方法，即浮点表示法，将会更方便灵活。

所谓浮点数，是指小数点的位置可以浮动的数。例如，十进制数 1234.56 可以写为

$$1234.56 = 0.123456 \times 10^{4} = 1.23456 \times 10^{3} = 12345.6 \times 10^{-1}$$

这里，随着 10 的指数的变化，小数点的位置也会发生相应的变化。

浮点数与整数在内存中的存储方式是截然不同的，浮点数永远是以如下顺序的位序列存储在内存中的：符号（+或-），阶码（exponent），尾数（mantissa）。例如，实数 N 可表示为

$$N = S \times r^{j}$$

其中，S 为尾数（正、负均可），一般规定用纯小数形式；j 为阶码（正、负均可，但必须是整数）；r 是基数，对二进制数而言，r=2，即 $N = S \times 2^{j}$，如$10.0111 = 0.100111 \times 2^{2}$。

浮点数在计算机中的存储格式如图 2-2 所示。

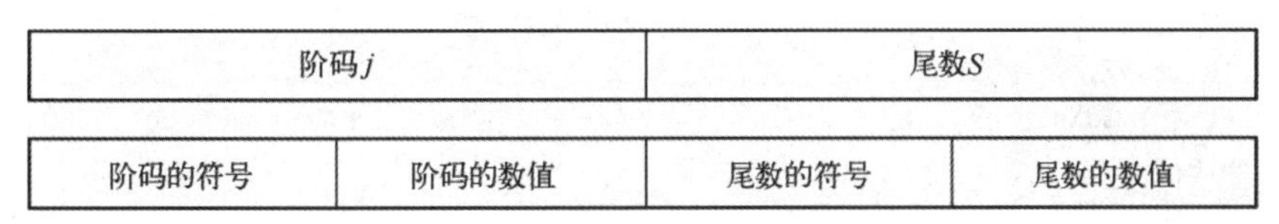

图 2-2　浮点数在计算机中的存储格式

阶码所占的位数决定实数的取值范围；尾数所占的位数决定实数的精度，尾数的符号决定实数的正负。对于阶码和尾数各自占多少存储空间，标准 C 并没有明确规定，不同的 C 编译系统分配给阶码和尾数的存储空间是不同的。显然，这种浮点表示法所能表示实数的取值范围可以远远大于定点表示法，而且更灵活。

6．注意 char 类型数据与 int 类型数据之间的关系

一个字符型变量中只能存放一个字符。字符串的存储需要用到字符数组，将在第 6 章中介绍。字符变量的取值范围取决于计算机系统所使用的字符集。目前，计算机上广泛使用的字符集是 ASCII（美国标准信息交换码）字符集。该字符集规定了每个字符对应的编码，即在字符序列中的“序号”，即每个字符都有一个等价的整型值与其相对应。从这个意义上，char 类型可看成一种特殊的整型数。附录 D 给出了常用字符的 ASCII 对照表。

一个 int 类型数据在内存中是以二进制形式存储的，而一个字符在内存中也是以其对应的 ASCII 值的二进制形式存储的。例如，对于字符'A'，内存中存储的是其 ASCII 值 65 的二进制值，存储形式与 int 类型数 65 类似，只是在内存中所占字节数不同而已。char 类型数据占 1

字节，而 int 类型数据在 16 位编译系统中占 2 字节，在 32 位编译系统中占 4 字节。

因此，在 C 语言中，只要不超出 ASCII 的取值范围，char 类型数据与 int 类型数据之间的相互转换就不会丢失信息，这也说明，char 类型常量可参与任何 int 类型数据的运算。

例如，一个 char 类型变量既能以字符格式输出，也能以整型格式输出，以整型格式输出时就是直接输出其 ASCII 值的十进制值。

【例 2-4】 按字符型和整型两种格式输出字符。

```
1  #include <stdio.h>
2  int main(void)
3  {
4     char  ch = 'b';                          // 定义 ch 为字符型变量的同时为其赋初值'b'
5     printf("%c, %d\n", ch, ch);              // 分别以字符形式、整数格式输出 ch
6     return 0;
7  }
```

程序的运行结果如下：

```
b, 98
```

再如，根据大、小写英文字母的 ASCII 值相差 32 这一规律，可以方便地通过字符型数据和整型数据的混合运算来实现大、小写英文字母之间的相互转换。

【例 2-5】 将小写字母转换为大写字母后，再以整型和字符型两种格式输出。

```
1  #include <stdio.h>
2  int main(void)
3  {
4     char  ch = 'b';                          // 定义 ch 为字符型变量的同时为其赋初值'b'
5     ch = 'b' - 32;
6     printf("%c, %d\n", ch, ch);              // 分别以字符形式、整数格式输出 ch
7     return 0;
8  }
```

程序的运行结果如下：

```
B, 66
```

除了直接利用差值 32 来实现大、小写英文字母的转换，还可通过计算'a'-'A'作为大、小写英文字母 ASCII 值的差值来实现大、小写英文字母的转换。例如：

```
1  #include <stdio.h>
2  int main(void)
3  {
4     char  ch = 'b';                          // 定义 ch 为字符型变量的同时为其赋初值'b'
5     ch = 'b'-('a'-'A');                      // 等价于语句 ch = 'b'-32;
6     printf("%c, %d\n", ch, ch);              // 分别以字符形式、整数格式输出 ch
7     return 0;
8  }
```

【编码规范和编程实践】 char 类型数据既可以是无符号数（取值范围为 0～255），也可以是有符号数（取值范围为-128～127），一般依赖于具体的编译系统。在大多数编译系统下，如果未指定其为 signed 类型还是 unsigned 类型，通常假定其为 signed 类型。

7．注意实型变量数据的舍入误差

【例 2-6】 将同一实型常量分别赋值给单精度实型和双精度实型变量，然后打印输出。

```
1   #include <stdio.h>
2   int main(void)
3   {
4       float  a = 123456.789e4;
5       double  b = 123456.789e4;
6       printf("%f\n%f\n", a, b);
7       return 0;
8   }
```

程序的运行结果如下：

```
1234567936.000000
1234567890.000000
```

为什么同一个双精度实型常量赋值给 float 类型变量和 double 类型变量后，输出的结果会有所不同呢？

这是因为浮点数并不是真正意义上的实数，只是实数在某种范围内的一种近似。事实上，在 CPU 内部，所有浮点数在被浮点指令装入浮点寄存器时都会发生转换，从单精度、双精度、整数转换为扩展精度，当从浮点寄存器存入内存时又会发生转换，从扩展精度转换为相应的精度格式，这种转换是由 CPU 硬件自动完成的。正是由于从扩展精度转换为低精度格式这一行为的存在，会让程序在进行浮点数赋值或浮点数相等比较时出现奇怪的结果。

当数据从低精度格式转换到高精度格式时，一般不会引起精度的丢失，因此，这样的转换相对是安全的，随着表示数据的位数的增加，高精度格式可以把低精度格式的相应数据位复制过来，通常不会丢失任何信息，但 long 类型转换为 float 类型是例外，因为当 long 类型整数的位数超过 7 位时，转换为 float 类型后，会因 float 类型的有效位数不高于 7 位而发生数据信息丢失。从高精度向低精度进行转换时，当数值超出低精度数据类型的表数范围时，有可能发生数值溢出，即使数值没有超出低精度数据类型的表数范围，也有可能发生数据信息丢失，因为低精度格式的数据位数比高精度的少，容纳不下高精度的所有信息，这样就会出现舍入（round），也称为截断。

根据 IEEE 标准，处理器可以按 4 种方式进行舍入。

① 舍入到最邻近的数（Round to Even）。如果需要被舍入的数正好在中间，就舍入到最邻近的偶数，舍入后的数有可能大于原数。这是大多数运行环境的默认舍入规则。

② 对称地朝着 0 的方向舍入（Round to Zero），舍入后数的绝对值不大于原数的绝对值。

③ 朝着$-\infty$的方向向下舍入（Round Down），舍入后的数不大于原数。

④ 朝着∞的方向向上舍入（Round UP），舍入后的数不小于原数。

由于浮点数存在多种精度格式，并且将浮点数存入内存时可能因精度转化而产生舍入误差，因此，本例将一个双精度实型常量赋值给 float 型变量时产生了舍入误差。

正因如此，在程序中对浮点数进行运算时，建议尽量使用双精度浮点类型，因为 double 类型的变量比 float 类型的变量占用更多的存储空间，因此其存储数值的数量级更大，精度也更高。尽管这样会导致性能下降，但对于现代处理器，这样造成的性能下降是微乎其微的。

浮点数并不是实数的精确表示，在绝大多数计算机中，浮点数只是它们数学上表示数据的近似值。例如，10 除以 3 得到的结果是 3.3333333…，这个结果的小数部分是无穷多个 3。而计算机为一个数据分配的存储空间是定长的，所以存储在计算机中的只能是浮点数的一个近似值。

【编码规范和编程实践】 浮点数的不精确性有可能引发计算错误或者累积误差，所以请不要采用 float 型或 double 型的变量来进行金融等对精度要求极高的计算。同时不要试图去比较两个浮点数是否相等，只能比较其近似相等。

【思考题】 如何比较两个浮点数近似相等？

8．注意数值溢出问题

由于浮点数的表数范围是有限的，因此当数值的量级过大，无法表示为浮点数时，浮点运算就会溢出（overflow）。与整数不同，浮点数不仅存在上溢问题，还存在下溢问题。“上溢”是指运算结果的绝对值大于计算机能表示的最大数的绝对值，“下溢”是指运算结果的绝对值小于计算机能表示的最小数的绝对值。由于浮点数的精度也是有限的，因此，当进行某些操作时，如果其结果无法在系统可以提供的精度内表示完全，就会造成精度损失，发生“下溢”。精度损失在一次运算中可能并不显著，但是通过累加，损失的精度就有可能扩大。例如，进行无符号数减法必须保证被减数大于减数，否则会发生“下溢”，而得到一个比较大的正数。

溢出的危害在于编译器对它熟视无睹，不会帮用户检查这种错误。一个经典的例子就是 1996 年阿丽亚娜火箭因浮点数转换成整数发生溢出而导致发射失败，可谓“小蛇吞大象”。

避免溢出的根本方法是了解处理问题的规模，尽量准确估算运算结果的可能取值范围，选择取值范围更大的变量类型，不要让变量的值超过该变量类型的取值范围。例如，尽量使用 double 类型而非 float 类型来处理浮点数，如果问题规模很大，可能还要使用 long double 型。

当然，任何方法都不是灵丹妙药。来看下面的例子。

【例 2-7】打印 1 ~ 30 的所有整数的阶乘，分析其正误。

```
1   #include <stdio.h>
2   int main(void)
3   {
4       unsigned int m, n;
5       for (m = 1; m <= 30; m++)
6       {
7           double  result = 1;
8           for (n = 2; n <= m; n++)
9           {
10              result = result * n;
11          }
12          printf("%d! = %.0f\n", m, result);
13      }
14      return 0;
15  }
```

程序的运行结果如下：

```
1! = 1
2! = 2
```

```
3! = 6
4! = 24
5! = 120
6! = 720
7! = 5040
8! = 40320
9! = 362880
10! = 3628800
11! = 39916800
12! = 479001600
13! = 6227020800
14! = 87178291200
15! = 1307674368000
16! = 20922789888000
17! = 355687428096000
18! = 6402373705728000
19! = 121645100408832000
20! = 2432902008176640000
21! = 51090942171709440000
22! = 1124000727777607700000
23! = 25852016738884978000000
24! = 620448401733239410000000
25! = 15511210043330986000000000
26! = 403291461126605650000000000
27! = 10888869450418352000000000000
28! = 304888344611713840000000000000
29! = 8841761993739700800000000000000
30! = 265252859812191030000000000000000
```

先暂时不要去理解这个程序是如何计算阶乘值的，我们只看这个程序的运行结果，为什么从22!开始往后，所有的阶乘计算结果都不对了呢？例如，本应有

```
22! = 1124000727777607680000
```

但实际上输出的是

```
22! = 1124000727777607700000
```

对比这两个结果我们发现，后者似乎是前者舍入的结果，只有前16位数字是准确的，后面几个数的阶乘值也是如此。double 类型能表示的数值范围已经足够大了，显然这不是浮点数溢出的问题，double类型虽然足以表达22!的范围，但是精度（有效位数）不够。

如本节第5点所述，浮点数在内存中表示为阶码和尾数两部分。阶码所占的位数决定实数的取值范围，尾数所占的位数决定实数的精度。不同的C编译系统分配给阶码和尾数的存储空间是不同的。因此，在不同的系统下，实数的精度是不同的。通常，float 类型的有效位只有6~7位，double类型的有效位只有15～16位，有效位后的数字都是不精确的。

浮点数的极限值和有效位数，是在 float.h 头文件中定义的（整型数的极限值 INT_MAX 和 INT_MIN 是在 limits.h 头文件中定义的）。例如，宏名 DBL_MAX 和 DBL_MIN 分别表示 double 型浮点数的上限值和下限值，而 DBL_DIG 表示其有效位数。例如，语句

```
printf("DBL_DIG = %d\n", DBL_DIG);
```

可以输出 double 型浮点数的有效位数。

2.6 常用运算符及表达式

C 语言的运算符极其丰富，根据运算符的性质分类，可分为算术运算符、关系运算符、逻辑运算符、赋值运算符、位运算符等。

也可根据运算所需的对象即操作数（operand）的个数对运算符进行分类：只需一个操作数的运算符称为单目运算符（或一元运算符）；需要两个操作数的运算符称为双目运算符（或二元运算符）；C 语言中还有需要三个操作数的特殊运算符，称为三目运算符（或三元运算符）。C 语言表达式（expression）是运算符、常量和变量的任意组合。

2.6.1 运算符的优先级和结合性

在 C 语言中，要想正确使用一种运算符，必须清楚这种运算符的优先级（precedence）和结合性（associativity）。各类运算符的优先级和结合性详见附录 C。

当一个表达式中出现不同类型的运算符时，首先按照它们的优先级顺序进行运算，即先对优先级高的运算符进行计算，再对优先级低的运算符进行计算。若两类运算符的优先级相同，则要根据运算符的结合性确定运算顺序。结合性表明运算时的结合方向。有两种结合方向：一种是左结合，即从左向右计算；另一种是右结合，即从右向左计算。

2.6.2 算术运算符

C 语言提供的基本算术运算符（arithmetic operators）及其优先级和结合性如表 2-3 所示。*、/、%具有相同的优先级，+、-具有相同的优先级，并且前三种运算符的优先级高于后两种。同一优先级的运算符进行混合运算时，按从左向右顺序进行计算，即除单目的取负值运算符外的其他算术运算符的结合性为左结合。例如，表达式 3*4/2 的运算顺序是先计算 3*4 的值，然后将其结果除以 2。

表 2-3 基本算术运算符及其优先级和结合性

运算符	类 型	含 义	优先级	结合性
-	单目	取相反数	高	从右向左计算
*	双目	乘法运算	↓	从左向右计算
/		除法运算		
%		求余运算		
-		减法运算		
+		加法运算	低	

关于算术运算符的两点补充说明：

① 两个整数相除的结果仍为整数，舍去小数部分的值，称为整数除法。例如，6/4 与 6.0/4 运算的结果值是不同的，6/4 的值为整数 1，而 6.0/4 的值为实型数 1.5。这是因为，当其中一个操作数为实数时，整数与实数运算的结果为 double 型。

② 求余运算限定参与运算的两个操作数为整数。其中，运算符左侧的操作数为被除数，

右侧的操作数为除数，运算的结果为整除后的余数，余数的符号与被除数的符号相同。例如，12 % 7 = 5，12 % (−7)= 5，(−12)% 7 =−5。事实上，这些运算结果是通过如下运算得到的：

$$12 \% 7 = 12-12/7 * 7 = 12-1 * 7 = 5$$

$$12 \% (-7) = 12-12/(-7) * (-7) = 12- (-1) * (-7) = 5$$

$$(-12) \% 7 = (-12)- (-12)/7 * 7 = (-12) - (-1) * 7 = -5$$

用算术运算符将操作数连接起来的式子称为算术表达式。其中，操作数可以是常量、变量或函数。例如，一元二次方程求根公式 $\frac{-b \pm \sqrt{b^2-4ac}}{2a}$ 可以写成以下两个 C 算术表达式：

```
(-b + sqrt(b * b - 4 * a * c)) / (2 * a)
(-b - sqrt(b * b - 4 * a * c)) / (2 * a)
```

这里，sqrt()为 C 语言提供的标准数学函数，用于执行开平方运算。在一些复杂的表达式中，常通过调用数学函数来进行计算。常用的标准数学函数详见附录 F，这里只在表 2-4 中列出其中的一部分。

表 2-4　常用的标准数学函数

函数	功　能	函数	功　能
sqrt(x)	计算 x 的平方根，x 应大于等于 0	exp(x)	计算 e^x 的值
fabs(x)	计算 x 的绝对值	pow(x,y)	计算 x^y 的值
log(x)	计算 $\log_e x$，即 $\ln x$ 的值	sin(x)	计算 $\sin x$ 的值，x 为弧度值
log10(x)	计算 $\lg x$ 的值	cos(x)	计算 $\cos x$ 的值，x 为弧度值

使用标准数学函数时，只要在程序开头加上如下编译预处理命令即可：

```
#include <math.h>
```

注意，使用 pow()函数时需要格外小心，当 x 等于 0 而 y 小于 0，或者 x 小于 0 而 y 不为整数时，将出现结果错误。pow()函数要求参数 x 和 y 以及函数的返回值为 double 型，否则有可能出现数值溢出问题。

C 语言中的表达式与数学中的表达式在书写形式上有很大区别，常见的书写错误如下：

【常见错误提示①】 表达式中使用了 C 语言不允许的标识符。

例如，将 $2\pi r$ 写成 2*π*r 是错误的，应该写成 2*3.1415926*r 或 2*PI*r。其中，PI 是宏常量，代表 3.1415926。

【常见错误提示②】 将“*”省略，或者写成×。

C 语言中，要求用“*”来显式地表示乘法运算。例如，将表达式 4ac 直接写成 4ac 或者写成 4×a×c，都是错误的，应该写成 4*a*c。

【常见错误提示③】 表达式未以线性形式写出，即分子、分母、指数、下标等未写在同一行上。

例如，形如 $\frac{1}{2}+\frac{a-b}{a+b}$ 的代数表达式是程序设计语言的编译器无法接受的，只能写成 1.0/2.0 + (a−b) / (a + b)，而写成 1/ 2 + (a−b) / (a + b)时，虽然语法正确，但结果比正确结果少 0.5，这是因为 1/2 是整数相除，整数相除运算的结果仍为整数，故 1/2 的结果是 0，而不是 0.5。

【常见错误提示④】 使用“[”和“]”以及“{”和“}”限定表达式运算顺序。

由于这两种符号在C语言中另有其他用途，因此只能用“(”和“)”限定运算顺序。

【常见错误提示⑤】 使用数学函数运算时，未将参数用“( )”括起来，且未注意其定义域要求和参数的单位。

例如，三角函数参数的单位不是角度，而是弧度；开平方函数的参数不能小于0等。

2.6.3 关系运算符

C语言提供的关系运算符（Relational Operators）有6种，如表2-5所示。

表2-5 关系运算符

运算符	对应的数学运算符	含 义	运算符	对应的数学运算符	含 义
<	<	小于	<=	≤	小于或等于
>	>	大于	>=	≥	大于或等于
==	=	等于	!=	≠	不等于

关系运算实质上就是比较运算。用关系运算符将两个操作数连接起来组成的表达式称为关系表达式。关系表达式通常用于表达一个判断条件的真与假。一个判断条件的真与假分别代表判断条件成立与不成立。C语言并未提供逻辑型数据类型，那么，在C语言中如何表示判断条件的真与假呢？

在C语言中，用非0值表示“真”，用0值表示“假”。不管表达式为何种类型，只要表达式的值为0，就表示其值为假，即条件不成立；而只要表达式的值为非零值（也包括负数），就表示其值为真，即条件成立。

C语言对真、假值的这种判断策略，给程序在判断条件的表达带来了灵活性，不再像某些语言那样仅仅局限于关系表达式和逻辑表达式。只要是合法的，任何类型的C表达式都可用于判断条件，从而允许我们编制效率极高的各种子程序。

例如，描述“num不是偶数条件成立”的关系表达式是num%2 != 0，表示若num被2求余结果不为0，即num不能被2整除，则该关系表达式的值为真，表示num不是偶数。由于关系运算符的优先级低于所有算术运算符的优先级，因此运算时，先计算num%2的值，再判断“num%2的值不等于0”是否成立。若不等于0，表示关系式成立，则表达式的值为真；若等于0，表示关系式不成立，则表达式的值为假。其实，这里用关系表达式num%2 != 0与用算术表达式num%2来表示这个条件是完全等价的。这是因为，若num被2求余结果非0，非0就表示真，因此这个算术表达式的值为真，即表示“num不是偶数”的条件成立。

【常见错误提示①】 误以为所有关系运算符的优先级都是相同的。

事实上，<、>、<=、>=的优先级相同，==和!=的优先级相同，且前4种运算符的优先级高于后2种运算符的优先级。

【常见错误提示②】 将关系运算符的表达形式写错。

例如，在<=、>=、==和!=的中间加入空格；将!=、<=、>=的两个符号写反，写成了=!、=<、=>，或者与相应的数学运算符混淆，写成了≠、≤、≥；将相等运算符==与赋值运算符=相混淆。加入空格和符号写反都被视为语法错误，但是，编译器无法判断“==”误写为“=”的错误，只会导致运行结果错误。

【常见错误提示③】 未注意“计算关系表达式的值”与“判断关系表达式值的真假”的差别。

在计算关系表达式的值时，若关系表达式中的关系成立，则关系运算结果为1，表示逻辑真；反之，关系运算结果为0，表示逻辑假。即计算关系表达式的值时，关系成立（真）用1表示，而关系不成立（假）用0表示。

而判断关系表达式的值为真还是为假时，只要表达式的值为非0，就认为“表达式为真”；反之，只要表达式的值为0，就认为“表达式为假”。

正是由于C语言中逻辑值表示形式的这种特殊性（0表示假，非0表示真），使表达式书写形式可以简化。例如，num%2 != 0可简写为num%2，读者应逐渐习惯这种简化写法。

【常见错误提示④】 *以为语法上合法的关系表达式在逻辑上一定是正确的。*

例如，已知a = 3，b = 2，c = 1，则a > b > c一定为真吗？答案是否定的。a > b > c在语法上并没有错，但逻辑上与数学中表达式的含义不同，即a > b > c不表示“a大于b，同时b大于c”。这是为什么呢？

得到这一结论需要两个步骤，先计算表达式的值，再根据表达式的值来判断真假。首先计算a > b > c的值，在表达式a > b > c中有两个运算符，当优先级相同时，计算顺序取决于运算符的结合性，由于关系运算符都是左结合（从左向右计算）的，因此先计算a > b的值，因为3 > 2成立（为真），所以结果用1表示；下一步是计算1 > c是否成立，因为1 > 1不成立（为假），所以结果用0表示。然后，判断a > b > c这个表达式是否为真，因为表达式的计算结果为0，而0表示假，所以最终判断表达式结果为假。

再如，描述“当变量ch中字符是英文大写字母时条件成立”的条件，写成'A' <=ch<='Z'是不对的。什么原因？请读者自己分析。

那么，该怎样描述多个量之间的复杂逻辑关系呢？答案是使用逻辑表达式。

2.6.4 逻辑运算符

逻辑运算也称为布尔（boolean）运算。C语言提供了三种逻辑运算符（logic operator），如表2-6所示，其优先级并不相同。其中，运算符“!”只需要一个操作数，为单目运算符，而所有单目运算符的优先级都比其他运算符高，所以在这三个运算符中，运算符“!”的优先级是最高的，其次是“&&”，再次是“||”。

表2-6 逻辑运算符

逻辑运算符	类 型	含 义	优先级	结合性
!	单目	逻辑非	高	从右向左
&&	双目	逻辑与	↓	从左向右
||	双目	逻辑或	低	从左向右

用逻辑运算符连接操作数组成的表达式称为逻辑表达式。逻辑表达式的值（或称逻辑运算的结果）只有真和假两个值。C标准规定，用1表示真，用0表示假。但是在判断一个数值表达式（不一定是逻辑表达式）的真、假时，如if和while语句中用于表示控制条件的表达式，由于一个任意数值表达式的值不只局限于0、1两种情况，因此以表达式的值是非0还是0来判断真、假。

逻辑运算规则如表2-7所示，给出了表达式A和表达式B取0（假）和非0（真）的全部4种可能的组合。这样的表常被称为真值表（truth table）。C语言将所有包含关系运算符、相等运算符和逻辑运算符的表达式的值都定值为 0 或 1。尽管 C 语言将“逻辑真”定值为 1，但也接受任何一个非 0 值作为“逻辑真”。

表 2-7　逻辑运算的真值表

A 的取值	B 的取值	!A（求反运算）	A&&B（逻辑与）	A||B（逻辑或）
非 0	非 0	0	1	1
非 0	0	0	0	1
0	非 0	1	0	1
0	0	1	0	0

“逻辑与”运算的特点是：只有两个操作数都为真，结果才为真；只要有一个为假，结果就为假。因此，当要表示两个条件必须同时成立时，可用“逻辑与”运算符连接这两个条件。

“逻辑或”运算的特点是：只要有一个操作数为真，结果就为真；只有两个操作数都为假，结果才为假。因此，当需要表示“或者……或者……”这样的条件时，可用“逻辑或”运算符连接这两个条件。例如，数学表达式 a > b > c（即 a 大于 b 同时 b 大于 c）可以表达如下：

```
(a > b)  &&  (b > c)
```

描述“当变量 ch 中字符是英文大写字母时，条件成立”的条件时，应写成

```
(ch >= 'A')  &&  (ch <= 'Z')
```

熟练地掌握 C 语言的算术运算符、关系运算符和逻辑运算符后，可以巧妙地用一个表达式表示实际应用中的一个复杂条件。例如，判断某一年 year 是否是闰年的条件是满足下列两个条件之一：① 能被 4 整除，但不能被 100 整除；② 能被 400 整除。描述这个条件用下面的表达式即可：

```
((year % 4 == 0) && (year % 100 != 0)) || (year % 400 == 0)
```

【编码规范和编程实践】 运算符“&&”和“||”都对操作数进行“短路”计算。也就是说，若表达式的值可由先计算的左操作数的值单独推导出来，则不再计算右操作数的值。运算符“&&”和“||”的“短路”特性使得表达式中的某些操作可能不会被计算。

例如，对于表达式(a >= 1) && (b++ == 5)，当 a>=1 为假时，b++运算就不会被执行。显然，这是一种不好的代码风格。

【编码规范和编程实践】 在编写包含逻辑与运算符“&&”的表达式时，将最有可能为假的子表达式写在表达式的最左边。在编写包含逻辑或运算符“||”的表达式时，将最有可能为真的子表达式写在表达式的最左边。这样将有助于提高程序的运行效率。

2.6.5　赋值运算符

赋值运算符（assignment operator）的含义是将一个数据赋给一个变量，虽然书写形式与数学中的等号相同，但两者的含义是截然不同的。由赋值运算符及相应操作数组成的表达式称为赋值表达式。其一般形式为

```
变量名 = 表达式
```

例如，像 a + b = c 这样的式子在数学中是合法的，它表示 a+b 的值与 c 的值相等，而在 C 语言中，赋值运算的操作是有方向性的，即将右侧表达式的值（也称为右值）赋给左侧的变

量。因此，“=”左侧不允许是表达式，只能是标识一个特定存储单元的变量名。在 C 语言中，a + b = c 是错误的。再如，x = x + 1 在数学中是无意义且永远不成立的式子，而在 C 语言中是有意义的，它的含义是：取出 x 的值后加 1，再存入 x 中。

由于变量名只能出现在赋值运算符的左边，因此它也被称为左值（lvalue，left value）；由于常量只能出现在赋值运算符的右边，因此它也被称为右值（rvalue，right value）。左值可以用作右值，但是右值不能用作左值。

赋值运算符的优先级低于算术运算符、关系运算符和逻辑运算符。由于赋值表达式的值被规定为运算完成后左操作数的值，类型与左操作数相同，且赋值运算符的结合性为右结合，因此，C 语言还允许下列赋值形式：

```
变量1 = 变量2 = 变量3 =…= 变量n = 表达式
```

这种形式称为多重赋值表达式，一般用于为多个变量赋予同一个值的场合。由于赋值运算符是右结合的，因此执行时是把表达式值依次赋给变量 *n*，…，变量 1，即上面的形式等价于

```
变量1 =(变量2 =(变量3 =(…=(变量n = 表达式)…)))
```

还有一种特殊形式的赋值运算符，称为复合的赋值运算符（combined assignment operator），其一般形式如下：

```
变量  二元运算符 =  表达式
```

它等价于

```
变量 = 变量 二元运算符 表达式
```

涉及算术运算的复合赋值运算符共 5 个，即+=、-=、*=、/=、%=。涉及位运算（位运算符将在 2.6.8 节介绍）的复合赋值运算符还有 5 个，即&=、|=、^=、<<=、>>=。这种形式更直观，执行效率也更高。

【常见错误提示】 没有将复合赋值运算符右侧的表达式作为一个整体参加运算。

例如，将赋值表达式 n *= m + 2 按照 n = n * m + 2 来运算是错误的。事实上，应该按 n = n * (m + 2)来运算。可以用如下助记形式来理解其运算规则：

① 将“=”右侧表达式用“( )”括起来，即 n *= (m + 2)。

② 将“=”左侧内容“n*”移到“=”右侧，即 n * (m + 2)。

③ 在“=”左侧补上目标变量名，即 n = n * (m + 2)。

2.6.6 增 1 和减 1 运算符

C 语言提供两种非常有用的运算符，即增 1 运算符（increment operator）++和减 1 运算符（decrement operator）--。增 1 运算是使变量的值增加 1 个单位，而减 1 运算是使变量的值减少 1 个单位。增 1 和减 1 运算符都是单目运算符，只需要一个操作数，并且操作数只能是变量，不能是常量或表达式。它们既可以作为前缀运算符（用在变量的前面），也可以作为后缀运算符（用在变量的后面）。例如：

```
语句         与左边语句等价的语句
++x;         x = x + 1;
x++;         x = x + 1;
--x;         x = x - 1;
x--;         x = x - 1;
```

【编码规范和编程实践①】 对于多数 C 编译器，利用增 1 和减 1 运算生成的代码比等价的赋值语句生成的代码运行速度快得多，目标代码的效率更高。

【编码规范和编程实践②】 ++和--作为前缀运算符或后缀运算符使用时，对变量（即运算对象）而言，运算都是一样的；但对增 1 和减 1 表达式而言，结果却是不一样的。

在表达式中，用作前缀运算符时，表示先将运算对象的值增 1（或减 1），然后使用该运算对象的值；用作后缀运算符时，表示先使用该运算对象的值，再将运算对象的值增 1（或减 1）。例如，假设 int 类型变量 n 的值为 3，此时执行下面语句：

```
m = n++;
```

结果是将增 1 表达式的值赋值给 m，而在该增 1 表达式中，由于++是变量 n 的后缀运算符，即先使用变量 n 的值（将 n 值赋值给 m），再将变量 n 的值增 1，因此上面这条语句等价于下面两条语句：

```
m = n;
n = n + 1;
```

所以，执行该语句后，增 1 表达式的值（即 m 值）为 3，运算对象的值（即 n 值）为 4。

根据上述分析，归纳为以下几种情况：

语句	与左边语句等价的语句	执行该语句后 m 的值	执行该语句后 n 的值
m = n++;	m = n; n = n + 1;	3	4
m = n--;	m = n; n = n - 1;	3	2
m = ++n;	n = n + 1; m = n;	4	4
m = --n;	n = n - 1; m = n;	2	2

【编码规范和编程实践③】 ++和--作为前缀运算符和后缀运算符时的优先级和结合性是不同的。后缀++和后缀--的优先级高于前缀++、前缀--及其他单目运算符，前缀++、前缀--及其他单目运算符的结合性都是右结合的，后缀++和后缀--的结合性则是左结合的。

如果 n 的值为 3，那么执行下面语句后，m 和 n 的值又分别为多少呢？

```
m = -n++;
```

上面语句中出现了++和-两个单目运算符。单目运算符的优先级是相同的，因此就要根据它们的结合性来确定其运算顺序，单目运算符都是右结合的，即自右向左顺序计算。因此，上面这条语句相当于

```
m = -(n++);
```

而不是

```
m = (-n)++;
```

由于运算符++的运算对象只能是变量，不能是表达式，对一个表达式使用增 1/减 1 运算是语法错误，因此“(-n)++”本身是不合法的。

在表达式-(n++)中，++是变量 n 的后缀运算符，因此它表示先使用变量 n 的值，使用完 n

以后（对 n 取负值后再赋值给 m）再将 n 的值增 1。即上面这条语句等价于下面两条语句：

```
m = -n;
n = n + 1;
```

因此，执行该语句以后，m 值为-3，n 值为 4。虽然这两种实现方式是等价的，但从程序的可读性角度而言，后面的两条语句比语句“m = -n++;”的可读性更好。

【编码规范和编程实践④】 良好的程序设计风格提倡，在一行语句中，一个变量最多只出现一次增 1 或减 1 运算。因为过多的增 1 和减 1 混合运算，会导致程序的可读性变差。同时，C 语言规定，表达式中的子表达式以未定顺序求值，就允许编译器自由重排表达式的顺序，以便产生最优代码。这也导致，当相同的表达式用不同的编译器编译时，可能产生不同的运算结果。

为了提高程序的可读性，建议读者不要使用像“a=b>c&&c+a>d+b||c+f>g+h”和“(++a) + (++a)”这样的较复杂或多用途的表达式，这样编写的程序晦涩难懂，是一种不良的程序设计风格。所谓简单就是美，对程序设计而言也是如此。

2.6.7 类型强制转换运算符

强制转换（casting）运算符可以把表达式的结果硬性转换为一个用户指定的类型值，它是一个单目运算符，与其他单目运算符的优先级相同。其一般形式如下：

```
(类型) 表达式
```

【例 2-8】 演示强制转换运算符的作用。

```
1   #include  <stdio.h>
2   int main(void)
3   {
4       int  m = 5;
5       printf("m / 2 = %d, m / 2.0 = %f\n", m / 2, m / 2.0);
6       printf("(float) m / 2 = %f\n", (float)m / 2);
7       printf("(float) (m / 2) = %f\n", (float)(m / 2));
8       printf("m = %d\n", m);
9       return 0;
10  }
```

程序的运行结果如下：

```
m / 2 = 2, m / 2.0 = 2.500000
(float) m / 2 = 2.500000
(float) (m / 2) = 2.000000
m = 5
```

本例中，变量 m 被定义为 int 型，由于整数相除 m/2 的结果仍为整数，因此只有使用 m/2.0 或者使用(float)m/2 对 m 进行强制类型转换，才能确保除法运算结果的小数部分不会被截断。

注意，不能将表达式(float)m/2 写成 float(m)/2 或 float(m/2)。如第 7 行语句的输出结果所示，写成(float)(m/2)虽是合法的，但(float)(m/2)将 m/2 整除的结果（已经舍去了小数位）强制转换为浮点数（相当于在其小数位添加了 0），因此并不能真正得到 m 与 2 相除的小数部分。

此外，第 8 行语句的输出结果仍为 5，这说明，强制类型转换运算(float) m 只是一个含有强制转换运算符的表达式，表达式的结果是将 m 转换为浮点数后的结果，并不能改变变量 m 的类型和数值。

2.6.8 位运算符

C 语言既具有高级语言的特点又具有低级语言的功能，如支持位运算就是这种特点的具体体现。这是因为，C 语言最初是为取代汇编语言设计系统软件而设计的，因此必须支持位运算等汇编操作。位运算是对字节或字内的二进制数位进行测试、抽取、设置或移位等操作。操作对象不能是 float 和 double 等其他复杂的数据类型，只能是标准的 char 和 int 数据类型。

C 语言提供了如表 2-8 所示的 6 种位运算符。其中，只有按位取反运算为单目运算符，其他运算都是双目运算符，除<<和>>以外的位运算符的运算规则（真值表）如表 2-9 所示。

表 2-8　位运算符

运算符	含　义	类　型	优先级	结合性
~	按位取反	单目	高	从右向左
<< ， >>	左移位、右移位	双目	↓	从左向右
&	按位与	双目		从左向右
^	按位异或	双目		从左向右
		按位或	双目	低	从左向右

表 2-9　位运算符的运算规则

a	b	a & b	a	b	a ^ b	~ a
0	0	0	0	0	1
0	1	0	1	1	1
1	0	0	1	1	0
1	1	1	1	0	0

① 按位与：当两个操作数中的任意一位为 0 时，按位与后的对应位将被置为 0，常用于对字节中某位清零。例如，15 & 1 的结果是只保留 15 的最低位不变，其余位均置为 0，即

```
    00001111      （15 的补码）
&   00000001      （1 的补码）
----------------------------
    00000001      （1 的补码）
```

② 按位或：当两个操作数中的任意一位为 1 时，按位或后的对应位将被置为 1。例如，15 | 127 的结果是只保留 15 的最高位不变，而其余位均置为 1，即

```
    00001111      （15 的补码）
|   01111111      （127 的补码）
----------------------------
    01111111      （127 的补码）
```

③ 按位异或：若两个操作数的某对应位不同，则异或后的对应位为 1。例如，3 ^ 5 的运算过程可表示为

```
    00000011    （3 的补码）
^   00000101    （5 的补码）
--------------------------------
    00000110    （6 的补码）
```

④ 按位取反：对操作数的各位取反，即 1 变为 0，0 变为 1。例如，~5 的运算过程为

```
~   00000101    （5 的补码）
--------------------------------
    11111010    （-6 的补码）
```

按位取反操作可用于文件加密。例如，对文件中的每字节按位取反，经连续两次求反后，可恢复原始值：

初始字节内容	00000101
一次求反（加密）后	11111010
二次求反（解密）后	00000101

⑤ 左移位：x<<n 表示把 x 的每一位向左平移 n 位，右边空位补 0。例如，15 及其左移 1 位、2 位、3 位的二进制补码分别表示如下：

初始字节内容	00001111	对应十进制值为 15
左移 1 位后的字节内容	00011110	对应十进制值为 30
左移 2 位后的字节内容	00111100	对应十进制值为 60
左移 3 位后的字节内容	01111000	对应十进制值为 120

⑥ 右移位：x>>n 表示把 x 的每一位向右移 n 位。当 x 为有符号数时，左边空位补符号位上的值，称为算术移位；当 x 为无符号数时，左边空位补 0，称为逻辑移位。

注意： 无论左移位还是右移位，从一端移走的位不移入另一端，移出的位的信息都会丢失。

例如，15 及其右移 1 位、2 位、3 位的二进制补码分别表示如下：

初始字节内容	00001111	对应十进制值为 15
右移 1 位后的字节内容	00000111	对应十进制值为 7
右移 2 位后的字节内容	00000011	对应十进制值为 3
右移 3 位后的字节内容	00000001	对应十进制值为 1

再如，-15 及其右移 1 位、2 位、3 位的二进制补码分别表示如下：

初始字节内容	11110001	对应十进制值为-15
右移 1 位后的字节内容	11111000	对应十进制值为-8
右移 2 位后的字节内容	11111100	对应十进制值为-4
右移 3 位后的字节内容	11111110	对应十进制值为-2

【编码规范和编程实践】 *左移位和右移位可以快速地实施整数的乘法和除法。每左移 1 位相当于乘以 2，左移 n 位相当于乘以 2^n。每右移 1 位相当于除以 2，右移 n 位相当于除以 2^n。这种运算在某些场合下是非常有用的。例如，在实现某些含有乘除法的算法时，可以通过移位运算实现乘 2 或除 2 运算，这样非常有利于算法的硬件实现。*

2.6.9 逗号运算符

在 C 语言中，有一种特殊的运算符称为逗号运算符。逗号运算符（comma operator）可将多个表达式连接在一起，构成逗号表达式，其作用是实现对各表达式的顺序求值，因此逗号运算符也称为顺序求值运算符。其一般形式为

```
表达式1, 表达式2, …, 表达式n
```

逗号运算符在所有运算符中优先级最低，且具有左结合性。因此，在执行时，上述表达式的求解过程为：先计算表达式 1 的值，再依次计算其后的各表达式的值，最后求出表达式 *n* 的

值，并将最后一个表达式的值作为整个逗号表达式的值。例如：

```
m = 3, n = m + 4
```

是一个逗号表达式。先计算赋值表达式 m = 3 的值为 3，再计算表达式 n = m + 4 的值，即为 m 的值加 4，结果为 7。于是，整个逗号表达式的值为最后一个表达式的值 7。

下面来分析如下两个表达式：

```
① x = a = 3, 6 * a
② x = (a = 3, 6 * a)
```

其中，表达式①是逗号表达式，变量 x 和 a 的值都为 3，而逗号表达式的值为 18。在表达式②中，括号改变了表达式的求值顺序，使得该表达式成为一个赋值表达式，赋值表达式的右侧为一个逗号表达式，由于逗号表达式放在括号内，因此先计算逗号表达式“(a = 3, 6 * a)”的值，再将其值赋给变量 x，于是变量 a 的值为 3，变量 x 和该赋值表达式的值都是 18。

【编码规范和编程实践】 在许多情况下，使用逗号表达式的目的并非要得到并使用整个逗号表达式的值，通常是为了分别得到各表达式的值，主要用在循环语句中，同时对多个变量赋初值。

例如：

```
for (i=1, j=100; i<j; i++, j--)
```

2.7 赋值运算和表达式中的类型转换

1. 赋值运算中的类型转换

在一个赋值语句中，如果赋值运算符左侧（目标侧）变量的类型和右侧表达式的类型不一致，那么赋值时将发生自动类型转换。类型转换的规则是：将右侧表达式的值转换成左侧（目标侧）变量的类型。

例如，假设变量 n 为 int 类型，ch 为 char 类型，f 为 float 类型，d 为 double 类型，则执行赋值语句“ch = n;”后，整型变量 n 的高位字节将被截断，即只保留变量 n 的低 8 位信息，从而导致高位字节信息的丢失。对于 16 位的系统环境，丢失的是 n 的高 8 位信息；对于 32 位的系统环境，丢失的是 n 的高 24 位信息。而执行赋值语句“n = f;”时，n 只接收 f 的整数部分，相当于取整运算。当然，执行赋值语句“f = n;”和“d = f;”后，也不能增加数据的精度，这类转换只是改变数据值的表示形式而已。

从上述分析不难看出，虽然 C 语言支持类型自动转换机制能给程序员带来方便（如取整运算），但是也会给程序带来错误的隐患。因此，对变量赋值时必须清楚其类型的变化。表 2-10 中列出了赋值运算中常见的类型转换结果。

【编码规范和编程实践】 一般，将取值范围小的类型转换为取值范围大的类型是安全的，而反之是不安全的，可能发生信息丢失、类型溢出等错误。因此，选取适当的数据类型，保证不同类型数据之间运算结果的正确性，是程序设计人员的责任。

2. 表达式中的类型转换

在进行表达式运算时，相同类型的操作数进行运算的结果类型与操作数类型相同。如果表达式中混有不同类型的常量及变量，那么它们全都要先转换成同一类型，再进行运算。

表 2-10　赋值运算中常见的类型转换结果

目标类型	表达式类型	可能丢失的信息
signed char	char	当值大于 127 时，目标值为负值
char	short	高 8 位
char	int（16 位）	高 8 位
char	int（32 位）	高 24 位
char	long	高 24 位
short	int（16 位）	无
short	int（32 位）	高 16 位
int（16 位）	long	高 16 位
int（32 位）	long	无
int	float	小数部分，在某些情况下整数部分的精度也会丢失
float	double	精度，结果舍入
double	long double	精度，结果舍入

C 语言编译器将所有操作数都转换成占内存字节数最大的操作数类型，称为类型提升（type promotion）。首先，char 和 short 值都提升为 int 值，float 值提升为 double 值，在 C99 中整数提升还可以直接提升为 unsigned int，完成这种转换后，其他转换将随操作进行，具体转换规则如图 2-3 所示。从硬件的角度，Intel CPU 在默认条件下使用的是扩展精度（gcc 中使用的是 long double），因此数据都将转换成扩展精度。

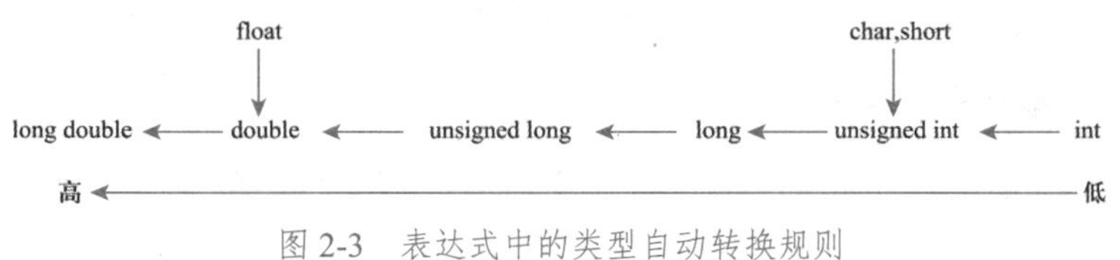

图 2-3　表达式中的类型自动转换规则

图 2-3 中横向箭头的方向表示不同类型数据混合运算时的类型转换方向，不代表转换的中间过程。例如，两个操作数进行算术运算，其中一个是 int 类型，另一个是 long 类型，则 int 类型操作数应直接转换成 long 类型，再进行运算，最后运算结果为 long 类型，它不表示 int 类型操作数先转换为 unsigned int 类型，再转换成 long 类型。

本章小结

本章介绍了基本数据类型（包括整型、实型、字符型和枚举类型）变量的定义和使用方法，以及常用运算符及其优先级和结合性。

变量必须“先定义，后使用”。变量的属性包括：类型、名字、值和地址。不同类型的变量占用内存空间的大小、数据的存储形式、合法的取值范围以及可参与的运算类型都是不同的。即便是同类型变量，在不同的系统或平台上其所占内存的字节数也不尽相同，因此不要对变量所占的内存空间字节数想当然，要用 sizeof 获得变量或者数据类型占用内存空间的字节数，以保证程序良好的可移植性。

一些常用运算符的优先级与结合性如表 2-11 所示。

表 2-11　常用运算符的优先级与结合性

优先级顺序	运算符种类	附 加 说 明	结合方向
1	单目运算符	逻辑非!，按位取反~，求负-，++，--，类型强制转换等	右→左
2	算术运算符	* / % 高于 +-	左→右
3	关系运算符	< <= > >= 高于 == !=	左→右
4	逻辑运算符	除逻辑非之外，&& 高于 ||	左→右
5	赋值运算符	= += -= *= /= %= &= ^= |= <<= >>=	右→左
6	逗号运算符	,	左→右

千万不要去死记硬背这些内容。所谓熟能生巧，用则自然能熟，熟则自然能生巧。即使不能熟记 C 运算符的优先级与结合性，只要将需要先计算的表达式用“()”括起来即可保证运算的正确性，因为“( )”是 C 语言中优先级最高的运算符。例如，如果将表达式

```
year % 4 == 0 && year % 100 != 0 || year % 400 == 0
```

写成如下形式

```
((year % 4 == 0) && (year % 100 != 0)) || (year % 400 == 0)
```

即使忘记了各种运算符的优先级，也能得到正确计算结果。因此，当表达式中的运算符较多时，宜用“()”来确定表达式的计算顺序，这样可以避免使用默认的优先级。

习 题 2

2.1　说明下列变量名中哪些是合法的。

π　2a　a#　C$　t3　_var　θ　int

2.2　选择填空。

（1）C 语言中用______表示逻辑值“真”。

A）true　B）整数值 0　C）非零整数值　D）T

（2）下列合法的字符常量为______。

A）"a"　B）'\n'　C）'china'　D）a

（3）设有语句“char c='\72';”，则变量 c______。

A）包含 1 个字符　B）包含 2 个字符　C）包含 3 个字符　D）不合法

（4）字符串常量"\t\"Name\\Address\n"的长度为______。

A）19　B）15　C）18　D）不合法

（5）设 a、b、c 为 int 型变量，且 a = 3，b = 4，c = 5，下面表达式值为 0 的是______。

A）'a' && 'b'　B）a <= b

C）a || b+c && b-c　D）!((a<b) && !c || 1)

（6）若有以下定义，则表达式“a * b + d – c”的值的类型为______。

```
char  a;
int  b;
float  c;
double d;
```

A）float　　B）int　　C）char　　D）double

（7）设有语句“int a = 3;”，执行语句“a += a -= a * a;”后，变量 a 的值是______。

A）3　　B）0　　C）9　　D）−12

（8）设有语句“int a = 3;”，执行语句“printf("%d", −a ++);”后，输出结果是______，变量 a 的值是______。

A）3　　B）4　　C）−3　　D）−2

2.3　将下列数学表达式表示为合法的 C 语言表达式。

（1）$\frac{\sqrt{a^2+b^2}}{2c}$　　（2）$|(a+b)(c+d)+2|$　　（3）$(\ln x+\sin y)/2$

（4）$2\pi r$　　（5）$\frac{1}{1+\frac{1}{x}}$　　（6）$\frac{\sin 30^\circ + 2e^x}{2y+y^x}$

第 3 章　键盘输入和屏幕输出

📖 内容关键词

✍ C 语句分类
✍ 字符输入/输出函数
✍ 格式输入/输出函数

📖 重点与难点

✍ 表达式与表达式语句的区别
✍ scanf( )语句的正确用法
✍ 输入/输出数据时的格式控制

📖 典型实例

✍ 以不同格式输入和输出两个整型数

3.1　C 语句分类

① 控制语句：C 语言中有 9 种控制语句（control statement），包括 if-else、for、continue、switch、while、goto、break、do-while、return。

② 变量定义语句：由类型关键字后接变量名（若有多个变量名，则用“,”分隔）和“;”构成的语句，如“int　a, b, c;”。

注意，变量定义语句不是可执行语句，只是将某些信息传递给编译器，通知编译器变量的类型是什么，以便编译器为其预留出相应大小的存储空间，因为不同类型的变量在内存中占据不同大小的存储空间。

③ 表达式语句：由表达式后接一个“;”构成的语句。

④ 函数调用语句：表达式必须是有值的，而函数调用不一定是有返回值的。C 语言没有专门的输入、输出语句，输入、输出操作通常是通过调用输入、输出函数来实现的。

⑤ 复合语句：两条或两条以上的语句序列，用一对“{ }”括起来构成的语句。

⑥ 空语句：只由一个“;”构成的语句，表示什么也不做。

3.2　表达式语句

顺序结构是最简单的程序结构。在顺序结构中，程序的执行是按照语句书写的顺序来完成的，赋值操作是顺序结构中最常见的操作。但是 C 语言没有专门的赋值语句，赋值操作通

常是用赋值表达式后接一个“;”构成赋值表达式语句实现的。例如，c = a + b 只是一个赋值表达式，而

```
c = a + b;                          // 赋值表达式语句
```

是一个表达式语句。表达式语句与表达式在概念上是完全不同的。

3.3 复合语句和空语句

1. 复合语句

两条或两条以上的语句序列，用一对“{ }”括起来构成的语句，称为复合语句（compound statement），也称为语句块（block）。其一般形式为：

```
{
    语句1
    语句2
    …
    语句n
}
```

例如，下面的复合语句

```
{
    temp = x;
    x = y;
    y = temp;
}
```

在逻辑上形成一个整体，在语法上等同于一条语句，可被当作一条语句来处理，这样就为程序设计带来了方便。在放置单条语句的任何地方都可以放置一条复合语句。

通常，将一组逻辑相关的语句放在一起构成一条复合语句。例如，第 4 章要介绍的条件和循环语句在语法上只允许带一条语句，而要处理的操作往往需要多条语句才能完成，这时采用复合语句就可以解决这个问题。

【编码规范和编程实践】 在复合语句中定义的变量只能在复合语句中使用。

【例 3-1】 演示复合语句中定义的变量只能在复合语句中使用。

```
1    #include <stdio.h>
2    int main(void)
3    {
4        int  a = 0;
5        {
6            int  a = 1;
7            printf("In: a = %d\n", a);
8        }
9        printf("Out: a = %d\n", a);
10       return 0;
11   }
```

程序的运行结果如下：

```
In: a = 1
Out: a = 0
```

在这个程序中，虽然复合语句中的变量 a 与外面的变量 a 是同名的，但它们代表不同的变量。在复合语句中定义的变量 a 只能在里面引用，而在复合语句外定义的变量 a 只能在外面引用，从输出结果即可看出这一点。

2．空语句

在表达式语句中，如果没有任何表达式而只有一个“;”，就称为空语句（null statement）。空语句的形式如下：

```
;                                    // 空语句
```

空语句什么也不做，只表示语句的存在。既然如此，那么，空语句还有什么作用呢？

采用自顶向下（Top-down）的方法（见第 4 章 4.7 节）设计程序时，在一些未设计完成的模块中通常暂时放一条空语句，留待以后实现模块时再进行扩充。

3.4 基本的输入、输出操作

C 语言没有提供专门的输入、输出语句，输入、输出操作是通过调用 C 标准库函数来实现的。C 标准函数库中提供许多用于标准输入、输出操作的库函数，使用这些标准输入、输出函数时，只要在程序的开始位置加上如下编译预处理命令即可：

```
#include  <stdio.h>
```

它的作用是：将输入、输出函数的头文件 stdio.h 包含到用户源文件中。其中，h 为 head 之意，std 为 standard 之意，i 为 input 之意，o 为 output 之意。

本章只涉及 ANSI C 标准定义的输入/输出函数。由于各种机器间的差异太大，因此 ANSI C 没有定义实现各种屏幕控制（如鼠标定位）或图形显示的函数，多数 C 编译程序在标准 C 的基础上增加了自己的显示和图形库函数。当然，这些函数只能运行于特定的编译环境。

3.4.1 字符输入和输出

getchar()和 putchar()函数是专门用于字符输入和输出的函数。其中，getchar()函数用于从键盘读一个字符，等待击键，待用户击键后，将读入值返回，并自动将用户击键结果回显到屏幕上；putchar()函数则把字符写到屏幕的当前光标位置。这两个函数的使用格式如下：

```
变量 = getchar();
putchar(变量);
```

【例 3-2】 演示如何使用 getchar()和 putchar()函数。

```
1    #include <stdio.h>
2    int main(void)
3    {
4        char  ch;
5        printf("Press a key and then press Enter:");
6        ch = getchar();                    // 从键盘输入一个字符，并将该字符存入变量 ch
```

```
7       printf("You pressed ");
8       putchar(ch);                              // 在屏幕上显示变量 ch 中的字符
9       putchar('\n');                            // 输出一个回车换行符
10      return 0;
11  }
```

程序首先执行第 5 行可执行语句，这时会在屏幕上显示如下提示信息：

```
Press a key and then press Enter:
```

然后执行第 6 行可执行语句，程序等待用户从键盘输入一个字符，如用户从键盘输入一个字符 A，并按回车键（以下用↙表示用户输入一个回车），那么程序继续向下执行第 7 行语句，在屏幕上显示如下信息：

```
You pressed
```

接着执行第 8 行语句，在"You pressed"后再显示一个字符 A，即

```
You pressed A
```

最后执行第 9 行语句，目的是将光标移到下一行的起始位置。

假如将第 5～9 行的语句复制并粘贴到第 9 行后，那么程序的运行结果如下：

```
Press a key and then press Enter: A ↙
You pressed A
Press a key and then press Enter: B ↙
You pressed B
```

而此时，如果删掉第 9 行语句，那么程序的运行结果如下：

```
Press a key and then press Enter: A ↙
You pressed A Press a key and then press Enter: A↙
You pressed A
```

从这个例子可以得出以下三点结论。

① putchar()函数的作用是向终端显示器屏幕输出一个字符。这个字符可以是可打印字符，也可以是转义序列，putchar()函数的参数就是待输出的字符。

② getchar()函数的作用是从系统隐含指定的输入设备（即终端键盘）输入一个字符，按回车键表示输入结束。getchar()函数没有参数，函数的返回值就是从终端键盘读入的字符。

③ 输出'\n'的作用是将光标移到下一行的起始位置处。

3.4.2 格式输入/输出

【例 3-3】 以整型格式输入一个变量的值，然后以整型格式输出这个变量的值。

```
1   #include <stdio.h>
2   int main(void)
3   {
4       int  var;
5       printf("Please enter a number and then press Enter:");
6       scanf("%d", &var);
7       printf("The number you entered was %d\n", var);
8       return 0;
```

```
9    }
```

上述程序用到了格式输入函数 scanf()和格式输出函数 printf()。函数 scanf()的作用是按指定格式要求和数据类型，读入若干数据给相应的变量，而函数 printf()的作用是输出一行字符串，或者按指定格式和数据类型输出若干变量的值。

程序运行时，首先执行第 5 行语句，向屏幕输出如下一行字符串：

```
Please enter a number and then press Enter:
```

输出这行字符串的目的是给用户显示一个提示信息，提示用户做什么和如何做。输出这行提示信息后，程序开始执行第 6 行语句。scanf()函数的第一个参数为格式控制字符串"%d"，输入数据的格式和类型一般在控制字符串中指定。本例中，格式控制字符串中的"%d"指定输入数据为整型，当程序执行到该函数调用语句时，程序将一直等待直到用户从键盘输入一个整型数据且按回车键为止。假设用户输入了整型数据 6，那么 6 将被送给变量 var 存储。注意，第 6 行语句中的变量 var 前的运算符“&”为取地址运算符，“&var”表示取变量 var 的地址，在第 6 行语句中，&var 指出输入数据将要存入的内存地址，正如寄信需要写上邮寄地址一样，scanf()函数要求在其参数中指定输入数据的存储地址。

当程序执行到第 7 行语句时，除了显示字符串"The number you entered was"，还会在其后显示整型变量 var 的值 6。与 scanf()函数类似，printf()函数中也有一个格式控制字符串，其中的"%d"是指定按十进制整型格式输出变量 var 的值。

根据以上分析可知，例 3-3 程序的运行结果应为：

```
Please enter a number and then press Enter: 6 ↙
The number you entered was 6
```

若要输入、输出实型数据，则将格式转换说明"%d"改成"%f"即可。请看下例。

【例 3-4】上机运行本例的程序，根据程序提示输入数据，然后观察并写出程序运行结果。

```
1    #include  <stdio.h>
2    int main(void)
3    {
4        float  var;
5        printf("Please enter a number and then press Enter:");
6        scanf("%f", &var);
7        printf("The number you entered was %f\n", var);
8        return 0;
9    }
```

仿照例 3-3 分析可知，该程序的运行结果如下：

```
Please enter a number and then press Enter: 6.2 ↙
The number you entered was 6.200000
```

这里，按"%f"格式输出实型数据时，除非特别指定，否则隐含输出 6 位小数。

除了"%d"和"%f"这两种常用的格式转换说明，还有其他格式转换说明。下面对 scanf()和 printf()这两个函数的用法进行归纳总结。

1．函数 printf()的一般格式

```
printf(格式控制字符串);
```

```
printf(格式控制字符串, 输出值参数表);
```

格式控制字符串（format control string）是用双引号括起来的字符串，也简称为格式字符串（format string），输出值参数表中可有多个输出值，也可没有（当只输出一个字符串时）。一般，格式控制字符串包括两部分：格式转换说明符（conversion specifier）（如表 3-1 所示）和需原样输出的普通的文本字符（literal character）。

表 3-1 printf()函数的格式转换说明符

格式转换说明符	用　　法
%d 或%i	输出带符号的十进制整数，正数的符号省略
%u	以无符号的十进制整数形式输出
%o	以无符号的八进制整数形式输出，不输出前导符 0
%x	以无符号十六进制整数形式（小写）输出，不输出前导符 0x
%X	以无符号十六进制整数形式（大写）输出，不输出前导符 0x
%c	输出一个字符
%s	输出字符串
%f	以十进制小数形式输出实数（包括单、双精度），整数部分全部输出，隐含输出 6 位小数，输出的数字并非全部是有效数字，单精度实数的有效位数一般为 7 位，双精度实数的有效位数一般为 16 位
%e	以指数形式（小写 e 表示指数部分）输出实数，要求小数点前必须有且仅有 1 位非零数字
%E	以指数形式（大写 E 表示指数部分）输出实数
%g	根据数据的绝对值大小，自动选取 f 或 e 格式中输出宽度较小的一种使用，且不输出无意义的 0
%G	根据数据的绝对值大小，自动选取 f 或 E 格式中输出宽度较小的一种使用，且不输出无意义的 0
%p	以主机的格式显示变量的地址
%n	令 printf()函数把自己到%n 位置已经输出的字符总数放到后面相应的输出项所指向的整型变量中。printf()函数返回后，%n 对应的输出项指向的变量中存放的整型值为出现%n 时已经由 printf()函数输出的字符总数，%n 对应的输出项是记录该字符总数的整型变量的地址
%%	显示“%”

格式控制字符串描述了输出格式。在格式控制字符串中可以有多个转换说明。输出值参数表逐个对应格式控制字符串中的每个转换说明。每个格式转换说明（conversion specification）都以“%”开始、以格式字符作为结束，用于指定各输出值参数的输出格式。

输出值参数表是需要输出的数据项的列表，这些输出数据项可以是变量或表达式，输出值参数之间用“,”分隔。输出值的数据类型应与格式转换说明符相匹配。每个格式转换说明符和输出值参数表中的输出值参数是一一对应的，如果没有输出值参数，那么格式控制字符串中就不再需要格式转换说明符了。

【例 3-5】 演示格式转换说明符%f、%e 和%g 的用法。

```
1    #include <stdio.h>
2    int main(void)
3    {
4        double  f1 = 1.123456789e+10;
5        double  f2 = 3.14;
6        printf("%%f: %f\n", f1);
7        printf("%%e: %e\n", f1);
8        printf("%%g: %g\n", f1);
9        printf("%%f: %f\n", f2);
```

```
10      printf("%%e: %e\n", f2);
11      printf("%%g: %g\n", f2);
12      return 0;
13  }
```

在 Code::Blocks 环境下，程序的运行结果如下：

```
%f: 11234567890.000000
%e: 1.123457e+010
%g: 1.12346e+010
%f: 3.140000
%e: 3.140000e+000
%g: 3.14
```

在本例中，为了输出“%”，用了连续两个“%”，因此“%%”后的字符不再是格式字符，而是作为普通字符原样输出到屏幕上。对于实数 1.123456789e+10，使用"%e"时输出的宽度较小，而对于实数 3.14，使用"%f"时输出的宽度较小。

所有浮点数转换说明符的默认精度都是 6。转换说明符"%f"、"%e"或"%E"的输出精度是指小数点后的小数位数，而转换说明符"%g"或"%G"的输出精度是指包含小数点左边数字在内的有效数字的最大个数。例如 1.123456789e+10 用转换说明符"%g"输出的结果是 1.12346e+010，输出结果中有 6 个有效数字；而用转换说明符"%e"输出的结果是 1.123457e+010，输出结果中有 7 个有效数字，小数位数是 6。

注意，转换说明符"%E"、"%e"和"%g"会在输出时对数据进行舍入处理，而转换说明符"%f"则不会。所以，输出数据时，一定要确保用户知道，格式化处理使得输出的数据有可能是不精确的。此外，采用某些编译器时，浮点数输出结果的指数部分的“+”后只显示两位数字。

2．函数 scanf()的一般格式

```
scanf(格式控制字符串, 参数地址表);
```

其中，格式控制字符串是用“""”括起来的字符串，包括格式转换说明符和分隔符两部分。

scanf( )函数的格式转换说明符通常由“%”开始并以一个格式字符结束，用于指定各参数的输入格式，具体如表 3-2 所示。

表 3-2　scanf()函数的格式转换说明符

格式转换说明符	用　　法
%d 或%i	输入十进制整数
%o	输入八进制整数
%x	输入十六进制整数
%c	输入一个字符，空白字符（包括空格、回车、制表符）也作为有效字符输入
%s	输入字符串，遇到第一个空白字符（包括空格、回车、制表符）时结束
%f 或%e	输入实数，以小数或指数形式输入均可
%%	输入一个“%”

参数地址表是由若干变量的地址组成的列表，这些参数之间用“,”分隔。scanf( )函数必须指定用来接收数据的变量的地址，每个转换说明符都对应一个存储数据的目标地址。如果没有指定存储数据的目标地址，虽然编译器不会提示出错信息，但会导致数据无法正确地读

入指定的内存单元。成功调用 scanf()函数后，返回值为成功赋值的数据项数；出错时，则返回 EOF。EOF 是“End Of File”的缩写词，表示文件结尾，它是一个在头文件<stdio.h>中定义的整数型的符号常量，C 标准只是将 EOF 定义成一个负整数，通常被定义为-1，但并不一定是-1。因此在不同的系统中，EOF 可能取不同的值。

3．printf()函数中的格式修饰符

在 printf()函数的格式说明中，在"%"与格式符之间的位置还可插入如表 3-3 所示的格式修饰符，用于指定输出数据的最小域宽（field width）、精度（precision）、对齐方式等。

表 3-3 printf()函数的格式修饰符

格式修饰符	用法
英文字母 l	加在格式符 d、i、o、x、u 前，用于输出 long 型数据
英文字母 ll 或 I64	加在格式符 d、i、o、x、u 前，用于输出 long long 型数据。在 gcc(MinGw32)和 g++(MinGw32)编译器下需使用%I64d 输出 long long 型数据；在 gcc(linux i386)和 g++(linux i386)编译器下需使用%lld 输出 long long 型数据
英文字母 L	加在格式符 f、e、g 前，用于输出 long double 型数据
英文字母 h	加在格式符 d、i、o、x 前，用于输出 short 型数据
最小域宽 m（整数）	指定输出项输出时所占的列数。当 m 为正整数时，若输出数据宽度小于 m，则在域内向右靠齐，左边多余位补空格；当输出数据宽度大于 m 时，按实际宽度全部输出；若 m 有前导符 0，则左边多余位补 0；若 m 为负整数，则输出数据在域内向左靠齐
显示精度.n（大于或等于 0 的整数）	精度修饰符位于最小域宽修饰符后，由一个圆点及其后的整数构成。对于浮点数，用于指定输出的浮点数的小数位数；对于字符串，用于指定从字符串左侧开始截取的子串字符个数
*	当最小域宽 m 和显示精度.n 用*代替时，表示它们的值不是常数，而由 printf()函数的输出项按顺序依次指定
空格	在没有输出加号的正数前输出一个空格
+（加号）	在正数前输出“+”，在负数前输出“-”。这样可以对齐输出具有相同数字位数的正数和负数
0（零）	在输出的数据前加上前导符 0，以填满域宽
#	当使用八进制转换说明符 o 时，在输出数据前面加上前导符 0；当使用十六进制转换说明符 x 或 X 时，在输出数据前面加上前导符 0x 或 0X 当以转换说明符 e、E、f、g 或 G 输出的浮点数没有小数部分时，强制输出一个小数点（通常只有小数点后有数字时才会输出小数点）；对于 g 或 G 转换说明符，末尾的 0 不会被删除

注：用 Visual C++在汇编级跟踪可知，调用 printf()函数时，float 类型的参数都是先转化为 double 类型后再传递的，所以%f 可以输出 double 和 float 两种类型的数据，或者说，输出 double 类型数据可以使用%lf 或%f。

【例 3-6】 上机运行下面的程序，然后写出运行结果。

```
1   #include <stdio.h>
2   int main(void)
3   {
4       float  f1 = 100.15799, f2 = 12.55, f3 = 1.7;
5       int  n1 = 123, n2 = 45, n3 = 6;
6       printf("printf WITHOUT width or precision specifications:\n");
7       printf("%f\n%f\n%f\n", f1, f2, f3);
8       printf("%d\n%d\n%d\n", n1, n2, n3);
9       printf("printf WITH width and precision specifications:\n");
10      printf("%5.2f\n%6.1f\n%3.0f\n", f1, f2, f3);
11      printf("%5d\n%6d\n%3d\n\n", n1, n2, n3);
12      return 0;
13  }
```

程序的运行结果如下：

```
printf WITHOUT width or precision specifications:
100.157990
12.550000
1.700000
123
45
6
printf WITH width and precision specifications:
100.16
  12.6
  2
  123
    45
  6
```

这说明，当按照指定的精度打印浮点数时，打印的数值将是小数部分舍入（rounded）到指定的小数点后位数的结果，而存储在内存中的浮点数值是不变的。

还可以通过格式控制字符串后的实参列表中的整型表达式来指定域宽和精度。方法是：在格式控制字符串中域宽或精度的位置上写上一个“*”，这时程序先计算实参列表中对应的整型表达式的值，然后用其替换“*”。例如，语句

```
printf("%*.*f", 7, 2, 100.15799);
```

将以 7 为域宽，2 为精度，输出右对齐的 100.16。

4．scanf()函数中的格式修饰符

scanf( )函数的“%”与格式符之间也可插入如表 3-4 所示的格式修饰符。

表 3-4　scanf()函数的格式修饰符

格式修饰符	用　法
英文字母 l	加在格式符 d、i、o、x、u 前，用于输入 long 类型数据；加在格式符 f、e 前，用于输入 double 类型数据
英文字母 ll 或 I64	加在格式符 d、i、o、x、u 之前用于输出 long long 型数据。在 gcc(MinGw32)和 g++(MinGw32)编译器下需使用%I64d 输入 long long 类型数据；在 gcc(linux i386)和 g++(linux i386)编译器下需使用%lld 输入 long long 类型数据
英文字母 L	加在格式符 f、e 前，用于输入 long double 型数据
英文字母 h	加在格式符 d、i、o、x 前，用于输入 short 型数据
域宽 m（正整数）	指定输入数据的宽度（列数），系统自动按此宽度截取所需数据
忽略输入修饰符*	表示对应的输入项在读入后不赋给相应的变量，即让 scanf()函数从输入流中读取任意类型的数据并将其丢弃，而不是将其赋值给一个变量，因此也称为赋值抑制字符（assignment suppression character）

注：scanf()函数没有显示精度.n 格式修饰符，即用 scanf()函数输入实型数据时不能指定显示精度。

【常见错误提示】 在输入函数 scanf( )的格式控制字符串的转换说明符中指定显示精度是错误的，只有在输出函数 printf( )的格式转换说明符中才能够指定显示精度。

【例 3-7】 上机运行下面的程序，然后写出运行结果。

```
1    #include <stdio.h>
2    int main(void)
```

```
3    {
4        int  a, b;
5        printf("Please input a and b:");
6        scanf("%2d%*2d%2d", &a, &b);
7        printf("a = %d, b = %d, a+b = %d\n", a, b, a+b);
8        return 0;
9    }
```

在程序第 6 行语句中，格式说明符"%*2d"中的“*”为忽略输入修饰符，表示对应该格式说明符的输入项在读入后不赋给任何变量，"%2d"中的“2”为域宽附加格式说明，表示从输入数据中按指定宽度 2 来截取所需数据。因此，当输入 123456 时，该程序的运行结果如下：

```
Please input a and b: 123456 ↙
a = 12, b = 56, a+b = 68
```

若将第 6 行语句中的"%*2d"修改为"%*2s"，且仍输入“123456”，则程序的运行结果仍为：

```
Please input a and b: 123456 ↙
a = 12, b = 56, a+b = 68
```

读者不难分析，当输入“12345678”时，程序的输出结果仍为：

```
a = 12, b = 56, a+b = 68
```

注意，用 scanf( )函数输入非字符型数据时，以下几种情况都认为数据输入已结束：① 输入空格符、回车符、制表符（Tab）；② 达到指定域宽；③ 输入非数字字符。

例如，例 3-7 程序运行时，若输入“12345a”，则程序运行结果如下：

```
Please input a and b: 12345a↙
a = 12, b = 5, a+b = 17
```

其中，在从输入数据中按指定宽度 2 来读取第 3 个数据时遇到非法输入字符 a，于是第 3 个输入的数据为 5。

*3.4.3 使用 scanf()函数时需要注意的问题

1．scanf()函数对输入数据的格式要求

使用 scanf( )函数输入数据时，除格式控制字符串中格式说明以外的其他字符都必须原样输入。

【例 3-8】 阅读下面程序，并回答问题。

```
1    #include <stdio.h>
2    int main(void)
3    {
4        int  a, b;
5        scanf("%d %d", &a, &b);
6        printf("a = %d, b = %d\n", a, b);
7        return 0;
8    }
```

问题 1 若要求程序输出结果为“a = 12, b = 34”，用户应该如何输入数据？

问题 2 若限定用户输入数据以“,”为分隔符，即输入数据格式为

```
12, 34↙
```

应修改程序中的哪条语句？怎样修改？

问题 3 当程序第 5 行语句修改为如下语句时，用户应该如何输入数据？

```
scanf("a = %d, b = %d", &a, &b);
```

问题 4 若限定用户输入数据为以下格式：

```
1234↙
```

同时要求程序输出结果为“a = 12, b = 34”，应修改程序中的哪条语句？怎样修改？

问题 5 若限定用户输入数据为以下格式：

```
12↙
34↙
```

同时要求程序输出结果为“a = "12", b = "34"”，应修改程序中的哪条语句？怎样修改？

问题 6 设计程序使得用户可以用任意字符作为分隔符进行数据的输入，对于这样的要求，应该如何修改程序？

下面逐一解答上述问题。

问题 1 解答 因为程序第 5 行语句中的两个格式转换说明符"%d"之间是空格符，这个空格符作为普通字符必须在输入时原样输入，即输入数据之间应以空格作为分隔符。所以，当要求程序输出结果为“a = 12, b = 34”时，用户应该按以下格式输入数据：

```
12 34↙
```

问题 2 解答 若限定用户输入数据以“,”为分隔符，即输入数据格式为

```
12, 34↙
```

显然，应该将第 5 行语句修改为

```
scanf("%d, %d", &a, &b);
```

该语句要求输入数据之间必须以“,”分隔，否则将无法正确输入数据。

问题 3 解答 若程序第 5 行语句修改为如下语句：

```
scanf("a = %d, b = %d", &a, &b);
```

则用户应在数据输入时将字符串"a = "和"b = "原样输入，即按以下格式输入数据：

```
a = 12, b = 34↙
```

问题 4 解答 若限定用户输入数据为以下格式：

```
1234↙
```

同时要求程序输出结果为“a = 12, b = 34”，则应将程序第 5 行语句修改为

```
scanf("%2d%2d", &a, &b);
```

这样在输入数据时，可以自动按照指定宽度从输入的数据中截取所需数据。

问题 5 解答 若限定用户输入数据为以下格式：

```
12↙
34↙
```

同时要求程序输出结果为“a = "12", b = "34"”，应修改程序为：

```
1   #include <stdio.h>
2   int main(void)
3   {
4       int  a, b;
5       scanf("%d%d", &a, &b);
6       printf("a = \"%d\", b = \"%d\"\n", a, b);
7       return 0;
8   }
```

这里，printf( )函数格式控制字符串中的字符'\"'是转义序列，代表双引号字符。这是因为，“"”已经被用作表示字符串的定界符，导致“"”不能被打印出来，所以为了打印“"”，就需要将其放到转义字符的后面，构成转义序列。

问题 6 解答 在要求以任意字符作为分隔符进行数据输入时，使用忽略输入修饰符可给用户带来方便。

```
1   #include <stdio.h>
2   int main(void)
3   {
4       int  a, b;
5       scanf("%d%*c%d", &a, &b);
6       printf("a = %d, b = %d\n", a, b);
7       return 0;
8   }
```

请读者上机分别按如下几种数据输入格式进行数据的输入，并观察屏幕显示结果，检验程序能否都打印出“a = 12, b = 34”的结果。

格式 1 以回车符作为数据分隔符：

```
12↙
34↙
```

格式 2 以空格符作为数据分隔符：

```
12 34↙
```

格式 3 以“,”作为数据分隔符：

```
12,34↙
```

格式 4 以制表符作为数据分隔符：

```
12      34↙
```

格式 5 以字符“-”作为数据分隔符：

```
12-34↙
```

2．%c 格式符在应用中存在的问题及其解决方法

【例 3-9】 按下述格式，从键盘输入一个整数加法表达式：

```
操作数 1  +  操作数 2
```

然后计算并输出表达式的计算结果，形式如下：

```
操作数 1  +  操作数 2  = 计算结果
```

编写程序如下：

```
1   #include <stdio.h>
2   int main(void)
3   {
4       int  data1, data2;
5       char  op;
6       printf("Please enter the expression data1 + data2\n");
7       scanf("%d%c%d", &data1, &op, &data2);
8       printf("%d%c%d = %d\n", data1, op, data2, data1+data2);
9       return 0;
10  }
```

从键盘先后输入 12、空格、+、空格和 3 后的程序运行结果如下：

```
Please enter the expression data1 + data2
12 + 3↙
12 3129 = 3141
```

这个程序的运行结果显然不对，为什么呢？

发生这种错误的原因显然是因为数据没有被正确读入，先来看我们是如何输入数据的吧。当程序提示输入数据时，首先输入一个整型数 12，接着输入一个空格字符，然后输入字符'+'，再输入一个空格字符，最后输入整型数 3。当输入数据 12 时，12 被 scanf()函数用"d"格式符正确地读给变量 data1。然而，其后输入的空格字符却被 scanf()函数用"c"格式符读给了变量 op。当然，data2 也因此无法得到整型值 3。我们只要做个简单的测试，即重新修改输入格式，就可以验证上述分析结果。下面是程序两次运行的结果：

第 1 次测试（先后输入 12、空格和 3）的结果：

```
Please enter the expression data1 + data2
12 3↙
12 3 = 15
```

第 2 次测试（先后输入 12、+和 3）的结果：

```
Please enter the expression data1 + data2
12+3↙
12+3 = 15
```

在第 1 次测试中，输入的 12、空格符、3 分别被读给整型变量 data1、字符型变量 op、整型变量 data2。而在第 2 次测试中，输入的 12、字符'+'、3 分别被读给整型变量 data1、字符型变量 op、整型变量 data2。这说明在用"%c"格式符读入字符时，空格字符和转义序列（包括回车和制表符）都会作为有效字符输入，这是使用 scanf()函数时特别需要注意的一点。

【例 3-10】 编程从键盘先后输入整型、字符型和实型数据，要求每输入一个数据就显示一个数据的类型和数据值。

```
1   #include <stdio.h>
2   int main(void)
3   {
4       int  a;
```

```
5       char  b;
6       float  c;
7       printf("Please input an integer:");
8       scanf("%d", &a);
9       printf("integer: %d\n", a);
10      printf("Please input a character:");
11      scanf("%c", &b);
12      printf("character: %c\n", b);
13      printf("Please input a float number:");
14      scanf("%f", &c);
15      printf("float: %f\n", c);
16      return 0;
17  }
```

程序的运行结果如下：

```
Please input an integer:12↙
integer: 12
Please input a character: character:

Please input a float number:3.5↙
float: 3.500000
```

显然，这个程序与例 3-9 一样，问题也是出在"%c"格式符上，输入 12 后按回车键，被当作有效字符读给字符型变量 b 了。解决这个问题有如下两种方法。

方法 1　用函数 getchar()将前面数据输入时存于缓冲区中的回车符读入，避免被后面的字符型变量作为有效字符读入。

```
1   #include <stdio.h>
2   int main(void)
3   {
4       char  a, b, c;
5       printf("Please input c:");
6       scanf("%c", &c);
7       getchar();                    // 将存于缓冲区中的回车符读入，避免被后面的变量作为有效字符读入
8       printf("Please input b:");
9       scanf("%c", &b);
10      getchar();                    // 将存于缓冲区中的回车符读入，避免被后面的变量作为有效字符读入
11      printf("Please input a:");
12      scanf("%c", &a);
13      getchar();                    // 将存于缓冲区中的回车符读入，避免被后面的变量作为有效字符读入
14      printf("c=%c,b=%c,a=%c\n", c, b, a);
15      printf("ASCII: c:%d,b:%d,a:%d\n", c, b, a);
16      return 0;
17  }
```

方法 2　在%c 前加一个空格，将前面数据输入时存于缓冲区中的回车符读入，避免被后面的字符型变量作为有效字符读入。就程序可读性而言，这个方法更好。

```
1   #include <stdio.h>
2   int main(void)
3   {
```

```
4       char  a, b, c;
5       printf("Please input c:");
6       scanf("%c", &c);
7       printf("Please input b:");
8       scanf(" %c", &b);              // 在%c 前加一个空格，将存于缓冲区中的回车符读入
9       printf("Please input a:");
10      scanf(" %c", &a);              // 在%c 前加一个空格，将存于缓冲区中的回车符读入
11      printf("c = %c, b = %c, a = %c\n", c, b, a);
12      printf("ASCII: c:%d, b:%d, a:%d\n", c, b, a);
13      return 0;
14  }
```

程序的运行结果如下：

```
Please input c: a↙
Please input b: b↙
Please input a: c↙
c = a, b = b, a = c
ASCII: c:97, b:98, a:99
```

按上述方法修改例 3-9 的程序，即在"%c"前加一个空格，那么无论以如下哪种方式输入加法算式，都能得到正确的结果：

```
12  +  3↙
```

或者

```
12↙
+↙
3↙
```

3．对输入非数字字符的检查与错误处理

由于 scanf()函数不进行参数类型匹配检查，因此当输入数据类型与格式字符不匹配时，编译器不提示出错信息，但会导致程序不能正确读入数据。即使输入数据类型与格式字符相符，也无法保证用户输入的数据都是合法的数据，一旦输入非法数据，也会导致数据不能正确读入。来看下面的程序。

【例 3-11】 输入两个整型数，并输出。

```
1   #include <stdio.h>
2   int main(void)
3   {
4       int  a, b;
5       printf("Input a: ");
6       scanf("%d", &a);
7       printf("a = %d\n", a);
8       printf("Input b: ");
9       scanf("%d", &b);
10      printf("b = %d\n", b);
11      return 0;
12  }
```

第 1 次测试的运行结果如下：

```
Input a: 1.2↙
a = 1
Input b: b = 3129
```

第 2 次测试的运行结果如下：

```
Input a: q↙
a = 64
Input b: b = 3129
```

在第 1 次测试时，用户输入的是 1.2，但是第 1 个 scanf()函数调用语句只读入了整数 1，后面的圆点被视为非数字字符导致输入结束。由于这个非数字字符仍然保存在输入缓冲区中，因此第 2 个 scanf()函数调用语句从输入缓冲区中读到的数据仍然是这个非数字字符，因此没等用户输入数据，就打印出了变量 b 中的随机值，与没有执行第 9 行语句的效果是一样的。

在第 2 次测试时，由于用户输入的是非数字字符'q'，而且它一直保存在输入缓冲区中，因此第 6 行和第 9 行的两个 scanf()函数都试图读取这个数据，然而都没有正确读入数据，相当于变量 a 和 b 没有被赋值，其值是随机不确定的，故打印结果都是随机值。

因为我们无法对用户的实际输入进行控制，所以无法保证不会出现各种奇葩的输入。怎样解决这个问题呢？可以考虑用检验 scanf()函数调用返回值的方法。虽然前面在使用 scanf()函数时，我们并没有使用它的返回值，但事实上，scanf()函数也是有返回值的。

如果 scanf()函数调用成功（能正常读入输入数据），那么其返回值为已成功读入的数据项数。通常，非数字字符的输入会导致数据不能成功读入。例如，要求输入的数据是数值型数据，而用户输入的是字符，字符相对于数值型数据而言就是非数字字符，但是反之不然，因为数值型数据可被当作有效字符读入。

若 scanf()函数调用失败，则返回 EOF（如前所述，EOF 是一个在头文件<stdio.h>中定义的整数型的符号常量，通常被定义为-1，但并不一定是-1，在不同的系统中可能取不同的值）。通常，在无数据可读时才会发生这种情况。例如，当标准输入被重定向到一个输入文件时，程序执行 scanf()函数调用就是从该文件中读入数据，当读到文件尾没有数据可读时，scanf()函数调用就会失败。如果用户按 F6 键强制输入结束，此时测试 scanf()函数的返回值也是 EOF。在 C 语言中，0 和-1 是最常用到的函数调用失败后的返回值。注意，scanf()函数的返回值是在遇到非数字字符之前已成功读入的数据项数，不一定为-1，也不一定为 0。因此，不能靠检查 scanf()函数的返回值是否为-1 或 0 来判断是否所有数据都已正确读入，应该检查 scanf()函数的返回值是否为应该读入的数据项数。

考虑到以上 scanf()函数返回值的特点，我们可以这样来解决这个问题，即判断 scanf()函数的返回值是否为应该读入的数据项数。若不是，则清除输入缓冲区中的内容，然后提示用户重新输入数据直到输入正确为止。由于后面这个错误处理操作要用到循环语句，循环语句将在第 4 章中介绍，因此如下程序做了简单处理，只给出了输入错误的提示信息。

```
1   #include <stdio.h>
2   int main(void)
3   {
4       int  a, b, ret;
5       printf("Input a and b: ");
```

```
6       ret = scanf("%d%d", &a, &b);
7       if (ret != 2)                   // 包括各种输入错误，如格式错误，输入非数字字符，无数据可读等
8       {
9           printf("Input error!\n");
10      }
11      else                            // 此处是正确读入数据后应该执行的操作
12      {
13          printf("a = %d, b = %d\n", a, b);
14      }
15      fflush(stdin);                  // 清除输入缓冲区中的错误数据
16      return 0;
17  }
```

在 Code::Blocks 环境下，第 1 次测试的运行结果如下：

```
Input a and b: 1.2  3↙
Input error!
```

第 2 次测试的运行结果如下：

```
Input a and b: 3  1.2↙
a = 3, b = 1
```

在第 1 次程序测试时，即输入 1.2 和 3 时，由于程序第 6 行语句要求输入整型数据，因此 1.2 后的小数点被作为非数字字符看待，使得程序只读入了一个整型数 1，第二个整型数未能读取成功，此时 scanf()函数的返回值为 1，因此执行第 9 行语句显示输入错误提示信息。在第 2 次程序测试时，由于先输入 3，后输入 1.2，因此程序将 3 读入赋值给 a，读入 1 赋值给 b，尽管 1.2 后的小数点仍被作为非数字字符看待，但是只起到了结束输入的作用，此时 scanf()函数的返回值为 2，所以程序执行第 13 行语句，显示变量 a 和 b 的值。

那么，第 15 行语句的作用是什么呢？为了确保保留在输入缓冲区中的非数字字符不会影响其后的数据输入，程序第 15 行调用 fflush()函数来清除输入缓冲区中的内容。

【编码规范和编程实践】 由于 ANSI C 只规定 fflush()函数处理输出数据流、确保输出缓冲区中的内容写入文件，并未对清理输入缓冲区做出任何规定，只是部分编译器增加了此项功能，因此使用 fflush()函数来清除输入缓冲区中的内容可能带来移植性问题，建议使用

```
while(getchar()!='\n')  ;
```

代替 fflush()函数清空输入缓冲区。

从这个例子还可以看出，scanf()函数不做参数类型匹配检查，因此通过检验 scanf()函数返回值的方法试图发现某些输入数据类型不匹配错误仍然是无效的。例如，本例要求输入的数据是整型，而输入的数据是实型，那么实数的小数点前的数字被当作整型数据读入，而后面的小数点被当作非数字字符处理。

本章小结

本章介绍了 C 语言的表达式语句的特点及常用标准输入/输出函数的使用方法，getchar()和 putchar()函数用于字符输入、输出操作，而 scanf()和 printf()函数用于格式输入、输出操作，

可以控制按各种格式进行任意类型数据的读、写操作；最后着重介绍了 scanf()函数在使用中容易出现的问题及其解决方法。

本章常见的编程错误如表 3-5 所示。

表 3-5　本章常见编程错误列表

错误描述	错误类型
函数名拼写错误。例如，将 printf()误写为 print()或 Printf()，因为 C 语言编译器只在目标程序中为库函数调用留出空间，并不能识别函数名中的拼写错误，更不知道库函数在何处，寻找库函数并将其插入到目标程序中是链接程序负责的工作，因此这种错误仅在链接时才能被发现	链接错误
将变量定义语句放在可执行语句后面	编译错误
忘记给 printf()或 scanf()函数中的格式控制字符串加上“"”	编译错误
将格式控制字符串和表达式之间的“,”写到了格式控制字符串内	编译错误
忘记给 scanf()函数中的变量加上取地址运算符“&”	运行时错误
printf()函数欲输出一个表达式的值，但格式控制字符串中没有与其对应的格式字符	运行时错误
printf()函数中欲输出一个表达式的值，但输出列表中没有与格式字符相对应的表达式	运行时错误
scanf()或 printf()函数的格式控制字符串中的格式字符与要输入/输出的数值类型不一致	运行时错误
用户从键盘输入的数据格式与 scanf()函数中格式控制字符串要求的格式不一致。例如，相邻数据项之间应该用逗号分隔，但是用户没有输入逗号，或者不应该用逗号分隔但是用户输入了逗号	运行时错误
scanf()函数格式控制字符串中含有'\n'等转义序列，导致数据输入不能按正常方式终止	运行时错误
用 scanf()函数输入实型数据时，在格式控制字符串中规定了要输入的实型数据的精度	运行时错误

习 题 3

3.1　选择填空。

（1）下列可作为 C 语言赋值语句的是______。

A）x = 3, y = 5　　B）a = b = c　　C）i-- ;　　D）y = int (x);

（2）以下程序的输出结果为______。

```
#include  <stdio.h>
int main(void)
{
    int  a = 2, c = 5;
    printf("a = %%d, b = %%d\n", a, c);
    return 0;
}
```

A）a = %2, b = %5　　B）a = 2, b = 5　　C）a=%%d, b=%%d　　D）a=%d, b=%d

（3）有以下程序：

```
#include <stdio.h>
int main(void)
{
    int  a, b, c, d;
    scanf("%c,%c,%d,%d", &a, &b, &c, &d);
    printf("c,%c,%c,%c\n", a, b, c, d);
    return 0;
}
```

若运行时从键盘上输入：6,5,65,66↙，则输出结果是______。

A）6,5,A,B　　B）6,5,65,66　　C）6,5,6,5　　D）6,5,6,6

3.2　从键盘输入三角形的三边长为 a、b、c，按下面公式计算并输出三角形的面积。

$$s=\frac{1}{2}(a+b+c)$$

$$\text{area}=\sqrt{s(s-a)(s-b)(s-c)}$$

提示：程序运行时应保证输入的 a、b、c 的值满足三角形成立的条件，这样计算得到的三角形面积才有意义。另外，将面积计算的数学公式写成

```
area = sqrt(s*(s-a)*(s-b)*(s-c))
```

是正确的，但写成

```
area = sqrt(s(s-a)(s-b)(s-c))
```

则是错误的。此外，当 a、b、c 被定义为整型变量时，将数学公式

$$s=\frac{1}{2}(a+b+c)$$

写成 s = 0.5*(a+b+c)或 s = (a+b+c)/2.0 都是正确的。而写成 s = 1/2*(a+b+c)或 s = (a+b+c)/2，虽然合法，但结果是错误的。请读者思考为什么。

3.3　编程从键盘输入圆的半径 r，计算并输出圆的周长和面积。

提示：将计算圆周长和面积公式中的π定义为符号常量。

第 4 章　程序的控制结构

📖 内容关键词

- ✍ 算法的描述方法，递推、迭代、穷举等典型算法
- ✍ 选择结构，条件语句，开关语句
- ✍ 循环结构，循环语句
- ✍ 流程转移控制语句
- ✍ 结构化程序设计的基本思想
- ✍ “自顶向下、逐步求精”的程序设计方法
- ✍ 程序测试方法

📖 重点与难点

- ✍ 设计累加与累乘算法，寻找累加或累乘通项的构成规律
- ✍ 条件语句的三种基本形式及其应用
- ✍ 当型循环与直到型循环在流程控制上的区别和联系
- ✍ 两种流程转移控制语句 break 和 continue 的区别

📖 典型实例

- ✍ 猜数游戏，计算阶乘，素数判断

4.1　算法及其描述方法

4.1.1　算法的概念

在生活中，我们无论做什么事情，都需要遵循一定的处理步骤。例如，早晨起床后你先洗个热水澡，然后穿好衣服，再吃早饭，最后出门上班。如果你非要改变这个顺序，起床后，先穿好衣服，吃早饭，然后洗个热水澡，再出门上班，那你势必成为一个“湿人”了。从早晨起床到出门上班中间经过的这些步骤就好比一个解决问题的算法，设计出正确的计算机算法是编写正确程序的前提条件。著名的计算机科学家沃思（N. Wirth）曾提出过一个经典公式：

数据结构 + 算法 = 程序

这个公式说明，一个面向过程的程序应由两部分组成：数据的描述和组织形式，即数据

结构（data structure）；对操作或行为的描述，即操作步骤，也称为算法（algorithm）。

合理地组织数据和设计算法是编程解决问题的关键。解决一个问题可能有多种算法。C语言好比是汽车，只是实现算法（到达目的地）的工具之一，我们也可以采用其他交通工具，甚至步行到达目的地，也可以采用同样的交通工具，采用不同的行车路线（相当于算法）到达目的地。显然，用不同的算法和不同的程序设计语言解决同一个问题，效率上会不同。设计程序的过程实质上就是设计算法和数据结构的过程。那么，究竟什么是算法呢？

简单地说，算法就是为解决一个具体问题而采取的确定的、有限的操作步骤。当然，这里所说的算法仅指计算机算法，即计算机能够执行的算法。

计算机算法大致分为如下两类。① 数值运算算法，主要用于解决求数值解的问题，如二分法求方程的根，梯形法计算定积分等；② 非数值运算算法，主要用于解决需要用分析推理、逻辑推理才能解决的问题，如分类、查找等。

那么，设计一个算法后，怎样衡量它的正确性呢？一般可用如下特性来衡量。

① 有穷性。算法包含的操作步骤应是有限的，每个步骤都应在合理的时间内完成。

② 确定性。算法的每个步骤都应是确定的，不能有歧义。例如，若 $x \geqslant 0$，则输出 Yes；若 $x \leqslant 0$，则输出 No，若 $x=0$，则既输出 Yes，又输出 No，就产生了不确定性。

③ 有效性。算法的每个步骤都应是能有效执行的且能得到确定的结果。例如，对一个负数取对数，就是不能有效执行的步骤。

④ 没有输入或有多个输入。有些算法不需从外界输入数据，如计算 5!；而有些算法需要输入数据，如计算 $n!$，n 的值是未知的，执行时需要从键盘输入 n 的值后再计算。

⑤ 有一个或多个输出。算法的实现以得到计算结果为目的，没有任何输出的算法是没有任何意义的。

4.1.2 算法的描述方法

进行算法设计时，可以使用不同的方法来描述算法，常用的有自然语言、流程图、N-S图、伪码等。读者可根据自己的习惯，选择使用其中一种。

1．自然语言描述

自然语言（natural language）就是人们日常生活中使用的语言。用自然语言描述算法时，可使用汉语、英语和数学符号等，比较符合人们日常的思维习惯，通俗易懂，初学者容易掌握，但描述文字显得冗长，在表达上容易出现疏漏，并引起理解上的歧义性，不易直接转化为程序，所以一般适用于算法较简单的情况。

假设现在待描述的问题是计算 $n!$。首先分析此问题，并设计解决问题的算法，考虑 $n! = 1\times2\times3\times4\times\cdots\times n$，于是计算 $n!$可用 n 次乘法运算来实现，每次在原有结果基础上乘上一个数，而这个数是从 1 变化到 n 的，将这个思路用自然语言描述为如下算法：

step1　读入 n 的值。

step2　若 n<0，则输出错误提示信息，转去执行 step4。

step3　若 n≥0，则

　　① 给存放结果的变量 fac 置初值 1。

　　② 给代表乘数的变量 i 置初值 1。

　　③ 进行累乘运算 fac = fac*i。

④ 乘数变量增 1 得到下一个乘数的值，i = i+1。

⑤ 若 i 未超过 n，则重复执行步骤③和④，否则执行步骤⑥。

⑥ 输出 fac 的值。

step4　算法结束。

2．流程图描述

流程图（flow chart）是一个描述程序的控制流程和指令执行情况的有向图，是程序的一种比较直观的表示形式。美国国家标准化协会（ANSI）规定了如图 4-1 所示的符号作为常用的流程图符号。为了与结构化流程图相区别，用这些符号组成的流程图被称为传统流程图。

用传统流程图描述的计算 *n*!的算法如图 4-2 所示，可以看出：用传统流程图描述算法的优点是形象直观，各种操作一目了然，不会产生“歧义性”，便于理解，算法出错时容易发现，并可直接转化为程序；但缺点是所占篇幅较大，由于允许使用流程线，过于灵活，不受约束，使用者可使流程任意转向，从而造成程序阅读和修改上的困难，不利于结构化程序的设计。

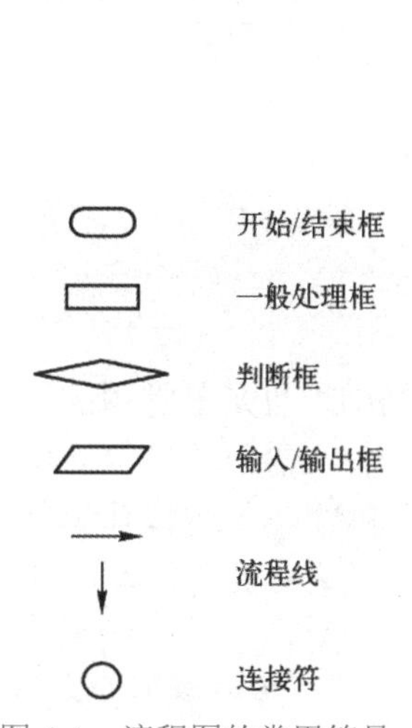

图 4-1　流程图的常用符号

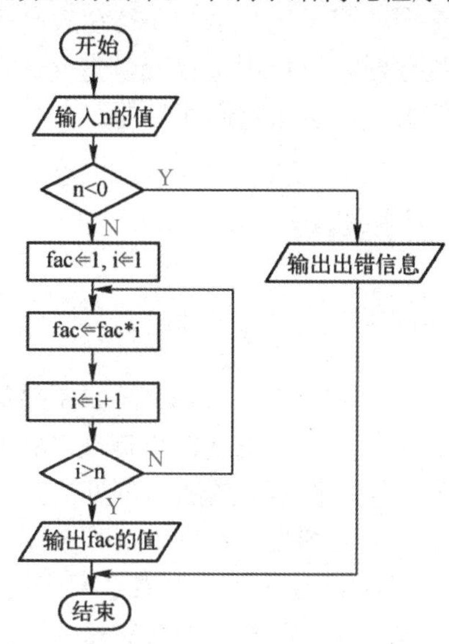

图 4-2　计算 *n*!的传统流程图

3．N-S 图描述

N-S（Nassi-Shneiderman）图即结构化流程图，是由美国学者 I. Nassi 和 B. Schneiderman 于 1973 年提出的，就是以这两位学者姓的首字母命名的。它的最重要的特点就是完全取消了流程线，这样算法被迫只能从上到下顺序执行，从而避免了算法流程的任意转向，保证了程序的质量。与传统的流程图相比，N-S 图的另一个优点就是既形象直观，比较节省篇幅，尤其适合结构化程序设计。用 N-S 图描述的计算 *n*!的算法如图 4-3 所示。

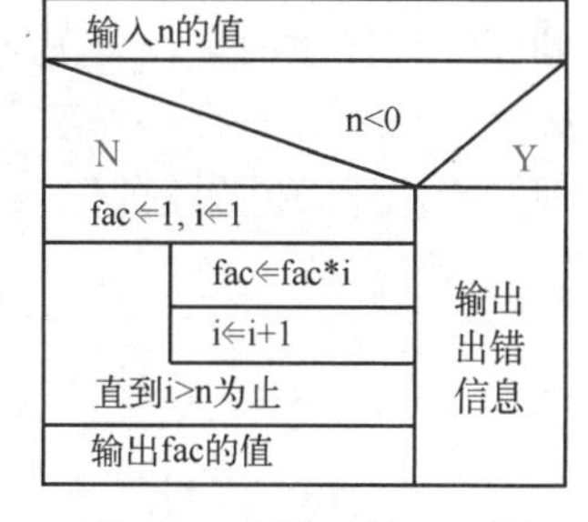

图 4-3　计算 *n*!的 N-S 图

4．伪码描述

伪码（pseudocode）是指介于自然语言和计算机语言之间的一种代码，是帮助程序员描述算法的智能化语言，不能在计算机上运行，但是使用起来比较灵活，无固定格式和规范，只要写出来自己或别人能看懂即可。由于它与计算机语言比较接近，因此易于转换为计算机程序。

用伪码表示的计算 $n!$的算法如下：

```
input n
if n<0
   print "input error!" goto end
else
   fac = 1
   i = 1
   loop: fac = fac * i
         i = i + 1
         if i<=n goto loop
   print fac
end:
```

注意，伪码并不是用来在计算机中执行的代码，只是帮助人们在编写程序前“思考”程序的设计过程。伪码程序只包含转换后可以执行的语句。由于变量定义语句不是可执行语句，在执行程序时，变量定义语句不会引发任何诸如输入、输出、计算或比较等操作，因此在编写伪代码程序时，可以不进行变量定义。但是有些程序员喜欢在伪码程序的开头列出所有的变量，并简要说明引入它们的目的。

4.2 顺序结构

4.2.1 顺序结构的流程图表示

顺序结构（sequential structure）是最简单的 C 语言程序结构，也是最常用的程序结构，其特点是完全按照语句出现的先后次序执行程序。在日常生活中，需要“按部就班、依次进行”顺序处理和操作的问题随处可见。在 C 语言中，赋值操作和输入/输出操作等都属于顺序结构。用传统流程图表示的顺序结构如图 4-4(a)所示，用 N-S 图表示如图 4-4(b)所示，先执行 A 操作，再执行 B 操作，两者是顺序执行的关系。

例如，银行定期存款的年利率 rate 为 2.25%，存款期为 n 年，存款本金为 capital 元，则 n 年后可得到的按复利计算的本利之和是多少呢？解决这个问题的复利计算公式为

$$\text{deposit} = \text{capital}\times(1 + \text{rate})^n$$

若用计算机编程实现，则需要先设计算法，用传统流程图表示，如图 4-5 所示。可以看出，顺序结构虽然简单，但蕴含着一定的算法，并且有一定的规律可循。进一步分析可以发现，顺序结构的基本程序框架主要由以下三部分组成：输入算法所需的数据，进行运算和数据处理，输出运算结果数据。

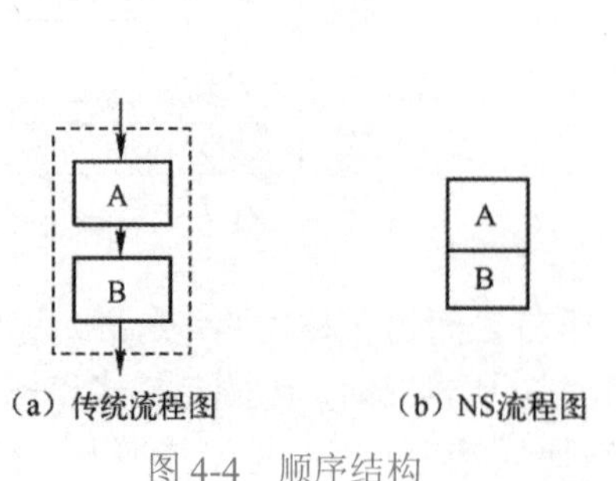

图 4-4 顺序结构

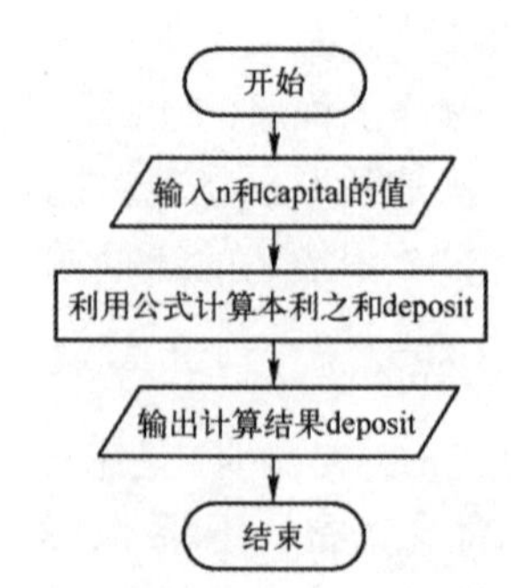

图 4-5 计算存款本利之和的流程图

第 2 章介绍了如何在程序中给变量赋值和进行数据的输入、输出，利用赋值表达式语句和用于数据输入、输出操作的函数调用语句即可实现上面三个操作。

4.2.2 应用程序举例

【例 4-1】 银行定期存款的年利率（rate）为 2.25%，存款期为 *n* 年，存款本金为 capital 元，试按复利编程计算 *n* 年后的本利之和 deposit。

本例的算法在上面已经分析过了，现在来编写程序。

```
1   #include <math.h>
2   #include <stdio.h>
3   int main(void)
4   {
5       int  n;                                          // 定义存款期变量
6       double   rate = 0.0225;                          // 定义存款年利率变量
7       double   capital;                                // 定义存款本金变量
8       double   deposit;                                // 定义本利之和变量
9       printf("Please enter year, capital:");           // 显示用户输入的提示信息
10      scanf("%d,%lf", &n, &capital);                   // 输入数据，数据间以逗号分隔
11      deposit = capital * pow(1+rate, n);              // 调用函数 pow()，计算存款利率之和
12      printf("deposit = %f\n", deposit);               // 打印按复利计算的存款本利之和
13      return 0;
14  }
```

如果存款期为 1 年，存款本金为 10000 元，那么程序的运行结果如下：

```
Please enter year, capital: 1,10000↙
deposit = 10225.000000
```

读者也许会注意到，在将图 4-5 的流程图转化为程序时，并非像流程图所示的那样，只需 3 行语句就够了。首先，任何标准 C 程序都必须有且只有一个主函数 main()，其函数体由一对“{}”括起来；程序是从主函数开始执行的，在函数体的开始处应先对函数中要使用的所有变量进行变量定义，再进行其他各种操作，包括数据的输入、处理和输出。

读者也许还会问：程序的第 9 行语句是否可有可无呢？它对程序的执行有什么作用呢？如果没有这条语句，将不显示任何提示信息就直接输入所需的数据，这对程序的运行结果是没有任何影响的。但反过来想一想，如果由一个不了解程序内部结构的用户来运行程序，在程序不给任何提示信息的情况下，用户如何知道程序要求他从键盘输入什么数据，以及按什么顺序输入几个数据呢？可见，在输入数据前让程序输出一条输入提示信息，可以增加程序的易用性，有助于用户了解程序的运行状态并按照正确的格式输入数据。

从上面这个例子，我们可以总结出一个简单的 C 程序的结构框架如下：

```
以#开始的编译预处理命令行
int main(void)
{
    局部变量定义语句
    可执行语句序列
    return 0;
}
```

对照上面的结构框架可知，程序的第 1 行#include <math.h>是一种编译预处理命令，指示编译系统在对源程序编译前对源代码进行某种预处理操作，包括宏定义、文件包含、条件编译等。所有编译预处理命令都以“#”开始，每条指令单独占一行，同一行不能有其他编译指令和 C 语句（注释除外）。注意，编译预处理命令不是 C 语句，第 2 章介绍的宏定义也是一种编译预处理命令。这里，#include 表示它是文件包含编译预处理命令。

文件包含编译预处理命令#include 指示编译系统将一个源文件嵌入含有#include 指令的源文件中该指令所在的位置处。为什么要使用文件包含编译预处理命令呢？因为在 C 程序开发系统中，无论哪种版本，无论在哪类操作系统上实现，一般都提供庞大的支持库。C 库可分为两类：一类是函数库，另一类是扩展名为 h 的头文件库。函数库中包含 C 提供的标准函数的目标代码，供用户在程序中调用。

通常，在程序中调用一个库函数时，要在调用前引用该函数原型所在的头文件。例如，调用函数 scanf()、printf()等有关输入、输出的函数时，需要引用标准输入/输出头文件 stdio.h；调用标准数学函数时，要引用数学头文件 math.h，等等。

头文件中包含常量定义、类型定义、宏定义、函数原型以及针对编译命令中的选择项设置的选择开关等一系列声明信息，供用户直接引用。其作用是，编译程序时将包含的文件插在引用的位置。例如，#include <math.h>的作用是在编译程序时将文件 math.h 插入当前被编译文件引用位置处并一起编译，因为本程序中要使用 math.h 中定义的标准数学函数，所以必须在程序开头使用#include <math.h>编译预处理命令。

当然，#include 命令还可用于包含用户自己创建的头文件。以多文件方式组织的程序常常需要在各文件之间共享一些类型声明、外部声明、常量定义等，这些信息可放在程序员自己创建的头文件中，然后用#include 编译预处理命令将其包含到需要使用这些信息的程序中。

一般，对于系统提供的头文件，通常采用“<>”括起来的形式，即

```
#include <文件名>
```

对于用“<>”括起来的头文件，C 编译器直接到系统的 INCLUDE 子目录中去寻找其中文件名所指定的头文件，然后将文件内容包含到这个命令所在的文件中。

对于用户自己创建的头文件，通常采用一对“""”括起来的形式，即

```
#include "文件名"
```

对于用“""”括起来的头文件，C 编译器先搜索当前子目录，如果找不到文件名所指定的文件，就再去搜索 C 的系统子目录。

用这样两种形式区分被包含的头文件，主要目的是减少编译器搜索指定文件的时间，从而加快编译速度。

【例 4-2】 从键盘任意输入一个三位整数，要求正确分离出它的个位、十位和百位数，并分别在屏幕上输出。

本例要求设计一个从三位整数中分离出它的个位、十位和百位数的算法。例如，输入的是 153，则输出的分别是 3、5、1；最低位数字可用对 10 求余的方法得到，如 153%10=3，最高位的百位数字可用对 100 整除的方法得到，如 153/100=1；中间位的数字可通过将其变换为最高位后再整除的方法得到，如(153-1*100)/10=5。

将该算法写成程序如下：

```c
1   #include <stdio.h>
2   int main(void)
3   {
4       int  x, b0, b1, b2;                                       // 变量定义
5       printf("Please enter an integer x:");                     // 提示用户输入一个整数
6       scanf("%d", &x);                                          // 输入一个整数
7       b2 = x / 100;                                             // 用整除方法计算最高位
8       b1 = (x - b2 * 100) / 10;                                 // 计算中间位
9       b0 = x % 10;                                              // 用求余方法计算最低位
10      printf("bit0 = %d, bit1 = %d, bit2 = %d\n", b0, b1, b2);  // 输出结果
11      return 0;
12  }
```

程序的运行结果如下：

```
Please enter an integer x: 153↙
bit0 = 3, bit1 = 5, bit2 = 1
```

中间位也可通过将其变换为最低位再求余的方法得到，如(153/10)%10=5，因此程序第 8 行语句也可写成：

```c
b1 = (x / 10) % 10;
```

正所谓“条条道路通罗马”，程序第 9 行语句（计算个位）也可写成：

```c
b0 = x - b2 * 100 - b1 * 10;
```

请读者自己思考其原理。

【例 4-3】 用公式法编程计算一元二次方程 $ax^2+bx+c=0$ 的根，a、b 和 c 由键盘输入，假设 $b^2-4ac>0$ 。

分析本例，根据一元二次方程的求根公式：

$$x_{1,2}=\frac{-b\pm\sqrt{b^2-4ac}}{2a}=-\frac{b}{2a}\pm\frac{\sqrt{b^2-4ac}}{2a}$$

令 $p=-\dfrac{b}{2a}$，$q=\dfrac{\sqrt{b^2-4ac}}{2a}$ ，则 $x_1=p+q$ ，$x_2=p-q$ 。

于是，可得到如下用自然语言描述的算法。

step1　输入 a、b、c。

step2　计算判别式 disc= b*b-4*a*c。

step3　因为要求输入保证 disc> 0 的 a、b、c 的值，所以可直接按求根公式计算两个不等实根 x1 和 x2。

step4　输出 x1 和 x2。

程序如下：

```c
1   #include <math.h>
2   #include <stdio.h>
3   int main(void)
4   {
5       float  a, b, c, disc, p, q;
6       printf("Please enter a,b,c: ");
7       scanf("%f,%f,%f", &a, &b, &c);                    // 输入确保判别式大于 0 的 a、b、c 值
```

```
8       disc = b * b - 4 * a * c;                        // 计算判别式的值
9       p = - b / (2 * a);
10      q = sqrt(disc) / (2 * a);
11      printf("x1 = %.4f, x2 = %.4f\n", p+q, p-q);      // 输出两个不相等实根
12      return 0;
13  }
```

程序的运行结果如下：

```
Please enter a,b,c: 2,6,1↙
x1 = -0.1771, x2 = -2.8229
```

在本例中，读者也许注意到了一个问题，程序要求用户输入确保判别式 $b^2-4ac>0$ 的 a、b、c 的值，而一旦用户不小心输入了使 $b^2-4ac<0$ 的数据，就会因为对负数执行开方运算而造成程序的无效性，输出无意义的结果。此外，如果用户输入的 a 值为 0，那么执行到第 10 行语句时，将造成“除 0 溢出”错误。那么，如何避免这些问题呢？

一个有效的措施是：在输入数据后，对输入的数据做合法性检验，对不合法数据进行相应的处理，如要求重新输入或使程序终止等。本例可以根据输入数据的不同情形分别采用不同的计算公式求根。对输入数据进行合法性检验以及根据不同的情形采用不同的计算公式，都涉及条件判断问题，也就是需要用到选择结构。

4.3 选择结构

世界无时无刻不在变化，我们的生活也随之而改变。面对这诸多变化，我们必须准确识变、科学应变、主动求变，才能抓住机遇，未雨绸缪，从容应对。正如变化，选择也无处不在。本节将介绍 C 语言世界中的选择，以及选择所涉及的逻辑和关系，让我们一起体会“充满变化但尽在掌握”的选择之道。

4.3.1 应用场合

在顺序结构程序中，程序的流程是固定的，不能跳转（jump），只能按照书写的先后顺序逐条逐句地执行。这样，一旦发生特殊情况（如发现输入数据不合法等），将无法进行特殊处理，而且在实际问题中，有很多时候需要根据不同的判断条件执行不同的处理步骤。例如：

① 计算一元二次方程 $ax^2+bx+c=0$ 的根，若 $b^2-4ac>0$，则输出两个不相等的实根；若 $b^2-4ac=0$，则输出两个相等的实根；若 $b^2-4ac<0$，则输出一对共轭复根。

② 若输入的三角形三边能构成一个三角形，则计算三角形的面积。

③ 根据“体指数”，判断某人的体重类型（正常体重、低体重、超重体重、肥胖）。

编程解决上述这种需要分情况处理的问题，就需要用到将要介绍的选择结构（selection structure），也称为分支结构。具体地，需要解决如下两个问题：

① 如何用 C 语言的合法表达式来正确地描述这些判断条件？如 2.6.3 节和 2.6.4 节所述，关系表达式可以表示简单的条件，复杂一些的条件则需使用逻辑表达式来表示。

② 如何用 C 语句实现这种分情况处理的算法？这就要用到将要介绍的条件语句（conditional statement）和开关语句。

4.3.2 选择结构的流程图表示

用传统流程图表示的选择结构如图 4-6(a)所示，用 N-S 图表示的选择结构如图 4-6(b)所示，表示当条件 P 成立（为真）时，执行 A 操作，否则执行 B 操作；若 B 操作为空，即什么也不做，则为单分支选择结构；若 B 操作不为空，则为双分支选择结构；若 B 操作中又包含另一个选择结构，则构成了一个多分支选择结构。

在 C 语言中，单分支和双分支选择结构可用条件语句来实现，多分支选择结构可用嵌套的 if 语句（nested if）或 switch 语句来实现。

4.3.3 条件语句

C 语言提供如下三种形式的条件语句。

（1）if 形式

```
if (表达式 P)
    可执行语句 A
```

其作用是：若表达式 P 的值为真，则执行可执行语句 A，否则不做任何操作，直接执行 if 后面的语句。这种不带 else 子句的 if 语句适合解决单分支选择问题，其流程如图 4-7 所示。

（2）if-else 形式

```
if (表达式)
    可执行语句 1
else
    可执行语句 2
```

其作用是：若表达式的值为真，则执行可执行语句 1，否则执行可执行语句 2。这种带有 else 子句的 if 语句适合解决双分支选择问题，其流程如图 4-8 所示。

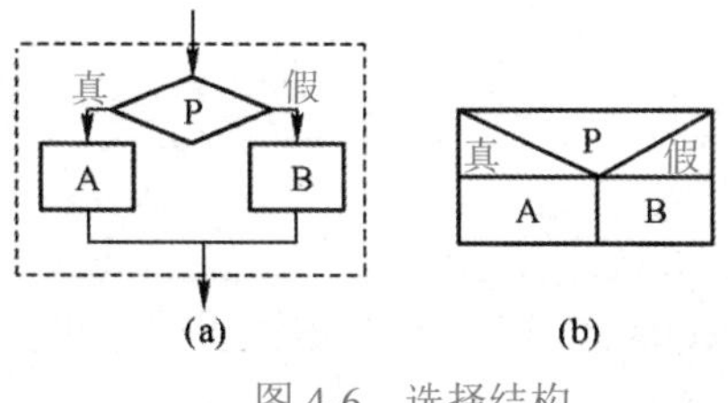

图 4-6 选择结构

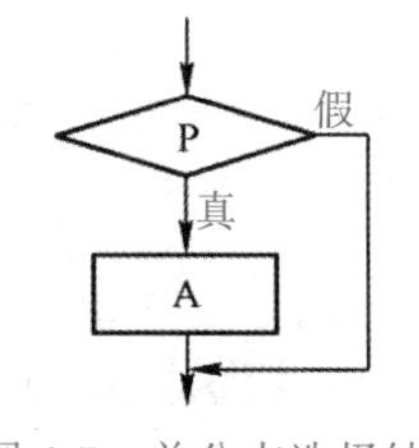

图 4-7 单分支选择结构

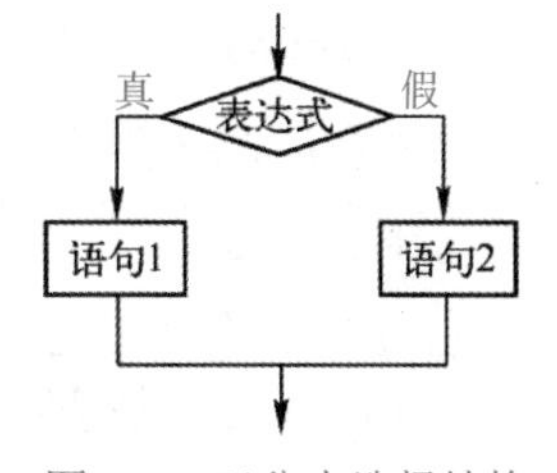

图 4-8 双分支选择结构

（3）else-if 形式

```
if (表达式 1)
    可执行语句 1
else if (表达式 2)
    可执行语句 2
…
else if (表达式 m)
    可执行语句 m
else
    可执行语句 m+1
```

其作用是：若表达式 1 的值为真，则执行语句 1，否则若表达式 2 的值为真，则执行语句 2……

若 if 后的所有表达式都不为真，则执行语句 m+1。事实上，这是一种在 else 子句中嵌入 if 语句的形式，可用于解决多分支选择问题，m=3 时的流程如图 4-9 所示。

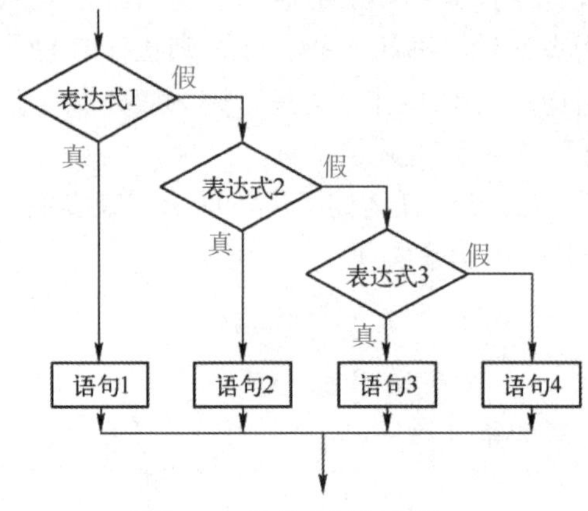

图 4-9　多分支选择结构

注意，在这三种形式的 if 语句中，因为 if 或 else 子句中只允许有一条语句，所以需要多条语句时必须使用复合语句，将需要执行的语句用一对“{}”括起来，否则将导致逻辑错误。

此外，条件语句中的表达式可以是任何合法的 C 表达式，只要表达式的值为非 0，就可认为“表达式为真”；若表达式的值为 0，就可认为“表达式为假”。

如果条件语句中的表达式是永远为假的，那么这个条件分支中的语句就会变成永远都执行不到的语句，即死语句。例如，判断一个无符号整型变量的值是否大于 0，这个表达式就是永假的。

一个初学者常犯的错误是，在表示相等条件时，经常误将关系运算符“==”写成赋值运算符“=”。例如：

```
if (a == b)
    printf("a equal to b\n");
```

其含义是：若 a 等于 b，则打印“a equal to b”。若错误地写成：

```
if (a = b)
    printf("a equal to b\n");
```

则语句的含义就变成：若 b 赋给 a 的值为非 0，则打印“a equal to b”，显然是错误的。事实上，这条语句的执行结果与执行下面两条语句的结果是等价的：

```
a = b;
if (a)
    printf("a equal to b\n");
```

因为该错误不属于语法错误，所以编译程序不会给出错误提示信息，但会导致程序运行结果的错误。因此读者在使用时应特别小心。

【编码规范和编程实践】 当一个整型变量与一个常数比较是否相等时，可以采用将常量置于关系运算符左侧，而将变量置于关系运算符右侧的方法，以避免这种错误。

例如，将

```
if (a == 10)
    printf("a equal to 10\n");
```

写成下面这种形式则更好：

```
if (10 == a)
    printf("a equal to 10\n");
```

当用户因疏忽而将其误写成如下语句时，编译器将提示语法错误，便于用户及早发现错误。

```
if (10 = a)
    printf("a equal to 10\n");
```

【例 4-4】 从键盘输入两个数，编程计算并打印两个数中的较大数。

方法 1 用不带 else 子句的 if 语句编程，算法流程图如图 4-10 所示。

```
1   #include <stdio.h>
2   int main(void)
3   {
4       int  a, b;
5       printf("Please enter a,b:");
6       scanf("%d%d", &a, &b);
7       if (a >= b)
8       {
9           printf("max = %d\n", a);
10      }
11      if (a < b)
12      {
13      printf("max = %d\n", b);
14      }
15      return 0;
16  }
```

图 4-10 例 4-4 方法 1 的算法流程图

【思考题】 第 11 行语句不能写成“if (a <= b)”，否则不能满足 4.1.1 节中关于算法的确定性要求，请读者自己分析，这是为什么？

方法 2：用带有 else 子句的 if 语句编程，算法流程图如图 4-11 所示。

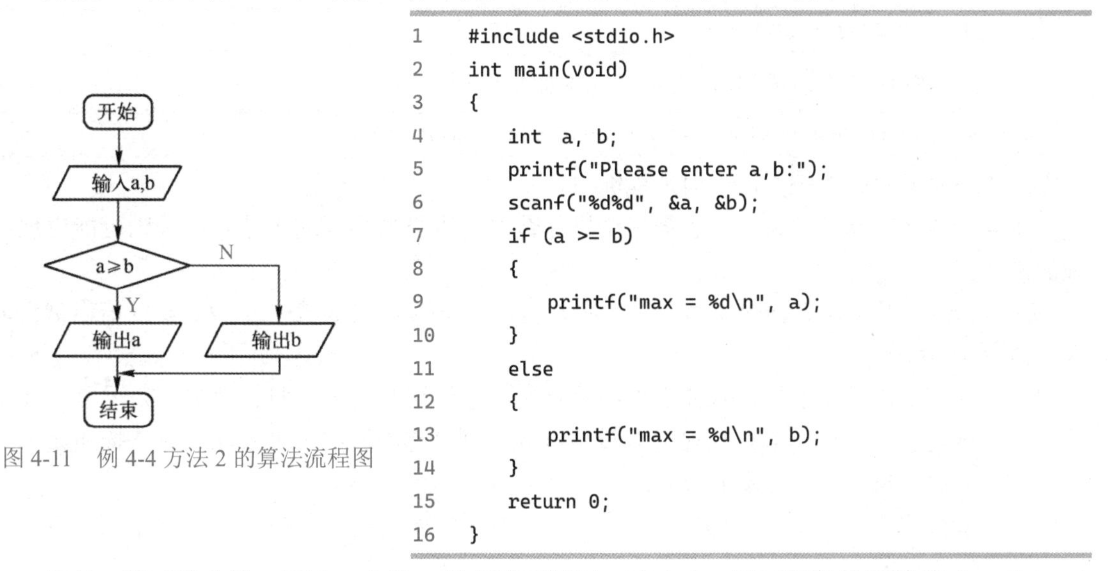

图 4-11 例 4-4 方法 2 的算法流程图

```
1   #include <stdio.h>
2   int main(void)
3   {
4       int  a, b;
5       printf("Please enter a,b:");
6       scanf("%d%d", &a, &b);
7       if (a >= b)
8       {
9           printf("max = %d\n", a);
10      }
11      else
12      {
13          printf("max = %d\n", b);
14      }
15      return 0;
16  }
```

显然，相对于方法 1 而言，方法 2 的程序更简洁。事实上，还可用条件运算符（conditional

operator）构成的条件表达式来编写本例程序。

方法 3：用条件表达式编写程序。其算法流程图如图 4-12 所示。

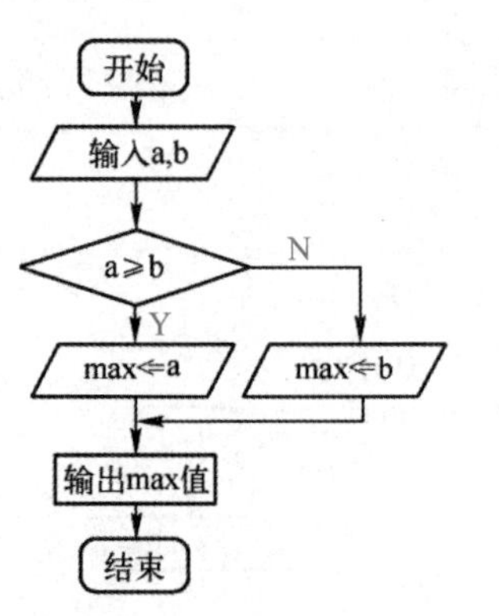

图 4-12　例 4-4 方法 3 的算法流程图

```
1     #include <stdio.h>
2     int main(void)
3     {
4        int  a, b, max;
5        printf("Please enter a,b:");
6        scanf("%d%d", &a, &b);
7        max = a >= b ? a : b;
8        printf("max = %d\n", max);
9        return 0;
10    }
```

对这三个程序的一次测试结果如下：

```
Please enter a,b:20 35↙
max = 35
```

条件运算符是 C 语言中唯一的一种三元运算符（ternary operator），运算时需要三个操作数。由条件运算符及其相应的操作数构成的表达式，称为条件表达式，它的一般形式如下：

```
表达式 1 ? 表达式 2 : 表达式 3
```

其含义是：若表达式 1 的值非 0，则该条件表达式的值是表达式 2 的值，否则是表达式 3 的值。

例如，本例将第 7、8 行语句合并为下面的语句，就不必在第 4 行中定义变量 max 了。

```
printf("max = %d\n", a>=b ? a : b);
```

该语句表示：若 a>=b，则条件表达式的值为 a，于是输出 a 的值，否则输出 b 的值。

条件表达式的第二个和第三个操作数也可以是可执行语句。例如，某些情况下，可能仅需在不同的情形下完成不同的函数调用，而无须关心条件表达式的值，此时可以按如下方式使用条件表达式：

```
表达式 1 ? 函数调用 1 : 函数调用 2
```

例如，本例也可将第 7、8 行语句合并为如下语句：

```
a >= b ? printf("max = %d\n", a) : printf("max = %d\n", b);
```

与方法 2 程序中的第 7～14 行语句是等价的。

注意，条件运算符的第二个和第三个操作数要使用类型相同的表达式，否则可能出现微妙的错误。

【例 4-5】 用公式法编程计算一元二次方程 $ax^2+bx+c=0$ 的根，a、b、c 的值由键盘输入，其中 $a \neq 0$。

在例 4-3 中，需要限制输入使求根结果有两个不相等的实根，即假设 $b^2-4ac>0$。在本例中，不再假设 $b^2-4ac>0$，而是分几种情况来分别考虑不同的处理方法。算法描述如下：

step1　输入一组系数 a、b、c。

step2　若 a 值为 0，则输出“不是二次方程”的提示信息，并终止程序的执行；否则，继续 step3。

step3　计算判别式 disc = b*b-4a*c。

step4　按以下公式分别计算 p 和 q 的值。

$$p=-\frac{b}{2a}, \quad q=\frac{\sqrt{|b^2-4ac|}}{2a}$$

step5　若 disc 的值为 0，则计算并输出两个相等的实根：x1=x2=p。

step6　否则，若 disc>0，则计算并且输出两个不等实根：x1=p+q，x2=p-q。

step7　否则，有 disc<0，则计算并且输出两个共轭复根：x1=p+q*i，x2=p–q*i。

算法流程图如图 4-13 所示，程序如下：

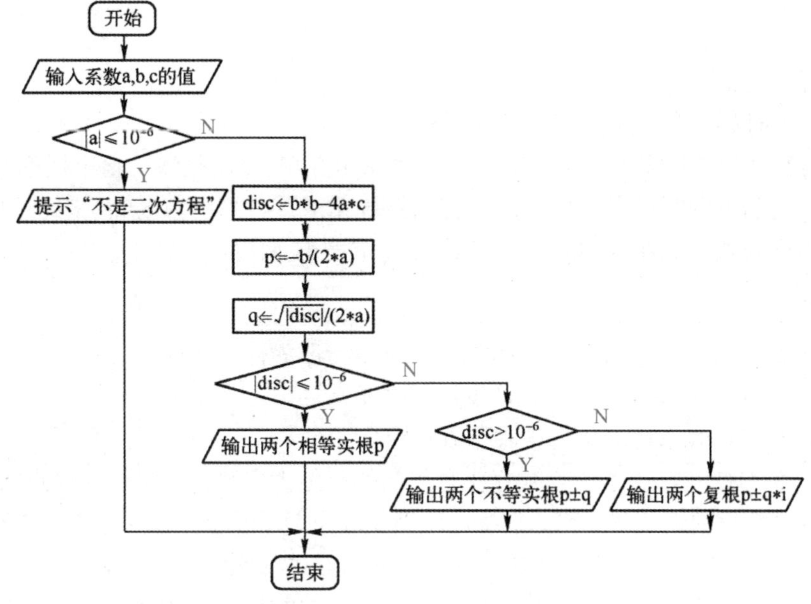

图 4-13　例 4-5 的算法流程图

```
1    #include <stdlib.h>
2    #include <math.h>
3    #include <stdio.h>
4    #define       EPS       1e-6
5    int main(void)
6    {
7       float  a, b, c, disc, p, q;
8       printf("Please enter a,b,c:");
9       scanf("%f, %f, %f", &a, &b, &c);
10      if (fabs(a) <= EPS)              // 测试实数 a 是否为 0，以避免发生“除 0 错误”
11      {
12         printf("It is not a quadratic equation!\n");
13         exit(0);                      // 退出程序
14      }
15      disc = b * b - 4 * a * c;
16      p = - b / (2 * a);
17      q = sqrt(fabs(disc)) / (2 * a);
18      if (fabs(disc) <= EPS)           // 若判别式为 0，则输出两个相等实根
19      {
20         printf("Two equal real roots: x1 = x2 = %6.2f\n", p);
21      }
```

```
22      else if (disc > EPS)                    // 若判别式为正值，则输出两个不等实根
23      {
24         printf("Two unequal real roots: x1 = %6.2f, x2 = %6.2f\n", p+q, p-q);
25      }
26      else                                    // 若判别式为负值，则输出两个共轭复根
27      {
28         printf("Two complex roots:\n");
29         printf("x1 = %6.2f + %6.2fi\n", p, q);
30         printf("x2 = %6.2f - %6.2fi\n", p, q);
31      }
32      return 0;
33   }
```

在本例中，有如下几个问题需要着重解释。

① 程序第 13 行调用了一个 C 的标准库函数 exit()，其作用是终止整个程序的执行，强制返回操作系统。当程序执行所需的条件不能满足时，常通过调用函数 exit()来终止程序的执行。调用该函数需要嵌入头文件<stdlib.h>。函数 exit()的一般调用形式如下：

```
exit(code);
```

其中，参数 code 为 int 型，code 值传给调用进程（一般为操作系统）。按照惯例，当 code 值为 0 或为宏常量 EXIT_SUCCESS 时，表示程序正常退出；当 code 值为非 0 值或为宏常量 EXIT_FAILURE 时，表示程序出现某种错误后退出。

② 如 2.5.3 节所述，由于浮点数存在舍入问题，绝大多数计算机中的浮点数都只是它们在数学上表示的数据的近似值，因此直接比较两个浮点数（或者比较浮点数与 0）是否相等是不安全的。所以，本例中不能直接将实型变量 disc 与 0 进行比较，即不能使用“if (disc==0)”。那么，如何比较两个近似值 a 和 b 是否相等呢？我们可以使用“if (fabs(a-b) <= EPS)”来判断 a 和 b 是否相等，等价于“if (a-b <= EPS && a-b >= -EPS)”，这里符号常量 EPS 被定义为一个很小的数值（如 1e-6）。这样比较的含义是“若两个数相差很小，则认为其相等”。

【编码规范和编程实践】 由于浮点数不是实数的精确表示，因此浮点数不能直接与 0 比较相等与否。

③ 对于像本例这样含有多分支结构的程序，对程序的运行结果需要进行多次测试。不能在程序上机调试运行时随便找一组数据运行了事。这是因为，仅对一组输入数据的运行结果是正确的，并不能说明程序就一定是正确的。本例至少需要对程序进行 4 次测试：

```
①  Please enter a,b,c: 0,10,2↙
    It is not a quadratic equation!
②  Please enter a,b,c: 2,6,1↙
    Two unequal real roots: x1 = -0.18, x2 = -2.82
③  Please enter a,b,c: 1,2,1↙
    Two equal real roots: x1 = x2 = -1.00
④  Please enter a,b,c: 2,3,2↙
    Two complex roots:
    x1 = -0.75 + 0.66i
    x2 = -0.75 - 0.66i
```

程序测试（program testing）是指对一个完成了全部或部分功能模块的计算机程序在正式使用前的检测，以确保该程序能按预定的方式正确地运行。按照软件工程学的观点，“测试只

能证明程序有错，而不能证明程序无错”，任何人都不能保证自己编写的程序是百分百正确的，要想证明程序没有错误，必须进行程序的正确性测试，涉及程序设计方法学等许多理论，因此程序测试仍然是发现和减少程序错误的重要手段。

在实际软件开发中，不仅开发人员自身需要对程序进行测试，与开发人员相同机构的测试部门（或专门负责测试的外包机构）的测试人员也要进行专门的测试，甚至在交付给程序使用机构正式使用前，完全模拟正式使用环境让终端用户试用进行测试等。越是大型的软件开发，测试人员占整个软件产品团队的总人数的比重就越大，可见程序测试的重要性。测试人员的主要任务是尽可能多地发现程序中的错误。测试人员水平越高，找到错误的时间就越早，软件就越容易修复，产品发行就越稳定。成功的测试在于发现迄今为止尚未发现的错误。

测试的主要困难在于不知道如何进行有效的测试，也不知道什么时候可以放心地结束测试。这是因为，我们无法对所有可能的情况进行测试，即实现穷举测试通常是不可能的。因此，往往需要采用专门的测试方法进行测试。

程序测试方法可以分为静态分析（static analysis）和动态测试（dynamic testing）两种。

静态分析是指不执行被测程序，而只是对程序文本进行检查，通过代码审查（code review），来分析和发现程序中的错误。动态测试是指通过运行被测程序来检验程序的动态行为和运行结果的正确性，即检查运行结果与预期结果的差异，并分析运行效率和健壮性等性能，这种方法由三部分组成：构造测试用例（test case）、执行程序、分析程序的输出结果。

那么，如何选择程序的测试用例呢？如果测试人员对被测程序内部的逻辑结构和处理过程很熟悉，即被测程序的内部结构和流向是可见的，或者说是已知的，那么可以按照程序内部的逻辑结构信息设计或选择测试用例，检验程序中的每条逻辑路径是否都能按“需求规格说明书”预定的要求正确工作。这种测试方法把测试对象看作一个打开的盒子，通常形象地称其为白盒测试（white-box testing），也称为结构测试或逻辑驱动测试。该方法选取用例的出发点是：尽量让测试数据覆盖程序中的每条语句、每个分支。例如，本例使用的就是白盒测试方法，在选取测试用例时，使得每个测试用例覆盖程序的一个分支，4个测试用例正好覆盖程序中的4个分支。

白盒测试方法主要用于测试的早期。在测试的后期通常使用黑盒测试（black-box testing）。之所以称为黑盒测试，是因为它将程序看作一个不能打开的黑盒子（即程序的内部实现对测试人员是不可见的），在完全不考虑程序内部结构和内部逻辑的情况下，从程序拟实现的功能出发选取测试用例，利用程序接口测试程序的外部行为，只检查程序功能是否符合“需求规格说明书”中的预定功能需求，检查程序是否能正确地接收输入数据并针对相应的输入信息产生正确的输出信息。黑盒测试注重测试程序的功能需求，其实质是对程序功能的覆盖性测试，检测每个功能是否都能正常使用，因此黑盒测试也称为功能测试（functional testing）。

【例 4-6】 编程设计一个简单的猜数游戏：先由计算机“想”一个数请玩家猜，若玩家猜对了，则计算机给出提示“Right!”，否则提示“Wrong!”，并告诉玩家所猜的数是大还是小。

本例程序设计中的难点是如何让计算机“想”一个数。“想”反映了一种随机性，可用C语言标准库函数rand()产生计算机“想”的数。

rand()函数产生一个0～RAND_MAX的随机整数，RAND_MAX是在头文件stdlib.h中定义的符号常量，因此使用该函数时需要包含头文件stdlib.h。ANSI标准规定RAND_MAX的值不得大于双字节整数的最大值32767。于是算法设计如下：

step1　通过调用随机函数任意“想”一个数 magic。

step2　输入玩家猜的数 guess。

step3　若 guess>magic，则给出提示：“Wrong! Too high!”。

step4　否则，若 guess<magic，则给出提示：“Wrong! Too low!”。

step5　否则，guess=magic，则给出提示：“Right!”，并输出 guess 值。

算法流程图如图 4-14 所示，编写程序如下：

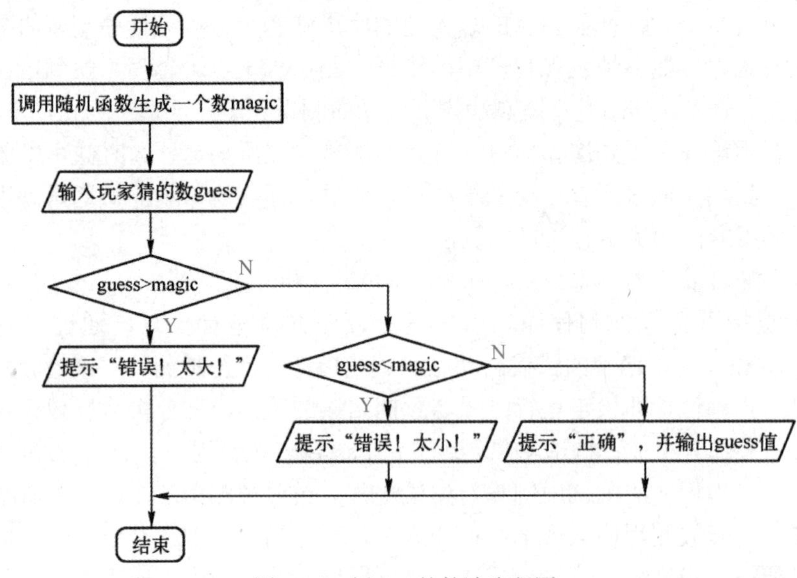

图 4-14　例 4-6 的算法流程图

```
1   #include <stdlib.h>
2   #include <stdio.h>
3   int main(void)
4   {
5       int  magic;                              // 计算机“想”的数
6       int  guess;                              // 玩家猜的数
7       magic = rand();                          // 通过调用随机函数让计算机“想”一个数 magic
8       printf("Please guess a magic number:");
9       scanf("%d", &guess);                     // 输入玩家猜的数 guess
10      if (guess > magic)                       // 猜大了
11      {
12          printf("Wrong! Too high!\n");
13      }
14      else if (guess < magic)                  // 猜小了
15      {
16          printf("Wrong! Too low!\n");
17      }
18      else                                     // 猜对了
19      {
20          printf("Right!\n");
21          printf("The number is:%d\n", magic);
22      }
23      return 0;
```

```
24    }
```

程序的三次测试结果如下：

```
①   Please guess a magic number:50↙
    Wrong! Too high!
②   Please guess a magic number:30↙
    Wrong! Too low!
③   Please guess a magic number:41↙
    Right!
    The number is:41
```

【思考题】 如何编程控制计算机产生指定范围的随机数？

提示：可采用如下方法：① 利用求余运算 rand()%b，将函数 rand()产生的数变化到 0～b−1；② 利用 rand()%b+a 运算，将随机数取值范围平移到[a, a+b−1]。

4.3.4 开关语句

当问题需要讨论的情况较多时，可考虑使用开关语句代替条件语句来简化程序的设计。开关语句就像多路开关一样，使程序控制流程形成多个分支，根据一个表达式可能产生的不同结果值，选择其中一个或几个分支语句去执行。因此，它常用于各种分类统计、菜单等程序的设计。C 语言的开关语句为 switch 语句，一般形式如下：

```
switch (表达式)
{
    case 常量 1:
                可执行语句序列 1
    case 常量 2:
                可执行语句序列 2
    …
    case 常量 n:
                可执行语句序列 n
    default:
                可执行语句序列 n+1
}
```

在使用 switch 语句时，尤其要注意以下事项：

① switch 后“( )”中表达式的值一般为整型、字符型或枚举类型，而且每个 case 后的“常量表达式”的类型都应该与 switch 后“( )”中表达式的类型一致。

② 若 case 后的语句省略，则表示它与后续 case 执行相同的语句。

③ 程序执行到 switch 语句时，先计算表达式的值，再自上而下寻找与该值匹配的 case 常量，找到后，则按顺序执行此 case 后的所有语句，包括后续 case，而不再进行判断，直到遇到 break 语句或“}”为止。因此，只有 switch 语句和 break 语句配合才能形成真正意义上的多分支。也就是说，执行完某个分支后，一般用 break 语句跳出 switch 结构。若所有 case 常量都不能与表达式的值相匹配，则执行 default 后的语句序列 n+1。

④ 因为每个 case 后的常量只起语句标号（label）的作用，所以 case 常量的值必须互不相同，不能自相矛盾，而且 case 后只能是一个常量，不能是一个区间，也不能出现任何运算符（如关系运算符等）。例如，如下两种写法都是错误的：

```
case 90～100:           printf("%d--A\n",score); break;          // 语法错误
case 90<=score<=100:    printf("%d--A\n",score); break;          // 语法错误
```

⑤ 改变case常量出现的次序不会影响程序的运行结果。但从执行效率角度考虑，一般将发生频率高的case常量放在前面。

【例4-7】 编程设计一个简单的计算器程序，要求根据用户从键盘输入的下列表达式：

操作数1　运算符op　操作数2

计算表达式的值，设指定的运算符为加（+）、减（-）、乘（*）、除（/）。

编写程序如下：

```
1   #include <stdio.h>
2   int main(void)
3   {
4      int  data1, data2;
5      char  op;
6      printf("Please enter the expression:");
7      scanf("%d%c%d", &data1, &op, &data2);        // 输入运算表达式
8      switch (op)                                  // 根据输入的运算符确定执行的运算
9      {
10        case '+':                                 // 执行加法运算
11                printf("%d + %d = %d\n", data1, data2, data1 + data2);
12                break;
13        case '-':                                 // 执行减法运算
14                printf("%d - %d = %d\n", data1, data2, data1 - data2);
15                break;
16        case '*':                                 // 执行乘法运算
17                printf("%d * %d = %d\n", data1, data2, data1 * data2);
18                break;
19        case '/':                                 // 执行除法运算
20                if (0 == data2)                       // 检查除数是否为0，避免出现除零溢出错误
21                   printf("Division by zero!\n");
22                else
23                   printf("%d / %d = %d\n", data1, data2, data1 / data2);
24                break;
25        default:
26                printf("Unknown operator!\n");
27     }
28     return 0;
29  }
```

程序的6次测试结果如下：

```
①   Please enter the expression: 22+12↙
     22 + 12 = 34
②   Please enter the expression: 22-12↙
     22 - 12 = 10
③   Please enter the expression: 22*12↙
     22 * 12 = 264
④   Please enter the expression: 22/12↙
     22 / 12 = 1
```

```
⑤  Please enter the expression: 22/0↙
   Division by zero!
⑥  Please enter the expression: 22\12↙
   Unknown operator!
```

【思考题】

① 若要求程序进行浮点数算术运算，则程序应该如何修改？

② 若要求在操作数和运算符间可加入任意多个空格符，则程序应如何修改？

③ 程序第 20 行将“if(data2 == 0)”写成“if(0 == data2)”的好处是什么？

【例 4-8】 采用两种方法编写程序，根据用户输入的百分制成绩，按如下转换标准将其转换成五分制成绩并输出。

$$grade = \begin{cases} A & 90 \leqslant score \leqslant 100 \\ B & 80 \leqslant score < 90 \\ C & 70 \leqslant score < 80 \\ D & 60 \leqslant score < 70 \\ E & 0 \leqslant score < 60 \end{cases}$$

方法 1：用 else-if 形式的条件语句编写程序。

```
1   #include <stdio.h>
2   int main(void)
3   {
4       int  score;
5       printf("Please enter score:");
6       scanf("%d", &score);
7       if (score < 0 || score > 100)                           // 对输入数据的合法性进行检查
8           printf("Input error!\n");
9       else if (score >= 90)
10          printf("%d--A\n", score);
11      else if (score >= 80)
12          printf("%d--B\n", score);
13      else if (score >= 70)
14          printf("%d--C\n", score);
15      else if (score >= 60)
16          printf("%d--D\n", score);
17      else
18          printf("%d--E\n", score);
19      return 0;
20  }
```

方法 2：用 switch 语句编写程序。由于输入的百分制分数的取值范围太大，根据从百分制向五分制转换的特点，没必要将所有 score 取值都作为一个 case 常量，可将百分制成绩 score 先压缩为 1/10 后，再作为 switch 语句中的 case 常量的值。

```
1   #include <stdio.h>
2   int main(void)
3   {
4       int  score, mark;
5       printf("Please enter score:");
6       scanf("%d", &score);
```

```
7       mark = score >= 0 && score <= 100 ? score/10 : -1;   // 对 score 进行预处理
8       switch (mark)
9       {
10          case 10:
11          case 9: printf("%d--A\n", score);
12                  break;
13          case 8: printf("%d--B\n", score);
14                  break;
15          case 7: printf("%d--C\n", score);
16                  break;
17          case 6: printf("%d--D\n", score);
18                  break;
19         case 5:
20         case 4:
21         case 3:
22         case 2:
23         case 1:
24         case 0:  printf("%d--E\n", score);
25                  break;
26          default:printf("Input error!\n");               // 处理分数不在合法范围内的数据
27      }
28      return 0;
29  }
```

程序的 15 次测试结果如下：

```
①  Please enter score:0↙
    0--E
②  Please enter score:15↙
    15--E
③  Please enter score:25↙
    25--E
④  Please enter score:35↙
    35--E
⑤  Please enter score:45↙
    45--E
⑥  Please enter score:55↙
    55--E
⑦  Please enter score:65↙
    65--D
⑧  Please enter score:75↙
    75--C
⑨  Please enter score:85↙
    85--B
⑩  Please enter score:95↙
    95--A
⑪  Please enter score:100↙
    100--A
⑫  Please enter score:-10↙
    Input error!
```

```
⑬   Please enter score:200↙
    Input error!
⑭   Please enter score:105↙
    Input error!
⑮   Please enter score:-5↙
    Input error!
```

从本例可以看出：在选用测试用例时，不仅要选用合理的输入数据，还要选用不合理的输入数据（包括各种边界值）。例如，针对规定的输入数据的取值范围，选取刚达到这个范围的边界值，以及刚刚超越这个范围边界的值作为测试输入数据。经验表明，大量的错误发生在输入或输出的边界上。因此，针对各种边界情况设计测试用例有助于发现更多的运行时错误，如除数为零、数组下标越界、栈溢出等。如果程序代码能够经受意外的错误输入的考验，对错误的输入具有容错能力，那么这样的程序被称为具有健壮性（robustness）。

【思考题】 如果将方法 2 程序的第 7 行语句修改为：

```
mark = score/10;
```

那么，程序将在用户输入 0～100 范围以外的非法数据时产生错误的输出结果。请读者思考，使用哪些边界值作为测试输入数据可以发现这一错误？产生错误的原因是什么？然后通过运行程序验证自己的分析结果。

4.4 循环结构

世界中有太多的重复，但并不都是简单的重复，而是“九层之台起于累土”的渐变。循环，是人类最容易感觉无聊的一件事，却成为了计算机最强大、最值得称道的能力所在。本节将带大家一起学习如何用 C 语言驾驭循环，体会“千里之行始于足下”的循环之道。

4.4.1 应用场合

例 4-6 设计了一个简单的猜数游戏。这个程序每执行一次，只允许猜一次，如果猜不对想再猜一次，就只能再运行一次程序。能否在不退出程序运行的情况下，让玩家连续猜许多次直到猜对为止呢？

在例 4-7 中设计了一个简单的计算器程序。每执行一次程序，用户只能做一次运算，若要再做，必须重新运行一次程序，能否在不退出程序运行的前提下，让用户可以做多次运算，直到用户想停止时按一个键（如'Y'或'y'），程序才结束呢？

实际应用中的许多问题都会涉及上述需要重复执行的操作和算法，如级数求和、方程的迭代求解、统计报表打印等，需要重复处理的次数有时是已知的，有时是未知的。

在解决含有重复处理操作的问题时，如计算 $1+2+3+\cdots+n$，虽然可以定义 n 个变量，然后将这 n 个变量相加求和，但是使用循环结构（loop structure），用循环语句（loop statement）编程，程序的可维护性和可读性更好。

顺序、选择和循环结构是进行结构化程序设计的三种基本结构。按照结构化程序设计的观点，任何复杂的问题都可用这三种基本结构编程实现，它们是复杂程序设计的基础。

4.4.2 循环结构的流程图表示

循环结构有两种类型：

① 当型循环结构（如图 4-15 所示），表示当条件 P 成立（为真）时，反复执行 A 操作，直到条件 P 不成立（为假）时结束循环。

② 直到型循环结构（如图 4-16 所示），表示先执行 A 操作，再判断条件 P 是否成立（为真），若条件 P 成立（为真），则反复执行 A 操作，直到条件 P 不成立（为假）时结束循环。

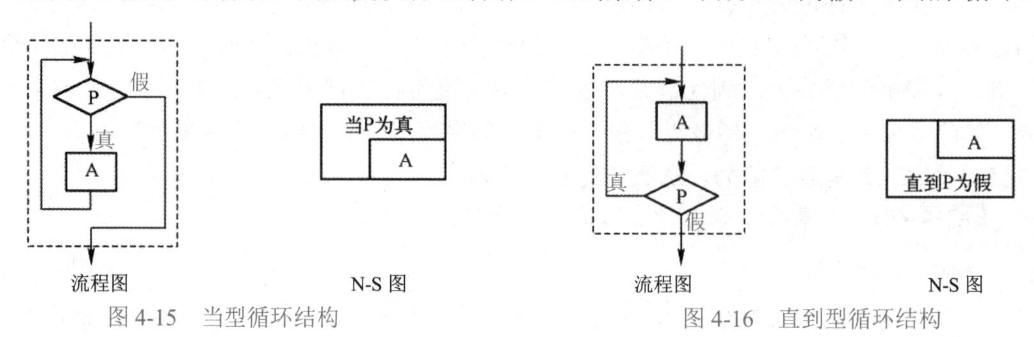

图 4-15 当型循环结构　　图 4-16 直到型循环结构

4.4.3 循环语句

循环语句在给定条件成立的情况下，重复执行某个程序段。重复执行的程序段称为循环体（loop body），循环体可以是单条 C 语句、空语句或复合语句。当循环体中是空语句（只有一个“;”）时，表示在循环体中什么也不做。C 语言提供三种循环语句来实现循环结构：while 语句、do-while 语句和 for 语句。在一定条件下，这三种循环语句可以相互替代。

（1）while 语句

while 语句用来实现当型循环，一般形式为：

```
while (表达式)
{
    可执行语句序列
}
```

执行该语句时，是先判断后执行。先求表达式的值，若其值为非 0 值（真），表示条件成立，则重复执行循环体内的可执行语句序列，直到表达式的值为 0（假）时结束循环的执行。

不失一般性，也为了清楚和方便起见，这里将循环体内的语句用一对“{}”括起来，构成复合语句。如果循环体中只有一条语句，虽然无须使用“{}”，但为了提高程序的可维护性，避免以后在循环体内增添语句时导致发生逻辑错误（在没有“{}”的情况下，仅 while 后的第一条语句被当作循环体内的语句处理），建议循环体内的语句都使用“{}”括起来。

（2）do-while 语句

do-while 语句用来实现直到型循环，一般形式为

```
do{
    可执行语句序列
} while(表达式);
```

与 while 语句不同，do-while 语句是先执行后判断。执行 do-while 语句时，至少先执行一次循环体内的语句，再判断 while 后括号中表达式的值是否为真，若表达式的值为非 0 值（真），

则继续重复执行循环体内的语句，直到表达式的值为 0（假）时为止，结束循环。

（3）for 语句

for 语句用于实现当型循环结构，其使用方式非常灵活，在 C 语言程序中使用频率最高。其一般形式如下：

```
for (表达式 1; 表达式 2; 表达式 3)
{
    可执行语句序列
}
```

其中，表达式 1 的作用是初始化（initialization）循环控制变量，即为循环控制变量赋初值；表达式 2 的作用是给出循环重复执行的判断条件（condition），这个条件也用于决定什么时候结束循环；表达式 3 的作用是给循环控制变量增值（increment），即定义循环控制变量在每次循环结束后按什么方式变化，可以在每次循环时给控制变量增加一个正数值，也可以增加一个负数值。

注意，这三个表达式之间用“;”隔开，其中任何一个表达式都可省略不写，但“;”不能省略。当已在 for 语句前面为循环控制变量赋初值时，表达式 1 可省略；当已在循环体中改变了循环控制变量时，表达式 3 可省略；当表达式 2 省略时，表示循环条件始终为真，即循环将会无终止地执行下去。在一般情况下，表达式 2 很少省略。

这三个表达式可以是任何合法 C 语言表达式。当需要为多个变量赋初值时，表达式 1 可用逗号表达式顺序地执行为多个变量赋初值的操作。同样，当需要使多个变量的值发生变化时，表达式 3 也可使用逗号表达式。例如：

```
for (i=1, j=100; i<=j; i++, j--)
{
    sum = sum + i + j;
}
```

因为 for 语句与 while 语句都可实现当型循环结构，所以二者是完全等价的，与 for 语句等价的 while 语句形式为：

```
表达式 1;
while (表达式 2)
{
    可执行语句序列
    表达式 3;
}
```

但注意，在第一次进入循环时条件就不为真的特殊情况下，while 语句和 do-while 语句是不等价的。例如，下面两段程序就是不等价的。

程序段 1：如下程序是先判断后执行，所以当 n 初值不满足 while 语句的判断条件时，循环一次也不执行，因此没有任何输出结果。

```
n = 101;
while (n < 100)                    // n 初值不满足小于 100，所以循环一次也不执行
{
    printf("n = %d", n);
}
```

程序段 2：对于如下程序，虽然 n 初值不满足 while 语句的判断条件，但因为是先执行后判断，即已经执行了一次才进行判断，所以循环至少执行一次，故打印结果为 n=101。

```
n = 101;
do{                                          // 虽然 n 初值不满足小于 100，但循环至少执行一次
    printf("n = %d", n);
} while (n < 100);
```

除了上述特殊情况，在其余情况下，当型循环和直到型循环这两种语句都是等价的。

【编码规范和编程实践】 while 和 do-while 语句中的表达式，以及 for 语句中的表达式 2，都是循环继续条件（loop-continuation condition），不是循环结束的条件。在循环体中，如果没有能够最终将条件改变为假的操作，那么循环永远不会终止，变成无限循环（infinite loop），即死循环。

4.4.4 单重循环程序实例

单重循环常用于解决累加求和、累乘求积、数据分类统计这类问题。用单重循环可以解决的问题又可以分为循环次数已知和循环次数未知两种情况。按 4.4.3 节的分析，由于 while 语句、do-while 语句和 for 语句在多数情况下是完全等价的，因此原则上用哪一种循环语句编程都是一样的，但习惯上，循环次数事先已知的问题用 for 语句编程，循环次数事先未知的问题用 while 语句和 do-while 语句编程。

【例 4-9】 将例 4-6 的猜数游戏改为：先由计算机“想”一个 1～100 的数请玩家猜，若玩家猜对了，则结束游戏；否则计算机给出提示，告诉玩家所猜的数是太大还是太小，直到玩家猜对为止。计算机记录玩家猜的次数，以此来反映玩家“猜”数的水平。

算法设计如下：

step1 通过调用随机函数任意“想”一个数 magic。

step2 将记录玩家猜数次数的计数器变量 count 初始化为 0。

step3 输入玩家猜的数 guess。

step4 计数器变量 count 增 1。

step5 若 guess>magic，则输出“错误！太大！”的提示信息；否则，若 guess<magic，则输出“错误！太小！”的提示信息。

step6 若 guess≠magic，则重复执行 step 3 到 step 5，直到 guess=magic 为止，输出“正确！”的提示信息后转去执行 step 7。

step7 打印玩家猜的次数 count。

算法流程图如图 4-17 所示，编写程序如下：

```
1   #include <stdlib.h>
2   #include <stdio.h>
3   int main(void)
4   {
5       int  magic;                           // 计算机“想”的数
6       int  guess;                           // 玩家猜的数
7       int  counter = 0;                     // 记录玩家猜数次数的计数器变量初始化为 0
8       magic = rand() % 100 + 1;             // 调用 rand()“想”一个 1～100 间的随机数
9       do{
```

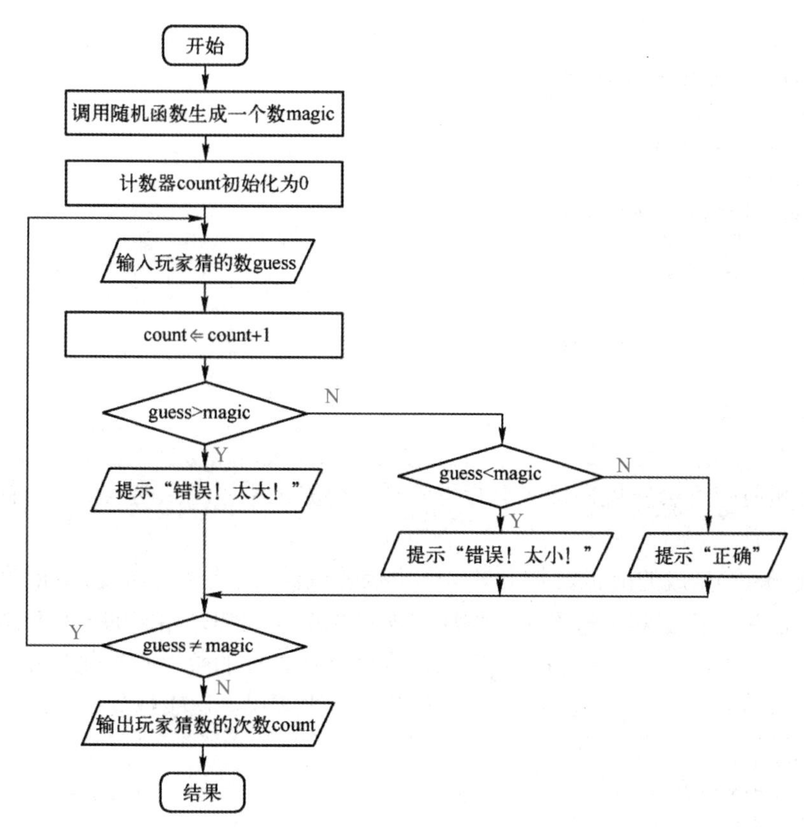

图 4-17　例 4-9 的算法流程图

```
10          printf("Please guess a magic number:");
11          scanf("%d", &guess);                              // 输入玩家猜的数
12          counter++;                                        // 计数器变量 count 加 1
13          if (guess > magic)                                // 猜大了
14          {
15              printf("Wrong! Too high!\n");
16          }
17          else if (guess < magic)                           // 猜小了
18          {
19              printf("Wrong! Too low!\n");
20          }
21          else                                              // 猜对了
22          {
23              printf("Right!\n");
24              printf("The number is:%d\n", magic);
25          }
26      } while (guess != magic);                             // 执行循环直到猜对为止
27      printf("counter = %d \n", counter);                   // 输出玩家猜数的次数 count
28      return 0;
29  }
```

程序的 2 次运行结果如下：

```
①  Please guess a magic number:60↙
    Wrong! Too high!
    Please guess a magic number:40↙
```

```
Wrong! Too low!
Please guess a magic number:50↙
Wrong! Too high!
Please guess a magic number:45↙
Wrong! Too high!
Please guess a magic number:42↙
Right!
The number is:42
counter = 5
```

②

```
Please guess a magic number:42↙
Right!
The number is:42
counter = 1
```

读者在上机时也许会发现，每次运行程序时，计算机所“想”的数都是一样的，这是什么原因呢？

原来函数 rand()生成的随机数其实只是一个伪随机数，连续调用函数 rand()产生的一系列数看似随机，而实际上每次执行程序时所产生的序列都是相同的一系列数。那么，如何使程序每次执行时产生不同的随机数序列，也就是将生成的数“随机化”呢？这可以通过调用标准库函数 srand()为函数 rand()设置随机数种子来实现。程序修改如下：

```
1   #include <stdlib.h>
2   #include <stdio.h>
3   int main(void)
4   {
5       int  magic;
6       int  guess;
7       int  counter = 0;
8       unsigned int  seed;                  // 定义一个无符号整型变量存储随机数种子
9       printf("Please enter seed:");        // 提示输入随机数种子
10      scanf("%u", &seed);                  // 输入随机数种子
11      srand(seed);                         // 调用函数 srand()为 rand()设置随机数种子
12      magic = rand() % 100 + 1;
13      counter = 0;
14      do {
15          printf("Please guess a magic number:");
16          scanf("%d", &guess);
17          counter++;
18          if (guess > magic)               // 猜大了
19          {
20              printf("Wrong! Too high!\n");
21          }
22          else if (guess < magic)          // 猜小了
23          {
24              printf("Wrong! Too low!\n");
25          }
26          else                             // 猜对了
27          {
28              printf("Right!\n");
```

```
29            printf("The number is:%d\n", magic);
30         }
31      } while (guess != magic);
32      printf("counter = %d\n", counter);
33      return 0;
34   }
```

程序的 2 次运行结果如下：

```
①  Please enter seed:1↙
    Please guess a magic number:42↙
    Right!
    The number is:42
    counter = 1
②  Please enter seed:10↙
    Please guess a magic number:60↙
    Wrong! Too low !
    Please guess a magic number:80↙
    Wrong! Too high!
    Please guess a magic number:70↙
    Wrong! Too low!
    Please guess a magic number:75↙
    Wrong! Too high!
    Please guess a magic number:72↙
    Right!
    The number is:72
    counter = 5
```

执行若干遍程序，观察其运行结果可以发现，只要提供的随机数种子不同，每次执行程序时都会产生不同的随机数序列。如果不想每次都通过输入随机数种子来完成随机化，那么可以使用计算机读取其时钟值并把该值自动设置为随机数种子，也就是使用如下语句：

```
srand(time(NULL));
```

使用函数 time()时，需用#include 包含头文件 time.h，通过函数参数和函数返回值返回以秒计算的当前系统时间。这里，使用 NULL 作为 time()的参数，使其不具有从函数参数返回时间值的功能，仅从返回值取得系统时间并将其用作随机数发生器的种子，以便将函数写到表达式中。这时程序修改如下：

```
1    #include <stdlib.h>
2    #include <time.h>                      // 将函数 time()所需要的头文件 time.h 包含到程序中
3    #include <stdio.h>
4    int main(void)
5    {
6       int  magic;
7       int  guess;
8       int  counter = 0;
9       srand(time(NULL));                  // 为函数 rand()设置随机数种子
10      magic = rand() % 100 + 1;
11      counter = 0;
12      do{
```

```
13          printf("Please guess a magic number:");
14          scanf("%d", &guess);
15          counter++;
16          if (guess > magic)                        // 猜大了
17          {
18              printf("Wrong! Too high!\n");
19          }
20          else if (guess < magic)                   // 猜小了
21          {
22              printf("Wrong! Too low!\n");
23          }
24          else                                      // 猜对了
25          {
26              printf("Right!\n");
27              printf("The number is:%d\n", magic);
28          }
29      } while (guess != magic);
30      printf("counter = %d \n", counter);
31      return 0;
32  }
```

【思考题】 本例虽然可以实现猜数功能，但是程序的健壮性较差，当玩家输入非数字字符时，程序运行后会死掉。请读者结合例 3-12 介绍的通过测试函数 scanf( )返回值的方法，修改本例程序来增强程序的健壮性，使得程序在玩家输入非数字字符时允许玩家重新输入。

【例 4-10】 计算 $n!=1\times2\times3\times\cdots\times n$。

问题分析：这是一个循环次数已知的累乘求积问题。先求 1!，再用 1!×2 得到 2!，用 2!×3 得到 3!，以此类推，直到用$(n-1)!\times n$ 得到 $n!$为止，于是计算阶乘的递推公式为

$$i! = (i-1)! \times i$$

若用 p 表示$(i-1)!$，则只要将 p 乘以 i 即可得到 $i!$的值，用 C 语句表示这种累乘关系为

```
p = p * i;
```

令 p 初值为 1，并让 i 值从 1 变化到 n，循环累乘 n 次即可得到 $n!$的计算结果。算法如下：

step1 输入 n 值。

step2 累乘求积变量赋初值，p=1。

step3 累乘次数计数器（即循环控制变量）i 置初值，i=1。

step4 若循环次数 i 未超过 n，则反复执行 step5 和 step6，否则转去执行 step7。

step5 进行累乘运算，p=p*i。

step6 累乘次数计数器 i 加 1，i=i+1，且转 step4。

step7 打印累乘结果，即 n 的阶乘值 p。

方法 1：用 while 语句编程，算法流程图如图 4-18 所示。

```
1   #include <stdio.h>
2   int main(void)
3   {
4       int  n;
5       int  i = 1;                      // 将循环控制变量 i 初始化为 1
6       long  p = 1;
```

```
7        printf("Please enter n:");
8        scanf("%d", &n);
9        while (i <= n)                    // 先判断后执行，循环 n 次
10       {
11           p = p * i;                    // 执行累乘运算
12           i++;                          // 循环控制变量增值 1
13       }
14       printf("%d! = %ld\n", n, p);      // 以长整型格式输出 n 的阶乘值
15       return 0;
16   }
```

方法 2：用 do-while 语句编程，算法流程图如图 4-19 所示。

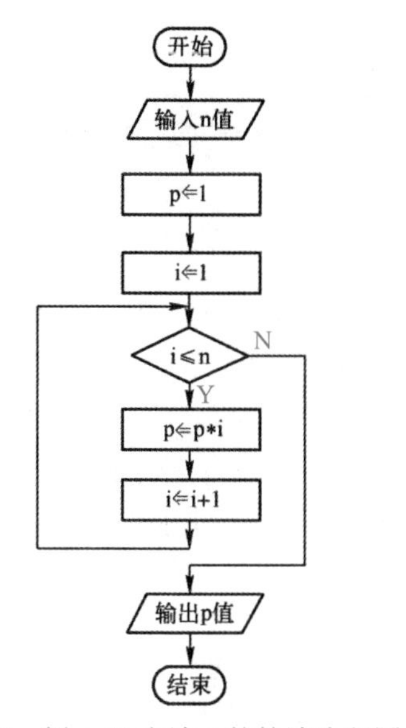

图 4-18　例 4-10 方法 1 的算法流程图

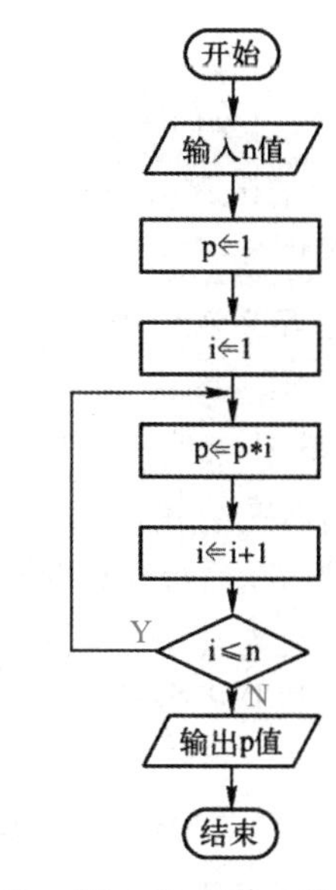

图 4-19　例 4-10 方法 2 的算法流程图

```
1    #include <stdio.h>
2    int main(void)
3    {
4        int  n;
5        int  i = 1;                       // 将循环控制变量 i 初始化为 1
6        long  p = 1;
7        printf("Please enter n:");
8        scanf("%d", &n);
9        do{
10           p = p * i;                    // 执行累乘运算
11           i++;                          // 循环控制变量增值 1
12       } while (i <= n);                 // 先执行后判断，循环 n 次
13       printf("%d! = %ld\n", n, p);      // 以长整型格式输出 n 的阶乘值
14       return 0;
15   }
```

方法 3　用 for 语句编程，算法流程图同图 4-19。

```
1    #include <stdio.h>
2    int main(void)
```

```
3   {
4       int  n;
5       int  i;                                   // 定义循环控制变量 i
6       long  p = 1;
7       printf("Please enter n:");
8       scanf("%d", &n);
9       for (i = 1; i <= n; i++)                  // 先判断后执行，循环 n 次
10      {
11          p = p * i;                            // 执行累乘运算
12      }
13      printf("%d! = %ld\n", n, p);              // 以长整型格式输出 n 的阶乘值
14      return 0;
15  }
```

程序的运行结果如下：

```
Please enter n:10↙
10! = 3628800
```

【思考题】 *若要输出 1～n 的所有数的阶乘值，如何修改程序？*

【例 4-11】 国王的许诺。相传国际象棋是古印度舍罕王的宰相达依尔发明的。舍罕王十分喜欢象棋，决定让宰相自己选择何种赏赐。这位聪明的宰相指着 8×8 共 64 格的国际象棋棋盘说：陛下，请您赏给我一些麦子吧，就在棋盘的第 1 个格子中放 1 粒，第 2 格中放 2 粒，第 3 格中放 4 粒，以后每一格都比前一格增加 1 倍，依次放完棋盘上的 64 个格子，我就感恩不尽了。舍罕王让人扛来一袋麦子，他要兑现他的许诺。请问：国王能兑现他的许诺吗？试编程计算舍罕王共要多少粒麦子赏赐他的宰相，这些麦子合多少立方米（已知 1 立方米麦子约为 1.42e8 粒）？

问题分析：这是一个典型的循环次数已知的等比数列求和问题。第 1 格放 1 粒，第 2 格放 2 粒，第 3 格放 $4=2^2$ 粒……第 n 格放 2^{n-1} 粒，所以，总粒数为 $sum=1+2+2^2+2^3+\cdots+2^{63}$。

解决这种累加求和问题的基本策略是，每次加一个累加项，用循环语句重复执行 64 次累加运算，即可求出累加和 sum。其中，寻找累加项的构成规律是问题求解的关键。一般，寻找累加项的构成规律有两种方法：一种是寻找统一的累加项表示规律，即用一个通式来表示累加项；另一种是寻找前后项之间的统一的变化规律，即利用前项得到后项的表示。

下面分别采用这两种方法编程实现本例程序。

方法 1：分析累加项的规律，得累加项的通式为 2^{n-1}，写成 C 表达式为 term=pow(2, n-1)，令 n 从 1 变化到 64，从第 1 项开始累加 sum 的值，即 sum=sum+term，其中 sum 初值为 0。算法设计如下：

step1　累加和变量赋初值，sum=0。
step2　累加次数计数器赋初值，n=1。
step3　若循环次数 n 未超过 64 次，则重复执行 step4～step6，否则转去执行 step7。
step4　用 term=pow(2, n-1)计算累加项 term。
step5　在累加和变量 sum 上累加上一个累加项 term。
step6　累加次数计数器加 1，n=n+1，并转 step3。
step7　输出累加和变量 sum 的值，即总麦粒数。
step8　输出折合的总麦粒体积数。

算法流程图如图 4-20 所示，用 for 语句编写的程序如下：

```
1   #include <math.h>
2   #include <stdio.h>
3   #define     CONST    1.42e8                  // 定义符号常量 CONST 值为 1.42e8
4   int main(void)
5   {
6       int  n;
7       double  term;
8       double  sum = 0;                          // 累加和变量 sum 初始化为 0
9       for (n = 1; n <= 64; n++)
10      {
11          term = pow(2, n-1);                   // 根据累加项的规律计算累加项
12          sum = sum + term;                     // 执行累加运算
13      }
14      printf("sum = %e\n", sum);                // 输出总麦粒数
15      printf("volume = %e\n", sum/CONST);       // 输出折合的总麦粒体积数
16      return 0;
17  }
```

方法 2：考虑到被累加的项都具有"后项是前项的 2 倍"的特点，因此可通过前项来计算后项，即通过累乘 term=term*2 来计算累加项 term，其中 term 初值为 1。显然，这种方法比每次累加都计算 2^{n-1} 的效率要高得多。若令 sum 初值为 1（事先将需要累加的第 1 项存到 sum 中），则可从第 2 项开始计算累加项 term，并执行 63 次累加运算 sum=sum+term。算法设计如下：

step1　累加项置初值，term=1。

step2　将第 1 项作为初值赋值给累加和变量，即 sum=1。

step3　累加次数计数器赋初值，n=1。

step4　从 n=2 开始直到 n=64 为止，计算累加项，并进行累加，若累加次数 n 未超过 63 次，则重复执行 step5～step7，否则转去执行 step8。

step5　用 term=term*2 计算累加项 term。

step6　在累加和变量 sum 上累加上一个累加项 term。

step7　累加次数计数器加 1，n=n+1，并转 step4。

step8　输出累加和变量 sum 的值，即总麦粒数。

step9　输出折合的总麦粒体积数。

算法流程如图 4-21 所示，用 for 语句编写的程序如下：

```
1   #include <stdio.h>
2   #define     CONST    1.42e8                  // 定义符号常量 CONST 值为 1.42e8
3   int main(void)
4   {
5       int  n;
6       double  term = 1;                         // 累乘变量 term 初始化为 1
7       double  sum = 1;                          // 累加和变量 sum 初始化为 1
8       for (n = 2; n <= 64; n++)
9       {
10          term = term * 2;                      // 根据后项总是前项的 2 倍计算累加项
11          sum = sum + term;                     // 执行累加运算
```

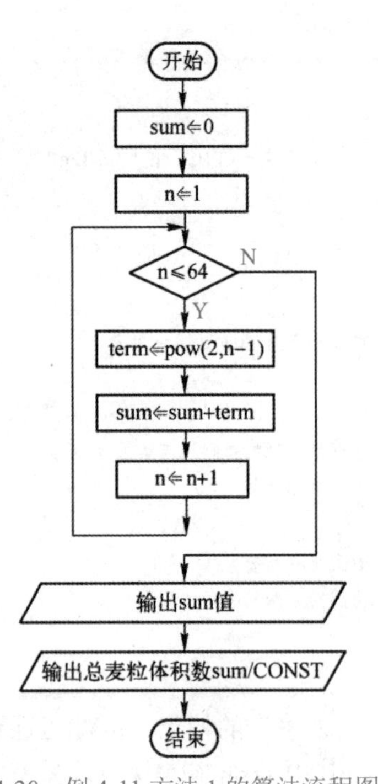

图 4-20　例 4-11 方法 1 的算法流程图

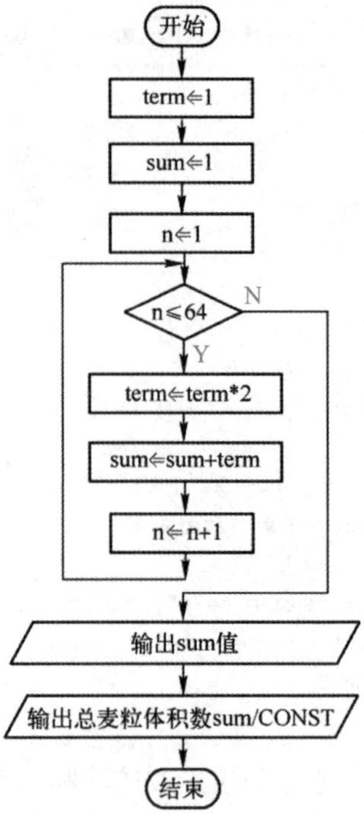

开始
term⇐1
sum⇐1
n⇐1
n≤64
N
Y
term⇐term*2
sum⇐sum+term
n⇐n+1
输出sum值
输出总麦粒体积数sum/CONST
结束

图 4-21　例 4-11 方法 2 的算法流程图

```
12      }
13      printf("sum = %e\n", sum);                  // 输出总麦粒数
14      printf("volume = %e\n", sum/CONST);         // 输出折合的总麦粒体积数
15      return 0;
16  }
```

程序的运行结果如下：

```
sum = 1.844674e+019
volume = 1.299066e+011
```

这个数值如此庞大，是舍罕王绝对没有预料到的，相当于全世界若干世纪的全部小麦。看来舍罕王是失算了，他无法兑现自己的诺言。

【思考题】 *在方法 1 程序中，也可以事先将需要累加的第 1 项存到 sum 中，这样从第 2 项开始计算累加项 term，并执行 63 次累加运算即可。请读者按此方法修改方法 1 程序。此外，在方法 2 程序中，如果不事先将需要累加的第 1 项存到 sum 中，即将 sum 初值置为 0 而非 1，那么程序应该如何修改才能保证第 1 项也能被累加到 sum 中呢？*

【例 4-12】 利用 $\frac{\pi}{4}=1-\frac{1}{3}+\frac{1}{5}-\frac{1}{7}+\cdots$计算π的值，直到最后一项的绝对值小于 10^{-4} 为止，要求统计总共累加了多少项。

问题分析：这也是一个累加求和问题，但与例 4-10 和例 4-11 不同的是，这里循环次数是预先未知的，而且累加项以正负交替的规律出现，如何解决这类问题呢？

在本例中，通过寻找累加项通式的方法得到累加项的构成规律为 term=sign/n，即累加项由分子和分母两部分组成。分子 sign 按+1、−1、+1、−1、…交替变化，可通过反复取其自身的相反数再重新赋值（sign=−sign）的方法来实现累加项符号的正负交替变化，其中 sign 初值需取为 1。分母 n 按 1、3、5、7、…变化，即每次递增 2，可通过 n=n+2 来实现，其中 n 初值取为 1。此外，设置一个计数器变量 count 来统计累加的项数，count 初值需取为 0，在循环体中每累加一项就增值 1。

方法 1：用 do-while 语句编程，算法流程图如图 4-22 所示。

```
1   #include <math.h>
2   #include <stdio.h>
3   int main(void)
4   {
5       double  sum = 0, term, sign = 1;
6       int  count = 0, n = 1;
7       do{
8           term = sign / n;                    // 由分子 sign 除以分母 n 计算累加项
9           sum = sum + term;                   // 执行累加运算
10          count ++;                           // 计数器变量 count 记录累加的项数
11          sign = -sign;                       // 改变分子
12          n = n + 2;                          // 改变分母
13      } while (fabs(term) >= 1e-4);           // 判断累加项是否满足循环终止条件
14      printf("pi = %f\ncount = %d\n", sum*4, count);
15      return 0;
16  }
```

方法 2：用 while 语句编程，算法流程图如图 4-23 所示。

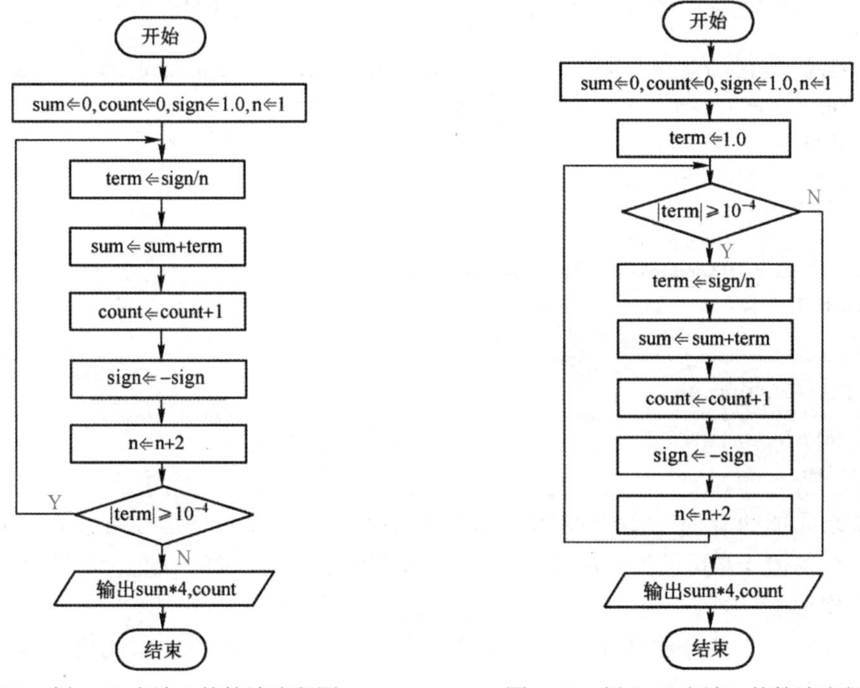

图 4-22　例 4-12 方法 1 的算法流程图　　　图 4-23　例 4-12 方法 2 的算法流程图

```
1   #include <math.h>
2   #include <stdio.h>
3   int main(void)
4   {
```

```
5      double  sum = 0, term, sign = 1;
6      int  count = 0, n = 1;
7      term = 1.0;                             // 为先判断后执行的需要，累加项term也需赋初值
8      while (fabs(term) >= 1e-4)              // 判断累加项是否满足循环终止条件
9      {
10         term = sign / n;                    // 由分子sign除以分母n计算累加项
11         sum = sum + term;                   // 执行累加运算
12         count++;                            // 计数器变量count记录累加的项数
13         sign = -sign;                       // 改变分子
14         n = n + 2;                          // 改变分母
15     }
16     printf("pi = %f\ncount = %d\n", sum*4, count);
17     return 0;
18 }
```

方法3：用for语句编程如下。

```
1  #include <math.h>
2  #include <stdio.h>
3  int main(void)
4  {
5      double  sum = 0, term, sign = 1.0;
6      int  count = 0, n = 1;
7      term = 1.0;                             // 为先判断后执行的需要，累加项term也需赋初值
8      for (; fabs(term) >= 1e-4; )            // 判断累加项是否满足循环终止条件
9      {
10         term = sign / n;                    // 由分子sign除以分母n计算累加项
11         sum = sum + term;                   // 执行累加运算
12         count++;                            // 计数器变量count记录累加的项数
13         sign = -sign;                       // 改变分子
14         n = n + 2;                          // 改变分母
15     }
16     printf("pi = %f\ncount = %d\n", sum*4, count);
17     return 0;
18 }
```

程序的运行结果如下：

```
pi = 3.141793
count = 5001
```

因为要求累加到最后一项的绝对值小于 10^{-4} 为止，所以从程序运行结果可以看出，pi小数点后前3位的值才是可靠的，若将 10^{-4} 改成 10^{-6} 可得到更精确的pi值，但同时所需累加的项数也随之增加了。

注意，在方法2和方法3中，由于while语句是先判断后执行，因此要在循环开始前为while表达式中使用的变量term赋初值，否则由于未初始化的变量term的值是一个随机数，将导致循环终止条件的判断出现错误。而在方法1中，由于do-while语句是先执行后判断，在循环体内已经计算了term的值，因此不必在循环开始之前为term赋初值。

【思考题】 上述程序的循环体采用的是“先计算累加项后执行累加运算”的策略，若采用“先执行累加运算后计算累加项”（如下面程序所示）策略，为什么输出结果是

错误的呢？请分析错在哪里？在这种情况下，如何将程序修改正确呢？

```
1   #include <math.h>
2   #include <stdio.h>
3   int main(void)
4   {
5       double  sum = 0, term, sign = 1;
6       int  count = 0, n = 1;
7       term = 1.0;
8       while (fabs(term) >= 1e-4)
9       {
10          sum = sum + term;                        // 执行累加运算
11          count++;
12          sign = -sign;
13          n = n + 2;
14          term = sign / n;                         // 由分子 sign 除以分母 n 计算累加项
15      }
16      printf("pi = %f\ncount = %d\n", sum*4, count);
17      return 0;
18  }
```

程序的运行结果如下：

```
pi = 3.141393
count = 5000
```

从前面几个例子可以看出：对于循环次数已知的情形，用 for 语句编程更简洁直观，而对于循环次数未知的情形，用 while 或 do-while 语句编程更方便。

4.4.5 嵌套循环及其程序实例

如果将一个循环语句放在另一个循环语句的循环体中，就构成了嵌套循环（nested loop）。while、do-while 和 for 这三种循环语句均可以相互嵌套，即在每种循环体内，都可以完整地包含另一种循环结构。嵌套的循环，也称多重循环，常用于解决矩阵运算、报表打印等问题。嵌套循环是如何执行的呢？来看下面的程序。

【例 4-13】 嵌套循环的执行过程。

```
1   #include <stdio.h>
2   int main(void)
3   {
4       int i, j;
5       for (i = 0; i < 3; i++)                // 外层循环开始
6       {
7           printf("i=%d: ", i);               // 外层循环的循环体中的第 1 条语句
8           for (j = 0; j < 4; j++)            // 内层循环开始
9           {
10              printf("j = %d\t", j);
11          }                                  // 内层循环结束
12          printf("\n");                      // 外层循环的循环体中的最后一条语句，控制输出换行
13      }                                      // 外层循环结束
14      return 0;
```

```
15  }
```

程序的运行结果如下：

```
i=0: j = 0   j = 1   j = 2   j = 3
i=1: j = 0   j = 1   j = 2   j = 3
i=2: j = 0   j = 1   j = 2   j = 3
```

从程序的运行结果可以看出，嵌套循环执行时，先由外层循环（对应 i=0）进入内层循环（对应 j=0），并在内层循环结束（最后一次执行内层循环对应 j=3）后接着执行外层循环（对应 i=1），再由外层循环进入内层循环（即重新开始从 j=0 到 j=3 的内层循环执行），当外层循环全部结束（最后一次执行外层循环对应 i=2）时，程序结束。

使用嵌套循环，需要注意以下事项：

① 在嵌套的各层循环体中，应使用复合语句（用一对“{}”将循环体语句括起来），以保证逻辑上的正确性。

② 嵌套循环的内层和外层的循环控制变量不应同名，以免造成循环控制的混乱。

③ 最好采用右缩进格式书写嵌套循环，可以突出嵌套层次结构的清晰性。

④ 循环嵌套不能交叉，即在一个循环体内必须完整地包含另一个循环。

【思考题】 将本例程序中内层循环的控制变量 j 改成 i 后，运行结果怎样？请读者上机运行，观察变量 i 的变化，然后分析其原因。

【例 4-14】 编程输出如下形式的九九乘法表。

1	2	3	4	5	6	7	8	9
2	4	6	8	10	12	14	16	18
3	6	9	12	15	18	21	24	27
4	8	12	16	20	24	28	32	36
5	10	15	20	25	30	35	40	45
6	12	18	24	30	36	42	48	54
7	14	21	28	35	42	49	56	63
8	16	24	32	40	48	56	64	72
9	18	27	36	45	54	63	72	81

问题分析：乘法表中给出的是两个 1～9 的数的乘积，若用变量 m 代表被乘数，n 代表乘数，则可用嵌套循环实现 9 行 9 列乘法表的打印，即用外层循环控制被乘数 m 从 1 变化到 9，内层循环控制乘数 n 从 1 变化到 9。

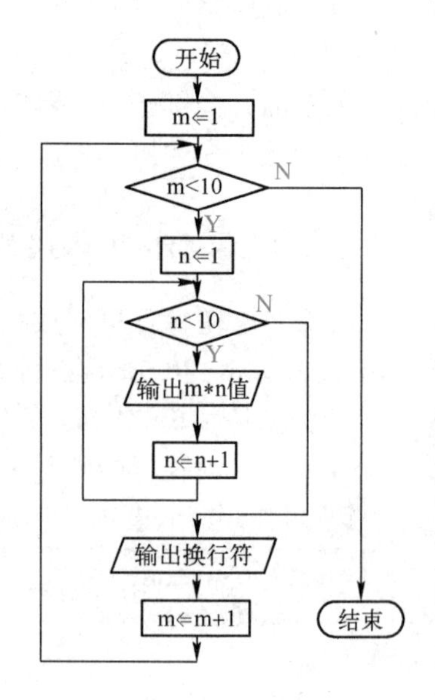

图 4-24　例 4-14 的算法流程图

相应的算法流程图如图 4-24 所示。编写程序如下：

```
1   #include <stdio.h>
2   int main(void)
3   {
4       int  m, n;
5       for (m = 1; m < 10; m++)                    // 外层循环控制被乘数 m 从 1 变化到 9
6       {
7           for (n = 1; n < 10; n++)                // 内层循环控制乘数 n 从 1 变化到 9
8           {
```

```
9             printf("%4d", m*n);                  // 输出第 m 行 n 列的表值
10         }
11         printf("\n");                           // 控制输出换行，准备输出下一行
12     }
13     return 0;
14 }
```

【例 4-15】 编程输出如下三角格式的九九乘法表。

```
1
2   4
3   6   9
4   8   12  16
5   10  15  20  25
6   12  18  24  30  36
7   14  21  28  35  42  49
8   16  24  32  40  48  56  64
9   18  27  36  45  54  63  72  81
```

问题分析：本例与例 4-14 的主要不同在于，例 4-14 的程序是每行都打印 9 列，而本例每行打印的列数是递增变化的。因此，打印下三角格式的关键是控制每行打印的列数，规律是：第 1 行打印 1 列，第 2 行打印 2 列……第 9 行打印 9 列，即第 m 行打印 m 列。编写程序如下：

```
1  #include <stdio.h>
2  int main(void)
3  {
4      int  m, n;
5      for (m = 1; m < 10; m++)                    // 外层循环控制被乘数 m 从 1 变化到 9
6      {
7          for (n = 1; n <= m; n++)                // 内层循环控制乘数 n 从 1 变化到 m
8          {
9              printf("%4d", m*n);                 // 输出第 m 行 n 列的表值
10         }
11         printf("\n");                           // 控制输出换行，准备输出下一行
12     }
13     return 0;
14 }
```

【思考题】 如何编程输出如下的上三角形式的九九乘法表呢？

```
 1   2   3   4   5   6   7   8   9
     4   6   8  10  12  14  16  18
         9  12  15  18  21  24  27
            16  20  24  28  32  36
                25  30  35  40  45
                    36  42  48  54
                        49  56  63
                            64  72
                                81
```

【提示】 为了输出上三角形式，若每列数字占 4 位字符宽度，则需要在第 n 行先输出 $4n-4$ 个空格，再按%4d 格式输出两数相乘结果，即第 n 行从第 n 列开始输出 $10-n$ 列数字，然后输出一个换行符后接着输出下一行。

【例 4-16】编程求解马克思手稿中的趣味数学题：有 30 个人，其中有男人、女人和小孩，在一家饭馆里吃饭共花了 50 先令，每个男人各花 3 先令，每个女人各花 2 先令，每个小孩各花 1 先令，请编程计算男人、女人和小孩各有几人？

问题分析：设有男人、女人和小孩各 x、y、z 人，按题意可得如下方程组：

$$\begin{cases} x+y+z=30 \\ 3x+2y+z=50 \end{cases}$$

两个方程有三个未知数，因此这是一个不定方程，有多组解，用代数方法很难求解，一般采用穷举法求解这类问题。所谓穷举法（exhaustion，也称枚举法），就是将所有可能的方案逐一测试，从中找出符合指定要求的解答。穷举法也是解答计数问题的最简单、最直接的统计计数方法，就像小孩子如果想知道篮子里到底有多少个苹果，就得一个一个地往外拿，苹果拿完了，也就数出来了。这里他用的就是穷举法，即把集合中的元素一一列举，不重复，不遗漏，从而计算出元素的个数。

本例是让 x、y、z 分别从 0 变化到 30，然后判断 x、y、z 的每种组合是否满足方程的解的要求。如果用人工方法来进行这样的求解过程，穷举 x、y、z 的全部可能的组合，那么工作量不可想象，但这一过程由计算机来完成却十分简单。穷举法是计算机程序设计中最简单、最常用的一种方法，充分利用了计算机处理速度高的特性。使用穷举法的关键是要确定正确的穷举范围，既不能过分扩大穷举的范围，也不能过分缩小穷举的范围，过分扩大会导致程序运行效率的降低，过分缩小会遗漏正确的结果而导致错误。

方法 1：采用三重循环穷举 x、y、z 的全部可能的组合。

```
1   #include <stdio.h>
2   int main(void)
3   {
4       int  x, y, z;
5       printf("Man \t Women \t Children\n");
6       for (x = 0; x <= 30; x++)
7       {
8           for (y = 0; y <= 30; y++)
9           {
10              for (z = 0; z <= 30; z++)
11              {
12                  if (x+y+z == 30 && 3*x+2*y+z == 50)
13                  {
14                      printf("%3d\t%5d\t%8d\n", x, y, z);
15                  }
16              }
17          }
18      }
19      return 0;
20  }
```

方法 2：为了提高程序的运行速度，可在循环控制条件上进行优化。由于每个男人花 3 先令，因此在只花 50 先令的情况下，最多只有 16 个男人；同样，在只花 50 先令的情况下，最多只有 25 个女人，而小孩的人数可由方程式计算得到，利用这些启发式知识，可将需要穷举的范围缩小。用改进算法编写的程序如下：

```
1   #include  <stdio.h>
2   int main(void)
3   {
4       int  x, y, z;
5       printf("Man \t Women \t Children\n");
6       for (x = 0; x <= 16; x++)
7       {
8           for (y = 0; y <= 25; y++)
9           {
10              z = 30 - x - y;
11              if (3*x+2*y+z == 50)
12              {
13                  printf("%3d\t%5d\t%8d\n", x, y, z);
14              }
15          }
16      }
17       return 0;
18  }
```

程序的运行结果如下：

```
Man      Women     Children
0         20         10
1         18         11
2         16         12
3         14         13
4         12         14
5         10         15
6          8         16
7          6         17
8          4         18
9          2         19
10         0         20
```

4.5 流程转移控制语句

通常，计算机程序中的语句是按照它们被编写的顺序逐条执行的。这就是所谓的顺序执行（sequential execution）。不过，可以借助下面介绍的各种 C 语句来实现“下一条要执行的语句并不是当前语句的后继语句”，这称为控制转移（transfer of control）。

C 语言提供了 4 种用于控制流程转移的跳转语句：goto 语句、break 语句、continue 语句和 return 语句。其中，控制从函数返回值的 return 语句将在第 5 章介绍。

4.5.1 goto 语句

goto 语句为无条件转向语句，一般形式为：

其作用是无须任何条件，直接使程序转跳到该语句标号（label）标识的语句处去执行，语句标号代表 goto 语句转向的目标位置，其命名规则与变量名相同，不能用整数作为语句标号。

4.5.2 break 和 continue 语句

break 语句除用于退出 switch 结构外，还可用于由 while、do-while 和 for 构成的循环语句的循环体中。当执行循环体遇到 break 语句时，循环将立即终止，从循环语句后的第一条语句开始继续执行。break 语句对循环执行过程的影响示意如下：

```
while (表达式 1)              do                          for (;表达式 1;)
{                            {                           {
   …                            …                           …
   if (表达式 2) break;         if (表达式 2) break;         if (表达式 2) break;
   …                            …                           …
}                            }while (表达式 1);           }
循环后的第一条语句             循环后的第一条语句             循环后的第一条语句
```

与 break 语句不同，当在循环体中遇到 continue 语句时，程序将跳过 continue 语句后面尚未执行的语句，开始下一次循环，即只结束本次循环的执行，并不终止整个循环的执行。continue 语句对循环执行过程的影响示意如下：

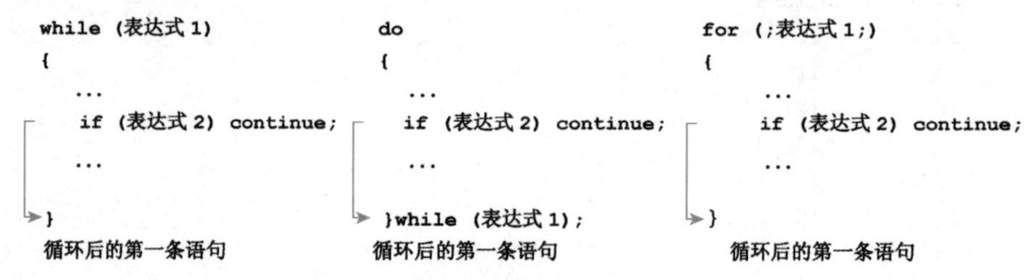

break 语句和 continue 语句的算法流程图如图 4-26 所示。

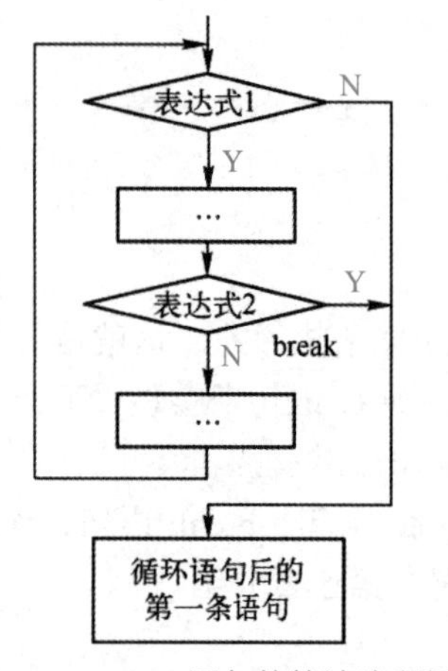

图 4-25 break 语句的算法流程图

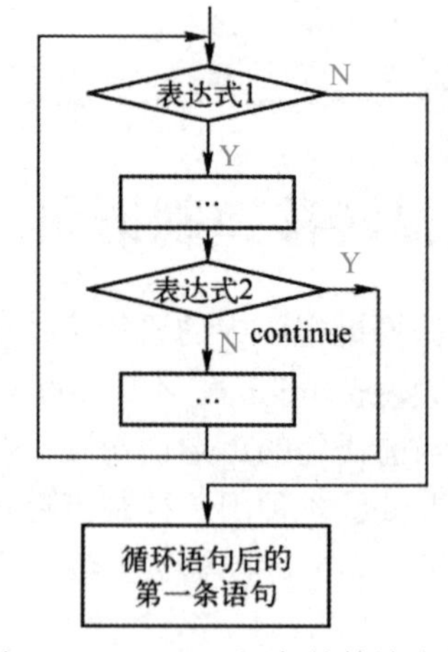

图 4-26 continue 语句的算法流程图

【例 4-17】 break 语句和 continue 语句的用法。

```
1   #include <stdio.h>
2   int main(void)
3   {
4       int  i, n;
```

```
5       for (i = 1; i <= 5; i++)
6       {
7           printf("Please enter n:");
8           scanf("%d", &n);
9           if (n < 0)
10              break;
11          printf("n = %d\n", n);
12      }
13      printf("Program is over!\n");
14      return 0;
15  }
```

该程序读入 5 个正整数并显示。当程序读入的数据为负数时，程序终止，运行结果如下：

```
Please enter n:10↙
n = 10
Please enter n: -10↙
Program is over!
```

对该程序稍做改动，将 break 改成 continue，则程序的功能变为：读入 5 个正整数并显示。当程序读入的数据为负数时，程序不终止，而是等待用户输入下一个数。其运行结果如下：

```
Please enter n:10↙
n = 10
Please enter n: -10↙
Please enter n:20↙
n = 20
Please enter n: -20↙
Please enter n:30↙
n = 30
Program is over!
```

【编码规范和编程实践①】 break 和 continue 语句只适用于用 while、do-while 或 for 语句构成的循环结构。不能用 break 和 continue 语句对 if 和 goto 语句构成的循环进行类似的流程控制。

【编码规范和编程实践②】 在嵌套循环中，break 和 continue 只对包含它们的最内层循环起作用。

break 和 continue 语句对内层循环的影响示意如下：

```
for (... )                          for (... )
{                                   {
    while (... )                        while (... )
    {                                   {
        ...                                 ...
        if (... ) break;   ──┐         ┌──  if (... ) continue;
        ...                  │         │
    }                        │         └─→ }
    while循环后的第一条语句 ←─┘            while循环后的第一条语句
}                                   }
```

【编码规范和编程实践③】 break 语句只能逐层跳出多重循环，而 goto 语句可直接跳出多重循环。除了“跳出多重循环”和“跳向共同的出口位置，进行程序退出前的错误处理”这两种情形，良好的代码风格不建议使用 goto 语句，尤其是限制使用往回跳转的 goto 语句。

4.5.3 程序实例

【例 4-18】 从键盘任意输入一个正整数，编程判断它是否是素数，若是素数，则输出“Yes!”，否则输出“No!”。

问题分析：素数（prime number）是指除能被 1 及其自身整除之外，不能被其他任何整数整除的正整数（1 不是素数）。例如，17 是一个素数，除了 1 和 17，它不能被 2～16 的任何整数整除。根据素数的这个定义，可以得到判断素数的方法：把 m 作为被除数，把 i=2～m−1 依次作为除数，判断被除数 m 与除数 i 相除的结果，若都除不尽，即余数都不为 0，则说明 m 是素数；反之，只要有一次能除尽（余数为 0），则说明 m 存在一个 1 和它本身以外的另一个因子，它不是素数。事实上，根本用不着除那么多次，用数学的方法可以证明：不能被 $2\sim\sqrt{m}$（取整）的数整除的数也必然不能被 $\sqrt{m}+1\sim m-1$ 的数整除，因此只需用 $2\sim\sqrt{m}$（取整）的数去除 m 来判定即可。根据这个思路，算法如下：

step1 从键盘输入一个正整数 m。

step2 计算 $k=\sqrt{m}$。

step3 i 从 2 变化到 k，依次检查 m%i 是否为 0。

step4 若 m%i 为 0，则判定 m 不是素数，并终止对其余 i 值的检验；否则，令 i=i+1 并继续对其余 i 值进行检验，直到全部检验完毕为止，这时判定 m 是素数。

算法关键：如何实现“终止对其余 i 值的检验”？下面分别用 goto 和 break 语句编程实现，然后对二者进行对比。

方法 1：用 goto 语句实现的算法流程图如图 4-27 所示。

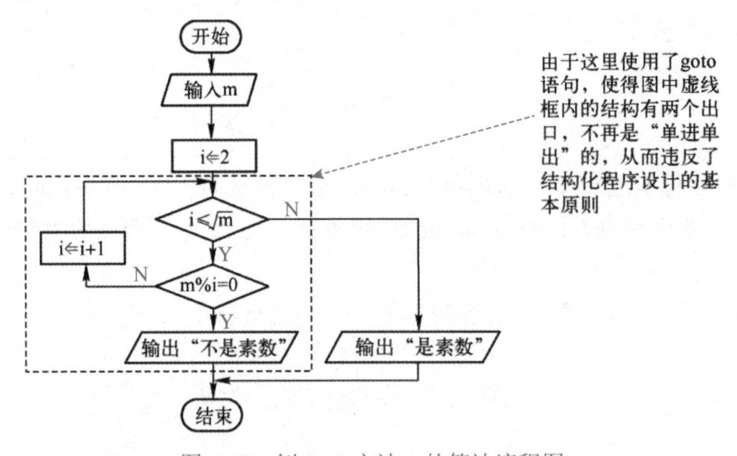

图 4-27 例 4-18 方法 1 的算法流程图

编写程序如下：

```
1   #include <math.h>
2   #include <stdio.h>
3   int main(void)
4   {
5       int  m, i, k;
6       printf("Please enter a number: ");
7       scanf("%d", &m);                          // 从键盘输入一个正整数
8       k = (int)sqrt(m);                         // 计算 m 的平方根，并对其取整
9       for (i = 2; i <= k; i++)                  // 依次检查 2～k 的整数，看能否整除 m
```

```
10      {
11          if (m%i == 0)                          // 若 m 能被 i 整除
12          {
13              printf("No!\n");                   // 则 m 不是素数
14              goto end;                          // 终止对其余 i 值的检验，退出循环
15          }
16      }
17      printf("Yes!\n");                          // 全部检验完毕，未发现能整除 m 的数，则 m 是素数
18 end: printf("Program is over!\n");
19      return 0;
20  }
```

方法 2：用 break 语句实现的算法流程图如图 4-28 所示。程序如下：

```
1   #include <math.h>
2   #include <stdio.h>
3   int main(void)
4   {
5       int  m, i, k;
6       printf("Please enter a number: ");
7       scanf("%d", &m);              // 从键盘输入一个正整数
8       k = (int) sqrt(m);            // 计算 m 的平方根，并对其取整
9       for (i = 2; i <= k; i++)      // 依次检查 2 到 k 之间的数，看能否整除 m
10      {
11          if (m % i == 0)  break;   // 若 m 能被 i 整除，则终止检验并退出循环
12      }
13      if (i > k)                    // 若循环次数超过 k，则表明全部检验完毕，未发现能整除 m 的数
14      {
15          printf("Yes!\n");         // 输出 m 是素数
16      }
17      else                          // 否则循环次数未超过 k 即终止了循环，表明发现了能整除 m 的数
18      {
19          printf("No!\n");          // 输出、m 不是素数
20      }
21      printf("Program is over!\n");
22      return 0;
23  }
```

程序的两次测试结果如下：

```
①  Please enter a number:17↙
    Yes!
    Program is over!
②  Please enter a number:16↙
    No!
    Program is over!
```

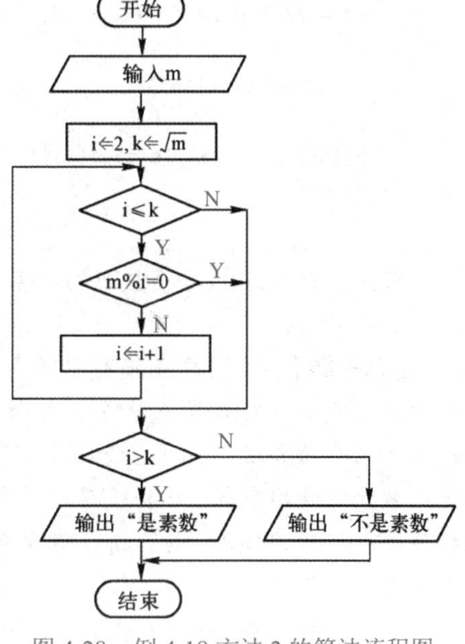

图 4-28　例 4-18 方法 2 的算法流程图

goto 语句可以控制流程跳转到程序中任意某条指定的语句处去执行，而 break 语句的作用是终止整个循环的执行，从循环体内中途退出，接着去执行循环语句后的第一条语句，由于循环全部执行完毕流程也转到循环语句后的第一条语句，因此在退出循环后需要判断程

序是从哪个出口退出循环的。幸好在循环控制变量 i 中保留了可以帮助我们进行判断的信息，退出循环后可，通过对 i 值的检查得到我们所需的信息。也就是说，若 i>k，则说明循环全部执行完毕，未发现使 m%i 为 0 的 i 值，则 m 肯定是素数；否则，说明未检验完就发现了使 m%i 为 0 的 i 值，是中途退出循环的，则 m 一定不是素数。

可见，虽然 break 语句使得对循环的控制更灵活了，但是它的副作用是使循环体本身形成了两个出口，同 goto 语句相比，只不过跳转的距离和方向受到了严格的限制，而不是可以向任意方向跳转。由此看来，无论使用 goto 语句还是使用 break 语句，都不是一种好的选择，所以应尽量少用或不用它们。其实在很多情况下，采用设置标志变量并加强循环测试的方法是完全可以避免使用 goto 和 break 语句的。

方法 3：采用标志变量并加强循环测试的方法，流程图如图 4-29 所示。程序如下：

```
1   #include <math.h>
2   #include <stdio.h>
3   int main(void)
4   {
5       int  m, i, k;
6       int  flag = 1;                          // 置标志变量 flag 初值为真（1）
7       printf("Please enter a number: ");
8       scanf("%d", &m);                        // 从键盘输入一个正整数
9       k = (int)sqrt(m);                       // 计算 m 的平方根，并对其取整
10      for (i = 2; i <= k && flag; i++)        // i<=k 和 flag 中只要有一个为假就结束循环
11      {
12          if (m % i == 0)
13              flag = 0;                       // 若 m 能被 i 整除，则置标志变量 flag 为假（0）
14      }
15      if (flag)                // 若标志变量 flag 为真，则表明全部检验完毕，未发现能整除 m 的数
16      {
17          printf("Yes!\n");    // 输出 m 是素数
18      }
19      else // 否则标志变量 flag 为假，表明发现了能整除 m 的数
20      {
21          printf("No!\n");     // 输出 m 不是素数
22      }
23      printf("Program is over!\n");
24      return 0;
25  }
```

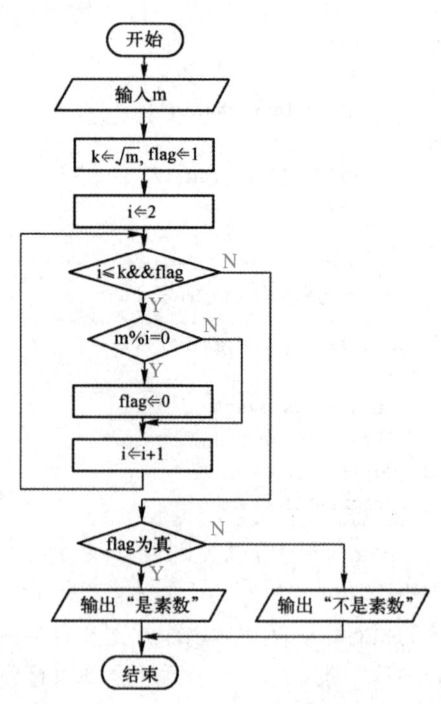

图 4-29　例 4-18 方法 3 的算法流程图

显然，在程序的可读性方面，方法 3 比方法 1 和方法 2 都要好。

【思考题】 上述程序中有很多不完善和考虑不周的地方。例如，应该输入一个正整数，但是如果用户输入了一个负整数，结果会怎样？负数、0 和 1 都不是素数，但是用负数、0 和 1 等边界条件分别去测试，程序能打印出“No!”吗？请读者思考如何修改程序，使其更完善？

【例 4-19】 在例 4-18 基础上，任意输入一个整数

m，若 m 不是素数，则输出其所有不包括 1 和自身的因子，否则输出“没有因子，是素数”的相关提示信息。

问题分析：能被 m 整除的数 i 就是 m 的因子，因此当 m%i == 0 时，不退出循环而打印当前的 i 值即可。为了输出 m 的所有不包括 1 和自身的因子，循环变量 i 应从 2 变化到 m−1，检验其中所有的 i 值能否整除 m。为了对负数也能输出其因子（不含正负号），这里事先对 m 取绝对值。编写程序如下：

```
1   #include <math.h>
2   #include <stdio.h>
3   int main(void)
4   {
5       int  m, i;
6       int  flag = 1;                    // 置标志变量 flag 初值为真（1）
7       printf("Please enter a number: ");
8       scanf("%d", &m);
9       if (m <= 1)                       // 负数、0 和 1 都不是素数
10      {
11          flag = 0;                     // 将标志变量 flag 置为假（0）
12          m = (int)fabs(m);             // 对 m 取绝对值，以便对负数输出因子但不输出正负号
13      }
14      for (i=2; i<=m-1; i++)
15      {
16          if (m % i == 0)               // 若 m 能被 i 整除，表明 i 是 m 的一个因子
17          {
18              flag = 0;                 // 则将标志变量 flag 置为假（0）
19              printf("%d\n", i);        // 输出 m 的因子 i
20          }
21      }
22      if (flag)                         // 若标志变量 flag 为真，则表明全部检验完毕，未发现能整除 m 的数
23      {
24          printf("It is a prime number.No divisor!\n");          // m 是素数，没有因子
25      }
26      return 0;
27  }
```

程序的 3 次测试结果如下：

```
①  Please enter a number: 16↙
    2
    4
    8
②  Please enter a number: -16↙
    2
    4
    8
③  Please enter a number: 17↙
    It is a prime number.No divisor!
```

【思考题】

① 将程序中的语句“for (i=2; i<=m-1; i++)”改成“for (i=2; i<=m/2; i++)”是否可

以？改成“for (i=2; i<= sqrt(m); i++)”呢？为什么？

② 完全数（perfect number），也称为完美数、完备数或完数，它是这样的一些特殊的自然数：它所有的真因子（即除了自身以外的约数）的和恰好等于它本身。例如，第一个完全数是6，它有约数 1、2、3、6，除去它本身 6 以外，其余 3 个数相加 1+2+3=6。注意，1 没有真因子，所以 1 不是完全数。请参考例 4-19，编写判定完全数的程序。

*4.6 程序调试与排错

何谓“Bug”？在计算机发展的早期，女数学家雷斯•霍波在调试为计算机马克 1 号编制的程序时，计算机出现了故障，几经周折后发现是一只飞蛾被烤糊在计算机的两个继电器触点的中间，导致短路，把飞蛾取出后，计算机才恢复正常工作。于是人们打趣地把程序缺陷统称为“Bug（本意为虫子）”，程序调试也因此被形象地称为 Debug（意为捉虫子），即发现 Bug 并加以修正的过程，现在 Debug 已成为计算机领域最常见一个的专业术语。

事实上，即使是最优秀的程序员也很难保证他编写的程序没有任何缺陷，那些潜在的缺陷就像害虫一样秘密地隐藏在程序里面，随时可能造成麻烦，因此用 Bug 来形容程序中的缺陷再恰当不过了。在整个软件开发过程中，缺陷发现得越早越好，缺陷若被转移到下一阶段将使修复缺陷的成本扩大到原来的 5～10 倍，甚至造成无法修复的局面。

程序测试无疑是减少软件缺陷、提高程序质量的重要手段，我们发现的任何缺陷都能指导我们如何防止类似缺陷的再次发生，以及在发生同样类型的问题时如何及早地识别它。在发现错误后，更困难的问题是如何对错误进行定位。因此，了解程序中常见的出错原因，并掌握程序调试与排错的基本方法，有利于我们快速准确地对错误进行定位，从而减少排错所需的时间。

4.6.1 程序中常见的出错原因

一般，程序中的错误可分为两类：一是程序做的事情并不是程序设计者想做的事情；二是程序设计者想让程序做的事情，程序并没有做。按错误发生的阶段，错误可分为如下 3 种。

1．编译时错误

编译时错误（compile-time error）是指在编译过程中发现的错误，通常是由于违反了 C 语言语法规则而导致的错误，因此也称为语法错误，通常是不熟悉 C 语言的语法规则或疏忽大意导致输入错误造成的。

解决编译时错误是最简单的，因为编译器已经帮用户初步定位了错误的位置。用户可以根据编译器在 Message 窗口给出的出错行号及错误信息提示，进行进一步的错误定位、查找和改错。注意，由于出错的情况很复杂且错误之间可能相互关联，因此有时编译器提示的错误行可能并不是真正的错误所在行，需要我们结合上下文才能找到真正的出错位置。例如，提示“xxx 语句缺少分号”时指出的出错行号就不是真正的出错行，真正的出错行是在该行的上一行。

编译时不仅会出现一些编译错误，有时也会出现一些警告（warning），忽略警告，就像坐在汽车前排不系安全带又忽略汽车发出的警告一样。警告意味着，编译器对用户程序的意图无法正确理解，存在歧义，不确定用户到底想干什么，所以发出警告提示用户检查程序是否存在隐含的逻辑错误。为了程序的安全，请不要忽视编译器给出的任何信息，包括不影响程序执行下去的警告，一定要养成将所有警告连同编译错误的个数一同消灭为0的编程习惯。

2．链接错误

链接错误（link error）发生在程序的链接阶段，通常是由于函数名书写错误导致函数调用语句中的函数名与其想调用的函数名不匹配，也可能是因为缺少包含文件或包含文件的路径错误等原因导致的。

例如，像printf()和scanf()这样的标准输入/输出函数并不是C语言标准的一部分，因此C编译器并不能识别printf()和scanf()中的拼写错误。当编译到printf语句时，编译器只是在目标程序中为库函数调用预留出空间，但是编译器本身并不知道库函数在什么地方，这是链接程序要完成的工作。链接程序负责找到库函数，并将其正确地插入目标程序为调用这些库函数而预留的空间。这时获得的目标程序才是完整的、可执行的。这个链接好的程序通常被称为可执行程序。因此，如果在程序中发生了函数名拼写错误，那么这个错误只能在链接时才能被发现，因为这时链接程序无法在标准函数库中找到与程序中有拼写错误的函数名相匹配的库函数名。

3．运行时错误

有些程序通过了编译、链接，但在程序运行时发生了错误，要么程序无法正常运行，要么程序的运行结果与预想的结果不一致，这类错误称为运行时错误（run-time error）。相对于编译错误，运行时错误要难修改得多。

程序无法正常运行，往往是由非法操作（要求计算机做它不能做的事情，如被零除、非法内存访问等）而造成的，此时操作系统通常会终止程序的执行。因为程序无法运行而缺少可用于追踪错误的线索，除了在Debug版本下配合断点、单步跟踪等调试工具分析排错，就只能靠程序员的调试经验了。

程序的运行结果与预想的结果不一致，往往是由语义或逻辑上的错误造成的，虽然程序语句合乎语法要求，也不影响程序运行，但是导致程序运行结果不正确，即程序做的并不是程序员想让它做的事情（如计算值不正确、显示乱码等）。因此，这种原因造成的错误也被称为逻辑错误（logic error）。

对于逻辑错误，一定要高度重视，因为逻辑错误比较隐蔽，编译器不提示错误信息，程序能够运行，就是结果不对，有时用户可能不知程序里隐藏着错误，等到发现时为时已晚（如数值溢出），有时程序中的错误不会立即发生（如内存泄漏），也可能时隐时现，有时即便用户知道程序运行结果有错，却不知错误出现在哪里，定位错误的位置犹如大海捞针。相对于调试工具而言，此时程序员细致缜密的逻辑思维是最重要的。

4.6.2　程序调试与排错的基本方法

程序中有Bug是难免的，有设计时的错误，有编写时的错误，有编辑输入时的错误，有运行时的错误，等等，然而及早发现和尽量避免或减少错误的发生，常常是可以做到的。除了采用结构化方法使程序设计过程规范化和标准化，可以采用有效的程序测试方法去跟踪程序的运行，从而及早发现和有效定位隐藏在程序中的错误。

4.3.3 节简要介绍了程序测试的基本方法。显然，对程序进行测试能够提高程序的质量，但提高程序的质量不能单纯依靠程序测试，还要养成良好的编码风格。关于编码风格、程序质量等问题，第 7 章还会补充介绍一些知识。由于采用一些测试用例，通过运行程序找出程序的错误根源的方法，其实质是一种抽样检查，因此我们永远不可能进行“彻底的测试”，限于时间和费用，我们无法进行无休止的测试，既不知道如何进行有效的测试，也不知道何时可以放心地结束测试，这是测试最主要的困难。但是根据经验，我们可以在测试中掌握“2-8 原则”，即 80%的缺陷聚集在 20%的模块中，经常出错的模块改错后还会经常出错。要考虑所有出错的可能性，甚至可能做一些不是按常规做得非常奇怪的事情。由于修复了旧的 Bug 的同时，可能会产生新的 Bug，因此还需要对所有出现过的 Bug 重新测试一遍，看其是否会重新出现，这称为回归测试（regression testing）。

由于测试只能证明程序有错，不能证明程序无错，因此程序测试的目的应该是尽可能多地发现更多的错误。寻找错误根源的过程称为调试。编译系统通常都带有一个调试排错系统，是程序集成开发环境的一个重要组成部分。在这个环境里集成了有关程序建立和源代码编辑、编译、执行和调试排错的各种功能。调试排错系统一般包括一个图形界面，使用户能按语句或按函数方式分步执行程序，在某个特定的语句行或某个特定条件发生时停下来。另外，它还常提供按照某些指定格式显示变量值等许多功能。在一个正确的环境里，对于一个很有经验的使用者，一个好的调试工具能使调试工作达到事半功倍之效。

但是，如果使用的语言未提供高级的调试排错系统，或者我们对调试工具不熟悉，就只能依靠自己了，如依靠个人经验、增设打印语句和对代码的逆向推理等分析手段。按照 Brian W. Kernighan 和 Rob Pike 的观点，除为了取得堆栈轨迹和一两个变量的值之外，尽量不去使用调试排错系统，因为人很容易在复杂数据结构和控制流的细节中迷失方向，有时以单步运行遍历程序的方式还不如努力思考，并辅之以在关键位置加设打印语句和检查代码，后者的效率更高。与精心安排的显示输出相比，单步运行的执行方式花费的时间会更长。换句话说，确定在某个地方安放打印语句比以单步方式走到关键的代码段更快。更重要的是，用于排错的语句存在于程序中，而排错系统的执行则是转瞬即逝的。

总之，使用调试工具，盲目地东翻西找绝不可能有效率，毕竟任何工具都不可能代替我们自己的思考。通过调试排错系统帮助我们发现程序出错的状态是有用的，而在此之后，我们就应该努力地去考虑出错的线索：问题为什么会发生？它可能从何而来？以前是否遇到过类似的情况？程序里哪些东西刚刚被修改过？在引起错误的输入数据里有什么特殊的东西？之后可以精心选择几个测试实例并在代码中加入打印语句。

如果仍然未能发现问题的线索，那么可以试一试如下策略：

① 缩减输入数据，设法找到导致失败的最小输入。

② 采用注释的办法“切掉”一些代码，减小有关的代码区域，调试无误后再“打开”这些注释，即采用分而治之的策略将问题局部化。

经过长期的实践，人们发现增量测试（incremental testing）是一种最快、最经济的方法。所谓增量测试，就是保持一个可工作程序的过程，即开发初期先建立一个可运作单元（operational unit）。可运作单元就是一段可运行的代码，随着新代码的逐步加入，测试和排错也在同步进行，如图 4-30 所示。在这种方式下，错误最可能出现在新加入的代码中，当然也可能出现在和源代码有联系的程序块中。因此，扩充程序时，需要不断测试新加入的代码及其与可运作单元之间的联系，这就需要将被调试的代码限制在范围很小的程序块中，减小了查错区域，所以编程者更容易发现错误。

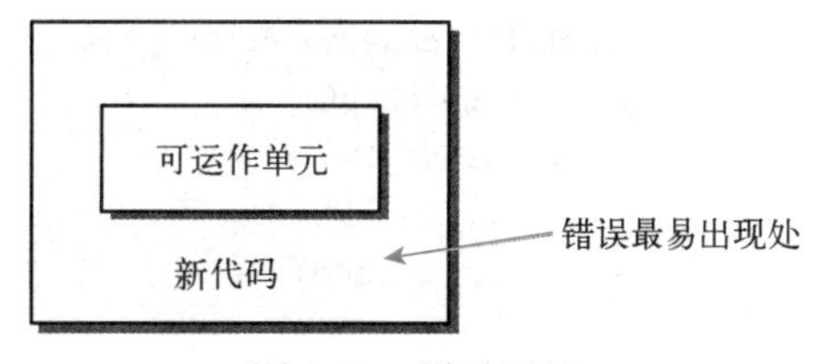

图 4-30　增量测试

程序排错的第一步是找出错误的根源，然后才能对症下药。排错是一种技艺，就像解一个谜题或侦破一个杀人谜案，不要忽视程序运行的错误结果，常常会给我们提供许多发现问题的线索。只要顺着这些线索，像捋顺一条搞乱了的绳索一样，一点儿一点儿耐心地捋，同时正确利用逆向思维和推理，就一定会找到问题的所在。这种技艺的提高只能靠不断的实践。

找到程序的错误后，就要考虑如何进行改错。改错时要注意以下三个问题：

① 不要急于修改错误，先思考一下，修改相关代码行后会不会引发其他问题，如果没有问题，再去修改它；否则，可能不仅要修改一行代码，还可能要修改整个程序结构。

② 有时，程序中可能潜伏着同一类型的很多错误，这类错误通常是由不良的编程习惯引起的。这时要乘胜追击，将所有类似错误都改正过来。

③ 改错后要立即进行回归测试，即回过头来，对以前修复过的 Bug 重新进行测试，看该 Bug 是否会重新出现，以避免修复一个 Bug 后又引起其他新的 Bug。

虽然有不少内存问题检查的工具软件，如 Purify 等，可以在程序运行中，根据程序的运行情况，来查看在某种运行条件下程序是否存在内存错误，如数组内存是否越界读/写，是否使用了未初始化的内存，是否对已释放的内存进行读/写，是否对空指针进行读/写，内存泄漏等。但是程序设计人员不应过分依赖这些工具，而忽视这些问题的严重性。事实上，没有任何工具可以防止我们犯错误，程序员应该知道所用语言中有潜在危险和引起错误倾向的那些语言特征，进而在编写程序时，通过养成良好的编程风格，减少这些错误发生的可能性。

每种调试方法都有其局限性，世界上最好的调试工具就是那些有经验的人，有时我们不必依赖那些工具，可以简单地通过在程序的适当位置增设几个输出语句，配合从程序的运行结果出发的逆向推理，就能轻而易举地找到错误的根源。

除了要善于利用身边的工具与环境学习，学习编程最好的方法之一就是阅读源代码，在实践中积累编程技巧和程序调试经验，学习程序设计的秘诀就是“实践，实践，再实践!”

4.6.3　使用 getchar()需要注意的问题

【例 4-20】 从键盘输入一个班学生（人数不确定）一门课的五分制成绩，编程要求每输入一个五分制成绩，就显示其所在的分数段，同时，统计并输出每种成绩的人数。

问题分析：对于这类输入数据个数不确定的问题，常通过输入一个特殊的数作为数据循环输入的结束标志。例如，输入百分制成绩时，用负数作为输入结束的标志；输入五分制成绩时，可用一个特殊符号作为输入结束的标志。本例采用“#”作为输入结束标志，并用 switch 语句对成绩进行分类处理。编写程序如下：

```
1  #include <stdio.h>
2  int main(void)
3  {
4      int  aCount = 0, bCount = 0, cCount = 0, dCount = 0, eCount = 0;
5      char  grade;
```

```
6        printf("Please enter the letter grade ended by #:\n");
7        grade = getchar();                            // 从键盘输入字符
8        while (grade != '#')
9        {
10           switch (grade)
11           {
12               case 'A':
13               case 'a':  printf("90~100\n");
14                          aCount++;
15                          break;
16               case 'B':
17               case 'b':  printf("80~90\n");
18                          bCount++;
19                          break;
20               case 'C':
21               case 'c':  printf("70~80\n");
22                          cCount++;
23                          break;
24               case 'D':
25               case 'd':  printf("60~70\n");
26                          dCount++;
27                          break;
28               case 'E':
29               case 'e':  printf("<60\n");
30                          eCount++;
31                          break;
32               default:   printf("Incorrect.Please enter again.\n");
33           }
34           grade = getchar();                        // 从键盘输入字符
35       }
36       printf("Result : A:%d, B:%d, C:%d, D:%d, E:%d\n", aCount, bCount, cCount, dCount, eCount);
37       return 0;
38   }
```

程序的运行结果如下：

```
Please enter the letter grade ended by #:
ABCDE#
```

如果用户不按回车键（换行符'\n'），那么程序没有任何输出结果。也就是说，在人机交互中，字符'#'并没有真正起到结束用户输入的目的。只有当用户输入字符“#”并按回车键后，程序才能给出输出结果，因此本程序的实际运行结果为：

```
Please enter the letter grade ended by #:
ABCDE#↙
90~100
80~90
70~80
60~70
<60
Result: A:1, B:1, C:1, D:1, E:1
```

【思考题】 为什么程序没有像用户所想象的那样显示如下运行结果？

```
Please enter the letter grade ended by #:
A
90~100
B
80~90
C
70~80
D
60~70
E
<60
#
Result: A:1, B:1, C:1, D:1, E:1
```

其中，运行结果的第 2、4、6、8、10、12 行为用户输入的字符。原本希望用户输入字符后不必按回车键即可显示程序输入的相应结果，但显然并没有达到这一要求。暂且将此问题的分析放在一边，让我们通过例 4-21 来看该程序存在的另一个问题。

【例 4-21】 重新运行例 4-20 程序，会发现：以空格符或换行符作为分隔符输入数据时，统计结果虽然正确，但都会提示出错信息。请看下面两个测试实例。

```
①  Please enter the letter grade ended by #:
    A↙
    90~100
    Incorrect letter entered. Please enter again.
    B↙
    80~90
    Incorrect letter entered. Please enter again.
    #↙
    Result: A:1, B:1, C:0, D:0, E:0
②  Please enter the letter grade ended by #:
    A B#↙
    90~100
    Incorrect letter entered. Please enter again.
    80~90
    Result: A:1, B:1, C:0, D:0, E:0
```

这是为什么呢？原因就出在 getchar()上，用户输入的空格符和换行符也作为一个有效字符读入并处理了。由于这两个字符是由 default 分支来处理的，因此程序会根据结束符“#”输入前这两个字符输入的个数给出相应个数的出错提示信息。如果在程序中能对这两个字符进行忽略处理，使其不经过 default 分支，那么自然不会出现出错提示信息了。只要在程序中再加一个 case 分支就可以实现这一要求，具体程序如下：

```
1  #include <stdio.h>
2  int main(void)
3  {
4      int  aCount = 0, bCount = 0, cCount = 0, dCount = 0, eCount = 0;
5      char  grade;
6      printf("Please enter the letter grade ended by #:\n");
```

```
7       grade = getchar();                          // 从键盘输入字符
8       while (grade != '#')
9       {
10      switch (grade)
11      {
12              case 'A':
13              case 'a':     printf("90～100\n");
14                            aCount++;
15                            break;
16              case 'B':
17              case 'b':     printf("80～90\n");
18                            bCount++;
19                            break;
20              case 'C':
21              case 'c':     printf("70～80\n");
22                            cCount++;
23                            break;
24              case 'D':
25              case 'd':     printf("60～70\n");
26                            dCount++;
27                            break;
28              case 'E':
29              case 'e':     printf("<60\n");
30                            eCount++;
31                            break;
32              case '\n':
33              case ' ':     break;                // 对空格符和换行符进行忽略处理
34              default:      printf("Incorrect.Please enter again.\n");
35          }
36          grade = getchar();                      // 从键盘输入字符
37      }
38      printf("Result : A:%d, B:%d, C:%d, D:%d, E:%d\n", aCount, bCount, cCount, dCount, eCount);
39      return 0;
40  }
```

这时，按如下两种方式输入时，程序也会得到正确的结果，请读者上机运行验证。

```
①   Please enter the letter grade ended by #:
    A B C D E#↙
    90～100
    80～90
    70～80
    60～70
    <60
    Result: A:1, B:1, C:1, D:1, E:1
②   Please enter the letter grade ended by #:
    A↙
    90～100
    B↙
    80～90
    C↙
```

```
70～80
D↙
60～70
E↙
<60
#↙
Result: A:1, B:1, C:1, D:1, E:1
```

刚才被我们放在一边的例 4-20 中的问题其实也是出在看似简单的 getchar()函数上。例 4-21 的程序提供了一种对付 getchar()需要输入换行符的方法，但不是最好的方法。最好的方法是采用 3.4 节介绍的“在%c 前加一个空格”的方法，也可得到与例 4-21 程序相同的运行结果。只要将例 4-21 程序的第 7 行和第 36 行语句修改为如下语句即可。

```
scanf(" %c", &grade);                    // 在%c 前加一个空格，用 scanf()函数从键盘输入字符
```

【思考题】 如果改成用 do-while 语句编程，由于是先执行后判断，因此为了在输入字符“#”时，程序不会打印出“Incorrect letter grade entered.Please enter again.”，应该怎样修改上面的程序才能得到正确的输出结果？

提示：在 switch 语句中增加一个 case 处理分支，即“case '#':　break;”。

下面分析 getchar()出现问题的原因究竟是什么。

ANSI C 标准把 getchar()函数定义成与基于 UNIX 的 C 兼容，它采用行缓冲（line-buffer）输入方式，即输入字符先被放到输入缓冲队列中，getchar()函数每次从输入缓冲队列中读取一个字符，直到按下回车键（即读到换行符'\n'）或者文件结束符 EOF（End Of File，EOF 一般定义为-1）时，程序才认为输入结束，才会针对相应的输入去执行相应的处理操作。也就是说，用 getchar()函数读取字符实际上是按照文件的方式读取的，文件中一般都是以行为单位的，因此 getchar()函数也是以行为单位读取的，这就是 getchar()函数结束输入退出时要读到一个换行符或文件结束符 EOF 才进行一次处理操作的原因。

还需要注意，在一般情况下，getchar()函数的返回值是终端所输入的字符，这些字符在系统中对应的 ASCII 值通常都是非负的。但有时 getchar()函数也可能返回负值，即返回 EOF（如在 Linux 下按 Ctrl+D 组合键）。这时，将 getchar()函数返回的负值赋给一个 char 型变量是不正确的。因此，最好不要将本例第 5 行的变量 grade 定义为 char 型。为了让所定义的变量能包含 getchar()函数返回的所有可能的值，正确的定义方法应为

```
int  grade;
grade = getchar();
```

【例 4-22】 在例 4-7 的简单计算器程序中，只进行一次算术运算程序就结束了。本例要求连续做多次算术运算，每次运算结束后，程序都给出提示：

```
Do you want to continue(Y/N or y/n)?
```

若用户输入 Y 或 y，则程序继续进行其他算术运算，否则程序退出运行状态。

请读者分析并上机运行下面这个程序，看它能否正确实现上述功能。

```
1   #include <stdio.h>
2   int main(void)
3   {
4       int  data1, data2;
```

```
5       char  op;
6       char  reply;
7       do{
8           printf("\nPlease enter the expression:");
9           scanf("%d %c %d", &data1, &op, &data2);
10          switch (op)
11          {
12              case '+':    printf("%d+%d=%d\n", data1, data2, data1+data2);
13                           break;
14              case '-':    printf("%d-%d=%d\n", data1, data2, data1-data2);
15                           break;
16              case '*':    printf("%d*%d=%d\n", data1, data2, data1*data2);
17                           break;
18              case '/':    if (0 == data2)
19                               printf("Division by zero!\n");
20                           else
21                               printf("%d/%d=%d\n", data1, data2, data1/data2);
22                           break;
23              default: printf("Unknown operater!\n");
24          }
25          printf("Do you want to continue(Y/N or y/n)?");        // 提示是否继续
26          reply = getchar();                                     // 输入用户的回答
27      } while (reply == 'Y' || reply == 'y');
28      printf("Program is over!");
29      return 0;
30  }
```

运行该程序不难发现，它并没有按要求正确执行，而是出现了下面的奇怪现象：

```
Please enter the expression: 1+2↙
1+2=3
Do you want to continue(Y/N or y/n)?
Program is over!
```

没等用户输入任何字符，程序就结束了。程序明明提示了“Do you want to continue (Y/N or y/n)?”，但好像只是做做样子而已，并没有给用户输入选择的机会。

如果将程序第 27 行的“while (reply == 'Y' || reply == 'y')”改成“while (reply != 'N' && reply != 'n')”，则程序仍然不给用户输入选择的机会，但这次程序无法终止，即：

```
Please enter the expression: 1+2↙
1+2=3
Do you want to continue(Y/N or y/n)?
Please enter the expression: 2-1↙
2-1=1
Do you want to continue(Y/N or y/n)?
Please enter the expression:
```

该程序总是给出让用户输入算术表达式的提示，无法终止。这是什么原因呢？原因就是，getchar( )函数的行缓冲问题导致 getchar()将用户输入的算术表达式中最后一个字符（换行符）作为其读入字符。当用表达式“reply == 'Y' || reply == 'y'”作为循环条件判断循环是否继续执

行时，因为换行符不满足这个判断条件，导致程序只执行一次就结束了。而当用表达式“reply != 'N' && reply != 'n'” 作为循环条件判断循环是否继续执行时，因为换行符永远满足这个判断条件，因而导致程序始终无法终止。

若将程序第 26 行的语句改成如下语句：

```
scanf(" %c", &reply);                    // 在%c前加一个空格，用scanf()函数从键盘输入字符
```

则无论用“reply = = 'Y' || reply = = 'y'” 还是用“reply != 'N' && reply != 'n'” 作为循环终止的判断条件，程序都能得到正确的运行结果。请读者上机验证。

*4.7 结构化程序设计方法简介

4.7.1 关于 goto 论战

结构化程序设计（Structured Programming，SP）的概念最早是由荷兰学者 E. W. Dijkstra 提出的。1965 年，Dijkstra 在纽约举行的国际信息处理联合会议上指出：“应当从高级语言中取消 goto 语句”，“程序的质量与程序中所包含的 goto 语句的数量成反比”。然而在当时，他的观点并未引起人们的重视。1968 年，Dijkstra 在给 ACM 编辑部的一封信中重申了他的看法，进一步指出：goto 语句是有害的。1972 年，在第 25 届 ACM 国际会议上专门讨论了 goto 语句问题，至此正式拉开了 goto 论战的序幕，争论的实质是要好的结构还是要高的效率问题。从 1965 年起，goto 论战持续了近 10 年时间。1974 年，D.E. Knuth 发表了题为“Structured Programming with Goto Statement”的文章，才平息了这场争论，给出了较为全面公正的评述。Knuth 主张在高级语言中保留 goto 语句，在功能方面不加限制，但限制其使用范围，且不必对一般用户开放。

现在，人们已经认识到程序设计的任务不只是编写一个能得到正确结果的程序，还应考虑程序的质量和用什么方法得到高质量的程序。然而，在计算机发展的初期，由于硬件价格比较贵，内存容量和运算速度都有一定的限制，因此，衡量程序质量的标准主要是占内存容量的大小和运行时间的长短，为此不惜牺牲程序的可读性而采取晦涩难懂的技巧来达到这一目的。20 世纪 60 年代末到 70 年代初，出现了大型软件系统，如操作系统、数据库系统等，同时软件应用领域迅速拓宽，软件需求迅速增长，软件数量急剧膨胀，软件系统也空前庞大与复杂，而当时的程序设计与软件开发技术却远远落后于这种发展，人们还没有认识到从宏观上对程序设计方法进行研究的重要性，许多人仍满足于写出可以运行的程序，“不拘一格”或一味炫耀编程技巧。因此，许多大型软件质量低下、可靠性差、开发周期长、维护费用高，价格又贵。软件规模迅速扩大、复杂性急剧增大、软件开发能力却远远跟不上应用需求的高速增长的状况严重阻碍了计算机应用的发展，这就是所谓的“软件危机”（software crisis）。此后，人们开始把注意力集中到怎样才能降低软件成本，提高软件生产和维护的效率问题上，从而逐渐形成了程序设计方法学和软件工程学，这就是结构化程序设计方法出现的背景。

4.7.2 结构化程序设计的核心思想

1966 年，C. Bohm 和 G. Jacopini 首先证明了只用顺序、选择和循环三种基本控制结构就能实现任何“单进单出（hammock）”结构的程序，这给结构化程序设计奠定了理论基础。1971

年，IBM 公司的 Mills 进一步提出“程序应该只有一个入口和一个出口”的论断，进一步补充了结构化程序设计的规则。

那么，究竟什么是结构化程序设计呢？可以说，目前还没有一个严格的、为所有人普遍接受的定义。1974 年，D. Gries 教授将已有的对结构化程序设计的不同解释归纳为 13 种，现在一个比较流行的定义是：结构化程序设计是一种进行程序设计的原则和方法，按照这种原则和方法设计的程序具有结构清晰、容易阅读、容易修改、容易验证等特点。

20 世纪 80 年代，人们开始把“结构清晰、容易阅读、容易修改、容易验证”作为衡量程序质量的首要条件。也就是说，所谓的“好”程序是指“好结构”的程序，一旦效率与“好结构”发生矛盾，那么宁可在可容忍的范围内降低效率，也要确保好的结构。

结构化程序设计的基本思想归纳起来有以下三点。

① 采用顺序、选择和循环三种基本控制结构作为程序设计的基本单元。用这三种基本控制结构编写的程序具有如下 4 个特性：只有一个入口；只有一个出口；无死语句，即不存在永远都执行不到的语句；无死循环，即不存在永远都执行不完的循环。

使用只有一个入口和一个出口的控制结构更容易构建结构清晰、可读性好的程序。通过将一个控制结构的出口与另一个控制结构的入口相连，就可以轻松地将一个控制结构与另一个控制结构连接在一起，这种程序构建方式很像儿童搭积木，因此被称为控制语句的堆叠（stacking）。另一种连接控制语句的方法是控制语句的嵌套（nesting）。我们编写的任何一个 C 程序都可以由顺序、选择和循环三种类型的控制结构以及按堆叠和嵌套两种不同的连接方法组装而成，这是 C 程序具有简单性的根本原因。

② 结构化程序设计认为，goto 语句是有害的，理由是 goto 语句可以不受限制地转向程序中（同一函数内）的任何地方，使程序流程随意转向，从而破坏了结构化程序要求的“单进单出”结构。一旦使用不当，将导致编写的程序流程混乱不堪，影响程序的可读性。不过，导致程序流程混乱、不易阅读的真正原因其实并不在于使用较多的 goto 语句，而在于使用了较多的 goto 语句标号。例如，在程序的多个地方，用 goto 语句转向同一语句标号处，进行相同的错误处理，这种做法不但不会影响程序结构的清晰，反而会使程序变得更加简洁。

因此，结构化程序设计规定，尽量不要使用多于一个的 goto 语句标号，同时只允许在一个“单进单出”结构内用 goto 语句向前跳转，不允许往回跳转。

③ 采用“自顶向下、逐步求精”和模块化方法进行结构化程序设计。“自顶向下、逐步求精”的方法在 4.7.3 节介绍，模块化程序设计方法将在第 5 章介绍。

4.7.3 “自顶向下、逐步求精”的程序设计方法

抽象是处理复杂问题的重要工具，逐步求精（stepwise refinement）就是一种具体的抽象技术，是 1971 年由 Wirth 提出的用于结构化程序设计的一种基本方法。

为了解决一个复杂问题，人们往往不可能一开始就了解到问题的全部细节，而只能对问题的全局做出决策，设计出对问题本身较为自然的、很可能是用自然语言表达的抽象算法。这个抽象算法由一些抽象数据及其上的操作（即抽象语句）组成，仅仅表示解决问题的一般策略和问题解的一般结构。对抽象算法进一步求精，就进入下一层抽象。每求精一步，抽象语句和抽象数据都将进一步分解和精细化，如此继续，直到最后的算法能为计算机所“理解”为止，即将一个完整的、较复杂的问题分解成若干相对独立的、较简单的子问题，若这些子

问题仍较复杂，可再分解它们，直到能够容易地用某种高级语言表达为止。换句话说，逐步求精技术就是按照“先全局后局部、先整体后细节、先抽象后具体”的过程，组织人的思维活动，从最能反映问题体系结构的概念出发，逐步精细化、具体化，逐步补充细节，直到设计出可在机器上执行的程序。

自顶向下（top-down）程序设计方法是相对于线性方法、自底向上方法、自里向外方法等几种方法而言的。

线性方法不考虑程序结构，直接顺序地编写出一行行语句，程序执行的顺序就按语句顺序。这种方法对于简单、容易的问题还是有吸引力的，但对顺序编写的每条语句都要确定细节，容易产生错误。所以，使用这种方法编程，开头容易完成难。

自底向上（down-top）方法是先编写出基础程序段，再扩大、补充和升级，是自顶向下方法的逆方法。

自里向外方法是先画出一个粗糙的程序框图，编写出程序代码第一稿，然后向上、向下两个方向上复杂化考虑，不断修正，直至得到一个完整的、机器上可执行的、完成预定功能的程序。过去一些有经验的程序员经常使用此种方法，但会使程序接受许多次修改补充，而且最后得到的程序结构也不够清晰。所以，自里向外方法也不是一种理想的方法。

自顶向下方法是先写出结构简单、清晰的主程序来表达整个问题；在此问题中包含的复杂子问题用子程序来实现；若子问题中还包含复杂的子问题，再用另一个子程序来解决，直到每个细节都可以用高级语言清楚表达为止。这种自顶向下的分析方法如图 4-31 所示。在 C 语言中，子程序是用函数实现的。有关函数的内容将在第 5 章介绍。

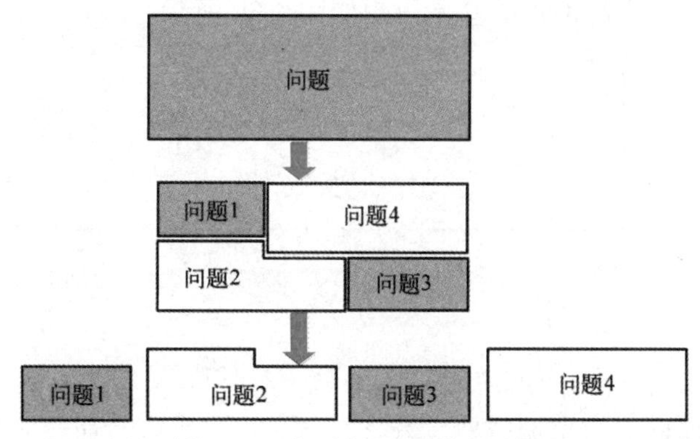

图 4-31　自顶向下的分析方法

显然，逐步求精方法是一种自顶向下的程序分析和设计方法。当然，在具体实践中，对这种自顶向下的分析和设计方法的理解不能太绝对化。因为，有时按某种方式精细化后，在以后的步骤中会发现，原来那种精细化设想并不好，甚至是错误的。此时，必须自底向上对已决定的某些步骤进行修改；否则，要求上层每步都是绝对正确和最好的，实际上是不可能的。

因此，逐步求精技术可以理解为是一种由不断的自底向上修正所补充的自顶向下的程序设计方法。它有以下两个优点：

① 用逐步求精方法最终得到的程序是有良好结构的程序，具有结构清晰、容易阅读、容易修改的特点。整个程序由一些相对较小的程序子结构组成，每个子结构都有一定的相对独立的意义，改变某些子问题的策略相当于改变相应的局部结构的内部算法，不会影响程序的全局结构。

② 用逐步求精方法设计程序，可以简化程序的正确性验证。结合逐步求精过程，采取边设计边验证的方法，逐级验证相比整个程序写完后再验证，可大大减少程序调试的时间和复杂度。

逐步求精实现技术有以下三种。

① “划分与解决”的分割技术（序列技术）。这种技术是指将问题分成若干可以顺序处理的子问题。

第 1 步：把问题划分成一些不相交的部分，直到可以用复合语句表示为止。

第 2 步：依次解决划分后的每步问题。例如，数据处理中的许多问题都可划分成读入已知数据、计算处理数据和打印输出结果三部分。

② “做出有限进展”的递推技术（循环技术）。这种技术是指如果找到了一个朝向问题最终解的方向，就做出有限进展，重复使用递推，直到使它达到最终解。例如，求 6! = 5! × 6，5! = 4! × 5，…，其余类推，直至得到最终解。

③ “分析情况”的分析技术（分支技术）。这种技术是指对问题按不同情况分析使之精细化，直到可用条件语句实现为止。

总之，用逐步求精技术求解问题的大致步骤如下：

① 对实际问题进行全局性分析、决策，确定数学模型。

② 确定程序的总体结构，将整个问题分解成若干相对独立的子问题。

③ 确定子问题的具体功能及其相互关系。

④ 在抽象的基础上，将各个子问题逐一精细化，直到能用确定的高级语言描述为止。

【例 4-23】 用二分法求一元三次方程 $2x^3-4x^2+3x-6=0$ 在(−10, 10)之间的根（Root）。

问题分析：二分法求方程的根的基本思想如图 4-32 所示。

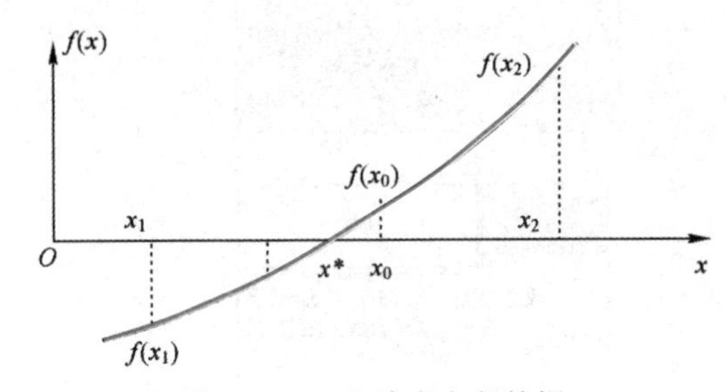

图 4-32　二分法求方程的根

假设函数在求解区间内为单调函数，若函数有实根，则函数曲线应当在根这一点上与 X 轴有一个交点，在根附近的左、右区间内，函数值的符号应当相反。利用这个原理，可以通过不断将求解区间二分的方法，缩小解所在区间的范围，只要保持区间两个端点处的函数值符号相反，就可以逐步逼近函数的根。

下面采用“自顶向下、逐步求精”的程序设计方法求解。

step1 设计总体算法。

① 输入区间端点 x1，x2。

② 二分区间[x1, x2]为[x1, x0]和[x0, x2]。

③ 判断方程的根在哪一个区间内。

④ 对根所在区间继续二分，重复②和③，直到|f(x0)|≈0 为止，则 x0 为根。

⑤ 输出方程的根 x0。

step2 对步骤①求精。

```
do {
    输入 x1, x2;
    计算 f(x1), f(x2);
} while ("f(x1)与 f(x2)同号");
```

step3 对“f(x1)与 f(x2)同号”求精。

```
f(x1) * f(x2) > 0
```

step4 对步骤②～④求精。

```
do{
    x0 = (x1 + x2) / 2;
    计算 f(x0)和 f(x1);
    if ("f(x0)与 f(x1)异号")
        "根在左区间[x1,x0]内";
    else
        "根在右区间[x0,x2]内";
} while (fabs(f(x0)) >= 1e-5);
```

step5 对 step4 中的 if-else 语句求精。

```
if (f(x0) * f(x1) < 0)
    x2 = x0;
else
    x1 = x0;
```

step6 得到完整的程序如下。

```
1   #include <math.h>
2   #include <stdio.h>
3   int main(void)
4   {
5       float  x0, x1, x2, fx0, fx1, fx2;
6       do {
7           printf("Please enter two numbers x1, x2:");
8           scanf("%f, %f", &x1, &x2);
9           fx1 = x1 * ((2 * x1 - 4) * x1 + 3) - 6;
10          fx2 = x2 * ((2 * x2 - 4) * x2 + 3) - 6;
11      } while (fx1*fx2 > 0);                   // 输入满足有根存在条件的区间的两个端点 x1、x2
12      do{
13          x0 = (x1 + x2) / 2;
14          fx1 = x1 * ((2 * x1 - 4) * x1 + 3) - 6;
15          fx0 = x0 * ((2 * x0 - 4) * x0 + 3) - 6;
16          if (fx0*fx1 < 0)
17          {
18              x2 = x0;
19          }
20          else
21          {
22              x1 = x0;
23          }
24      } while (fabs(fx0) >= 1e-5);              // 二分法求方程的根
```

```
25      printf("x = %6.2f \n", x0);                    // 输出方程的根
26      return 0;
27  }
```

程序的运行结果如下：

```
Please enter two numbers x1, x2: 9,10↙
Please enter two numbers x1, x2: -10,10↙
x = 2.00
```

本章小结

本章首先介绍了算法的概念以及算法的描述方法，然后重点讲解了选择结构、循环结构和相应的控制语句，包括 if-else、switch、while、do-while、for、break、continue、goto 语句，接着补充介绍了有关程序排错和结构化程序设计的内容。

① 条件语句的 if 形式用于单分支结构，if-else 形式用于双分支结构，else-if 形式和 switch 语句用于多分支结构。

② while、do-while 和 for 语句用于循环结构。其中，while 和 for 语句在循环顶部进行循环条件测试，若循环条件第一次测试就为假，则循环体一次也不执行，而 do-while 语句是在循环底部进行循环条件测试，因此 do-while 循环至少执行一次。除非循环条件第一次测试就为假，否则这三种循环语句可以相互替代。其中，更常用、也更灵活的是 for 语句，do-while 语句适合构造菜单子程序，因为菜单子程序至少要执行一次，当用户输入有效响应时，菜单子程序采取相应动作；输入无效响应时，则提示重新输入。

③ break、continue 和 goto 语句都可用于流程控制。其中，break 语句用于退出 switch 或一层循环结构，continue 语句用于结束本次循环、继续执行下一次循环，goto 语句无条件转移到标号所标识的语句处去执行。当程序需要退出多重循环时，用 goto 语句比用 break 语句更直接方便；当需要结束程序运行时，可以调用函数 exit()来实现。

最后介绍了程序的调试方法和结构化程序设计的核心思想。

神话般的“一次过”不是没有，但对多数人而言，程序不是编出来的，而是调出来的，希望读者通过多多地上机实践积累调试经验，练就一双在程序中寻找 Bug 的“火眼金睛”。

本章常见的编程错误如表 4-1 所示。

表 4-1　本章常见编程错误列表

错误描述	错误类型
在紧跟单分支 if 语句条件表达式的“()”外写了一个“;”	运行时错误
在紧跟双分支 if 语句条件表达式的“()”外写了一个“;”	编译错误
在界定 if、while 和 for 语句的复合语句时，忘记了一对“{}”	运行时错误
if 语句的条件表达式中，表示相等条件时，将关系运算符==错写为赋值运算符=	运行时错误
switch 语句中，case 后的常量表达式用一个区间表示，或者出现了关系运算符	编译错误
switch 语句中，case 和其后的数值常量中间缺少空格	编译错误
在 while 循环语句的循环体中，没有能将条件变为假的操作，导致死循环	运行时错误
在 while 的行末（紧跟 while 条件表达式的“()”外）多写了一个“;”，导致死循环	运行时错误
在 for 语句头部所在的行末多写了一个“;”，导致循环体为空语句，而真正的循环体语句未被执行	运行时错误

（续）

错 误 描 述	错误类型
循环开始前，未将计数器变量和累加求和变量初始化，导致运行结果错误	运行时错误
期望用浮点数来精确地表示一个数据	运行时错误
试图用相等运算符==去比较两个浮点数是否相等，或者比较一个浮点数是否等于0	运行时错误
在 for 语句的“()”中的三个表达式未用分号分隔，而用“,”分隔	编译错误

习 题 4

4.1 选择题。

（1）在下列条件语句中，只有一条语句在功能上与其他三条语句不等价（其中 s1 和 s2 表示某条 C 语句），这条不等价的语句是________。

A）if (a)　s1; else　s2;　　　B）if (!a)　s2; else　s1;

C）if (a != 0)　s1; else　s2;　　　D）if (a == 0)　s1; else　s2;

（2）在 while (x)语句中的 x 与下面条件表达式等价的是________。

A）x == 0　　　B）x == 1　　　C）x != 1　　　D）x != 0

（3）以下能判断 ch 是数字字符的选项是________。

A）if (ch>='0'&&ch<='9')　　　B）if (ch>=0&&ch<=9)

C）if ('0'<=ch<='9')　　　D）if (0<=ch<=9)

（4）为了避免嵌套的条件语句 if-else 的二义性，C 语言规定 else 总是与________配对。

A）同一行上的 if　　　B）缩排位置相同的 if

C）其之前最近的未曾配对的 if　　　D）其之后最近的未曾配对的 if

（5）下列说法中错误的是________。

A）嵌套循环的内层和外层循环的循环控制变量不能同名

B）执行嵌套循环时先执行内层循环，后执行外层循环

C）若内外层循环的次数是固定的，则嵌套循环的循环次数等于外层循环的循环次数与内层循环的循环次数之积

D）若一个循环的循环体中又完整地包含了另一个循环，则称为嵌套循环

4.2 写出下列程序的运行结果。

（1）若从终端上由第一列开始输入：right?↙，则程序运行结果为________。

```
#include <stdio.h>
int main(void)
{
    char  c;
    c = getchar();
    while (c != '?')
    {
        putchar(c);
        c = getchar();
    }
    return 0;
}
```

（2）对如下程序，若输入数据同上，则程序运行结果为________。

```
#include <stdio.h>
int main(void)
{
    char  c;
    while ((c = getchar()) != '?')
    {
        putchar(c);
    }
    return 0;
}
```

（3）对如下程序，若输入数据同上，则程序运行结果为________。

```
#include <stdio.h>
int main(void)
{
    char c;
    while (putchar (getchar()) != '?') ;
    return 0;
}
```

（4）对如下程序，若运行时输入：abcdefg$abcdefg↙，则程序运行结果为________。

```
#include <stdio.h>
int main(void)
{
    char  c;
    while ((c = getchar()) != '\n')
    {
        putchar(c);
    }
    printf("End!\n");
    return 0;
}
```

（5）对如下程序，若输入数据同上，则程序运行结果为________。

```
#include <stdio.h>
int main(void)
{
    char  c;
    while ((c = getchar()) != '$')
    {
        putchar(c);
    }
    printf("End!\n");
    return 0;
}
```

4.3　阅读程序，按要求在空白处填写适当的表达式或语句，使程序完整并符合题目要求。

（1）从键盘任意输入一个年号，判断它是否是闰年。若是闰年输出“Yes”，否则输出“No”。已知符合下列条件之一者是闰年：（a）能被 4 整除，但不能被 100 整除；（b）能被 400 整除。

```
#include <stdio.h>
int main(void)
{
    int  year, flag;
    printf("Enter year:");
    scanf("%d", &year );
    if (__________①__________)
    {
        flag = 1;                                   // 若 year 是闰年，则标志变量 flag 置 1
    }
    else
    {
        flag = 0;                                   // 否则，标志变量 flag 置 0
    }
    if (___②___)
    {
        printf("%d is a leap year!\n", year);       // 输出“是闰年”
    }
    else
    {
        printf("%d is not a leap year!\n", year);   // 输出“不是闰年”
    }
    return 0;
}
```

（2）判断从键盘输入的字符是数字字符、大写字母、小写字母、空格，还是其他字符。

```
#include <stdio.h>
int main(void)
{
    char  ch;
    ch = getchar();
    if (__________①__________)
    {
        printf("It is an English character!\n");
    }
    else if (__________②__________)
    {
        printf("It is a digit character!\n");
    }
    else if (_______③_______)
    {
        printf("It is a space character!\n");
    }
    else
    {
        printf("It is other character!\n");
    }
    return 0;
}
```

（3）华氏温度和摄氏温度的转换公式为 $C=5/9\times(F-32)$，其中 C 表示摄氏温度，F 表示华氏温度。要求：华氏温度的范围为 0～300，每隔 20°F 输出一个华氏温度对应的摄氏温度值。

```
#include <stdio.h>
int main(void)
{
    int  upper = 300, step = 20;
    float  fahr = 0, celsius;
    while (____①____ < upper)
    {
        ________②________;
        printf("4.0f\t%6.1f\n", fahr, celsius);
        ________③________;
    }
    return 0;
}
```

4.4　输入三角形的三条边 a、b、c，判断它们能否构成三角形。若能构成三角形，则指出是何种三角形（等腰三角形、直角三角形、一般三角形）。

提示：构成三角形的条件是任意两边之和大于第三边。参考例 4-5 对实型数据是否相等进行测试。按题意，对程序进行测试时，需要以下 5 种测试用例：不能构成三角形、等腰三角形、直角三角形、等腰直角三角形、一般三角形。

4.5　读入一个年份和月份，输出该月有多少天（考虑闰年），用 switch 语句编程。

提示：闰年的 2 月有 29 天，平年的 2 月有 28 天。

4.6　编程计算 $1\times2\times3+3\times4\times5+\cdots+99\times100\times101$ 的值。

提示：用累加和算法，通项公式为 term = i * (i+1) * (i+2)（i = 1, 3, …, 99），或 term = (i-1) * i * (i+1)（i = 2, 4, …, 100），步长为 2。

4.7　编程计算 $1!+2!+3!+4!+\cdots+10!$ 的值。

提示：用累加和算法，累加项为 term = term * i（i =1, 2, …, 10），term 初值为 1。

4.8　编程计算 a + aa + aaa + … + aa…a（n 个 a）的值，n 和 a 的值由键盘输入。

提示：用累加和算法，累加项为 term = term * 10 + a（i = 1, 2, …, n），term 初值为 0。

4.9　利用 $\frac{\pi}{2}=\frac{2}{1}\times\frac{2}{3}\times\frac{4}{3}\times\frac{4}{5}\times\frac{6}{5}\times\frac{6}{7}\times\cdots$ 的前 100 项之积计算π的值。

提示：用累乘积算法，累乘项为 term = n * n / ((n-1) * (n+1))（n = 2, 4, …, 100），步长为 2；或者 term = 2 * n * 2 * n / ((2*n-1) * (2*n+1))（n = 1, 2, …, 50），步长为 1。

4.10　利用泰勒级数 $e=1+\frac{1}{1!}+\frac{1}{2!}+\frac{1}{3!}+\cdots+\frac{1}{n!}$，计算 e 的近似值。当最后一项的绝对值小于 10^{-5} 时认为达到了精度要求，要求统计总共累加了多少项。

提示：采用累加和算法 e = e + term。如下寻找累加项的构成规律：利用前项计算后项比寻找统一的累加项表示形式要简单一些，由 $\frac{1}{2!}=\frac{1}{1!}\div2$，$\frac{1}{3!}=\frac{1}{2!}\div3$，…，可以发现前后项之间的关系是 termn = termn-1 ÷ n，写成 C 语句是“term = term / n;”，term 的初值为 1.0，n 的初值也为 1，n 按 n = n + 1 变化。统计累加项数只要设置一个计数器变量即可。这里，计数器变量取名为 count，初值为 0，在循环体中每累加一项就加 1 一次。

4.11　计算 $1-\frac{1}{2}+\frac{1}{3}-\frac{1}{4}+\cdots+\frac{1}{99}-\frac{1}{100}+\cdots$，直到最后一项的绝对值小于 10^{-4} 为止。

提示：采用累加和算法，累加项为 term = sign / n；分子 sign = -sign；初值为 1，分母 n = n + 1；

初值为 1。

4.12 利用泰勒级数 $\sin x \approx x - \frac{x^3}{3!} + \frac{x^5}{5!} - \frac{x^7}{7!} + \frac{x^9}{9!} - \cdots$，计算 $\sin x$ 的值。要求最后一项的绝对值小于 10^{-5}，并统计出此时累加了多少项。

提示： x 由键盘输入，采用累加和算法，sum = sum + term，sum 初值为 x，利用前项求后项的方法计算累加项 term =-term * x * x / ((n+1) * (n+2))，term 初值为 x，n 初值为 1，n = n + 2。

4.13 打印所有的“水仙花数”。所谓“水仙花数”是指一个三位数，其各位数字的立方和等于该数本身。例如，153 是“水仙花数”，因为 $153 = 1^3+5^3+3^3$。

提示： 首先确定水仙花数 n 可能存在的范围，因为 n 是一个 3 位数，所以范围确定为 n 从 100 变化到 999，分离出 n 的百位 i、十位 j、个位 k 后，只要判断 n 是否等于 i*i*i + j*j*j + k*k*k 即可知道 n 是否是水仙花数。分离各位数字的方法可参考例 4-2。

4.14 韩信点兵。韩信有一队兵，他想知道有多少人，便让士兵排队报数。按从 1 至 5 报数，最末一个士兵报的数为 1；按从 1 至 6 报数，最末一个士兵报的数为 5；按从 1 至 7 报数，最末一个士兵报的数为 4；最后再按从 1 至 11 报数，最末一个士兵报的数为 10。你知道韩信至少有多少兵吗？

提示： 设兵数为 x，按题意，x 应满足关系式：x%5 = = 1 && x%6 = = 5 && x%7 == 4 && x%11 == 10，采用穷举法对 x 从 1 开始试验，可得到韩信至少有多少兵。

4.15 爱因斯坦数学题。爱因斯坦曾出过这样一道数学题：有一条长阶梯，若每步跨 2 阶，则最后剩下 1 阶；若每步跨 3 阶，则最后剩下 2 阶；若每步跨 5 阶，则最后剩下 4 阶；若每步跨 6 阶，则最后剩下 5 阶；只有每步跨 7 阶，最后才正好 1 阶不剩。请问，这条阶梯共有多少阶？

提示： 设阶梯数为 x，按题意，阶梯数应满足关系式：x%2 == 1 && x%3 == 2 && x%5 == 4 && x%6 == 5 && x%7 == 0，采用穷举法对 x 从 1 开始试验，可计算出这条阶梯共有多少阶。

4.16 三色球问题。若一个口袋中放有 12 个球，其中有 3 个红色的，3 个白色的，6 个黑色的，从中任取 8 个球，问共有多少种不同的颜色搭配？

提示： 设任取的红、白、黑球个数分别为 i、j、k，依题意，红、白、黑球个数的取值范围分别为 0 <= i <= 3, 0 <= j <= 3, 0 <= k <= 6。只要满足 i+j+k=8，则 i、j、k 的组合即为所求。

4.17 鸡兔同笼，共有 98 个头，386 只脚，编程求鸡、兔各多少只。

提示： 设鸡数为 x，兔数为 y，据题意有 x + y = 98, 2x + 4y = 386。采用穷举法，x 从 1 变化到 97，y 取 98−x，如果 x，y 同时满足条件 2x + 4y = 386，则输出 x，y 的值。

4.18 我国古代的《张丘建算经》中有这样一道著名的百鸡问题：“鸡翁一，值钱五；鸡母一，值钱三；鸡雏三，值钱一。百钱买百鸡，问鸡翁、母、雏各几何？”其意为：公鸡每只 5 元，母鸡每只 3 元，小鸡 3 只 1 元。用 100 元买 100 只鸡，问公鸡、母鸡和小鸡各能买多少只？

提示： 设公鸡、母鸡、小鸡数分别为 x、y、z，依题意列出方程组 x + y + z = 100，5x + 3y + z/3 = 100。采用穷举法求解，因为 100 元买公鸡最多可买 20 只，买母鸡最多可买 33 只，所以，x 从 0 变化到 20，y 从 0 变化到 33，则 z = 100–x–y，只要判断第 2 个条件是否满足即可。

4.19 用 1 元 5 角钱人民币兑换 5 分、2 分和 1 分的硬币（每一种都要有）共 100 枚，问共有几种兑换方案？每种方案各换多少枚？

提示：设 5 分、2 分和 1 分的硬币各换 x、y、z 枚，依题意有 x + y + z = 100，5x + 2y + z = 150，由于每种硬币都要有，故 5 分硬币最多可换 29 枚，2 分硬币最多可换 72 枚，1 分硬币可换 100−x−y 枚，x、y、z 只需满足第 2 个方程即可，对每组满足条件的 x、y、z 值，用计数器计数即可得到兑换方案的数目。

第5章 函 数

📖 内容关键词

- ✍ 函数定义、函数调用、函数原型、函数返回值
- ✍ 全局变量、自动变量、静态变量、寄存器变量
- ✍ 递归函数、函数的递归调用
- ✍ 结构设计与模块化

📖 重点与难点

- ✍ 函数的参数传递与返回值
- ✍ 变量的作用域与存储类型
- ✍ 模块分解的基本原则

📖 典型实例

- ✍ 求两数最大值，猜数游戏，汉诺塔问题

5.1 程序设计的艺术

《三国演义》中有这样一段描写：懿问曰："孔明寝食及事之烦简若何？" 使者曰："丞相夙兴夜寐，罚二十以上皆亲览焉。所啖之食，日不过数升。" 懿顾谓诸将曰："孔明食少事烦，其能久乎？"

此话音落下不久，诸葛亮果然病故于五丈原。"食少"可能因为身体欠佳，而"事烦"则纯粹是诸葛亮自己给自己套上的枷锁。他的行事原则就是"事无巨细""事必躬亲"，落得个手下能人无从发挥，新人没有锻炼机会，自己积劳成疾，最后"蜀中无大将，廖化当先锋"。管理学的观点极其排斥这种做法，而是工作必须分工，人员各司其职，每人发挥专长。其中的思想在程序设计里也适用。分工协作就是指既要分工明确，又要互相沟通、协作，以达成共同的目标。《西游记》中虽然唐僧师徒四人每个人都有不足，但最终取经成功，正是分工协作弥补了各自的不足。失败的团队没有成功者，成功的团队成就每一个人。成功的路上，没有捷径，那些登上巅峰的人，从来都是守护初心、善于合作、坚持梦想、永不放弃的人！

程序设计是一门艺术，主要体现在算法设计和结构设计上。画家用笔、音乐家用音乐来表达他们对世界的看法，算法设计者则用数字和公式。图灵奖获得者 Donald E. Knuth 的经典教材 *The Art of Computer Programming* 最能体现算法大师对算法设计这门艺术的陶醉。其中的玄机非本书所要讲述，至此搁笔。但特别建议有志于做算法研究的读者研读这本书。结构设

计的艺术在程序设计中举足轻重。如同建筑一样，假设结构不科学，外表再华丽的大楼，也难逃倾覆的命运。对于一个软件项目来说，用户能看到的只有功能、界面、运行速度和价格等。当这些需求得到满足时，他们就会掏钱买单，看起来用户很好对付。那么，在 main()函数中直接编写代码，可能满足这些需求吗？答案是肯定的。你可以在 main()函数中书写任意行数的代码，完成全部功能，提供友好界面，保证运行速度并尽力压缩成本。但这样做好吗？

能想象出几千行代码堆在一个孤零零的main()函数中的样子吗？前面各章超过20行的程序你读起来都会感到费劲，那几千行是个什么概念呢？以“千行”为数量级的程序，在实际项目中还真算不上“大”，但已经开始使你头昏脑涨了。

这样的 main()函数就是诸葛亮，“事必躬亲”，早晚要出事儿。一个庞大的 main()函数只能一个人完成，如果很多人从中增、删、改，必然乱套。所以维护这种程序的你就会成为诸葛亮，即便聪明过人，也是“其能久乎”。这样的程序就是无结构的程序，将造就很多“不可能”。

不可能稳定可靠。如此多的代码放到一起，互相影响，错综复杂，一处错误会作用到多处，极难调试。

不可能精练高效。一段代码如果要多次使用，你把它放在哪里？每个用得到的地方都放一份吗？这样不但冗余，而且修改这段代码时非常麻烦。放到循环中吗？不是所有流程都能用循环来表达。若 printf()不是一个库函数，而是一段你自己编写的代码来完成相应功能，那么想象一下目前你做的所有程序都将变成什么样子？事实上，printf()函数的代码足有上千行。

不可能与时俱进。当用户的需求等外部情况改变时，要求程序也必须改变以适应这种不断变化的用户需求，你可能已经弄不清楚应该修改哪里了，简直就是牵一发而动全身。

不可能控制进度。现在是一个讲求团队合作精神，而非个人英雄主义的时代。一个数万、数十万乃至数百万行程序的项目不可能一个人完成。即使有人能独立完成，开发周期也一定很漫长，从而失去市场。没有结构的程序，无法实现多人合作开发，发布时间也将遥遥无期。

面对上述诸多“不可能”，怎么办？答案是：给程序一个好的结构！关于结构设计的原理、方法、技巧等有很多大部头的书籍讲述。本书的着眼点是 C 语言怎样支持结构设计，以及一些最基本的结构形式。C 语言为程序的结构提供了两样武器——函数和模块。

5.2 函数的定义和使用

Geoffrey James 在他的《编程之道》中写道：“一个程序应该是轻灵自由的，它的子过程就像穿在一根线上的珍珠。”子过程在 C 语言中被称为函数（function）。程序的执行从 main()的入口开始，到 main()的出口结束，中间往复、循环、迭代地调用一个又一个函数。可以说，是一个个函数的互相调用构成了程序。

5.2.1 函数的分类

函数生来都是平等的，没有高低贵贱之分，只是 main()稍微特殊，不过还是可以从使用者的角度对其分类。

1．库函数

目前为止，我们所学习的 printf( )、scanf( )函数等都是 ANSI C 标准定义的库函数。任意符合 ANSI C 的编译器，不管支持什么平台，都必须提供这些函数供用户使用。仅调用 ANSI C 库函数的程序具有很好的移植性，可以在多种平台上编译运行。

还有数量巨大的第三方函数库，完成 ANSI C 中不包含而程序设计者又需要的功能，如数值计算、网络、数据库和图形界面等。有的库可以免费获得和使用，有的则需要购买。

使用 ANSI C 的库函数时，只要在程序开头把该函数所在的头文件包含进来即可。例如，用 sin( )函数前通过查联机帮助或用户手册得知，该函数在 math.h 中定义，则在程序里加上

```
#include <math.h>
```

只要编译器配置正确，便可直接使用 math.h 内定义的所有库函数。使用第三方库函数时，除了要包含头文件，还需要一些额外配置。具体情况因库和编译器而异，请查阅相关文档。

2．自定义函数

用户可按自己的意愿编写完成任意功能的函数。把相关函数集合到一起，就构成了用户的函数库。如果这个库真的很好用，可考虑把它商业化。

本章重点集中于常用库函数和自定义函数。

5.2.2 函数的定义

变量必须“先定义，后使用”，否则系统不能知道这个变量是什么、在哪里。函数也一样。函数定义的语法如下：

```
返回值类型 函数名(类型 参数1, 类型 参数2, …)
{
    局部变量定义语句
    可执行语句序列
}
```

关于“返回值类型”和“参数”的说明将在后面讲到。

“函数名”是函数的唯一标识，它的命名规则与变量别无二致。习惯上的命名风格有两种：在 Windows 平台上，普遍采用 FunctionName 这样的形式；在 Linux/UNIX 平台上，习惯用 function_name。本书采用的是 Windows 风格。

“函数体”必须用一对“{ }”包围，里面可以摆放的东西和摆放的规则完全与 main( )一样。

【例 5-1a】 计算两个整数的较大数的函数。

```
1   // 函数功能：返回 x 和 y 中较大的数
2   int Max(int x, int y)
3   {
4       int  result = (x > y) ? x : y;
5       return result;
6   }
```

这里定义了一个名为 Max 的函数。它有两个参数，返回值和参数的类型均为 int，功能是返回两个参数中较大的那个的值。此例并非一个可运行的程序，有 main( )函数的程序才能运行；函数必须被 main( )直接或间接调用才能发挥作用。

5.2.3 函数的调用、参数传递和返回值

main()函数调用（call）其他函数可以想象成一个经理给员工分配任务。他让不同的员工分别做成本核算、市场分析和利润预测等工作。布置工作时，他给员工必要的参考资料、数据。工作完成后，员工给他一份报告。这样经理就不再“事必躬亲”了，可以抽出精力做更重要的事情。函数调用也需要提供数据和得到报告。数据通过参数提供，报告从返回值返回。

【例 5-1b】 调用函数 Max()的 main()。

```
1   #include <stdio.h>
2   int main(void)
3   {
4       int  a = 12, b = 24;
5       int  larger = Max(a, b);                          // 在这里进行函数调用
6       printf("%d is larger.\n", larger);
7       return 0;
8   }
```

程序的运行结果（完整可运行的程序见后文的例 5-1 和例 5-2）如下：

```
24 is larger.
```

例 5-1b 的第 5 行把变量 a 和 b 的值作为参数提供给了 Max()。这时程序开始执行 Max()，且把 a 与 b 的值分别复制给 Max()定义的参数 x 与 y，这个过程就是参数传递。函数内接收数据的参数叫形式参数（parameter），简称形参；调用者提供的参数叫实际参数（argument），简称实参。比如，例 5-1a 中的 x 和 y 就是形参，例 5-1b 中的 a 和 b 是实参。

实参的数量必须与形参相等，它们的类型必须匹配（匹配的原则与变量赋值的原则一致）。形参相当于在函数内定义的变量，也可以被赋值。实参与形参有各自的存储空间，所以形参值的改变不会影响实参。

一个函数可定义的形参并无明确的数量限制，用户可以按照需要随意定义。不过一个良好风格的程序里是不会有含过多参数的函数出现的。那样的函数过于复杂，难以理解，用起来也不方便。如果确实有大量数据需要传递，可以采用第 6 章和第 7 章将讲述的数组与指针。

参数的类型也没有限制，任何可用类型均能使用，不同参数可以是不同的类型。例如：

```
int Func(int i, float f, char c) {
    …
}
```

是合法的。也可以定义没有参数的函数，这种函数不需要调用者提供任何数据，其形如

```
int Func(void) {
    …
}
```

在 Max()函数被调用后，程序转入其内部运行。先计算 result 的值，结果为 24，然后执行一条关键语句“return result;”。Max()的运行此时结束，result 的值 24 作为返回值交给调用者，程序从调用 Max()的地方继续运行。这一过程可以看作语句

```
int larger = Max(a, b);
```

在 Max()调用结束后，变成了

```
    int  larger = 24;
```

此赋值语句获得执行，再依次执行后面的语句。

上述调用过程可以用图 5-1 说明。

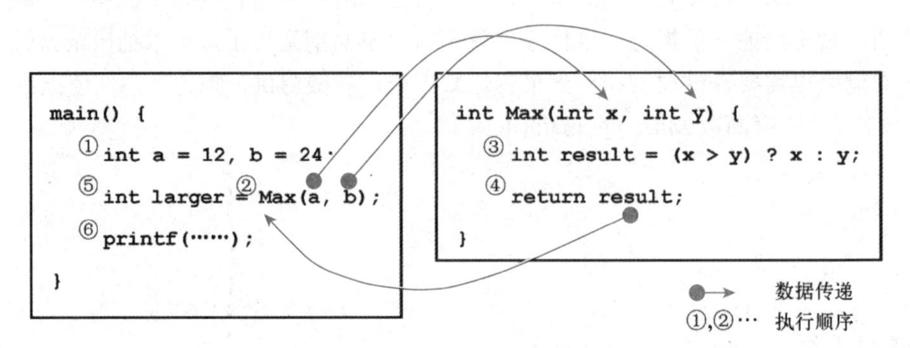

图 5-1　例 5-1a 和例 5-1b 函数调用关系

函数的返回值只能有一个，它的类型可以是除数组（第 6 章介绍）以外的任意类型，也可以是 void 类型，表示没有返回值。

调用有返回值的函数时，并不一定要处理返回值，可以选择性地忽略它。比如，printf( ) 函数是有返回值的，然而我们很少使用这个值，尽管这么做被一些专家认为是不恰当的。

return 语句用来指明返回值是什么。无论在函数的什么位置，只要执行到它，就立即返回到函数的调用者，不再继续执行。

有返回值的函数必须有 return 语句。可以尝试把例 5-1a 中的 return 语句去掉，尽管这样没有告诉编译器返回值是什么，但编译一切正常，不会有错误提示（有些编译器会给出警告），运行结果也可能完全正确。这是怎么回事呢？原来这是早期 C 语言一个不严密的地方，语法上并不要求 return 语句必须存在。在此种情况下，不同编译器使用不同的处理方法，可能产生不同的结果，这是十分危险的。C99、C++和 Java 等都对此进行了严格要求，我们也在规范上严格要求这样做。

返回值为 void 类型的函数，是没有返回值的函数。尽管它们也是遇到 return 就返回，但不要求必须有 return 语句。如果没有 return 语句，就一直运行到函数的最后一条语句再返回。因为没有返回值，所以它不能作为表达式的一部分，通常都是单独调用。

5.2.4　函数原型

例 5-1a 和例 5-1b 合并在一起才是一个完整的程序。

【例 5-1】 例 5-1a 和例 5-1b 的合并。

```
1    #include <stdio.h>
2    // 函数功能：返回 x 和 y 中较大的数
3    int Max(int x, int y)
4    {
5        int result = (x > y) ? x : y;
6        return result;
7    }
8    int main(void)
9    {
```

```
10      int a = 12, b = 24;
11      int larger = Max(a, b);                         // 在这里进行函数调用
12      printf("%d is larger.\n", larger);
13      return 0;
14  }
```

例 5-1a 和例 5-1b 合并的另一种写法是将 main()和 Max()两个函数的位置互换，但此时需在程序开头的第 2 行加上如下函数声明语句：

```
int Max(int x, int y);                          // 函数声明
```

上述两种写法功能上完全等价，形式上的区别是，一个是函数 Max()的定义在前，而另一个是函数 main()的定义在前。

对于第一种写法，即 Max()先定义，编译器在编译 main()时便知道 Max()有哪些参数，返回值类型是什么，从而可以正确编译。而对于第二种写法，如果没有前面一行对函数 Max()原型的声明，编译到 main()时就会不知道 Max()是什么样子。

除了末尾的“;”，函数原型（function prototype）声明的语法格式与函数定义的首部完全一致。函数如果不先定义或声明，也能使用，但运行结果可能不确定（这也是 C89 不严密的一个地方，C99 对此有严格规定）。所以，一定要先定义或声明。

stdio.h 和 math.h 等头文件的内容主要就是各库函数的原型声明，与这里介绍的语法及功能一致。读者可以到编译器的 include 目录下自行打开查看。

5.2.5 主函数的特殊性

C 语言在设计中很注重一致性，很多看似不同的语法现象经追根溯源都能统一起来，特例很少。这样既方便用户学习与使用，也让编译器的设计简单了许多。在这种思想下，所有函数都是一致的，无论它是自定义函数、库函数还是主函数。

一方面，一致性体现在各函数都是平等的，没有主从之分，函数之间可以互相调用。函数也可以调用自己本身，称为递归，将在 5.9 节中介绍。main()函数由操作系统调用，从而开始程序的运行。main()函数也可以被其他函数调用，只不过几乎从来都不需要这么做。另一方面，一致性体现在定义各种函数的语法都遵守共同的语法规则。

尽管 main()函数也有返回值，但是有时在定义 main()函数时可以不指明其返回值类型，没有参数也可以不用 void。这种用法是符合 C 语言语法的，任何函数都可以如此定义。表面上，这样定义的函数似乎没有返回值和参数；但实际上它的默认返回值是 int 类型，并且有任意数量的 int 型参数。

由于在函数定义时不声明函数的返回值会带来太多的不确定，随着函数调用次数的增多，程序员可能已经忘记了事先的约定，会出现很多种参数和返回值的用法，可能导致某些参数、返回值是随机数，严重影响程序的稳定性。C99 已经禁止这样做，所以我们在不需要参数和返回值时，一律用 void 标明。

只被系统调用的 main()函数有标准参数和返回值类型。其参数在 7.5 节中有详细介绍，返回值是 int 类型。用 return 返回的值等价于调用 exit()时提供的参数。main()的返回值被系统传递给其他程序，从而成为程序之间传递信息的一个通道。通常返回 0 表示程序正常退出，其他值表示出错等。当不需要使用 main()的参数和返回值时，人们习惯省略那些烦琐的说明。这种习惯性的偷懒做法倒不会给程序带来什么问题，但是，严格一些，与其他自定义函数保

持一致，并不会增加多少工作量，所以比较新的编译器一般都期望有严格的定义。因此，所有程序都应该使用更严格的形式来定义 main()：

```
int main(void)
{
    ……
    return 0;
}
```

另外，函数 printf()和 scanf()的参数个数不固定，这是 C 语言提供的一个特别的功能，叫变长参数表（variable-length argument list）。用户也可以自定义这样的函数。使用变长参数表的需求并不常见，还极易造成安全隐患，所以本书不对其进行介绍。有兴趣的读者请阅读与 stdarg.h 有关的资料。

5.3 变量的作用域和存储类型

5.3.1 变量的作用域

被“{ }”括起来的区域称为语句块（block）。无论函数体、循环体还是分支都是语句块。每个语句块的头部都可以定义变量。变量的作用域（scope）规则是：每个变量仅在定义它的语句块（包含下级语句块）内有效，并且拥有自己的内存空间。

同一个语句块中不可以定义同名变量，不同语句块中可以定义同名变量。两个毫不相干的语句块定义的同名变量自然也毫不相干，各司其职。如果两个嵌套的语句块定义了同名变量，在高级别语句块自然只有一个变量有效，而在低级别语句块，那么，按照作用域规则，两个变量都有效。对这种冲突怎么办？

【例 5-2】 语句块嵌套的示例。

```
1   #include <stdio.h>
2   int main(void)
3   {
4       int  a = 1;
5       {
6           int  a = 2;
7           printf("In the INNER block, a = %d\n", a);
8       }
9       printf("In the OUTER block, a = %d\n", a);
10      return 0;
11  }
```

程序的运行结果如下：

```
In the INNER block, a = 2
In the OUTER block, a = 1
```

可见，在内层语句块使用的变量 a 是它自己的 a，而非外层定义的 a。注意，这两个 a 是真正的两个 a，各有自己的存储空间，彼此毫无瓜葛。

虽然语法走得通，但请不要这么用。同名变量很容易被混淆，导致误解。当然，没有嵌套关系的语句块使用同名变量是没有问题的，也经常这样用。程序每进入一个语句块，就像进入了一个屏蔽层，全然不用理会与其并列的其他语句块。并列的语句块之间只能经过一些特殊通道传递数据，如参数、返回值和全局变量。

5.3.2 全局变量

假如把整个程序看作一个大语句块，按照变量作用域规则，在与 main()平行的位置，即不在任何语句块内定义的变量在程序的所有位置均有效。这就是全局变量（global variable）。相对而言，在其他语句块中定义的变量被称为局部变量（local variable）。

全局变量从程序运行起即占据内存，在程序整个运行过程中可随时访问，程序退出时释放内存。与之对应的局部变量在进入语句块时获得内存，仅能由语句块内的语句访问，退出语句块时释放内存，不再有效。

局部变量在定义时不会自动初始化，除非程序员指定初值。全局变量在程序员不指定初值的情况下自动初始化为零。

【例 5-3】 全局变量的示例。

```
1   #include <stdio.h>
2   int  global;                                        // 定义全局变量
3   void GlobalPlusPlus(void);
4   int main(void)
5   {
6       global = 1;
7       printf("Before GlobalPlusPlus(), it is %d\n", global);
8       GlobalPlusPlus();
9       printf("After GlobalPlusPlus(), it is %d\n", global);
10      return 0;
11  }
12  // 函数功能：对全局变量 global 加 1，并打印加 1 之前与之后的值
13  void GlobalPlusPlus(void)
14  {
15      printf("Before ++, it is %d\n", global);
16      global++;
17      printf("After ++, it is %d\n", global);
18  }
```

程序的运行结果如下：

```
Before GlobalPlusPlus(), it is 1
Before ++, it is 1
After ++, it is 2
After GlobalPlusPlus(), it is 2
```

这里的 global 是个独生子。为了与局部变量比较，下面把此例中的 global 修改为 main()和 GlobalPlusPlus()各自的局部变量。

【例 5-4】 同名局部变量各自作用域的示例。

```
1   #include <stdio.h>
2   void GlobalPlusPlus(void);
3   int main(void)
4   {
```

```
5      int  global = 1;
6      printf("Before GlobalPlusPlus(), it is %d\n", global);
7      GlobalPlusPlus();
8      printf("After GlobalPlusPlus(), it is %d\n", global);
9      return 0;
10  }
11  // 函数功能：对局部变量 global 加 1，并打印加 1 之前与之后的值
12  void GlobalPlusPlus(void)
13  {
14      int  global = 1;
15      printf("Before ++, it is %d\n", global);
16      global++;
17      printf("After ++, it is %d\n", global);
18  }
```

程序的运行结果如下：

```
Before GlobalPlusPlus(), it is 1
Before ++, it is 1
After ++, it is 2
After GlobalPlusPlus(), it is 1
```

可以看到，GlobalPlusPlus()对变量 global 的运算丝毫不影响 main()中的变量 global。这里的变量 global 是对双胞胎，虽然长得一样，但各干各的事情。

5.3.3 变量的存储类型

C 语言有一个关键字，几乎很少有人使用过，它就是 auto。C 语言有如下几种存储类型（storage-class）。

1. 自动变量（Automatic Variable）

到目前为止，我们使用的所有局部变量都是自动变量。其“自动”体现在进入语句块时自动申请内存，退出时自动释放内存。其标准定义格式为

```
auto 类型名 变量名;
```

例如：

```
auto int  a, b, c = 0;
```

这种变量实在太常用，无处不在，于是 C 语言贴心地把 auto 设计成完全可以省略，所以它成为使用最少的关键字。

2. 寄存器变量（Register Variable）

设计这种变量的本意，是让程序员更好地控制编译器，使程序运行速度更快。在 CPU 的内部有一种容量很有限但速度极快的存储器，称为寄存器（register）。访问内存操作相对指令的执行而言是很耗时间的，甚至有时 CPU 为了等待数据的到来不得不暂停执行。如果把频繁访问的数据存放在寄存器里，那么访问速度就与指令的执行速度保持同步，程序的性能将得到提高。寄存器变量就是用寄存器存储的变量。其定义格式为

```
register 类型名 变量名;
```

请不要认为把所有变量都定义为 register 程序就会变快。因为寄存器只有很有限的几个，轮不上的，编译器自动处理成普通变量。也不要认为只定义一个寄存器变量它就肯定成功，编译器有权以任何理由阻止任何变量成为 register。最后，请不要认为你定义的普通变量肯定不会是 register，编译器有权以任何理由让它成为寄存器变量。这很混乱吗？不，很简单。现在的编译器都特别聪明，能自动优化程序，知道什么时候把哪个变量放到寄存器里速度会最快，完全不需要用户操心。因此，register 是一个不再需要的关键字。

3．静态变量（Static Variable）

如果一个局部变量的值在退出语句块时为 100，那么程序再次运行进入此语句块时，其值是多少？还会是 100 吗？

局部变量在退出语句块后内存得到释放，再次进入语句块，该变量会被重新分配内存，所以不会保持上一次的值。如果希望保持这个值，该怎么办呢？这就要用到静态变量。

【例 5-5】 静态变量用法的程序示例。

```
1   #include <stdio.h>
2   void Func(void);
3   int main(void)
4   {
5       int  i;
6       for (i = 0; i < 5; i++)
7       {
8           Func();
9       }
10      return 0;
11  }
12  // 函数功能：输出被调用的次数
13  void Func(void)
14  {
15      static int  times = 1;                         // 定义静态变量
16      printf("Func() was called %d time(s).\n", times++);
17  }
```

假如没有 static 关键字，读者应该已能自己分析出运行结果：

```
Func() was called 1 time(s).
Func() was called 1 time(s).
Func() was called 1 time(s).
Func() was called 1 time(s).
Func() was called 1 time(s).
```

这个结果明显不是我们想要的。加上 static 以后，运行结果为：

```
Func() was called 1 time(s).
Func() was called 2 time(s).
Func() was called 3 time(s).
Func() was called 4 time(s).
Func() was called 5 time(s).
```

被 static 关键字定义的变量称为静态变量。它仍然仅在语句块内有效，但其空间自第一次进入语句块时分配且初始化后，一直到程序完全退出才释放，所以其值始终保持。例 5-5 将静态变量 times 初始化为 1。如果不指明，它被自动初始化为 0。

5.4 函数封装

当用户使用一个库函数时，可以通过查找联机帮助或使用手册了解其用法。除了功能，用户最关心的是它的参数和返回值的含义。一般只要知道了这些，便可以自如使用此函数。至于它都定义了哪些内部变量，使用了什么算法等复杂的内容全被封装了起来，我们看不到，也不必关心。

函数的封装（encapsulation）使外界对函数的影响仅限于几个参数。函数的设计者可以专心于参数的处理和函数的实现，完全不必关心调用者是什么。而函数对外界的影响仅限于一个返回值和指针、数组类型的参数。这样，编程者需要考虑的问题的范围大大缩小，有利于编写更完美的代码，还便于各函数单独测试、排错，也便于多人合作开发。

函数参数和返回值的设计是封装中的关键一步。设计好了，可充分发挥函数的能力，让函数直观、易用，给调用者提供最大的灵活性。不过这件工作做起来确实有些麻烦，尤其是在有大量数据要在函数与调用者之间交换时。于是便有人用全局变量实现函数间的数据传递。

如果真的使用全局变量，那可真是“丢了西瓜捡芝麻”，“占小便宜吃大亏”，开始时似乎不麻烦，日后麻烦不断。原因很多，如全局变量破坏了函数的封装，任何一个函数对它的修改都会作用到全局，而依赖全局变量的函数也会被全局影响。

一般，如果一个变量的值经常被程序中多个模块和函数使用，而且它的类型固定（随着程序的升级不会改变），并只有有限的几个地方需要修改它，才非常适合定义为全局变量。这时必须严格限制仅使用其值的模块和函数，一定不能修改它的值。对这层限制，C 语言不能直接在语法上实现，主要依靠管理和程序员的素养。一种解决部分问题的方案是利用 5.7 节介绍的 static 类型的全局变量。

5.5 预处理指令

第 1 章介绍了从源代码到执行文件的转换过程是“编译”，做这件工作的程序被称为“编译器”。把编译的过程细分一下就是“预处理”“编译”和“链接”三个步骤。

“编译”做的工作是把源代码翻译为机器代码，然后由“链接”将机器代码组合为执行文件。链接的细节稍后介绍。“预处理”在编译之前进行，根据源代码中的预处理指令，在后台调整源代码。编译器编译的都是经过预处理的代码。

预处理指令的典型特色是以“#”开头。我们熟悉的#include 和#define 都是预处理指令。还有很多我们尚未谋面的预处理指令，它们都是 C 语言不可缺少的一部分。

5.5.1 #include 指令

#include 被称为源代码包含指令，简称包含指令。它有两种用法：

```
#include <filename>
#include "filepath"
```

“<>”和一对“""”表示定位 filename 文件的两种方式。前者是在编译器指定的目录（也可以由用户通过设置编译器选项指定这个目录）中查找 filename 文件，通常是名为“include”的目录，目录下有很多 .h 文件，包括 stdio.h、math.h 等。在硬盘中找到并打开它们，看看整日被你包含的文件究竟是何等乾坤。后者是按照 filepath 所描述的路径查找文件。通常我们给定的 filepath 里并不含有路径，只是一个文件名，表示在与源文件相同的目录下查找 filepath。

如果能成功定位文件（否则会出现编译错误），那么预处理器会用该文件的内容替换 #include 指令所在的行。替换后的代码再被编译器编译。例如，同一目录下有两个文件 foo.h 和 foo.c，它们的内容分别如下。头文件 foo.h：

```
int  foo1;
int  foo2;
```

源代码文件 foo.c：

```
#include "foo.h"
int main(void)
{
   foo1 = foo2 = 0;
   return 0;
}
```

foo.c 经过预处理，交给编译器的代码会变成这样：

```
int  foo1;
int  foo2;
int main(void)
{
   foo1 = foo2 = 0;
   return 0;
}
```

现在你应该知道为什么有输入和输出的程序都要包含 stdio.h 了。因为 stdio.h 有对 printf()、scanf()等库函数的声明，还有 EOF 等宏的定义。它们被包含到我们的代码中后，编译器才能正确地处理对它们的调用。

5.5.2 #define 和#undef 指令

#define 叫宏定义指令，惯常用法如下：

```
#define        MACRO_NAME     replacement
```

代码中除了字符串，所有出现 MACRO_NAME 的地方都被 replacement 无条件替换，再编译。

宏还有一种带参数的形式，用起来很像函数。例如：

```
#define        MAX(A,B)       ((A) > (B) ? (A) : (B))
```

那么如下代码

```
printf("%d", MAX(1, 2));
```

将被替换为

```
printf("%d", ((1) > (2) ? (1) : (2)));
```

对宏 MAX 进行替换时，1 和 2 分别代替了宏中的 A 和 B。输出结果是 2。

带参数的宏使用起来很像函数，但两者的机理和运行效果截然不同。宏是预处理阶段进行替换，而函数是在运行时调用。机理的不同使宏的执行效率更高，但目标代码体积更大，函数则正相反。就上例来说，如果多处使用 MAX，宏替换后，“>”和“?:”运算组合会遍布在代码中。如果 MAX 是一个函数，那么这个组合只出现一次，但每次使用时都会发生一次函数调用和返回，在时间上多了一些开销。

预处理在编译之前发生，并不检查语法。如果宏替换后的代码有问题，编译器将报语法错误，但在编译器看得到的代码中，宏已经不存在了，所以它不会说某某宏有问题，只能给出一些让人直接从出错的行看不出头绪的错误信息。对此，需要自己在头脑中进行宏替换（俗称“脑补”），看看替换后的代码哪里出错了。

还有更糟糕的情况是：编译器不报错，但运行结果不对。例如，我们把 MAX 定义为

```
#define        MAX(A, B)       A > B ? A : B
```

把所有括号都取消了。这样有区别吗？让我们来看如下代码：

```
printf("%d", MAX(MAX(2, 1), 3));
```

直观感觉，结果是 3，但实际上是 2。它在宏替换后会变成

```
printf("%d", 2 > 1 ? 2 : 1 > 3 ? 2 > 1 ? 2 : 1 : 3);
```

样子很恐怖，但合法。按照优先级规则，组合运算完毕的结果就是 2。

【思考题】 设 $x = 2$，$y = 3$，现在我们要计算$(x+y)^3$，如果有宏定义

```
#define        CUBIC(A)        A*A*A
```

请读者思考，如下语句在进行宏替换后，能否打印出$(2+3)^3$的结果值，即 125？应该如何定义宏 CUBIC(A)，才能正确计算出 A 的立方？

```
printf("%d", CUBIC(x+y));
```

在定义宏时，为防万一，常使用很多括号来保证宏替换后的运算顺序不会变化。但括号不是万能的，还有一种情况要注意，如对有很多括号的那个 MAX，对于如下语句

```
printf("%d", MAX(i++, 3));
```

表面上，i 只会加一次，但实际上它被替换为

```
printf("%d", i++ > 3 ? i++ : 3);
```

也就是说，实际上 i 会被加两次。

综合各种情形，我们还是使用函数多一些，仅在包装很精巧的少量代码时才使用宏。但宏也有它不可替代的地方，如 MAX()这个宏的参数是没有类型限制的，而函数会限定类型必须匹配。更妙的是，用宏进行代码控制可以达到很多非常神奇的效果，如 5.6 节要介绍的 assert( )。

宏的有效范围是从定义它的那一行开始，直至遇到#undef 为止。如果没有#undef，就一直作用到文件末尾。#undef 的功能从名字就可看出，是取消宏定义，语法如下：

```
#undef MACRO_NAME
```

宏被取消后可以重新定义，并且仅在被取消后才能重新定义。

5.5.3 条件编译

预处理指令还有剪裁代码的能力，使某些代码仅在特定的条件成立时才会被编译进可执行文件。这项功能由#if、#ifdef、#ifndef、#else、#elif 和#endif 组合实现。例如：

```
1    #define      USE_INT      0
2    #if USE_INT
3    int foo;
4    int bar;
5    #else
6    long foo;
7    long bar;
8    #endif
```

经过预处理的洗涤后，只会留下第 6、7 行。如果把 USE_INT 定义为 1，就只会留下第 3、4 行。代码就是这样根据 USE_INT 的真假而被剪裁的。

#if 还有如下用法：

```
1    // #define    USE_INT
2    #if defined   USE_INT
3    int foo;
4    int bar;
5    #else
6    long foo;
7    long bar;
8    #endif
```

如果 USE_INT 宏被定义（定义了就好，定义成什么无所谓），那么生效的是第 3、4 两行，否则是第 6、7 两行。如果把 defined 改为!defined，情况就相反。

#ifdef 和#ifndef，与#if defined 和#if !defined 分别等价。前者相对更简洁、直观，所以用得更多一些。

条件编译是 C 语言一个非常重要的功能，几乎所有大型软件都会用到。经过良好设计的源代码，配合条件编译指令，可以实现很多相当酷的功能。例如，轻松修改几个宏定义，就可以让编译后的代码含有或不含有某些功能，以避免不必要的浪费。有些软件就是用这种方法使一套代码能编译出精简版、专业版和旗舰版等版本。再如，一些软件要有跨平台能力，在 Windows、Linux、UNIX 和 Mac OS 下都能工作，但不同平台间有很大差异，同一件事情可能在不同平台上用不同的代码来做，条件编译恰好能绝妙地完成这件工作。

也许短时间内你还无法接触大型软件的开发，但下面要介绍的 assert()完全可以让你马上领略条件编译的美妙。

5.6 使用 assert()查错

程序查错的过程充满痛苦，但结果总是快乐的。我们都希望缩短痛苦的时间，让快乐来得更快。查错的大部分时间都消耗在定位错误发生的位置上。一旦找到了错误所在，改正错误就很快了。如果程序在出错的时候不仅直接告诉我们有错，还能告诉我们错误位置，那就太完美了。只要善用 assert()，这是可以做到的。

先把 assert()想象成一个函数，定义在 assert.h 中，原型为

```
void assert(int expression);
```

当 expression 值为真时，它什么都不做，程序无声无息地继续执行下一条语句。当 expression 为假时，它立刻化作一个魔鬼，吼叫着，并中止程序的运行。但这个魔鬼其实是可爱的，因为它的吼叫声不仅告诉我们程序出错，还告诉我们程序错在哪里。例如，编写一个程序，其中变量 i 的值按照正常逻辑应该永远不能为 0，于是我们在程序的恰当位置写下了这行代码：

```
assert(i != 0);
```

执行程序过程中，当 i 确实始终不为 0 时，它不会有任何作用。一旦 i 因为某种原因被赋值为 0，程序会立刻中断，并显示

```
Assertion failed: i != 0, file NONAME.C, line 5
Abnormal program termination
```

由此可知，这是在 NONAME.C 文件的第 5 行，因为 i 意外为 0 导致的错误，提示我们到这个位置找问题，看看 i 是怎么变成 0 的。如果 assert()安放的位置得当，问题常常出在 assert()前面的几行代码中，定位错误的时间大大缩短了。

一个经验丰富的程序员会在最恰当的地方安放最恰当的 assert()，使很多错误还未露头就被发现。很快，所有 assert()都不会再获得吼叫的机会了，但又有了一个新麻烦。每条 assert()都会被执行，毫无用处地消耗时间，这不是浪费吗？C 语言的设计理念之一就是竭尽全力不浪费一点儿 CPU 时间。此问题很容易解决。

无须像干苦力一样地逐条删除每个 assert()，只要在“#include <assert.h>”前加上一条语句：

```
#define   NDEBUG
```

这样，每个 assert()的肉身虽还在代码中，但它们的灵魂已经消散，永远不会被执行了。这是因为 assert()其实是一个宏，它的定义类似

```
1  #ifdef    NDEBUG
2  #define   assert(x)  ((void)0)
3  #else
4  #define   assert(e)  ((e) ? (void)0 : _assert(#e, __FILE__, __LINE__))
5  #endif
```

在所用编译器的 assert.h 头文件中肯定能找到类似的代码。可以看到，当定义了 NDEBUG（NO DEBUG 的缩写，表示不调试）宏时，assert()被定义为“((void)0)”。这条语句的含义就是什么都不干，编译器从它身上编译不出半个字节的机器指令。如果没有定义 NDEBUG，在调试中，assert()就被定义为一个分支语句，参数为真时依然是(void)0，为假时会调用 assert()，它才是那个大吼大叫中断程序的魔鬼的真身。

assert()通常用于一个函数的入口处，以检验传入的参数是否合法，也常用于一段计算的结束处，检验计算结果是否在合理的范围内。一些理论上永远不会执行到的分支（如 switch 的 default:后）中经常放上 assert(0)，以确保真的不会执行到这里。

只有不自负且思维严密的人才能用好 assert()。因为不自负，相信自己总会犯错，才需要 assert()来直观显现错误；思维严密，才能预测出哪里出错的可能性大，于是埋 assert()于此，以观后效。注意，assert()仅对 Debug 版有效。

5.7 模块和链接

任何 C 语言程序都可以只用一个源文件实现，但在现实中，几乎没有只用一个源文件实现的软件。C 语言允许将一个程序分解成若干模块，分别放在几个源文件中，形成一个项目（project）。编译器会单独编译每个源文件，再将它们的目标代码连同标准函数库中的函数链接在一起，形成可执行文件。这样做的最大好处是使程序的模块结构更清晰，更易于维护，给多个程序员共同编制一个大型项目的代码提供了方便。

一般，每个模块是一个扩展名为 .c 的源文件和一个扩展名为 .h 的头文件的组合。几乎每个程序都要引用的<stdio.h>，就是 stdio——标准输入/输出模块的头文件。

模块的编写与普通程序别无二致，可以有函数、变量和宏等任何元素。main()所在的文件也是一个模块，称为主模块。

模块之间通过互相调用函数和共享全局变量联系起来，头文件是联系的纽带。函数的原型声明、宏定义和全局变量的声明等都可以放在头文件中，这样使用此模块的程序在#include 头文件后，就知晓可以用什么、怎么用了。注意，头文件对全局变量的声明要加上 extern 关键字，以说明该变量为外部变量（编译器并不对其分配内存），即这个变量的内存是在其他模块分配的。例 5-6 的 UserInput 变量就是如此，它的存储空间在 yesno.c 中分配。

模块的内部经常包含一些不允许模块外使用的函数和全局变量。只要在定义它们时加上 static 关键字，就能保证仅该模块内可用，见例 5-9 中的 CleanStdin()。

现在我们通过一个实例来说明模块的用法和优点。

【例 5-6】 很多程序在与用户交互时都会向用户询问用“Yes”或“No”回答的问题。这个功能不难实现，但如果想考虑周全，做到无论大小写还是缩写，甚至错误输入都能正确处理，还是比较烦琐的。本例的 yesno 模块完成的就是这个功能。

头文件 yesno.h：

```
1   #ifndef   YESNO_H_INCLUDED                  // 防止此头文件 yesno.h 的内容被多次包含
2   #define   YESNO_H_INCLUDED
3   extern char UserInput;                      // 声明外部变量
4   int YesOrNo(void);
5   #endif                                      // YESNO_H_INCLUDED
```

子模块文件 yesno.c：

```
1   #include <ctype.h>
2   #include <stdio.h>
3   char UserInput;                             // 最后一次调用时用户的输入
4   // 函数功能：清空 stdin 中第一个'\n'及之前的数据。如果无'\n'，则会要求用户输入
5   static void CleanStdin(void)
6   {
7       while (getchar() != '\n')
8       {
9           ;                                   // 什么都不做
10      }
11  }
12  // 函数功能：若用户回答 Yes，则返回 1；回答 No，则返回 0；其他回答会忽略，并重新输入
13  int YesOrNo(void)
```

```
14  {
15      char  answer;
16      int  result = -1;                              // -1表示无效结果
17      do
18      {
19          printf("(Y/N)");
20          UserInput = getchar();
21          answer = toupper(UserInput);              // 转为大写字母，方便后面判断
22          if (answer == 'Y')
23          {
24              result = 1;
25          }
26          else if (answer == 'N')
27          {
28              result = 0;
29          }
30          else
31          {
32              printf("Input error. Please type 'Y' or 'N'\n");
33          }
34          CleanStdin();                              // 清空输入缓冲区
35      } while (result != 1 && result != 0);
36      return result;
37  }
```

main.c 文件调用 yesno 模块。

```
#include <stdio.h>
#include "yesno.h"      // 使用yesno模块。双引号表示头文件在当前目录下
int main(void)
{
    printf("Do you love Lady Gaga?");
    if (YesOrNo())
    {
        printf("Oh yes, we love her too!\n");
    }
    else
    {
        printf("Exactly! We love Michael Jackson forever!\n");
    }
    printf("(Your input is '%c')\n", UserInput);
    return 0;
}
```

程序的 2 次运行结果如下：

```
①  Do you love Lady Gaga?(Y/N)yes
    Oh yes, we love her too!
    (Your input is 'y')
②  Do you love Lady Gaga?(Y/N)N
    Exactly! We love Michael Jackson forever!
    (Your input is 'N')
```

yesno 模块对外提供了一个函数 YesOrNo()和一个全局变量 UserInput。从 YesOrNo()函数的返回值可以知道用户的回答是 Yes 还是 No。如果用户的回答有误，还会提示用户重新回答。每次调用 YesOrNo()后，可通过 UserInput 获知用户具体输入的是什么。目前，UserInput 只保存用户输入的第一个字符，待学完第 6 章后，可将其改进为保存用户输入的所有字符。

CleanStdin()是 yesno 内部使用的函数，这里假定外部不需要用到，所以定义为 static 类型。虽然它只被调用了一次，但封装为一个函数后，更便于对其进行维护，改进实现策略。也可以方便地将它公开给模块之外，供其他程序使用。

在集成开发环境中运行此例子，需要将所有 .c 文件加入当前项目。编译器会按照项目文件的指引，把所有 .c 文件分别编译为同名的 .obj 文件（目标文件）。然后将这些 .obj 文件链接（link）到一起，生成最后的 .exe 文件。按照这种方法，任何程序都可使用 yesno 模块。

很多经验丰富的程序员都有自己的模块库（也可以称为函数库），这是多年工作的结晶，可供未来的程序复用（reuse），节省开发时间。

*5.8 模块化程序设计方法简介

“分而治之”是一种解决复杂问题的常用方法。大的问题可以分解成若干小问题，小问题还可以分解为更小的问题。把小问题逐一解决，大问题也就迎刃而解了。分而治之给我们的启示就是：当你遇到棘手的问题时，不要怕，要善于“换一个角度”去思考，化繁为简、化难为易、化大为小、化未知为已知，这样就没有不能解决的问题。

模块化程序设计（modularization programming）便体现了分而治之的思想。程序进行模块化设计的好处是：

① 在管理方面，开发时间将缩短。因为每个模块可以由不同的程序员分别完成，必然比一个人编写全部程序要快。

② 软件产品的生产更加灵活，可以对一个模块进行大刀阔斧的修改而不影响其他模块。

③ 系统更容易被理解。因为一次可以只研究一个模块，使开发者对系统理解得更深，所以能设计得更好。

模块的划分方法很多，但总结起来主要有两种：功能分解法和面向对象法。面向对象法是目前的主流方法，但在结构化程序设计中主要采用功能分解法，而且面向对象设计在每个对象内部还是使用功能分解进行模块划分。所以，功能分解法是面向对象法的基础。

功能分解是一个自顶向下、逐步求精的过程。这很像做一盘菜，先要准备好各种原料，把原料汇集到一起才能加工成可口佳肴。而很多原料，如最普通的食盐，也是经过更细致的加工过程而来的。

程序的功能分解也是如此，一步步地把大功能分解为小功能，从上到下，逐步求精，各个击破，完成最终的程序。特别注意，本节所讲的“模块”是广义的模块，并不是 C 语言中狭义的“模块”。函数也是一种广义的模块形式。

5.8.1 模块划分的原则

如果以功能分解为模块划分的基本方法，那么究竟应该把什么样的功能作为一个独立模块呢？衡量模块独立性或者说模块划分的基本原则就是：高聚合、低耦合。

高聚合是对模块个体的要求。符合此原则的模块功能必须单一，不能身兼数职。一种简单的判断方法是，当你用语言描述这个模块的功能时，描述中不能出现“和”“与”这样的连词。例如，“模块 A 对矩阵运算提供了支持”，模块 A 是高聚合的；“模块 B 对矩阵和复数运算提供了支持”，模块 B 不是高聚合的。

低耦合，也叫弱耦合，是对模块之间关系的要求。耦合度用来评价模块间彼此影响的程度。直观地判断耦合度的方法是，看模块使用起来是否简单、方便。低耦合模块提供的函数和参数很简练，没有或只有受限的全局变量，使用时不需要知道该模块采用的算法和数据结构。这样的模块用起来得心应手。一句话，做到信息隐藏（information hiding），即把不需要调用者知道的信息都包装在模块内部，隐藏起来。

高聚合、低耦合和信息隐藏是目前所有模块设计方法的基本原则。无论是结构化方法还是面向对象方法，或者面向组件、智能体等新方法，都遵从这几个原则。它们看上去挺简单，但真正把它们做到、做好是很难的，需要大量的理论学习与经验积累，这也是软件开发的一个大问题。有志于此的读者可以学习与“软件工程”相关的课程和书籍。

5.8.2 应用实例——“猜数”游戏

例 4-6 和例 4-9 编写了一个“猜数”游戏，我们现在扩充它的能力，使它看起来更像一个可玩的游戏；同时采用模块化程序设计方法，让源代码看上去更专业。

【例 5-7】 先由计算机“想”一个 1～100 的数请玩家猜，若猜对了，则显示“Right!”，并赞美一番；否则显示“Wrong!”，并提示所猜的数是大了还是小了。最多可以猜 7 次。如 7 次仍未猜中，则停止本次猜数。每次运行程序可以反复猜多个数，直到玩家想退出时才结束。

首先从整体把握，程序要完成的功能是“想数”“猜数”和“是否继续猜”。如果继续猜，再重新开始“想数”“猜数”……其流程如图 5-2 所示。其中，“生成数字”和“猜数字”是两个子模块，在做整体设计时只需要想它们应该做什么，而不用想怎么做。

按此流程，编写程序的框架代码如下：

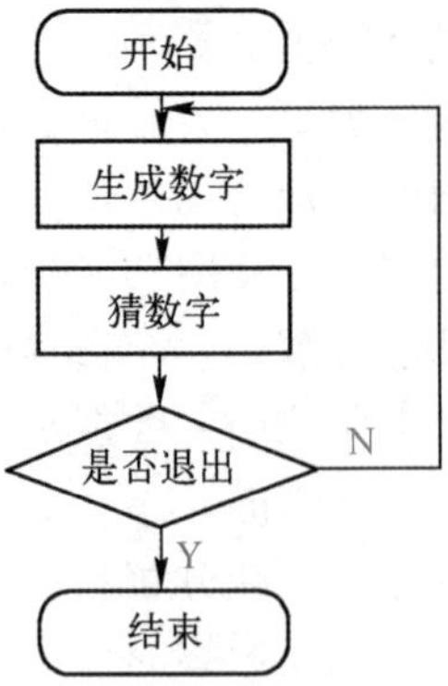

```
1   #include <stdio.h>
2   #include <stdlib.h>
3   #include <time.h>
4   #include <assert.h>
5   #define      MAX_NUMBER    100
6   #define      MIN_NUMBER    1
7   #define      MAX_TIMES     7
8   int MakeNumber(void);
9   void GuessNumber(int number);
10  int main(void)
11  {
12      int number;
13      int cont;
14      srand(time(NULL));                    // 初始化随机种子
15      // 主功能开始
16      do{
17          number = MakeNumber();
18          GuessNumber(number);
19          printf("Continue?(Y/N):");
```

开始

生成数字

猜数字

是否退出

N

Y

结束

图 5-2 猜数游戏主流程

```
20          cont = getchar();
21          while (getchar() != '\n')              // 读取回车符及其之前的所有无用字符
22          {
23              ;
24          }
25      } while(cont != 'N' && cont != 'n');
26      // 主功能结束
27      return 0;
28  }
```

自顶向下完成程序框架后，再对子模块逐个击破。先细化 MakeNumber( )，它的实现并不复杂，调用函数 rand()生成随机数，通过运算，把数值控制在 MIN_NUMBER 与 MAX_NUMBER 之间。

```
1   // 函数功能：返回 MIN_NUMBER 和 MAX_NUMBER 之间的一个随机数
2   int MakeNumber(void)
3   {
4       int  number;
5       number = (rand() % (MAX_NUMBER - MIN_NUMBER + 1)) + MIN_NUMBER;
6       assert(number >= MIN_NUMBER && number <= MAX_NUMBER);
7       return number;
8   }
```

上面使用了 assert( )测试算法的正确性。然后转向 GuessNumber( )，弄清它的逻辑是关键。代码如下：

```
1   // 函数功能：通过标准输入猜数字 number，并提示大小对错。最多猜 MAX_TIMES 次
2   void GuessNumber(int number)
3   {
4       int  guess;
5       int  times = 0;
6       assert(number >= MIN_NUMBER && number <= MAX_NUMBER);
7       do{
8           times++;
9           printf("Round %d:", times);
10          scanf("%d", &guess);
11          while (getchar() != '\n')              // 读取换行符及其之前的所有无用字符
12          {
13              ;
14          }
15          if (guess > number)
16          {
17              printf("Wrong! Too high.\n");
18          }
19          else if (guess < number)
20          {
21              printf("Wrong! Too low\n");
22          }
23      } while (guess != number && times < MAX_TIMES);
24      // 输出结果
25      if (guess == number)
```

```
26        {
27            printf("Congratulations! You're so cool!\n");
28        }
29        else
30        {
31            printf("Mission failed after %d attempts.\n", MAX_TIMES);
32        }
33    }
```

这样，通过三个相对独立的思考过程，我们完成了这个程序。每个独立的函数都不复杂，但如果我们把它们都糅为一体，放入 main()函数，那将是多重循环嵌套，复杂分支结构，程序的清晰性会大大下降。

*5.9 递归

5.9.1 递归问题的提出

汉诺塔（Hanoi）是一个经典的递归问题。传说在一个寺庙里，僧侣们想把套在木桩上的一摞盘子移动到另一根木桩上去。最初的一摞 64 个盘子按由底向上由大到小的顺序摞在第一根木桩上，僧侣们想把这摞盘子移到另一根木桩上，但每次只能移动一个盘子，且大盘子在移动中要始终处于小盘子之下，可利用第三根木桩临时存放盘子，如图 5-3 所示。

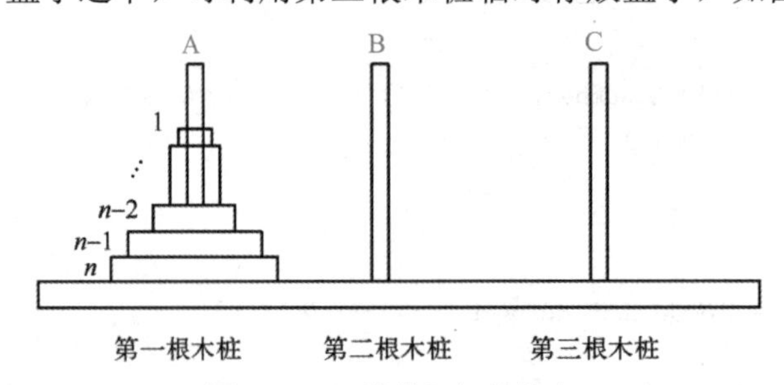

图 5-3 “汉诺塔”初始状态

僧侣们最初遇到这个问题时，陷入了困境，无法解决这样一个问题。他们开始互相推卸责任，最后推到寺庙的住持身上。聪明的住持对副住持说：“你只要能够将前 63 个盘子由第一根木桩移到第二根木桩上，我就可以完成第 64 个盘子的移动。”副住持对另一个僧侣说：“你只要能够将前 62 个盘子由第一根木桩移到第二根木桩上，我就可以完成第 63 个盘子的移动。”……第 63 个僧侣对第 64 个僧侣说：“你只要能够将 1 个盘子由第一根木桩移到第二根木桩上，我就可以完成第 2 个盘子的移动。”第 64 个僧侣很容易地实现了将 1 个盘子由第一根木桩移到第二根木桩上，第 63 个僧侣很容易地实现了将 2 个盘子由第一根木桩移到第二根木桩上……寺庙的住持很容易地实现了将 64 个盘子由第一根木桩移动到第二根木桩上。

将上面解决汉诺塔问题的方法用算法流程表示如下，并用 n 代表最初的 64 个盘子。

step1　将 n 个盘子由第一根木桩移到第二根木桩上。

step2　将 $n-1$ 个盘子由第一根木桩移到第二根木桩上。

step3　将 $n-2$ 个盘子由第一根木桩移到第二根木桩上。

……

step63　将 2 个盘子由第一根木桩移到第二根木桩上。

step64　将 1 个盘子由第一根木桩移到第二根木桩上。

分析上述汉诺塔问题发现，第 1～64 步是同样的一个过程，但是难度在逐渐降低，到第 64 步时只是简单地将一个盘子由第一根木桩移到第二根木桩上。

如果在计算机上用程序实现上述过程，可以采用僧侣们的方法，设计这样一个函数，将第 n 个盘子由第一根木桩移到第二根木桩上，入口参数为 n。为了完成第 n 个盘子的移动，必须调用移动第 n-1 个盘子的函数，而移动第 n-1 个盘子的函数与移动第 n 个盘子的函数功能完全一样，可以用一个函数实现……一直调用到移动第一个盘子的函数为止。只要移动第一个盘子的函数实现，则反推回来，移动第 n 个盘子的函数也将有结果，问题得到解决。但这里出现了一个函数调用自己的问题，就是我们将要讲到的递归调用（recursive call）。

5.9.2　递归函数

一个对象部分地由它自己组成或按它自己定义，则称它是递归（recursive）的。一个函数或数据结构，如果在它定义的内部出现定义本身的应用，则称它是递归的或递归定义的。递归定义的数据结构称为递归数据结构，递归定义的函数称为递归函数（recursive function）。

【例 5-8】 利用 $n!=n\times(n-1)\times(n-2)\times\cdots\times1$，计算整数 n 的阶乘 $n!$。

先采用迭代法编程计算 $n!$，编写程序如下：

```
1   #include <stdio.h>
2   int main(void)
3   {
4       int  n, i;
5       long  result = 1;
6       printf("Input n: ");
7       scanf("%d", &n);
8       for (i = 1; i <= n; i++)
9       {
10          result *= i;                        // 计算 n!
11      }
12      if (n >= 0)
13      {
14          printf("%d! = %ld\n", n, result);
15      }
16      return 0;
17  }
```

事实上，用 $(n-1)!$ 来计算 $n!$，即 $n!=n\times(n-1)!$，用 $(n-2)!$ 来计算 $(n-1)!$，即 $(n-1)!=(n-1)\times(n-2)!$，其余类推，直到用 $2!=2\times1!$ 和 $1!=1$ 计算出 $2!=2$ 为止，这种递推关系也可用如下递归公式表示：

$$n!=\begin{cases}1 & n=0\text{，}1\\ n\times(n-1)! & n\geqslant 2\end{cases}$$

用递归的方法实现计算阶乘函数的程序如下：

```
1   #include <stdio.h>
2   long fact(long n);
```

```
3    int main(void)
4    {
5       int  n;
6       long  result;
7       printf("Input n: ");
8       scanf("%d", &n);
9       result = fact(n);
10      if (result != 0)
11      {
12         printf("%d! = %ld\n", n, result);
13      }
14   }
15   // 函数功能：当n>2时，递归计算n!的值；当n为0或1时，返回1；当n小于0时，返回0
16   long fact(long n)
17   {
18      if (n < 0)
19      {
20         return 0;                    // 若n<0，则返回0
21      }
22      else if (n == 0 || n == 1)      // 递归终止条件
23      {
24         return 1;                    // 当n为0或1时，返回1
25      }
26      else
27      {
28         return n * fact(n-1);        // 递归调用计算n!
29      }
30   }
```

程序的运行结果如下：

```
Input n: 5↙
5! =  120
```

【思考题】 *若输出 1～n 的所有数的阶乘，应该如何修改程序？*

递归的基本原理是，将复杂问题逐步化简，最终转化为一个最简单的问题，最简单问题的解决就意味着整个问题的解决。显然必须关注的是，最简单的问题是什么？汉诺塔问题中最简单的问题是将最后一个盘子由第一个木桩移到第二个木桩，而求 $n!$ 的最简单问题是 $1!=1$。也就是说，当函数递归调用到最简形式，如 fact(1)时，递归调用已经达到递归的终止条件，不能再继续调用下去；否则程序将无限循环。所以，任何一个递归程序都必须包括两部分：① 递归循环继续的过程；② 递归调用结束的过程。通用的递归函数可表示如下：

```
if (递归终止条件成立)
   return  递归公式的初值;
else
   return  递归函数调用返回的结果值;
```

在定义递归函数时，必须注意两个参数问题：函数的输入参数、函数的返回参数（函数值）。函数的输入参数的选择必须能够使递归进行。函数值是每次递归调用的返回结果，将被下一次调用所使用，必须清楚返回的数据类型与返回值的大致范围。为了说明问题，我们将上述递归调用过程用图 5-4 表示。

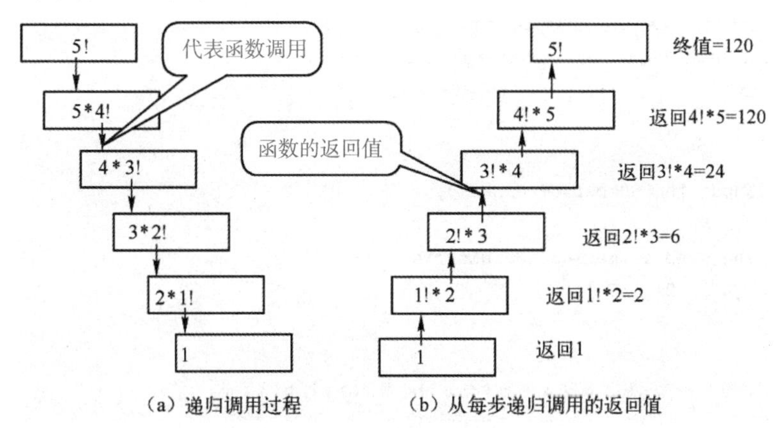

图 5-4　5!的递归调用过程

① 为了计算 5!，主程序调用 fact(5)计算 5!，但 fact(5)并没有直接计算 5!，而在 fact(5)中完成 5*fact(4)的计算。

② 在 fact(4)中计算 4!，但 fact(4)没有直接计算 4!，而在 fact(4)中完成 4*fact(3)的计算。

③ 在 fact(3)中计算 3!，但 fact(3)没有直接计算 3!，而在 fact(3)中完成 3*fact(2)的计算。

④ 在 fact(2)中计算 2!，但 fact(2)没有直接计算 2!，而在 fact(2)中完成 2*fact(1)的计算。

⑤ fact(1)的入口参数为 1，fact(1)中的判断递归终止的条件成立，则 fact(1)返回整数 1 给调用它的函数 fact(2)，同时退出 fact(1)，返回到 fact(2)。

⑥ 在 fact(2)中，计算 fact(1)的返回值与 2 的乘积，并将 2*fact(1)的计算结果返回给调用 fact(2)的函数 fact(3)，同时退出 fact(2)，返回到 fact(3)。

⑦ 在 fact(3)中，计算 fact(2)的返回值与 3 的乘积，并将 3*fact(2)的计算结果返回给调用 fact(3)的函数 fact(4)，同时退出 fact(3)，返回到 fact(4)。

⑧ 在 fact(4)中，计算 fact(3)的返回值与 4 的乘积，并将 4*fact(3)的计算结果返回给调用 fact(4)的函数 fact(5)，同时退出 fact(4)，返回到 fact(5)。

⑨ 在 fact(5)中，计算 fact(4)的返回值与 5 的乘积，并将 5*fact(4)的计算结果返回给调用 fact(5)的主函数 main( )，同时退出 fact(5)，返回到 main( )。

⑩ 在 main( )中打印 5！的结果。

【例 5-9】 编程求解汉诺塔问题。如图 5-3 所示的汉诺塔，用 A、B、C 表示三根木桩，1～n 表示有 n 个盘子，最下面的盘子为第 n 个盘子，最上面的盘子为第 1 个盘子。

首先，考虑如何表示将第 k 个盘子由 A 木桩移动到 B 木桩上。可以用如下函数实现：

```
Move(int num, char from, char to);
```

整型变量 num 表示第 k 个盘子，字符型变量 from 和 to 分别表示源木桩和目的木桩。

其次，考虑如何实现递归函数？假设 n−1 个盘子从源木桩 A 借助木桩 C 移到目的木桩 B 上，可以用如下函数实现：

```
Hanoi(int n-1, char a, char b, char c);
```

那么，第 n 个盘子从源木桩 A 借助木桩 C 移到目的木桩 B 上，可以用如下三步实现：Hanoi(n-1, a, c, b) → Move(n, a, b) → Hanoi(n-1, c, b, a)。

函数源程序如下：

```
1   #include <stdio.h>
2   void Hanoi(int n, char a, char b, char c);
3   void Move(int num, char from, char to);
4   int main(void)
5   {
6       int  n;
7       printf("Input the number of disk:");
8       scanf("%d", &n);
9       printf("The step of moving %3d disk:\n", n);
10      Hanoi(n, 'A', 'B', 'C');
11      return 0;
12  }
13  // 函数功能：将第 n 个盘子从源木桩 a 借助木桩 c 移动到目的木桩 b
14  void Hanoi(int n, char a, char b, char c)
15  {
16      if (n == 1)
17      {
18          Move(n, a, b);                      // 第 n 个盘子由 a->b
19      }
20      else
21      {
22          Hanoi(n-1, a, c, b);                // 将第 n-1 个盘子借助 b 由 a 移动到 c
23          Move(n, a, b);                      // 第 n 个盘子由 a 移到 b
24          Hanoi(n-1, c, b, a);                // 将第 n-1 个盘子借助 b 由 a 移动到 c
25      }
26  }
27  // 函数功能：显示第 n 个盘子从 from 木桩到 to 木桩的移动过程
28  void Move(int num, char from, char to)
29  {
30      printf("Move %d:from %c to %c\n", num, from, to);
31  }
```

程序的运行结果如下:

```
Input the number of disk:3↙
The step of moving 3 disk:
Move 1:from A to B
Move 2:from A to C
Move 1:from B to C
Move 3:from A to B
Move 1:from C to A
Move 2:from C to B
Move 1:from A to B
```

本章小结

模块化是程序设计最重要的思想之一。C 语言通过模块和函数两种手段来支持这种思想。我们从 ANSI C 标准库函数和函数库带来的方便就能体会到这一思想的神奇所在。

使用和定义函数时，一定要明确参数和返回值的类型，避免 C 语言的不严密带来的问题，更要建立语句块的概念，知道变量作用域限于其所在的语句块内。

本章最后介绍了递归函数，简单地说，递归就是函数自己调用自己。在编写递归程序时，一定要十分清楚递归何时结束，结束条件无法满足的递归程序将导致无穷递归。

本章常见的编程错误如表 5-1 所示。

表 5-1　本章常见编程错误列表

错误描述	错误类型
程序中使用了数学库函数，但忘了在程序开头写预处理命令“#include <math.h>”	链接错误
函数原型定义的返回值类型不是整型时，在函数定义时不明确写出返回值类型	编译错误
在编写一个有返回值的函数时，忘记用 return 返回一个值，调用者将得到无意义的结果，某些编译器给出警告，另一些则无反应	运行时错误
从返回值类型是 void 的函数中返回一个值	编译错误
形参列表中若干参数的数据类型相同时，如“double x, double y”，图省事将其写成“double x, y”	编译错误
定义一个函数时，在形参列表的“)”后面多加了一个“;”	编译错误
在函数体内，将一个形参变量再次定义成一个局部变量	编译错误
在一个函数中，定义另一个函数	编译错误
在函数原型的行末忘记加“;”	编译错误
当函数返回值的类型不是 int 且在程序中对该函数的调用语句出现在它的定义之前时，不写函数原型	编译错误
用系统函数名对用户自定义的函数进行命名，在某些编译环境下，有可能导致编译错误	编译错误
递归函数中忘记返回数值	编译错误
无论是忘记了编写递归终止条件的分支语句，还是写错了递归步骤，都会导致递归函数不能收敛到递归的终止条件，从而引起无穷递归	运行时错误

习 题 5

5.1　多项选择题。

（1）下列关于调试的说法中，正确的是________。

A）可以一条语句一条语句地执行

B）调试过程中如果修改了源代码，不需要重新编译就能继续运行

C）可以随时查看变量值

D）可以跟踪进入用户自己编写的函数内部

（2）下面所列举的函数名正确且具有良好风格的是________。

A）abcde()　　B）GetNumber()　　C）change_directory()

D）gotofirstline()　　E）Find@()　　F）2_power()

5.2　程序填空。

（1）如下函数是求阶乘的递归函数，请将程序补充完整。

```
long Fact(int n)
{
    if (n < 0)    return 0;
    if (n==1 || n==0)    _________①_________;
    else    _________②_________;
}
```

（2）Y()是实现 n 层嵌套平方根计算的函数，其公式如下，请将程序补充完整。

$$y(x)=\sqrt{x+\cdots+\sqrt{x+\sqrt{x}}}$$

```
double Y(double x, int n)
{
    if (n == 0)    return 0;
    else    return (square(x + ______①______));
}
```

（3）函数 Sum(int n)用递归方法计算 $\sum_{i=1}^{n} i$ 的值，请补充程序中缺少的内容。

```
int Sum(int n)
{
    if (n <= 0)    printf("data error\n");
    if (n == 1)    __________①__________;
    else    return ______②______;
}
```

5.3　设计一个函数，用来判断一个整数是否为素数。

提示：只能被 1 和其本身整除的数为素数。负数、0 和 1 都不是素数。

5.4　编程计算组合数 $p=\mathrm{C}_m^k=\dfrac{m!}{k!(m-k)!}$ 的值。

5.5　设计一个函数 MinCommonMultiple()，计算两个正整数的最小公倍数。

5.6　设计一个函数 MaxCommonFactor()，利用欧几里得算法（也称为辗转相除法）计算两个正整数的最大公约数。

5.7　《九章算术》是中国古代的数学专著，值得我们后人为之骄傲和自豪的是，作为一部世界数学名著，《九章算术》早在隋唐时期即已传入朝鲜、日本。它已被译成日、俄、德、法等多种文字版本。《九章算术》系统地总结了战国、秦、汉时期的数学成就，是当时世界上最简练有效的应用数学，它的出现标志中国古代数学形成了完整的体系。“更相减损”法就是《九章算术》中记载的一种求最大公约数的方法，其主要思想是从大数中减去小数，辗转相减，减到余数和减数相等，即得等数。具体体现为如下三个性质。

性质 1：当 $a>b$ 时，计算 a 与 b 的公约数等价于计算 $a-b$ 与 b 的公约数。

性质 2：当 $a<b$ 时，计算 a 与 b 的公约数等价于计算 $b-a$ 与 b 的公约数。

性质 3：当 $a=b$ 时，a 与 b 的公约数等于 a 或 b。

请根据上述三个性质编程计算两个正整数的最大公约数。

5.8　用下面给定的代码调用，实现函数 int CommonFactors(int a, int b)，计算 a 和 b 的所有公约数。第一次调用，返回最大公约数；以后只要再使用相同参数调用，每次返回下一个小一些的公约数；无公约数时，返回-1。

```
int main(void)
{
    int sub;
    while ((sub = CommonFactors(100, 50)) > 0)
    {
        static int  counter = 1;
        printf("Common factor %d is %d\n", counter++, sub);
    }
    return 0;
}
```

第6章 数 组

📖 内容关键词

- ✍ 数组的定义、引用和初始化
- ✍ 向函数传递一维数组和二维数组
- ✍ 向函数传递字符串
- ✍ 字符串处理函数

📖 重点与难点

- ✍ 数组名的特殊含义
- ✍ 字符串的复制、比较、连接和求字符串长度

📖 典型实例

- ✍ 学生成绩排序、查找，计算最高分和平均分

6.1 数组类型的应用场合

“路见不平一声吼，该出手时就出手”，《水浒传》中的梁山好汉一百单八将为我们谱写了一部可歌可泣的英雄史诗。尽管我们也许不能将这 108 个人的名字一一道来，但我们知道他们有一个共同的名字就是“梁山好汉”。这里“梁山好汉”就像本章要讲的数组名一样指代了他们所有人。

再如，我们要输入全年级 100 个学生的成绩，然后排出名次。显然，定义 100 个变量是不现实的。在 C 语言中，通常用数组来解决这类需要对相同类型的一批数据进行处理的问题。

6.2 数组的定义、引用和初始化

6.2.1 数组的定义

由若干类型相同的相关数据项按顺序存储在一起形成的一组同类型有序数据的集合，称为数组（array）。通常，用一个统一的名字标识这组数据，这个名字称为数组名，构成数组的每个数据项称为数组的元素（element），同一数组中的元素必须具有相同的数据类型。数组是 C 语言提供的三种构造类型中的一种，也是应用最广泛的一种数据类型。例如，存储某班一门课程的成绩可用一维数组，而存储某班多门课程的成绩则通常使用二维数组。

与基本类型变量的使用方法一样，数组作为带有下标（subscript）的变量，也应遵循“先定义，后使用”的原则。数组定义的一般形式为

```
类型  数组名[下标1][下标2]…[下标n];
```

其中，类型用于声明数组的基类型（base type），即数组中元素的类型；数组名用于标识该数组；下标的个数表明数组的维数（dimension），下标值表示相应维的长度。下标个数为 1 时，称为一维数组；下标个数为 2 时，称为二维数组……下标个数为 *n* 时，称为 *n* 维数组。

例如，若要定义一个具有 100 个短整型元素的一维数组，可用下面的数组定义语句：

```
short  score[100];                  // 正确的定义方式
```

但对于下面的数组定义语句，无论在数组定义前变量 n 是否已被赋值，都是非法的：

```
short  score[n];                    // 不正确的定义方式
```

【编码规范和编程实践①】 定义数组的长度必须使用整型常量或整型常量表达式。ANSI C89 不允许用变量定义可变长度数组。

【编码规范和编程实践②】 C 语言中数组的下标都是从 0 开始的。对于任何一个数组，它的第一个元素都是第 0 号元素（Zeroth Element）。

例如，对前面定义的具有 100 个短整型元素的一维数组 score 而言，其第一个元素的下标为 0（不是 1），最后一个元素的下标为 99（不是 100）。再如：

```
short  matrix[3][4];
```

定义的是一个具有 3 行 4 列共 12 个短整型元素的二维数组，第一个元素为 matrix[0][0]（不是 matrix[1][1]），最后一个元素为 matrix[2][3]（不是 matrix[3][4]）。

【编码规范和编程实践③】 C 语言的数组在内存中是按行存放的，即存完第 1 行后存第 2 行，然后存第 3 行……其余类推。注意，matrix[0][4]和 matrix[1][0]指的是同一个元素，matrix[0][4]虽然写法合法，但已越界到下一行，因为 C 编译器不检查下标越界，所以这样使用存在严重的隐患。

二维数组 matrix 的逻辑存储结构如图 6-1 所示。

	第0列	第1列	第2列	第3列
第0行	matrix[0][0]	matrix[0][1]	matrix[0][2]	matrix[0][3]
第1行	matrix[1][0]	matrix[1][1]	matrix[1][2]	matrix[1][3]
第2行	matrix[2][0]	matrix[2][1]	matrix[2][2]	matrix[2][3]

图 6-1　数组 matrix 的逻辑存储结构

C 编译器为数组 matrix 开辟如图 6-2 所示的连续存储空间，最低地址对应首元素，最高地址对应末尾元素。由于短整型占 2 字节，因此 12 个元素占 24 字节的连续存储空间。

$$n\text{维数组所占内存的字节数}=\prod_{i=1}^{n} N_i \times \text{sizeof（数据基类型）}$$

其中，N_i 是数组第 *i* 维的长度，*n* 是数组的维数。例如，一维数组占用字节数 = 数组长度× sizeof（基类型），二维数组占用字节数 = 第一维长度×第二维长度×sizeof（基类型）。

【编码规范和编程实践④】 在不同编译系统下，int 型数组元素所占字节数是不同的，用 sizeof 来计算才是最可靠、可移植性最好的方法。sizeof 是一个编译时执行的运算符，所以它不会导致额外的运行时开销。

正因为数组是要占用存储空间的，所以在定义数组时必须指定数组元素的类型和数组元素的个数，这样编译器才能为数组预留出相应大小的存储空间。

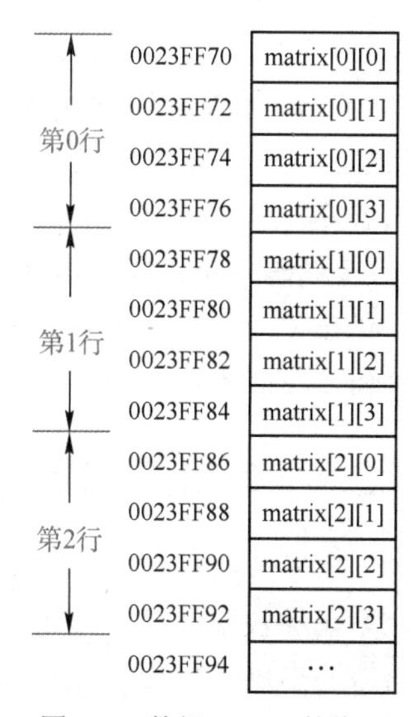

图 6-2　数组 matrix 的物理存储结构

6.2.2　数组的引用

数组的引用方式为

```
数组名[下标 1][下标 2]…[下标 n];
```

与数组定义时不同，引用数组时的下标既可以是整型常量或整型表达式，也可以是含有已赋值变量的整型表达式。无论怎样，每一维的下标值一定是单独用“[ ]”括起来的。例如，如下几种引用方式都是非法的：

```
score(5)              // 不能使用“()”
matrix(2,3)     // 不能使用“()”且不能将行下标和列下标写在一个括号中
matrix[2,3]           // 不能将行下标和列下标写在一个“[ ]”中
score = {1,2,3,4,5};  // 不能用赋值表达式语句对数组元素进行整体赋值
```

其中，matrix[2, 3]会被编译器解释为 matrix[3]，因为“[ ]”中的“,”会被当作一个逗号运算符，该表达式的值就是其最后一个子表达式的值。

实际上，用于将数组下标括起来的“[ ]”，在 C 语言中也被视为一种运算符。它与函数调用时在函数名后加上的“( )”（也称为函数调用运算符）具有相同的优先级，并且在 C 语言所有的运算符中优先级是最高的。

不同于定义数组时的下标值代表数组元素的个数，引用数组元素时给出的下标值代表的是元素在数组中的排列序号。例如，score[10]引用的是数组 score 中下标为 10 的元素，而 matrix[i][j]引用的是数组 matrix 中的第 i 行第 j 列的元素。若要引用数组中的全部元素，则需使用循环语句，这是对数组中元素进行操作的基本方法。例如，一维数组 score 可用单重循环使下标 i 的值从 0 变化到 99，二维数组 matrix 可用外层循环控制第一维的下标 i 从 0 变化到 2（行变化），用内层循环控制第二维的下标 j 从 0 变化到 3（列变化）。

如下程序段实现从键盘输入数组 matrix 元素的值。

```
for (i = 0; i < 3; i++)                        // 行下标值变化
{
    for (j = 0; j < 4; j++)                    // 列下标值变化
    {
        scanf("%d", &matrix[i][j]);
    }
}
```

而如下程序段实现向屏幕输出数组 score 元素的值。

```
for (i = 0; i < 100; i++)
{
    printf("%4d", score[i]);
}
```

【编码规范和编程实践①】 数组元素与普通的基本型变量一样，可出现在任何合法的 C

语言表达式中，也可作为函数参数使用。

【编码规范和编程实践②】 C 语言规定，数组不能整体引用，每次只能引用数组的一个元素。例如，不能通过给数组名赋值的方法对数组元素进行整体赋值，因为在 C 语言中，数组名具有特殊的含义，它代表数组的首地址，其值在程序中是不能被改变的。

【编码规范和编程实践③】 由于编译器并不检查数组元素的下标值是否越界，因此在编写程序时必须格外小心，由程序设计者自己来确保元素的正确引用，以免因下标越界而造成对相邻存储单元数据的破坏。

6.2.3 数组的初始化

定义数组后，它所占的存储单元中的值是不确定的。引用数组元素前，必须保证数组的元素已经被赋予确定的值。除了从键盘输入或直接使用赋值语句给数组元素赋值的方式，C 语言还提供了另一种方式，即在数组定义时就给元素赋初值，元素的初值在“=”后用一对“{ }”括起来的初始化列表中给出。例如：

```
short  matrix[3][4] = {1,2,3,4,5,6,7,8,9,10,11,12};
```

经过这样初始化后，数组 matrix 中的元素如下所示：

```
1   2   3   4
5   6   7   8
9  10  11  12
```

二维数组既可以按元素初始化，也可以按行初始化。例如：

```
short  matrix[3][4] = {{1,2,3,4},{5,6,7,8},{9,10,11,12}};      // 按行初始化
```

与如下语句是等价的：

```
short  matrix[3][4] = {1,2,3,4,5,6,7,8,9,10,11,12};             // 按元素初始化
```

当数组元素的初值全部列于初始化列表中时，可省略对数组第一维长度的声明。例如：

```
    short  matrix[][4] = {{1,2,3,4},{5,6,7,8},{9,10,11,12}};    // 按行初始化
或  short  matrix[][4] = {1,2,3,4,5,6,7,8,9,10,11,12};           // 按元素初始化
```

此时，系统自动按初始化列表中提供的初值个数对数组的长度进行定义。

注意，第二维的长度声明不能省略，因为在 C 语言中，二维数组在内存中是按行存放的，如果不声明第二维的长度，编译器就无法知道数组有多少列，在列数未知的情况下，即使给定全部初值也无法判断数组究竟有多少行多少列。因为在行列数之积已知时，具体的行列数会有多种可能的组合，不是唯一确定的。

初始化列表中提供的初值个数不能多于数组元素的个数，但可少于数组元素的个数。当初始化列表中提供的初值个数少于数组元素的个数时，系统将自动给后面的元素赋初值 0。例如：

```
short  matrix[3][4] = {0};
```

与如下语句是等价的：

```
short  matrix[3][4] = {0,0,0,0,0,0,0,0,0,0,0,0};
```

注意，数组不能自动初始化为 0，至少要将数组的第一个元素初始化为 0，这样余下的元素才会被自动初始化为 0。再如：

```
short  matrix[3][4] = {{1,2},{5,6},{9,10}};
```

对数组 matrix 初始化的结果是：

```
1   2  0  0
5   6  0  0
9  10  0  0
```

注意，当给数组部分元素赋初值时，对数组的长度声明不能省略。

此外，当数组被声明为静态（static）存储类型或外部存储类型（即在所有函数外部定义）时，由于数组元素的初始化是在程序运行前（即编译时）执行的，因此在不显式给出初值的情况下，数组元素将被自动初始化为 0。例如，static short a[5]等价于 static short a[5] = {0, 0, 0, 0, 0}，而自动类型的数组的初始化是在程序运行时执行的。

6.2.4 程序实例

一维数组常用于按序存储一组相同类型的数据，二维数组则常用于存储矩阵元素、二维表格数据等。下面先看几个例子。

【例 6-1】 兔子理想化繁衍问题。13 世纪意大利数学家 Fibonacci（又名 Leonardo）在其所著的《算盘全集》一书中借助兔子理想化繁衍问题引入了一个著名的递推数列，即 Fibonacci 数列。该问题采自民间的一道算题，问题的描述是这样的：假设一对小兔的成熟期是一个月，即一个月可长成大兔，那么，如果每对大兔每个月都可以生一对小兔，一对新生的小兔从第二个月起就开始生兔子，试问从一对兔子开始繁殖，一年以后可有多少对兔子？

问题分析：设能生殖的为大兔，新生兔为小兔，小兔一个月就长大，下面来观察和分析兔子的繁殖情况，如图 6-3 所示。

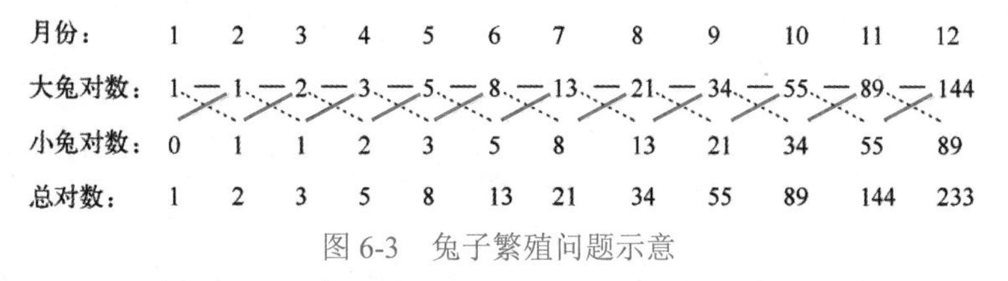

图 6-3 兔子繁殖问题示意

图 6-3 中的实线表示大兔仍是大兔，小兔长成大兔；虚线表示大兔生小兔。观察此图，不难看出：年末有大兔 144 对，小兔 89 对，总共 144 + 89 = 233 对。

从图 6-3 不仅得出年末时总的兔子对数（包括大兔对数和小兔对数），还得出每个月兔子的对数。深入观察还可发现其中的变化规律如下：

① 小兔对数和大兔对数构成两个相同的数列，不过小兔对数数列向后推迟了 1 个月，因为上个月有几对大兔，这个月就应有几对小兔，即每月小兔对数 = 上月大兔对数。

② 每月大兔对数 = 上个月大兔对数 + 上个月小兔对数。

综合①和②有：每月大兔对数=前两个月大兔对数之和。为了把发现的规律用公式表示出来，用 f_n（n=1, 2, …）表示第 n 个月大兔的对数，于是依题意有

$$\begin{cases} f_1 = 1 & n = 1 \\ f_2 = 1 & n = 2 \\ f_n = f_{n-1} + f_{n-2} & n \geqslant 3 \end{cases}$$

这就是由兔子生崽问题抽象概括而得到的Fibonacci问题的递推公式，依次让n=1, 2, 3…，则由上述递推公式可求出每个月总的兔子对数为：1，2，3，5，8，13，21，34，55，89，144，233，…。这就是著名的Fibonacci数列。

进行程序设计前，先要确定程序所使用的数据结构，显然用一维数组存储Fibonacci数列的每一项最合适；其次，要确定算法，根据Fibonacci数列的构成特点，由Fibonacci数列的递推公式，可以容易地得到计算Fibonacci数列每一项的算法。由问题分析可知：年末时总的兔子对数应为年末时的大兔对数与小兔对数之和。大兔对数与小兔对数的变化都符合Fibonacci数列的特点，只是初值不同而已。

编写程序如下：

```
1   #include <stdio.h>
2   #define  YEAR     12
3   int main(void)
4   {
5       int  f[YEAR+1] = {0,1,2};                   // 1月和2月兔子对数分别初始化为1,2，不使用f[0]
6       int  month;
7       for (month = 3; month <= YEAR; month++)     // 从3月份开始计算每月总兔子对数
8       {
9           f[month] = f[month-1] + f[month-2];
10      }
11      for (month = 1; month <= YEAR; month++)     // 输出12个月的总兔子对数
12      {
13          printf("%d\t", f[month]);
14      }
15      printf("\nsum = %d\n", f[YEAR]);            // 输出年末时（即12月份）的总兔子对数
16      return 0;
17  }
```

程序的运行结果如下：

```
1    2    3    5    8    13    21    34    55    89    144  233
sum = 233
```

【例6-2】 从键盘输入某班学生某门课的成绩（每班最多不超过40人，具体人数由键盘输入），试编程输出最高分及其学生序号。

问题分析：学生成绩可用一个一维数组来存储，计算最高分就是求数组元素的最大值的问题。可先假设第一个学生成绩最高，其余学生的成绩都与假设的最高分比较。若比较的结果是后面学生的成绩高，则将最高分修改为后面学生的成绩，同时记录其学号；反之，不做任何修改。这样，全部比较完毕，最高分就求出来了。

用自然语言描述的算法如下：

step1　从键盘输入学生人数n。

step2　从键盘输入所有学生的学号和成绩，分别存入一维数组num和score中。

step3　设第一个学生成绩最高，即令maxScore = score[0]，同时记录其学号，即令maxNum = num[0]。

step4　对所有学生成绩进行比较，即

```
for (i = 0; i < n; i++)
```

```
{
    若 score[i] > maxScore
    则修改 maxScore 值为 score[i]，并记录其学号 maxNum = num[i];
}
```

step5 输出最高分 maxScore 及其学号 maxNum。

编写程序如下：

```
1   #include <stdio.h>
2   #define  ARR_SIZE      40
3   int main(void)
4   {
5       float  score[ARR_SIZE], maxScore;
6       int  n, i;
7       long  maxNum, num[ARR_SIZE];
8       printf("Please enter total number:");
9       scanf("%d", &n);                          // 从键盘输入学生人数 n
10      printf("Please enter the number and score:\n");
11      for (i = 0; i < n; i++)                   // 分别以长整型和实型格式输入学生的学号和成绩
12      {
13          scanf("%ld%f", &num[i], &score[i]);
14      }
15      // 以下 16～25 行语句用于计算最高分及其学号
16      maxScore = score[0];
17      maxNum = num[0];
18      for (i = 1; i < n; i++)
19      {
20          if (score[i] > maxScore)
21          {
22              maxScore = score[i];
23              maxNum = num[i];
24          }
25      }
26      printf("maxScore = %.0f, maxNum = %ld\n", maxScore, maxNum);        // 输出最高分及其学号
27      return 0;
28  }
```

程序的运行结果如下：

```
Please enter total number:5↙
Please enter the number and score:
99021  90↙
99022  85↙
99023  75↙
99024  95↙
99025  100↙
maxScore = 100, maxNum = 99025
```

【思考题】 若同时求出最高分和最低分及其学生序号，该如何改写程序呢？

提示：再定义两个变量 minScore 和 minNum，在循环体中将 score[i]同时与 maxScore 和 minScore 进行比较。

【例 6-3】 从键盘输入某班学生某门课的成绩（每班最多不超过 40 人，具体人数由键盘输入），试编程将分数按从高到低顺序进行排序输出。

问题分析：本例需要用排序（sort）算法进行处理。在计算机领域，排序和查找是两种最基本的操作任务，几乎在所有数据库程序、编译程序和操作系统中都有应用。排序是把一系列数据按升序或降序排列的过程，也就是将一个无序的数据序列调整为有序序列的过程，它往往占用很多 CPU 的运行时间。至今已产生了许多比较成熟的排序算法，如交换法、选择法、插入排序法、冒泡法、快速排序法等。交换法虽然执行效率较低而很少使用，但它对于理解后面将要介绍的选择法很有好处。因此，本节介绍交换排序算法。

交换法排序（exchange sort）借鉴了求最大值、最小值的思想，按升序（或降序）排列的基本过程为：先将第一个数分别与后面所有的数进行比较，若后面的数小（降序时为大），则交换后面这个数和第一个数的位置，否则不交换；这一轮比较全部结束以后，就求出了一个最小（降序时为最大）的数放在了第一个数的位置。然后进入第二轮比较，即在其余的数中再按此法求出一个最小（降序时为最大）的数放在第二个数的位置。然后进入第三轮比较……直到第 n-1 轮比较，求出一个最小（降序时为最大）的数放在第 n-1 个数的位置，剩下的最后一个数自然就为最大（降序时为最小）的数，放在最后。n 个数总共需要进行 n-1 轮比较，按降序排列每轮比较的过程如图 6-4 所示。

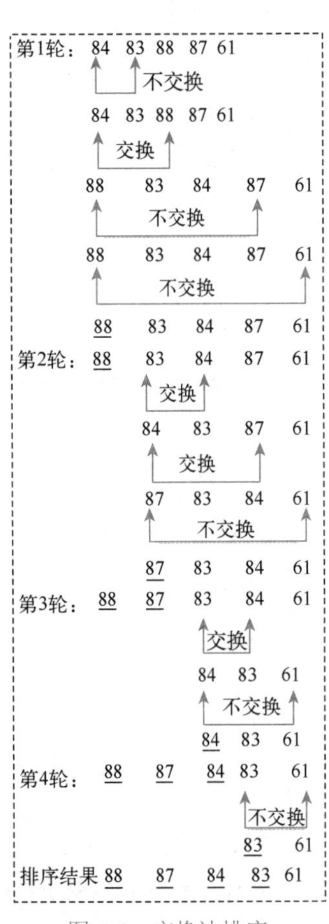

图 6-4 交换法排序

我们可以用一叠扑克牌形象地理解这种算法。用交换法对扑克牌排序时，把扑克牌摊在桌上，花色面朝上，然后从头到尾交换顺序已乱的牌，直到一副牌都变成有序为止。对信息排序时，常常只用信息的一部分作为排序关键字，排序时将由关键字决定所选项的先后顺序。本例中，学生成绩被选为关键字，故在比较操作中只使用成绩值，而在实际交换时将移动整个数据结构（包括成绩和学号）。

按成绩降序排列的算法描述如下：

step1 输入待排序的 n 个分数。

step2 交换法排序。

```
for (i = 0; i < n-1; i++)
{
    for (j=i+1; j<n; j++)
    {
        若 score[j] > score[i]
        则交换成绩 score[j]和 score[i]的值,并交换学号 num[j]和 num[i]的值;
    }
}
```

step3 输出排序结果。

然后，需对“交换 score[j]和 score[i]的值”进行精细化。先看如下两条语句能否实现 score[j]和 score[i]的值的交换：

```
score[j] = score[i];
score[i] = score[j];
```

显然，答案是否定的。因为执行第一条赋值语句后，score[j]

的值已被修改为score[i]，再执行第二条赋值语句显然是多余的，而且原来保留在score[j]中的值已不复存在了。

那么，如何实现两个数的交换呢？试想：一个瓶子中装的是酱油，另一个瓶子中装的是醋，现在要将这两个瓶子交换一下存放酱油和醋，自然我们会想到再拿一个空瓶子，先将装酱油的瓶子腾空后，再将醋倒入其中；装醋的瓶子腾空后，再把刚才倒入空瓶子中的酱油倒进装醋的瓶子中。将这个过程应用到“两数交换”的算法中，可得到如下三条赋值语句：

```
temp = score[j];
score[j] = score[i];
score[i] = temp;
```

这里，变量temp起到了前面所说的“空瓶子”的作用，称为中间变量。

按照前面逐步求精后得到的算法，编写程序如下：

```
1   #include <stdio.h>
2   #define      ARR_SIZE      40
3   int main(void)
4   {
5       float  score[ARR_SIZE], temp1;
6       int  n, i, j;
7       long  num[ARR_SIZE], temp2;
8       printf("Please enter total number:");
9       scanf("%d", &n);                          // 从键盘输入学生人数n
10      printf("Please enter the number and score:\n");
11      for (i = 0; i < n; i++)                   // 分别以长整型和实型格式输入学生的学号和成绩
12      {
13          scanf("%ld%f", &num[i], &score[i]);
14      }
15      for (i = 0; i < n-1; i++) // 第15～30行的双重循环实现用交换法按成绩由高到低对学生成绩及学号进行排序
16      {
17          for (j = i+1; j < n; j++)
18          {
19              if (score[j] > score[i])          // 这样比较表示按降序排序
20              {   // 下面3条语句用于交换成绩
21                  temp1 = score[j];
22                  score[j] = score[i];
23                  score[i] = temp1;
24                  // 下面3条语句用于交换学号
25                  temp2 = num[j];
26                  num[j] = num[i];
27                  num[i] = temp2;
28              }
29          }
30      }
31      printf("Sorted results:\n");
32      for (i = 0; i < n; i++)                   // 输出排序结果
33      {
34          printf("%ld\t%4.0f\n", num[i], score[i]);
35      }
36       return 0;
37  }
```

程序的运行结果如下：

```
Please enter total number:5↙
Please enter the number and score:
99011   84↙
99012   83↙
99013   88↙
99014   87↙
99015   61↙
Sorted results:
99013   88
99014   87
99011   84
99012   83
99015   61
```

6.3 向函数传递一维数组

考虑到模块化程序设计的需要，我们常将程序设计中使用频率较高的一些算法用一个函数封装起来，不仅使程序的结构更清晰，还有利于函数的复用。

第 5 章介绍了简单变量用作函数参数进行按值传参（pass-by-value）的方法。由于数组元素用作函数参数，向被调函数传递的数据只是一个数组元素的值，因此也属于按值传参。若要向函数传递整个数组元素的值呢？显然，将每个数组元素都分别作为函数参数是不现实的。此时，用数组名作为函数参数可以解决这个问题，这是数组的重要应用之一。

如果用简单变量作为函数参数，那么在函数调用时，由于实参变量与形参变量间的数据传递方式是“单向值传递”，因此数据只能由实参传递给形参，而不能由形参传回给实参，这是因为 C 语言中的所有实参实际上都是按值传递的，就是将函数调用中的实参值复制后得到它的一个副本，然后将这个副本传递给被调函数。因此，即使被调函数修改了这个副本，主调函数中的实参值也不会改变。也就是说，在被调函数中对形参值的改变不会影响到主调函数中对应实参的值。

若要在被调函数中修改主调函数中变量的值，该怎么办呢？用 return 语句只能从被调函数传回一个修改后的变量的值，若要在被调函数中修改主调函数中的多个变量的值，该怎么办呢？

当需要在被调函数中修改主调函数中的多个变量的值时，只要用待修改变量的地址作为函数调用语句中的实参，即将待修改变量的地址传递给被调函数即可，这样被调函数就能准确地知道这个变量保存在哪里，当被调函数在其函数体内要修改这个变量时，只要根据这个地址（而不是变量名）找到这个变量，就可以修改这个变量的值了。这就是模拟按引用传参（simulating pass-by-reference）的方式，但其实并不是真正的按引用传参，因为本质上它也是将实参值的副本传递给被调函数，只不过因为实参值是某变量的地址值，而使得其可以达到按引用传参修改实参对应的地址中数据的目的而已，所以称其为模拟按引用传参。

我们知道，在 C 语言中，不带任何下标的数组名代表数组的首地址，即第一个元素的地址。因此，采用数组名作为函数参数时，无须使用运算符“&”，系统自动将数组在内存中的起始地址传递给被调函数。被调函数知道了这个数组的首地址后，就可以根据这个地址间接地访问存储在那里的数组元素值了，当然也就可以修改这个数组中的元素值了。也就是说，被调函数是通过间接寻址方式访问主调函数中的数组元素值的。相对于将全部数组元素都传递给被调函数而言，显然这种地址传递方法效率更高，节省了向被调函数复制全部数组元素的开销。例如，以下程序段把数组 num 的地址传给函数 Sort( )：

```
int main(void)
{
   int  num[10];
   // …
   Sort(num);
   // …
   return 0;
}
```

接收一维数组 num 的函数既可以定义为

```
void  Sort(int arr[10])
{
   // …
}
```

也可以定义为

```
void  Sort(int arr[])
{
   // …
}
```

即使定义为

```
void  Sort(int arr[20])
{
   // …
}
```

程序编译时也不会报错。因为 C 编译程序产生的代码是令函数 Sort( )接收数组 num 的首地址，并不生成具有 20 个元素的数组 arr，也不进行下标边界检查，编译器只是检查“[ ]”中的数字是否大于 0，如果“[ ]”中的数字是负数，就报编译错误，否则对其视而不见，将其忽略掉。

为避免错误，向函数传递一维数组时，最好同时再用一个参数传递数组的长度。例如：

```
int main(void)
{
   int  num[10];
   // …
   Sort(num, 10);
   // …
   return 0;
}
void  Sort(int arr[], int n)              // 这里形参 n 用于传递数组 arr 的长度
{
   // …
}
```

【编码规范和编程实践】 向函数传递数组的同时传递数组的长度，有助于该函数在不同的程序中被复用，也能让程序员知道可以被访问的数组边界在哪里，从而避免缓冲区溢出。

所谓缓冲区溢出，就是指将数据写到了数组边界之外，即数组被越界访问，这样不仅破坏了内存中的数据，还可能引起程序崩溃，或者为黑客入侵系统以执行他们的恶意代码打开方便之门。

在函数调用时，用参数 n 指定可以访问的数组元素个数后，只要一维数组元素的下标大于或等于 0 并且小于 n，就可以避免数组被越界访问的问题了。

【例 6-4】 用函数编程实现分数按从高到低顺序排序，然后重新编写例 6-3 的程序。

```
1   #include  <stdio.h>
2   #define      ARR_SIZE      40
3   void  Sort(float score[], long num[], int n);
4   int main(void)
5   {
6       float  score[ARR_SIZE];
7       int  n, i;
8       long  num[ARR_SIZE];
9       printf("Please enter total number:");
10      scanf("%d", &n);                          // 从键盘输入学生人数 n
11      printf("Please enter the number and score:\n");
12      for (i = 0; i < n; i++)                   // 分别以长整型和实型格式输入学生的学号和成绩
13      {
14          scanf("%ld%f", &num[i], &score[i]);
15      }
16      Sort(score, num, n);                      // 调用函数 Sort()对数组 score 排序
17      printf("Sorted results:\n");
18      for (i = 0; i < n; i++)                   // 输出排序结果
19      {
20          printf("%ld\t%4.0f\n", num[i], score[i]);
21      }
22      return 0;
23  }
24  // 函数功能：用交换法对实型数组 score 中的 n 个学生成绩按降序排序
25  void  Sort(float score[], long num[], int n)
26  {
27      int  i, j;
28      float  temp1;
29      long  temp2;
30      for (i = 0; i < n-1; i++)
31      {
32          for (j = i+1; j < n; j++)
33          {
34              if (score[j] > score[i])          // 这样比较表示按降序排序
35              {  // 下面 3 条语句用于交换成绩
36                  temp1 = score[j];
37                  score[j] = score[i];
38                  score[i] = temp1;
39                  // 下面 3 条语句用于在交换成绩的同时交换学号
```

```
40                temp2 = num[j];
41                num[j] = num[i];
42                num[i] = temp2;
43             }
44         }
45     }
46  }
```

简单变量作为函数参数和数组名作为函数参数的示意图如图 6-5 和图 6-6 所示。

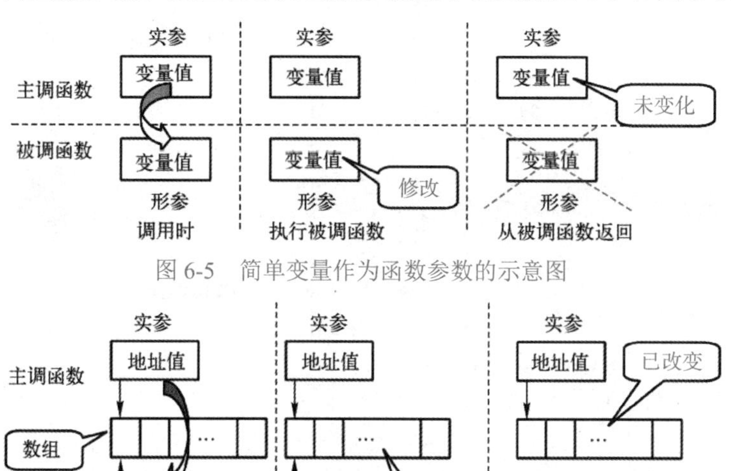

图 6-5　简单变量作为函数参数的示意图

图 6-6　数组名作为函数参数的示意图

前面介绍了交换法排序。读者只要仔细研究这个算法就不难发现，其排序效率较低，因为在第 i 轮（i=0, 1, 2, …, n−2）比较中，第 i+1 个数与后面所有的数都要进行一次比较，每进行一次比较，若后面的数大就交换位置，这样每轮比较中最多需要 $n-i$ 次交换操作，从而导致需要交换的次数太多。

事实上，完全可以在找出余下的数中的最大值后再与第 i+1 个数交换位置，这样每轮比较中最多只有一次交换操作，整个算法最多有 n−1 次交换操作。虽然比较操作未能减少，但交换操作可以从总体上减少，这种改进的算法称为选择法排序（selection sort）。

用选择法对一叠扑克牌按升序（或降序）排列时，好比先把牌摊在桌子上，把数值最小（降序时为最大）的牌抽出，放在手中。然后在剩余的牌中再找最小者（降序时为最大者），将其放到手中牌的后面。如此继续，直到桌上无牌时，手中的牌就排好序了。

按选择法进行降序排序的过程如图 6-7 所示。下面是这个算法的函数实现：

```
1   // 函数功能：用选择法对实型数组 score 中的 n 个学生成绩按降序排序
2   void Sort(float score[], long num[], int n)
3   {
4       int  i, j, k;
5       float  temp1;
6       long  temp2;
7       for (i = 0; i < n-1; i++)
```

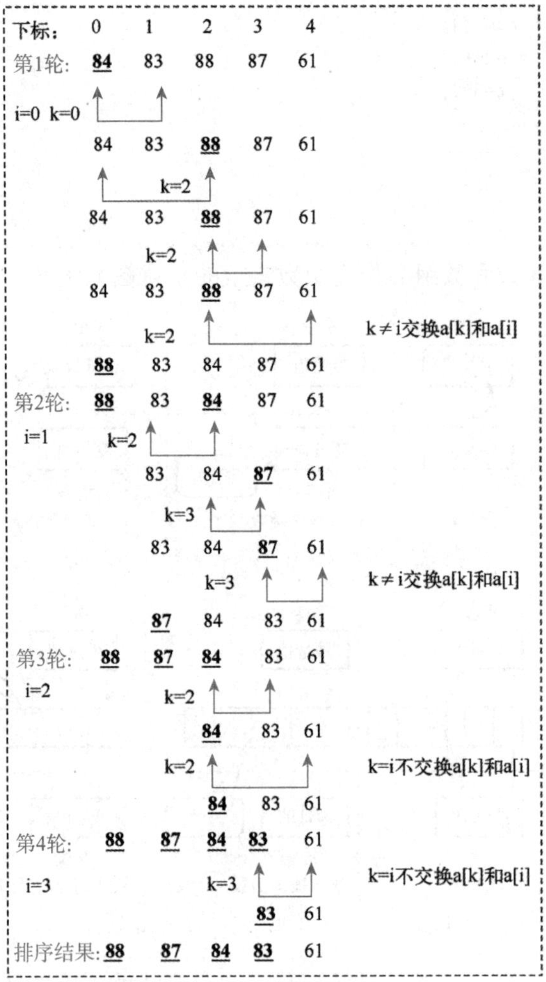

下标: 0 1 2 3 4

第1轮: 84 83 88 87 61

i=0 k=0

84 83 88 87 61

k=2

84 83 88 87 61

k=2

84 83 88 87 61

k=2 k≠i交换a[k]和a[i]

88 83 84 87 61

第2轮: 88 83 84 87 61

i=1 k=2

83 84 87 61

k=3

83 84 87 61

k=3 k≠i交换a[k]和a[i]

87 84 83 61

第3轮: 88 87 84 83 61

i=2 k=2

84 83 61

k=2 k=i不交换a[k]和a[i]

84 83 61

第4轮: 88 87 84 83 61

i=3 k=3 k=i不交换a[k]和a[i]

83 61

排序结果: 88 87 84 83 61

图 6-7 选择法排序

```
8        {
9            k = i;
10           for (j = i+1; j < n; j++)
11           {
12               if (score[j] > score[k])        // 这样比较表示按降序排序
13                   k = j;
14           }
15           if (k != i)                         // 若 k 中记录的最大数序号不是 i，即找到的最大数不在位置 i
16           {   // 下面 3 条语句用于交换成绩
17               temp1 = score[k];
18               score[k] = score[i];
19               score[i] = temp1;
20               // 下面 3 条语句用于在交换成绩的同时交换学号
21               temp2 = num[k];
22               num[k] = num[i];
23               num[i] = temp2;
24           }
25       }
26   }
```

当改变排序算法时，即修改了排序函数Sort()的实现代码时，只要Sort()函数的接口参数（形参个数、顺序及其类型声明、函数返回值）不变，那么主函数无须任何改动，程序的运行结果是一样的，这充分体现了信息隐藏和模块化程序设计的好处。

【例6-5】 从键盘输入某班学生的学号及某门课的成绩（每班最多不超过40人，具体人数由键盘输入），任意输入一个学号，在课程成绩表中查找具有该学号的学生的成绩。

问题分析：查找（search）也是程序设计中较常用的算法。如使用数据库时，用户可能需要频繁通过输入关键字查找相应记录。查找算法包括在一批数据中查找最值、顺序查找（sequential search）或折半查找（binary search）指定数据的所在位置等。

例6-2介绍了查找最大值的方法，本例是查找指定数据在数组中的位置，先以最简单、最直观的顺序查找为例。其算法的基本思想是：利用循环顺序扫描整个数组，依次将每个元素与待查找值进行比较；若找到，则停止循环，输出其位置值；若所有元素都比较后仍未找到，则循环结束后，输出“未找到”提示信息。顺序查找算法可描述如下：

step1 从键盘输入学生人数n。

step2 从键盘输入学生的学号和成绩，分别存入一维数组num和score中。

step3 从键盘输入待查找的学号x。

step4 调用顺序查找函数，在学号数组num中顺序查找值为x的元素。若找到，则返回x在数组a中的下标位置给变量pos，否则返回-1。

step5 若pos不为-1，说明已找到，则输出该学生的成绩score[pos]；否则，说明未找到，输出“未找到”提示信息。

按照上述顺序查找算法，编写程序如下：

```
1  #include <stdio.h>
2  #define      ARR_SIZE      40
3  int  Search(long a[], int n, long x);
4  int main(void)
5  {
6      float  score[ARR_SIZE];
7      int    n, i, pos;
8      long   num[ARR_SIZE], x;
9      printf("Please enter the total number:");
10     scanf("%d", &n);                      // 从键盘输入学生人数n
11     printf("Please enter the number and score:\n");
12     for (i = 0; i < n; i++)               // 输入n个学生的学号和成绩
13     {
14        scanf("%ld%f", &num[i], &score[i]);
15     }
16     printf("Please enter the searching number:");
17     scanf("%ld", &x);                     // 以长整型格式从键盘输入待查找的学号x
18     pos = Search(num, n, x);              // 查找x在数组中的下标位置
19     if (pos != -1)                        // 若函数返回值不为-1，则输出该学生的分数
20     {
21        printf("score = %4.0f\n", score[pos]);
22     }
23     else                                  // 否则，说明未找到，输出“未找到”提示信息
24     {
```

```
25          printf("Not found!\n");
26       }
27      return 0;
28   }
29   // 函数功能：在有 n 个元素的数组 a 中顺序查找值为 x 的元素
30   // 若找到，则函数返回 x 在数组 a 中的下标位置，否则返回-1
31   int  Search(long a[], int n, long x)
32   {
33       int  i;
34       for (i = 0; i < n; i++)                    // 在数组 a 中查找值为 x 的元素
35       {
36          if (a[i] == x)                          // 若找到，则返回 x 在数组 a 中的下标位置
37          {
38             return (i);
39          }
40       }
41       return -1;                                 // 若循环结束仍未找到，则返回-1
42   }
```

程序的两次测试结果如下：

```
①   Please enter the total number:5↙
     Please enter the number and score:
     99013   88↙
     99014   87↙
     99011   84↙
     99012   83↙
     99015   61↙
     Please enter the searching number:99012↙
     score =  83
②   Please enter the total number:5↙
     Please enter the number and score:
     99013   88↙
     99014   87↙
     99011   84↙
     99012   83↙
     99015   61↙
     Please enter the searching score: 99016↙
     Not found!
```

【例 6-6】 将例 6-5 改为按学号由小到大顺序输入学生的学号和成绩，用折半查找法重新编写程序，从键盘任意输入一个学号，然后查找其成绩。

问题分析：顺序查找也称线性查找（linear search），就是用查找键（search key）逐个与数组元素相比较以实现查找。由于数组元素事先并没有按照一个特定的顺序排列，因此，有可能第一个元素的元素值就与查找键相等（最好情况），也有可能在最后一个元素位置找到它（最坏情况）。当已知数据中不存在待查找值时，则查找次数将等于数据量的大小。从平均情况来看，查找键需要与一半的数组元素进行比较。可见，顺序查找算法虽然简单，但是效率较低。由于顺序查找法不受数据集合需要事先排好序这一前提条件的约束，因此对于规模较小或者无序排列的数组，适合用顺序查找法。

当被查找的数据集合已经有序排列时，适合用比顺序查找法的平均查找速度快得多的折半查找法。折半查找法，也称为对分搜索法，在每次比较后都将目标数组中一半的元素排除在比较范围外。相对于平均需要与一半的数组元素进行比较的顺序查找算法而言，在处理有序数组时，折半查找算法在性能上的提高是巨大的。二分法求方程的根就是折半查找法在实际中的一个具体应用。

折半查找法的基本思想是：使用分而治之（divide-and-conquer）的方法，首先选取位于数组中间的元素，将其与查找键进行比较；若二者相等，则查找键被找到，返回数组中间元素的下标；否则，将查找范围缩小为原来的一半，即在一半的数组元素中查找。在数组元素按升序排序的情况下，若查找键小于数组的中间元素，则在前一半数组元素中继续查找，否则在后一半数组元素中继续查找。若在该子数组中仍未找到查找键，则在原数组的1/4大小的子数组中继续查找。不断重复上述查找过程，直到查找键等于某子数组中间元素的值（找到查找键），或者子数组只包含一个不等于查找键的元素（即没有找到查找键）时为止。

【思考题】 查找一个拥有1023个元素、有序排列的数组时，采用折半查找，在最坏的情况下需要多少次比较操作？

本例中，学生成绩以学号作为查找键进行升序排列，因此查找键取学号，即按学号查找成绩。本例的查找过程如图6-8所示。

数组下标	0	1	2	3	4	
第一次循环：	99011	99013	99015	99017	99019	①查找值x=99017
	low		mid		high	x>num[mid],low=mid+1
第二次循环：	99011	99013	99015	99017	99019	
				low(mid)	high	x=num[mid]，找到
第一次循环：	99011	99013	99015	99017	99019	②查找值x=99016
	low		mid		high	x>num[mid],low=mid+1
第二次循环：	99011	99013	99015	99017	99019	
				low(mid)	high	x<num[mid],high=mid−1
第三次循环：	99011	99013	99015	99017	99019	
			high	low		不满足 low<=high 循环结束，未找到

图6-8 折半查找法的查找过程

按上述分析得到的折半查找算法如下：

step1 置数据区间左端点值low为0，右端点值high为n−1。

step2 若左端点小于或等于右端点，则继续二分查找，即反复执行step3～step5；否则，区间不能再分，表示未找到待查找值，结束循环，转step6。

step3 若待查找值x>a[mid]，则在后半区间继续查找，即修改数据区间的左端点值low为mid+1，转step2。

step4 若待查找值x<a[mid]，则在前半区间继续查找，即修改数据区间的右端点值high为mid−1，转step2。

step5 若待查找值x=a[mid]，则x已找到，返回mid的值。

step6　返回值-1。

编写程序如下：

```
1   #include <stdio.h>
2   #define       ARR_SIZE      40
3   int  BinSearch(long a[], int n, long x);
4   int main(void)
5   {
6      float  score [ARR_SIZE];
7      int  n, i, pos;
8      long  num[ARR_SIZE], x;
9      printf("Please enter the total number:");
10     scanf("%d", &n);                  // 从键盘输入学生人数 n
11     printf("Please enter the number and score:\n");
12     for (i = 0; i< n; i++)            // 按学号由小到大的顺序输入 n 个学生的学号和成绩
13     {
14        scanf("%ld%f", &num[i], &score[i]);
15     }
16     printf("Please enter the searching number:");
17     scanf("%ld", &x);                 // 以长整型格式从键盘输入待查找的学号 x
18     pos = BinSearch(num, n, x);       // 调用 search()查找 x 在数组 num 中的下标位置
19     if (pos != -1)                    // 若返回的学号不为-1，则输出该学生的成绩
20     {
21        printf("score = %4.0f\n", score[pos]);
22     }
23     else                              // 否则，说明未找到，输出“未找到”提示信息
24     {
25        printf("Not found!\n");
26     }
27      return 0;
28  }
```

编写函数 BinSearch()的方法 1：

```
29  // 函数功能：在按升序排序的有 n 个元素的长整型数组 a 中，折半查找值为 x 的元素
30  // 若找到，则函数返回 x 在数组 a 中的下标位置；若找不到，则返回-1
31  int  BinSearch(long a[], int n, long x)
32  {
33     int  mid;
34     int  low = 0;                     // 数据区间左端点值置为 0
35     int  high = n - 1;                // 数据区间右端点值置为 n-1
36     while (low <= high)               // 若左端点小于或等于右端点值，则继续查找
37     {
38        mid = (high + low) / 2;        // 取数据区间的中点
39        if (x > a[mid])
40        {
41           low = mid + 1;              // 若 x>a[mid]，则修改数据区间的左端点值
42        }
43        else  if (x < a[mid])
44        {
45           high = mid - 1;             // 若 x<a[mid]，则修改数据区间的右端点值
```

```
46          }
47          else
48          {
49              return mid;                     // 若 x=a[mid]，则找到，返回找到的下标值 mid
50          }
51      }
52      return  -1;                             // 若循环结束仍未找到，则返回值-1
53  }
```

编写函数 BinSearch()的方法 2：

```
54  int  BinSearch(long a[], int n, long x)
55  {
56      int  mid;
57      int  pos = -1;                      // 若循环结束仍未找到，则返回 pos 的初始值-1
58      int  find = 0;                      // 置找到标志变量 find 为假，表示尚未找到
59      int  low = 0;                       // 数据区间左端点值置为 0
60      int  high = n - 1;                  // 数据区间右端点值置为 n-1
61      while (!find && low <= high)        // 若尚未找到或左端点值小于或等于右端点值，则继续查找
62      {
63          mid = (high + low) / 2;         // 取数据区间的中点
64          if (x > a[mid])
65          {
66              low = mid + 1;              // 若 x>a[mid]，则修改数据区间的左端点值
67          }
68          else  if (x < a[mid])
69          {
70              high = mid - 1;             // 若 x<a[mid]，则修改数据区间的右端点值
71          }
72          else
73          {
74              pos = mid;                  // 若 x=a[mid]，则找到，找到的下标值为 mid
75              find = 1;                   // 置找到标志变量 flag 为真，表示已找到
76          }
77      }
78      return pos;
79  }
```

程序的两次测试结果如下：

```
①  Please enter the total number:5↙
    Please enter the number and score:
    99011   84↙
    99013   83↙
    99015   88↙
    99017   87↙
    99019   61↙
    Please enter the searching number:99017↙
    score =  87
②  Please enter the total number:5↙
    Please enter the number and score:
    99011   84↙
```

```
99013  83↙
99015  88↙
99017  87↙
99019  61↙
Please enter the searching score: 99016↙
Not found!
```

本节介绍了向函数传递一维数组的方法，用数组名作为函数参数时，需要注意以下两点：

① C 语言中，所有实参都是单向传值的。简单变量用作函数实参传递的是变量的值，是按值传参，是将实参的值复制给形参，因此形参值的改变不会影响实参。而数组名用作函数实参传递的是数组在内存中的起始地址，是模拟按引用传参，是将实参代表的地址值复制给形参，其结果是形参和实参都指向了内存中同一段连续的存储单元。就像房主配了一把房间的钥匙给房客一样，房客也具有了修改房间内容的权限。因此，若在被调函数中改变形参数组的元素值，则实参数组中的元素值也会随之发生改变。这种改变不是形参向实参反向传值造成的（C 语言不允许这种反向的值传递），而是由于形参和实参两个数组在内存中指向同一地址而共享同一段内存造成的。可见，虽然模拟按引用传参比按值传参更高效，但安全性不如按值传参好。

② 对一维形参数组进行类型声明时，在“[]”中可以给出数组的长度声明，即将其定义为固定长度数组；也可以不给出数组的长度声明，将其定义为可变长度数组。这时，一般用另一个整型参数来指定数组长度。注意，这种方法仅在一维数组作为形式参数时才能使用。

【思考题】如果数组很大，low 和 high 之和大于有符号整数的极限值（在 limits.h 中定义），那么用 mid = (high + low) / 2 取数据区间的中点，就会发生数值溢出，使 mid 成为一个负数。用什么方法可以防止溢出的发生呢？

此外，能否用递归的方法来实现这两种查找算法呢？

6.4 向函数传递二维数组

一维数组可解决“一组”相关数据的处理问题，而处理“多组”相关数据则需使用多维数组。例如，对如表 6-1 所示的成绩表，表中任何一个数据都具有行号和列号两个属性，行号代表学生的编号，列号代表课程名的编号。因此，为了明确表示表中的每个数据，就必须使用两个下标：第一个下标表示学生的编号（元素所在的行），第二个下标表示课程的编号（元素所在的列）。像这种需要两个下标才能表示某个元素的表称为“二维表”，对二维表的数据处理适合用二维数组。在逻辑上，二维数组可看成一个矩阵，因此有关矩阵的一些运算和处理操作也适合用二维数组编程实现。

表 6-1 4 个学生三门课的成绩表

NO.	MT	EN	PH
1	97	87	92
2	92	91	90
3	90	81	82
4	70	65	80

同样，用二维数组的数组名作为函数实参，向被调函数传递数组的起始地址，可以避免向函数复制全部数组元素所需的开销。与函数形参被声明为一维数组时不同的是，当形参被声明为二维数组时，不能省略数组第二维的长度，仅可以省略数组第一维的长度。因为 C 语言编译器必须已知每列的长度，才能对二维数组元素进行正确的寻址操作，否则编译器无法确定第二行的数组元素从哪里开始存取。例如，定义了一个 4 行 3 列的二维数组，则接收这

个二维数组的函数 Fun()（假设该函数没有返回值）可以定义为

```
void  Fun(int array[4][3], int n)
{
    //…
}
```

或者定义为

```
void  Fun(int array[][3], int n)
{
    //…
}
```

但绝不能定义为

```
void  Fun(int array[][], int n)
{
    //…
}
```

这是因为，C 语言的二维数组都是按行存储的，编译器需要根据函数形参列表中提供的列下标值（列数，即每行中的元素个数）来告诉函数如何在一个二维数组中定位一个数组元素。二维数组的一行实质上就是一个一维数组。为了在某特定的行中找到某个元素，编译器就必须知道一行中有多少个元素，这样才能跳过适当数量的存储单元来准确地找到要访问的数组元素。

因为二维数组的列数已经在“[ ]”指定，所以只要在参数中指定数组的行数即可。这样，在函数中访问二维数组元素，只需保证二维数组元素的行、列下标大于或等于 0 且小于数组的行数和列数即可。这个要求可以推广应用于维数更高的多维数组。

【例 6-7】 某班期中考试科目为数学（MT）、英语（EN）和物理（PH），有最多不超过 30 人参加考试。为评定奖学金，要求按如下格式输出学号、各科分数、总分和平均分，并标出三门课均在 90 分（含 90 分）以上者（用"Y"和"N"来标注）。

编写程序如下：

```
1    #include <stdio.h>
2    #define      STUD      30              // 最多学生人数
3    #define      COURSE    3               // 考试科目数
4    int  Input(long num[], int score[][COURSE]);
5    void  Total(int score[][COURSE], int sum[], float aver[], int n);
6    void  Print(long num[], int score[][COURSE], int sum[], float aver[], int n);
7    int main(void)
8    {
9        int  n, score[STUD][COURSE], sum[STUD];
10       long  num[STUD];
11       float  aver[STUD];
12       n = Input(num, score);
13       Total(score, sum, aver, n);
14       Print(num, score, sum, aver, n);
15       return 0;
16   }
17   // 函数功能：输入参加考试的学生的学号和 COURSE 门课程的成绩，函数返回参加考试的学生人数
18   int  Input(long num[], int score[][COURSE])
```

```
19  {
20      int  i, j, n;
21      printf("Please enter the total number of the students(n<=30):");
22      scanf("%d", &n);                              // 输入参加考试的学生人数
23      printf("Enter No. and score as: MT  EN  PH\n");
24      for (i = 0; i < n; i++)
25      {
26          scanf("%ld", &num[i]);                    // 以长整型格式输入每个学生的学号
27          for (j = 0; j < COURSE; j++)
28          {
29              scanf("%d", &score[i][j]);            // 输入每个学生的各门课成绩
30          }
31      }
32      return n;                                     // 返回参加考试的学生人数
33  }
34  // 函数功能：统计整型数组 score 中存储的每个学生的总分和平均分
35  void  Total(int score[][COURSE], int sum[], float aver[], int n)
36  {
37      int  i, j;
38      for (i = 0; i < n; i++)                       // 对每个学生进行如下计算
39      {
40          sum[i] = 0;
41          for (j = 0; j < COURSE; j++)
42          {
43              sum[i] += score[i][j];                // 计算第 i+1 个学生各门课总分
44          }
45          aver[i] = (float)sum[i] / COURSE;         // 计算第 i+1 个学生平均分
46      }
47  }
48  // 函数功能：输出每个学生的学号、各门课成绩、总分、平均分以及能否获得奖学金等信息
49  void  Print(long num[], int score[][COURSE], int sum[], float aver[], int n)
50  {
51      int  i, j;
52      char c[STUD];                       // 记录每个学生能否获得奖学金，三门课都在 90 分以上才可获得
53      printf("Result:\n");
54      printf("  NO \t   MT \t  EN \t PH \t SUM \t AVER  \t>=90\n");
55      for (i = 0; i < n; i++)                       // 输出 n 个学生的成绩
56      {
57          c[i] = 'Y';                               // 先假设该学生能获得奖学金
58          printf("%4ld\t ",num[i]);                 // 以长整型格式输出学生的学号
59          for (j = 0; j < COURSE; j++)
60          {
61              printf("%4d\t", score[i][j]);
62              if (score[i][j] < 90)
63                  c[i] = 'N';                       // 一旦发现条件不符则标记为不能获奖
64          }
65          printf("%5d\t%6.1f\t %c \n", sum[i], aver[i], c[i]);
66      }
67  }
```

程序的运行结果如下：

```
Please enter the total number of the students(n<=30):4↙
Enter No. and score as: MT  EN  PH
99001  97  87  92↙
99002  92  91  90↙
99003  90  81  82↙
99004  85  80  75↙
Result:
         NO              MT             EN             PH             SUM            AVER           >90
       99001             97             87             92             276            92.0            N
       99002             92             91             90             273            91.0            Y
       99003             90             81             82             253            84.3            N
       99004             85             80             75             240            80.0            N
```

【思考题】 若增加一项统计内容，统计并打印每门课的总分和平均分，程序应如何改写？提示：将上面程序中的 i 循环和 j 循环互换位置，即 j 循环在外层，i 循环在内层，即可统计第 j 门课的所有学生的总分和第 j 门课的所有学生的平均分。

【例 6-8】 编程将例 6-7 改成按如下格式计算并打印相关数据。

Course	99001	99002	99003	99004	SUM	AVER
MT	97	92	90	85	364	91
EN	87	91	81	80	339	84
PH	92	90	82	75	339	84

将例 6-7 程序中的 Total()和 Print()两个函数修改如下（其他函数不变）：

```
34  // 函数功能：统计整型数组 score 中存储的 n 个学生的每门课程的总分和平均分
35  void Total(int score[][COURSE], int sum[], float aver[], int n)
36  {
37      int i, j;
38      for (j = 0; j < COURSE; j++)                  // 对每门课程进行如下计算
39      {
40          sum[j] = 0;
41          for (i = 0; i < n; i++)
42          {
43              sum[j] += score[i][j];                // 计算第 j+1 门课程的总分
44          }
45          aver[j] = (float) sum[j] / n;             // 计算第 j+1 门课程的平均分
46      }
47  }
48  // 函数功能：输出每个学生的学号、各门课成绩，每门课程的总分、平均分
49  void Print(long num[], int score[][COURSE], int sum[], float aver[], int n)
50  {
51      int i, j;
52      printf("Result:\n");
53      printf("Course   ");
54      for (i = 0; i < n; i++)
55      {
56          printf("%6ld", num[i]);                   // 以长整型格式输出第 i+1 个学生的学号
57      }
58      printf(" SUM  AVER\n");
59      for (j = 0; j < COURSE; j++)                  // 输出每门课程的相关信息
```

```
60      {
61          switch (j)
62          {
63              case 0:  printf("    MT   "); break;
64              case 1:  printf("    EN   "); break;
65              case 2:  printf("    PH   "); break;
66          }
67          for (i = 0; i < n; i++)                     // 输出第 j 门课中 n 个学生的成绩
68          {
69              printf("%6d", score[i][j]);
70          }
71          printf("%6d%6.1f \n", sum[j], aver[j]);     // 输出每门课程的总分、平均分
72      }
73  }
```

程序的运行结果如下：

```
Please enter the total number of the students(n<=30):4↙
Enter No. and score as: MT  EN  PH
99001  97  87  92↙
99002  92  91  90↙
99003  90  81  82↙
99004  85  80  75↙
Result:
     Course    99001    99002    99003    99004      SUM    AVER
         MT       97       92       90       85      364    91.0
         EN       87       91       81       80      339    84.8
         PH       92       90       82       75      339    84.8
```

6.5 字符数组

6.5.1 字符数组与字符串的关系

字符串（character string）是由若干有效字符构成且以字符'\0'作为结束标志的一个字符序列。字符串常量是用一对“""”括起来的一串字符，如"China"。其中，'\0'作为字符串的结束标志，在这里可不显式写出，C 编译程序自动在其尾部添加字符'\0'。

C 语言只提供了字符数据类型，没有提供字符串数据类型，C 语言中的字符串是通过字符数组来实现的，所有表示字符串的字符数组的最后一个元素都是空字符（ASCII 值为 0 的字符'\0'）。对一个字符串的访问则是通过指向字符串中第一个字符的指针来实现的。一个字符串的值就是它的第一个字符的地址。因此，在 C 语言中，字符串其实就是指向字符串首个字符的指针。在这个意义上，字符串很像数组，因为数组名也是指向其首个元素的指针。

例如，可以将一个字符串放到一个一维字符数组中，将多个字符串放到一个二维字符数组中。当定义一个字符数组来存储字符串时，这个数组必须足够大，以便能存储下字符串中的字符和字符串结束符。在用二维字符数组存储多个字符串时，应保证二维字符数组的列数足够大，以便能容纳得下最长的那个字符串。打印一个不包含字符串结束符的字符串，将导致字符串后边的字符也被持续地打印出来，直到遇到一个空字符为止。每个字符串在内存中

都占用一段连续的存储空间，而且这段连续的存储空间有唯一确定的首地址。如果它只是一个字符串常量，那么这个字符串常量本身代表的就是该字符串在内存中所占连续存储单元的首地址；如果用一个一维字符数组存储字符串，那么这个一维字符数组的名字就代表这个首地址。

将字符串赋值给字符数组有如下两种方法。

1. 用字符型数据对数组进行初始化

因为字符数组是由字符组成的数组，所以可用字符型数据对数组进行初始化。其初始化方法与 6.2.3 节介绍的数组初始化方法一样，即把所赋初值依次放在一对花括号内。例如，字符数组 char str[6] = {'C','h','i','n','a','\0'}赋初值后，其存储结构如图 6-9 所示。

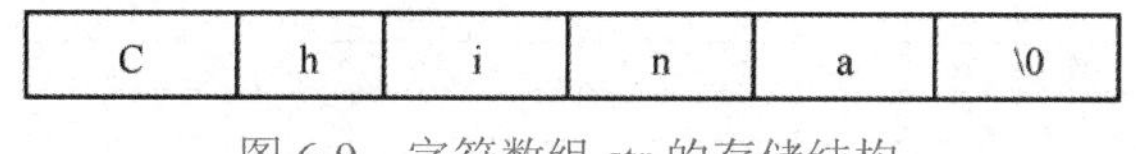

C	h	i	n	a	\0

图 6-9　字符数组 str 的存储结构

字符数组 str 有 6 个元素，但其存储的字符串长度为 5，这是因为字符串结束标志'\0'也占用 1 字节的内存，但它不计入字符串的实际长度。因此，在定义字符数组长度时，除了要考虑字符串中的实际字符个数，还必须多留出 1 字节的存储单元，以便存放'\0'。

若省略对数组长度的声明，如对于“char str1[] = {'C','h','i','n','a','\0'}”，则系统默认 str1 数组长度为 6，而对于“char str2[] = {'C','h','i','n','a'}”，则系统默认 str2 数组长度为 5。由于初始化列表的末尾没有字符串结束标志'\0'，也没有多余的空间供系统自动添加字符串结束标志'\0'，因此这时定义的 str2 仅仅是一个长度为 5 的字符数组，不能把它当作字符串来使用。由此可见，一个字符型一维数组并不一定是一个字符串，只有当字符型一维数组中的最后一个元素值为'\0'时，它才构成字符串。所以，按上面这种方式给字符数组赋初值时，必须人为地加入'\0'，才能将其作为字符串来使用。

2. 用字符串常量直接对数组初始化

C 语言允许用字符串常量直接初始化一个字符数组。例如，“char str[6] = {"China"}”也可省略“{}”，直接写成“char str[6] = "China"”。这时，数组定义的长度应大于或等于字符串中包括'\0'在内的字符个数。而如下语句

```
char  str[5] = {"China"};
```

是不正确的。因为存储字符串"China"至少需要 6 字节的存储单元，当长度声明为 5 时，将会因存储空间不够而无处存放'\0'，从而使系统无法将 str 按字符串来处理。

【编码规范和编程实践】 为了用字符数组来存储长度为 N 的字符串，数组长度至少定义为 $N+1$，其中前 N 个元素用于存放字符串的 N 个实际字符，而最后一个元素用于存放字符串结束标志。

在定义数组时，若省略长度声明，则编译程序将自动按初始化列表内提供的初始值个数定义数组长度。例如：

```
    char str[] = {"China"};
或  char str[] = "China";
```

由于"China"是字符串常量，系统自动在其尾部加入'\0'，因此系统默认数组 str 的长度为 6。

对于用二维字符数组存放多个字符串的情形，第二维的长度不能省略，应按最长的字符

串长度设定，第一维的长度代表要存储的字符串的个数，可以省略。例如：

```
char weekday[7][10] = {"Sunday", "Monday", "Tuesday", "Wednesday", "Thursday", "Friday", "Saturday"};
```

也可以写为

```
char weekday[][10] = {"Sunday", "Monday", "Tuesday", "Wednesday", "Thursday", "Friday", "Saturday"};
```

但不可以写成如下语句，因为定义二维数组时第二维的长度声明不能省略：

```
char weekday[][] = {"Sunday", "Monday", "Tuesday", "Wednesday", "Thursday", "Friday", "Saturday"};
```

数组 weekday 初始化后的结果如图 6-10 所示。数组 weekday 的每行都有 10 个元素，当初始化字符串长度小于 10 时，系统自动为其后的元素赋初值'\0'。

S	U	n	d	a	y	\0	\0	\0	\0
M	O	n	d	a	y	\0	\0	\0	\0
T	U	e	s	d	a	y	\0	\0	\0
W	E	d	n	e	s	d	a	y	\0
T	H	u	r	s	d	a	y	\0	\0
F	R	i	d	a	y	\0	\0	\0	\0
S	A	t	u	r	d	a	y	\0	\0

图 6-10　数组 weekday 初始化后的结果

6.5.2　字符数组的输入/输出

在定义字符数组 str 以后，可以有三种方法对其进行输入、输出操作。

（1）按 c 格式符一个字符一个字符地单独输入、输出

若已知字符串的实际长度，则可以使用如下方法进行字符串的输入、输出：

```
for (i = 0; i < 10; i++)                // 不建议使用的字符数组输入方式
{
    scanf("%c", &str[i]);
}
for (i = 0; i < 10; i++)                // 不建议使用的字符数组输出方式
{
    printf("%c", str[i]);
}
```

由于字符串结束标志'\0'能够标志字符串的结束，因此可用于字符串的输出操作。输出时，依次检查取出的每个元素 str[i]是否为'\0'，否则继续输出；若是，则停止输出。例如：

```
for (i = 0; str[i] != '\0'; i++)       // 建议使用的字符串输出方式
{
    printf("%c", str[i]);
}
```

这种方法使用非常灵活，无论字符串中的实际字符个数是已知还是未知，都很方便。

（2）按 s 格式符将字符串作为一个整体输入、输出

例如，字符串输入用

```
scanf("%s", str);
```

而字符串输出用

```
printf("%s", str);
```

用 scanf()函数按 s 格式符输入一个字符串时，必须注意以下三点：

① 因为字符数组名本身代表该数组存放的字符串的首地址，所以用 scanf 语句的%s 格式输入字符串时，字符数组名的前面不能再加取地址运算符，其后也不需用方括号指出数组元素的下标。

② 因为要在保存到字符数组中的字符串末尾添加一个字符串结束标志，所以在定义字符数组的大小时，要为字符串结束符预留 1 字节的存储单元，定义的字符数组的大小要比实际存储的字符串的长度大 1 字节。当然，在用户输入字符串时，也要确保输入的字符串长度不超过数组所能容纳的字符串的长度，否则将会出现缓冲区溢出。

③ 因为 scanf()函数不断地接收用户从键盘输入的字符，并将其保存到字符数组中，直到接收到的字符是一个空格、回车换行符、制表符（Tab）或文件结束符 EOF（End-Of-File）为止，所以空格、回车换行符或制表符（Tab）作为按%s 格式输入字符串的分隔符，不能被读入，在输入中遇到这些空白字符时，系统认为字符串输入结束。

例如，执行语句

```
scanf("%s", str);
```

后，若从键盘输入

```
Hello China!
```

则实际输入到数组 str 中的字符串为"Hello"，而不是"Hello China!"。

（3）用字符串处理函数 gets()或 puts()输入/输出一个字符串

gets()和 puts()函数是 C 语言提供的标准输入/输出函数。因此，在使用这两个函数时，应在程序的开头处加上文件包含编译预处理命令：

```
#include <stdio.h>
```

gets()函数用于从键盘输入一个字符串（包括空格符），并保存到“()”中的参数所代表的存储单元中，函数的返回值为字符串的首地址。puts()函数用于从“()”中的参数给出的地址开始，依次输出存储单元中的字符，当遇到第一个'\0'时输出结束，并且自动输出一个换行符。

【编码规范和编程实践】 当 scanf()函数按%d 输入数字或按%s 输入字符串时，忽略空格、换行符或制表符等空白字符。当读到这些字符时，系统认为读入结束，因此 scanf() 函数不能输入带空格的字符串。gets()函数将空格和制表符都视为字符串的一部分，因此允许输入带空格的字符串。此外，这两个函数在输入字符串时对换行符的处理也是不同的，用 gets()函数输入字符串时，空格和制表符都是字符串的一部分，同时将换行符从缓冲区读走，但换行符不作为字符串的一部分，而作为字符串的终止符。scanf()函数在读取一个字符串时不读走换行符，换行符仍留在缓冲区中，所以在其后再输入字符型数据时，须先使用 getchar()或 scanf(" ")将留在缓冲区中的换行符读走。

6.5.3 字符串处理函数

C 语言提供了大量与字符串处理操作有关的库函数，应用这些函数可以使用户对字符串的操作更简单方便。几种常用的字符串处理函数如表 6-2 所示。需要指出的是，在使用这些函数时，必须在程序的开头用编译预处理命令行指定包含的头文件 string.h，即在使用这些函数时，应在程序的开始处加上文件包含编译预处理命令“#include <string.h>”。

表 6-2　几种常用的字符串处理函数

函数功能	函数的一般形式	功能描述及其说明
求字符串长度	strlen(字符串);	函数返回计算的字符串的实际长度，即不包括'\0'在内的实际字符的长度
字符串复制	strcpy(字符数组 1,字符串 2);	将字符串 2 复制到字符数组 1 中，应确保字符数组 1 足够大以便存储字符串 2。函数调用后返回字符数组 1 的首地址
字符串比较	strcmp(字符串 1,字符串 2);	比较字符串 1 和字符串 2 的大小，结果分为三种情况：当字符串 1 大于字符串 2 时，函数返回值大于 0；当字符串 1 等于字符串 2 时，函数返回值等于 0；当字符串 1 小于字符串 2 时，函数返回值小于 0。 字符串比较的方法为：对两个字符串从左至右按字符的 ASCII 码值大小逐个字符进行比较，直到出现不同的字符或遇到'\0'为止。也就是说，比较时，当出现第一对不相等的字符时，由这两个字符决定所在字符串的大小
字符串连接	strcat(字符数组 1,字符串 2);	将字符串 2 追加到字符数组 1 中的字符串末尾，结果存放在字符数组 1 中，字符串 2 的第一个字符覆盖字符数组 1 的字符串结束符。函数调用后返回字符数组 1 的首地址。应确保字符数组 1 定义得足够大，以便能存放连接后的字符串

下面对这几个函数的用法举例说明。例如：

```
char  str[] = "China";
printf("%d", strlen(str));
```

输出结果是 5。再如：

```
char  str1[10] = "Hello", str2[] = "China";
printf("%s", str1);                        // 输出结果为"Hello"
strcpy(str1, str2);
printf("%s", str1);                        // 输出结果为"China"
```

执行语句“strcpy(str1, str2);”前的输出结果为 Hello，而执行该语句后的输出结果为 China。

例如，strcmp("computer","compare")的函数值大于 0，表示"computer"> "compare"。因为'\0'的 ASCII 值为 0，是 ASCII 表中 ASCII 值最小的，所以若一个字符串是另一个字符串的子串，即字符串中前面的字符都相同，那么，短的字符串一定小于长的字符串。例如，strcmp("Hello", "Hello China")的函数值小于 0，表示"Hello"<"Hello China"。再如：

```
char  str1[20] = "Hello", str2[] = "China";
printf("%s", strcat(str1, str2));          // 输出结果为"HelloChina"
printf("%s", str1);                        // 输出结果仍为"HelloChina"
```

6.5.4　应用实例

【例 6-9】 从键盘输入一行字符并统计其中有多少单词。假设单词之间以空格分开。

问题分析：在一个句子中，一个新单词出现的特征是：当前字符不是空格，而前一字符是空格。根据这一特征，可以判断是否有新单词出现，当有新单词出现时就将计数器加 1。需要注意的是第一个单词前面通常没有空格，因此需要单独处理。编写程序如下：

```
1    #include <stdio.h>
2    int CountWords(char str[]);
3    int main(void)
4    {
5        char  str[20];
6        printf("Input a string:");
7        gets(str);
8        printf("Numbers of words = %d\n", CountWords(str));
```

```
9       return 0;
10   }
11   int CountWords(char str[])
12   {
13       int  i, num;
14       num = (str[0] != ' ') ? 1 : 0;
15       for (i = 1; str[i] != '\0'; i++)
16       {
17           if (str[i] != ' ' && str[i-1] == ' ')
18           {
19               num++;
20           }
21       }
22       return num;
23   }
```

程序的运行结果如下：

```
Input a string: How are you↙
Numbers of words = 3
```

【例 6-10】 从键盘任意输入 5 个学生的姓名，编程找出并输出按字典顺序排在最前面的学生姓名。

问题分析：一个学生姓名就是一个字符串，因此应该用字符数组来存储，而字典顺序就是将字符串按由小到大顺序排列，因此找出按字典顺序排在最前面的学生姓名，实际上就是要找出最小的字符串。编写程序如下：

```
1    #include <stdio.h>
2    #include <string.h>
3    #define      ARRA_SIZE     80              // 字符串最大长度
4    int main(void)
5    {
6        int  n;
7        char  str[ARRA_SIZE], min[ARRA_SIZE];
8        printf("Please enter five names:\n");
9        gets(str);                           // 输入一个字符串
10       strcpy(min, str);                    // 将其作为最小字符串保存
11       for (n = 1; n < 5; n++)
12       {
13           gets(str);                       // 每次输入一个字符串
14           if (strcmp(str, min) < 0)        // 比较两个字符串的大小，若 str 较小
15           {
16               strcpy(min, str);            // 则将字符串 str 复制给 min
17           }
18       }
19       printf("The min is:");
20       puts(min);                           // 输出最小字符串 min
21       return 0;
22   }
```

程序的运行结果如下：

```
Please enter five names:
Wang Gang↙
Li Ning↙
Zhou Yu↙
Liu Li↙
Deng MeiMei↙
The min is: Deng MeiMei
```

【编码规范和编程实践①】 赋值运算符只能用于单个字符的赋值操作，不能用于字符串的赋值操作。字符串赋值只能使用函数 strcpy()。

例如，本例中，使用赋值运算符将字符串 str 赋值给 min，如 min=str，是错误的。

【编码规范和编程实践②】 关系运算符（>，<，>=，<=，==，!=）只能用于字符大小的比较，不能用于字符串大小的比较。字符串大小比较只能使用函数 strcmp()。

例如，本例中，若直接使用关系运算符比较字符串的大小，如 if(str < min)，则是错误的。

gets()、scanf()、strcpy()函数等不限制字符串长度，不对数组下标越界进行检查和限制，易导致有用的堆栈数据被覆盖，从而引起缓冲区溢出，给黑客攻击以可乘之机。因此，应使用更为安全的能限制字符串长度的函数，如 n 族字符串处理函数（如表 6-3 所示）和 fgets()函数等。

表 6-3　n 族字符串处理函数

函数功能	函数的一般形式	功能描述及其说明
字符串复制	strncpy(字符数组 1, 字符串 2, n);	将字符串 2 的至多 n 个字符复制到字符数组 1 中。函数调用后返回字符数组 1 的首地址。应确保字符数组 1 足够大以便存储字符串 2
字符串比较	strcnmp(字符串 1, 字符串 2, n);	将字符串 1 中至多 n 个字符和字符串 2 进行比较。比较结果分为三种情况：当字符串 1 大于字符串 2 时，函数返回值大于 0；当字符串 1 等于字符串 2 时，函数返回值等于 0；当字符串 1 小于字符串 2 时，函数返回值小于 0 字符串比较的方法为：对两个字符串从左至右按字符的 ASCII 码值大小逐个字符进行比较，直到出现不同的字符或遇到'\0'为止。也就是说，比较时，当出现第一对不相等的字符时，由这两个字符决定所在字符串的大小
字符串连接	strncat(字符数组 1, 字符串 2, n);	将字符串 2 中至多 n 个字符追加到字符数组 1 中字符串末尾，字符串 2 的第一个字符将覆盖字符数组 1 的字符串结束符，结果字符串存放在字符数组 1 中。如果字符串 2 中的字符串长度小于 n 个字符，则将'\0'加到字符数组 1 的字符串的末尾，直到满足 n 个字符为止。如果字符串 2 中的字符串长度大于 n 个字符，则结果字符串没有用'\0'结尾，将出现错误。函数调用后返回字符数组 1 的首地址。应确保字符数组 1 定义得足够大，以便能存放连接后的字符串

例如，输入字符串可采用

```
fgets(buf, sizeof (buf), stdin);
```

fgets()函数将在第 10 章介绍，能限制待处理字符串长度的 n 族字符串处理函数详见附录 F。

strncpy()函数与 strcpy()函数的功能是等价的，只不过 strncpy()函数指定了字符串中要被复制到数组中的字符的个数。注意：对于 strncpy()函数，第二个实参中的字符串结束符'\0'不一定会被复制过去。仅当要复制的字符个数 n 大于要复制的字符串 2 的长度时，才会将字符串结束符'\0'复制到字符数组 1 中。

strcmp()或 strncmp()函数返回的正数或负数具体是什么，与编译器有关。对于有些编译器（如 Visual C++和 GNU gcc），返回值是 1 或-1；对于有些编译器（如 Xcode 的 LLVM），返回值是两个字符串中首个相异字符之间的 ASCII 值的差。

此外，在已知要复制字符串的长度时，memcopy()函数比 strcpy()函数效率更高。将一个数组元素值全部初始化为 0 时，memset()函数比使用循环语句来逐个对数组元素进行赋值的效率更高。关于 memcopy()、memset()等内存操作函数的使用方法见附录 F。

本章小结

本章首先介绍了数组这种构造数据类型，在什么情况下使用数组数据类型，以及向函数传递一维数组和二维数组的方法，并且详细说明了用数组名作为函数实参和用简单变量作为函数实参的不同之处；其次，围绕学生成绩管理等应用实例，介绍了一些常用算法，如排序、查找和求最大值等。

数组的一个重要应用是用数组作为函数参数。当数组作为函数参数使用时，与普通变量作为函数参数的区别在于，传给被调函数的是数组的首地址，而不是全部的数组元素值。此时，被调函数中对形参数组的操作实际上就是对实参数组的操作，若发生修改，则修改的是实参数组的内容。

数组最常见的应用是使用字符数组。例如，数据库的交互处理程序接收用户输入的口令要存于字符数组中。对字符串进行处理（如复制、比较、连接等）必须使用字符串处理函数。

本章常见的编程错误如表 6-4 所示。

表 6-4　本章常见编程错误列表

错误描述	错误类型
没有意识到数组的下标都是从 0 开始的，导致在访问数组元素时发生下标“多 1”或“少 1”的操作，引发越界访问内存错误	运行时错误
使用变量而非整型常量或整型常量表达式来定义数组的长度	编译错误
用 a[x, y]而不是 a[x][y]的形式来访问一个二维数组的元素	运行时错误
混淆“数组的第 1 个元素”和“数组元素 1”这两个概念。因为数组下标是从 0 开始计算的，所以数组的第 1 个元素的下标是 0，而数组元素 1 是指数组元素的下标为 1，即数组的第 2 个元素	概念错误
忘记对需要进行元素初始化的数组进行初始化	运行时错误
在对数组元素进行初始化的语句中，提供的初值个数多于数组所能容纳的元素个数	编译错误
没有定义一个足够大的字符数组来保存字符串结束标志'\0'	运行时错误
打印一个不包含字符串结束标志'\0'的字符串	运行时错误
用形如 for(i=0; i<n; i++)的方式读取字符串，容易发生读取结果错误。应该使用形如 for(i = 0; str[i] != '\0'; i++)的方式读取字符串	运行时错误
直接使用赋值运算符对字符串赋值	编译错误
直接使用关系运算符比较字符串大小	运行时错误
在用 scanf()或 gets()函数输入一个字符串时，没有提供空间足够大的字符数组来接收用户从键盘输入的字符串，即用户从键盘输入的字符个数可能超过字符数组所含元素个数，将导致程序中的数据被破坏，并使得系统易受到蠕虫等计算机病毒的攻击	运行时错误
用一对“'”将一个字符串括起来	编译错误
用一对“"”将一个字符常量括起来，将会产生一个指向包含两个字符的字符串的指针。其中第二个字符为字符串结束标志'\0'	运行时错误
用数组作为函数形参时，函数调用语句中的实参数组名后跟着一对“[]”	编译错误
按照函数声明语句的形式书写函数调用语句，即在函数调用语句中书写参数的类型和函数返回值的类型	编译错误
把字符当作实参去调用形参是字符数组的函数	编译错误
把字符串当作实参去调用形参是字符型变量的函数	编译错误
误以为在函数中定义的静态（static）局部数组中的元素，每次函数调用时都会被初始化为零	概念错误
函数原型、函数定义的头部和函数调用语句三者，在形参和实参的数量、类型和顺序，以及返回值的类型上没有严格保持一致	编译错误

习 题 6

6.1 选择题。

(1) 以下能将外部一维数组 a（含有 10 个元素）正确初始化为 0 的语句是______。

A）int a[10] = (0,0,0,0,0); B）int a[10] = {};

C）int a[10] = {0}; D）int a[10] = {10*1};

(2) 以下能对外部二维数组 a 进行正确初始化的语句是______。

A）int a[2][] = {{1,0,1},{5,2,3}}; B）int a[][3] = {{1,2,1},{5,2,3}};

C）int a[2][4] = {{1,2,1},{5,2},{6}}; D）int a[][3] = {{1,0,2},{},{2,3}};

(3) 若二维数组 a 有 m 列，则在 a[i][j]之前的元素个数为______。

A）j*m+i B）i*m+j C）i*m+j-1 D）i*m+j+1

(4) 已知有语句 “static int a[3][4];”，则数组 a 中各元素______。

A）可在程序运行阶段得到初值 0 B）可在程序编译阶段得到初值 0

C）不能得到确定的初值 D）可在程序的编译或运行阶段得到初值 0

(5) 判断字符串 s1 是否大于字符串 s2，应当使用______。

A）if (s1 > s2) B）if (strcmp(s1, s2))

C）if (strcmp(s2, s1) > 0) D）if (strcmp(s1, s2) > 0)

(6) 若用数组名作为函数调用时的实参，则实际上传递给形参的是______。

A）数组的首地址 B）数组的第一个元素值

C）数组中全部元素的值 D）数组元素的个数

(7) 在函数调用时，以下说法中正确的是______。

A）在 C 语言中，实参与其对应的形参各占独立的存储单元

B）在 C 语言中，实参与其对应的形参共占同一个存储单元

C）在 C 语言中，只有当实参与其对应的形参同名时，才共占同一个存储单元

D）在 C 语言中，形参是虚拟的，不占存储单元

(8) C 语言中形参的默认存储类别是______。

A）自动（auto） B）静态（static）

C）寄存器（register） D）外部（extern）

(9) C 语言规定，当简单变量作为实参时，它与对应形参之间数据的传递方式为______。

A）地址传递 B）单向值传递

C）由实参传给形参，再由形参传回给实参 D）由用户指定传递方式

(10) 下列说法中正确的是______。

A）用数组名作为函数参数时，修改形参数组元素值会导致实参数组元素值的修改

B）在声明函数的二维数组形参时，通常不指定数组的大小，而用其他形参来指定数组的大小

C）在声明函数的二维数组形参时，可省略数组第二维的长度，但不能省略数组第一维的长度

D）用数组名作为函数参数时，是将数组中所有元素的值赋值给形参

(11) 下列说法中错误的是______。

A）C 语言中的二维数组在内存中是按列存储的

B）在 C 语言中，数组的下标都是从 0 开始的

C）在 C 语言中，不带下标的数组名代表数组的首地址

D）C89 规定，不能使用变量定义数组的大小，但是在访问数组元素时在下标中可以使用变量

或表达式

（12）下列说法中错误的是______。

A）字符数组可以存放字符串

B）字符数组中的字符串可以进行整体输入/输出

C）可以在赋值语句中通过赋值运算符“=”对字符数组进行整体赋值

D）指向字符数组中第一个字符的地址就是指向字符数组中字符串的地址

6.2 阅读程序，按要求在空白处填写适当的表达式或语句，使程序完整并符合题目要求。

（1）如下函数的功能是删除字符串 s 中所出现的与变量 c 相同的字符。

```
void  Squeeze(char s[], char c)
{
    int  i, j;
    for (i = j = 0; ____①____; i++)
    {
        if (s[i] != c)
        {
            ____②____;
            j++;
        }
    }
    s[j] = '\0';
}
```

（2）下面函数 MyStrcmp()实现函数 strcmp()的功能，比较两个字符串 s 和 t，然后将两个字符串中第一个不相同字符的 ASCII 值之差作为函数值返回。

```
int MyStrcmp(char s[], char t[])
{
    int  i;
    for (i = 0; s[i] == t[i]; i++ )
    {
        if (s[i] == ____①____)
            return 0;
    }
    return (____②____);
}
```

6.3 输入 5×5 阶的矩阵，编程计算：（1）两条对角线上各元素之和。（2）两条对角线上行、列下标均为偶数的各元素之积。

提示：对满足(i==j) || (i+j==4)的元素求和，对满足((i==j) || (i+j==4)) &&(i%2==0) && (j%2==0)的元素求积。

6.4 编程打印如下形式的杨辉三角形。

```
1
1  1
1  2   1
1  3   3   1
1  4   6   4   1
1  5   10  10  5   1
```

提示：用二维数组存放杨辉三角形中的数据，这些数据的特点是：第0列全为1，对角线上的元素全为1，其余左下角元素 a[i][j] = a[i-1][j-1] + a[i-1][j]，用数组元素作为函数参数编程实现计算，并存放这些元素的值。

6.5　用二维数组作为函数参数，利用公式 $c_{ij}=a_{ij}+b_{ij}$ 计算 $m\times n$ 阶矩阵 $\boldsymbol{A}$ 和 $m\times n$ 阶矩阵 $\boldsymbol{B}$ 之和，a_{ij} 为矩阵 $\boldsymbol{A}$ 的元素，b_{ij} 为矩阵 $\boldsymbol{B}$ 的元素，c_{ij} 为矩阵 $\boldsymbol{C}$ 的元素（$i=1, 2,\cdots, m$；$j=1, 2,\cdots, n$）。

*6.6　利用公式 $c_{ij}=\sum_{k=1}^{n} a_{ik}*b_{kj}$ 计算矩阵 $\boldsymbol{A}$ 和矩阵 $\boldsymbol{B}$ 之积，a_{ij} 为 $m\times n$ 阶矩阵 $\boldsymbol{A}$ 的元素（$i=1, 2, \cdots, m$；$j=1, 2,\cdots, n$），b_{ij} 为 $n\times m$ 阶矩阵 $\boldsymbol{B}$ 的元素（$i=1, 2,\cdots, n$；$j=1, 2,\cdots, m$），c_{ij} 为 $m\times m$ 阶矩阵 $\boldsymbol{C}$ 的元素（$i=1, 2,\cdots, m$；$j=1, 2,\cdots, m$）。

提示：用二维数组元素作为函数参数编程实现矩阵相乘。在 i 和 j 的二重循环中，设置 k 的循环，进行累加和运算 c[i][j]=c[i][j]+term，累加项为 term=a[i][j]*b[i][j]，注意，c[i][j]要在 k 循环体外的前面赋初值 0。

6.7　输入一行字符，统计其中的英文字符、数字字符、空格及其他字符的个数。

6.8　编写一个函数 Inverse( )，实现将字符数组中的字符串逆序存放的功能。

提示：有两种方法。① 用数组 a 存放逆序存放前的数组元素，用数组 b 存放逆序存放后的数组元素。② 用一个数组实现逆序存放。借助于一个中间变量 temp，将数组中首尾对称位置的元素互换。i 指向数组首部的元素，从 0 依次加 1 变化；j 指向数组尾部的元素，从 n−1 依次减 1 变化；当变化到 i>j 时结束元素互换操作。

6.9　不用函数 strcat( )，编程实现字符串连接函数 strcat()的功能，将字符串 srcStr 连接到字符串 dstStr 的尾部。

提示：用 i 和 j 分别作为字符数组 srcStr 和字符数组 dstStr 的下标，先将 i 和 j 同时初始化为 0，然后移动 i 使其位于字符串 dstStr 的尾部，即字符串结束标志处，再将字符数组 srcStr 中的字符依次复制到字符数组 dstStr 中。

第 7 章　指　针

📖 内容关键词

- ✍ 指针数据类型，指针变量的定义、初始化和引用
- ✍ 用指针变量作为函数参数，传地址调用
- ✍ 指针数组，带参数的 main()函数
- ✍ 函数指针
- ✍ 动态内存分配函数，动态数组

📖 重点与难点

- ✍ 对指针概念的理解
- ✍ 用指针变量与用简单变量作为函数参数的本质区别
- ✍ 通过字符数组和字符指针对字符串进行复制、比较等操作
- ✍ 指针和数组之间的联系，指向数组的指针与指针数组的区别

📖 典型实例

- ✍ 两数交换，计算学生成绩最高分，成绩按任意顺序排序，字符串的排序

7.1　指针概述

7.1.1　指针的概念

话说《西游记》中的齐天大圣孙悟空，为了寻一件称手的兵器，大闹东海龙宫，终寻得定海神针如意金箍棒，成为其降妖除魔的一把利器。C 语言中也有这样的利器，它就是指针。

指针（pointer）是 C 语言提供的一种特殊而又非常重要的数据类型。联合使用指针和结构体（第 8 章介绍）这两种数据类型可以有效地表示许多复杂的数据结构，如队列（queue）、堆栈（stack）、链表（linked table）、树（tree）、图（graph）等。要正确理解指针的概念并正确地使用指针，需要先要搞清楚以下几个与指针相关的概念和问题。

从本章开始，C 语言的学习就要进入深水区了，这个阶段的学习也许是痛苦的，但它是你成长所必经的过程，坚持，你一定能成为自己的英雄！

1．变量的地址和变量的值

程序是由数据和指令组成的，而数据和指令在执行过程中是存储在计算机内存中的，变量是程序数据中的一种，因此变量也存储在内存中。

为了便于内存管理，内存中的每字节都有唯一的编号，即内存地址。内存地址的编码方式与操作系统有关，在 32 位计算机上，内存地址编码是 32 位，从 0x00000000 到 0xFFFFFFFF，最多支持 2^{32} 字节（4 GB）的内存。任何数据存储到内存中的过程都需要记录两条信息，一是分配的内存空间的首地址，二是分配的内存空间的大小。

这个过程类似给学生分配寝室的过程。首先，需要知道这个学生是什么类别。如果该学生是本科生，那么入住 6 人间，也就是说，该学生占用了 1/6 个房间；若该学生是博士生，则入住两人间，即占 1/2 个房间。然后为该学生分配一个满足上述条件的具体的寝室，如 A7 公寓 304 室，这就是该学生所在的地址，这样就完成了为这个学生分配寝室的过程。编译器为某种类型的变量分配内存空间也是如此，首先根据程序中定义的变量类型确定其所占内存空间的大小，然后返回分配的内存空间的首地址，作为该变量的地址（address），在变量所占存储单元中存放的数据称为变量的值（value）。如果在定义变量时未对变量进行初始化，那么变量的值是随机不确定的，即乱码。

2．直接寻址和间接寻址

如果变量的值已经存储于内存中，那么如何使用它呢？对变量的访问有两种方式：直接寻址和间接寻址。直接寻址（direct addressing），顾名思义，就是直接访问变量的值，使用变量名或使用变量的地址都可直接引用变量的值。

变量的地址	变量的内容	变量名
&a=0023FF74	变量a的低位字节	a
0023FF75	变量a的高位字节	

图 7-1　直接寻址

例如，程序中有如下变量定义语句：

```
short int  a = 10;
```

假设编译器在编译程序时为短整型变量 a 分配了 2 字节的存储单元，如图 7-1 所示。

由于程序运行时变量 a 被初始化为 10，因此变量 a 的当前值是 10，也可用变量名 a 表示变量的值。这种直接按变量名来存取变量值的访问方式最常见，也最简单。而用地址访问就必须知道变量的地址，需要使用取地址运算符（address operator）“&”来获取变量的地址。

例如，我们可以用&a 表示变量 a 在内存中所占存储单元的首地址，而无须关心该地址的具体值是多少。如果通过 p = &a 赋值操作，将变量 a 的地址赋值给另一个变量 p，那么我们就获得了另外一种访问变量 a 的方法，即通过先访问变量 p 获得变量 a 的地址值，再到该地址值代表的存储单元中去访问变量 a。当然，这里的变量 p 不是普通类型的变量，是一种特殊类型的变量，即指针类型的变量，简称为指针变量。

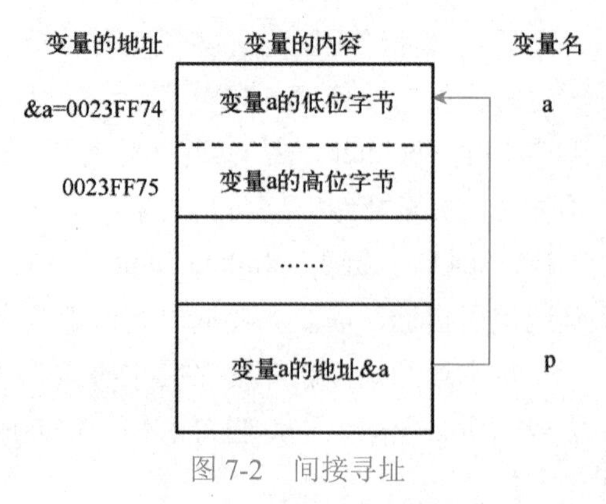

图 7-2　间接寻址

指针变量是 C 语言专门用于存放地址型数据的变量。这种通过指针变量间接存取它所指向的变量值的访问方式称为间接寻址（indirect addressing），如图 7-2 所示。间接寻址就是通过其他变量来获取要访问变量的地址，再进行访问。

这个概念很抽象，我们不妨用一个例子来类比。我们到某个宾馆找甲，如果知道甲的房间号，就可以直接找到甲。但是，如果不知道甲的房间号，而甲告诉我们，宾馆的前台服务员知道他住在哪儿，那么我们就可以先找到前台服务员，由前台服务员告诉我们，甲住在304房间，这样就找到了甲。这里，前台服务员相当于指针变量，而甲是指针变量中存储的地址所对应的变量。

3. 通过指针变量访问它指向的变量的值

C语言提供了两个单目运算符“&”和“*”，可以方便地实现有关地址和指针的运算。

取地址运算符“&”用于得到变量的地址。例如，在前面的例子中，&a就代表取变量a的地址，如下语句将a的地址值赋值给指针变量p：

```
p = &a;
```

当指针变量p中存储了变量a的地址时，我们就称指针变量p指向了变量a。在32位计算机中，由于地址是32位的，因此要用指针变量保存地址就需要占用4字节的存储空间。

为了得到一个指针所指对象的内容，可以用“*”运算符放在指针变量前，以实现通过指针变量间接访问它所指向的存储单元的目的，“*”称为指针运算符（pointer operator），也称为间接寻址运算符（indirection operator）或解引用运算符（dereference operator），它返回其操作数（即一个指针）所指向的对象的值。

例如，在图7-2中，假设指针变量p已指向了变量a，那么通过*p也可以得到指针变量p所指向的变量a的值，输出*p的值和输出a的值是等价的。

以这种方式使用指针运算符“*”称为指针的解引用（dereferencing a pointer）。对指针变量进行解引用时，要求指针已被正确初始化或确认它已指向某个确定的内存单元。

如果一个指针变量没有被初始化（其值将为随机值），就使其指向内存中某个确定的存储单元，对这个指针变量解引用将引起一个致命的运行时错误，或者意外地改写内存中的重要数据，使程序得到一个错误的运行结果。

7.1.2 为什么引入指针的概念

指针之所以重要，原因主要有以下5点：① 指针为函数提供修改变量值的手段；② 指针为C语言的内存动态分配系统提供支持；③ 指针为动态数据结构（如链表、队列、二叉树等）提供支持；④ 指针为实现通用功能的函数提供支持；⑤ 指针可改善某些子程序的效率。

本节仅就第①点进行分析，第②点在7.6节讨论，第③点在第8章讨论，第④点在7.4节讨论，第⑤点在7.2节讨论。从7.1.1节可知，直接寻址和间接寻址的结果是一样的。既然如此，为什么还要“舍近求远”呢？其实，指针变量最重要的作用就是作为函数参数。那么，为什么要用指针变量作为函数参数呢？先让我们来看一个例子。

【例7-1】 从键盘任意输入两个整数，请分析如下程序能否实现两个整数互换的功能。

```
1    #include <stdio.h>
2    void Swap(int x, int y);
3    int main(void)
4    {
5        int  a, b;
6        printf("Please enter a, b: ");
```

```
7       scanf("%d,%d", &a, &b);
8       printf("Before swap: a = %d, b = %d\n", a, b);   // 输出互换前的a、b
9       Swap(a, b);                                      // 调用Swap()试图实现a与b的互换
10      printf("After swap: a = %d, b = %d\n", a, b);    // 输出互换后的a、b
11      return 0;
12  }
13  // 函数功能：试图用整型变量作为函数参数，交换两个整型数x和y的值
14  void  Swap(int x, int y)
15  {
16      int  temp;
17      temp = x;                                        // 执行图7-3(b)中的步骤①
18      x = y;                                           // 执行图7-3(b)中的步骤②
19      y = temp;                                        // 执行图7-3(b)中的步骤③
20  }
```

程序的运行结果如下：

```
Please enter a, b: 15,8↙
Before swap: a = 15, b = 8
After swap: a = 15, b = 8
```

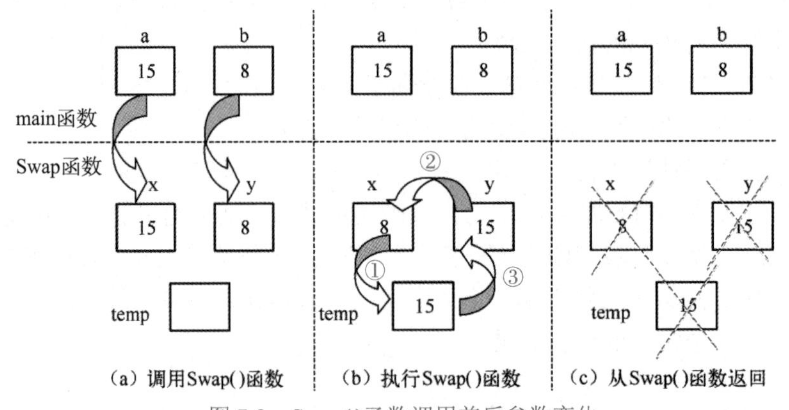

图7-3　Swap()函数调用前后参数变化

从程序的运行结果我们发现，函数Swap()并没有交换a和b的值，这是为什么呢？

下面结合图7-3来分析。在函数main()中执行第一个printf语句时，因为a和b的值是刚刚输入的15和8，所以输出结果为“Before swap: a = 15, b = 8”。执行调用函数Swap()后，先进行如图7-3(a)所示的由实参向形参的“单向值传递”，即将实参a的值传给形参x，将实参b的值传给形参y，然后转去执行函数Swap()。在函数Swap()中，利用中间变量temp将形参x和y的值交换，如图7-3(b)所示，这时形参x和y的值确实交换了；但当函数Swap()执行完毕，程序的控制流程从函数Swap()返回函数main()时，如图7-3(c)所示，由于形参x和y是动态局部变量，离开定义它们的函数Swap()后，分配给它们的存储空间就被释放了，当然保存在变量x和y中的互换结果也就找不到了。这时主函数中实参a和b的值却未发生任何改变，仍然保持原来的值，即a是15，b是8，因此程序执行第二个printf语句的输出结果就是“After swap: a = 15, b = 8”。显然，函数Swap()做了“无用功”。

那么，怎样才能在函数Swap()中真正实现两数互换呢？这里就要用到传递地址的方法了。

由于C语言中函数参数的传递方式是“单向传值”，当用简单变量作为函数实参进行函数

调用时，实参向形参的传值是单向的，实参的值被复制给形参后，对形参值的任何改变都不会影响主调函数中对应的实参值，因此，为了在函数调用后得到修改后的参数值，虽然可以利用 return 语句将其值从被调函数中返回给主调函数，但 return 仅限于从函数返回一个值，当需要得到两个或多个修改了的值时，就要用传递地址值的方法。

一种方法是用数组名作为函数参数，即将数组在内存中的起始地址传给形参，这样做可以得到多个变化的值。这些变化的值存放在实参数组中，它是通过形参数组将其改变的。

如果待修改的数据不多且不是放在一个数组中，那么可以用指针变量作为函数参数。由于指针变量中存放的是某个变量的地址，因此它传给形参的是指针所指向的变量所占存储单元的地址，即不是直接复制变量的值给形参，而是复制了变量的地址给形参，相当于房主配了一把钥匙给房客，房客在得到房间钥匙的同时就获得了修改房间内容的权限。由于实参和形参都表示同一个地址值，相当于它们都指向同一个内存单元，因此在这种情况下，被调函数对形参所指向的存储单元值的任何修改，都可以在主调函数中通过相应的实参来间接读取。

7.1.3 指针变量作为函数参数

1. 如何定义指向某变量的指针

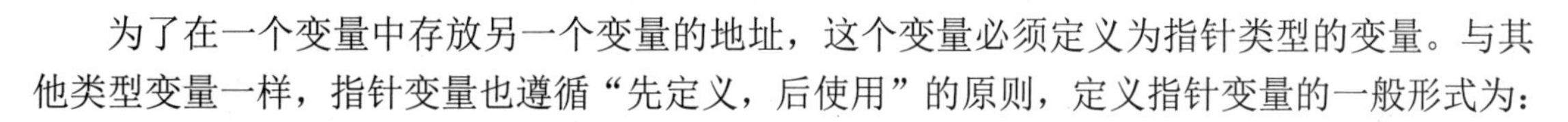

为了在一个变量中存放另一个变量的地址，这个变量必须定义为指针类型的变量。与其他类型变量一样，指针变量也遵循“先定义，后使用”的原则，定义指针变量的一般形式为：

```
类型关键字 *变量名;
```

其中，“类型关键字”用于指定该指针变量可以指向哪一种类型的变量，或者说用哪一种类型的变量的地址对其进行初始化，称为指针的基类型；变量名前的“*”是指针类型说明符，表示定义的是一个指针类型的变量。例如，如下语句定义了两个可以指向整型数据的指针变量 p1 和 p2（也可以简单地称 p1 和 p2 是 int 型指针）：

```
int *p1, *p2;
```

如果将这条变量定义语句写为

```
int *p1, p2;
```

那么，它绝对不是定义了两个整型指针，这里的“*”只对变量定义中的 p1 起作用。用来声明指针变量的“*”不会对一个变量定义语句中的所有变量都起作用。因此，为了防止像上面这样在一个变量定义语句中同时定义指针变量和非指针变量而带来的混淆，在一个变量定义语句中最好只定义一个指针变量。

此外注意，第一条变量定义语句仅仅定义了两个“可以”指向整型数据的指针变量 p1 和 p2，但此时 p1 和 p2 究竟指向哪里，我们并不知道，因为未初始化的指针变量的值是随机不确定的，即乱码。

若要指针变量确定地指向某个变量，则需要对其初始化。例如：

```
int a, b;
int *p1 = &a, *p2 = &b;
```

注意，其中的“*”只是指针类型说明符，不是指针运算符，所以上面这条语句不能理解为将 &a 和&b 的值分别赋值给 p1 和 p2 所指向的变量。事实上，它相当于：

```
int  *p1, *p2;
p1 = &a;
p2 = &b;
```

其含义为：先定义两个可以指向整型数据的指针变量 p1 和 p2，再将整型变量 a 和 b 的地址分别赋值给指针变量 p1 和 p2，这样 p1 和 p2 就分别指向了整型变量 a 和 b。指针变量 p1、p2 和*p1、*p2 以及整型变量 a、b 之间的关系如图 7-4 所示。

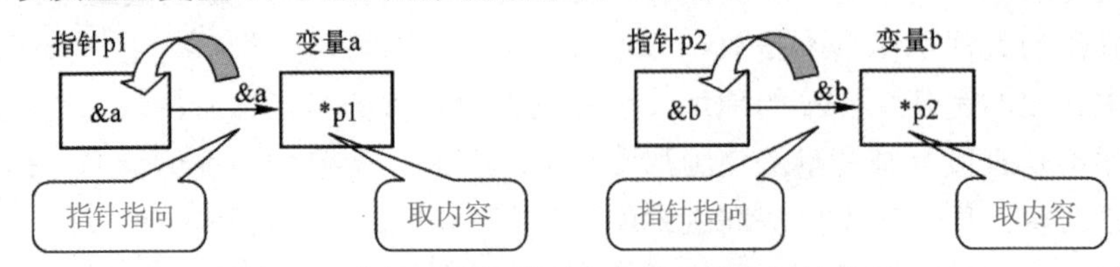

图 7-4　指针变量与其所指向的变量之间的关系

【编码规范和编程实践】 指针变量尽量在定义时进行初始化，以避免后面因为忘记为其赋值而造成对未知内存的非法访问。

因为表达式*p1 引用的是 p1 所指向的变量 a，所以语句

```
*p1 = 10;
```

相当于将整型常量 10 赋值给变量 a，而语句

```
b = *p1;
```

相当于将 p1 所指向的变量 a 的内容赋值给 b。注意：*p1 的类型是 p1 所指向的变量的类型。

再如，表达式&(*p1)的值代表的是变量 a 的地址，而*(&a)引用的是变量 a 的值。

2. 指针变量的特点

指针变量也是一种变量，与其他类型变量有相同之处，如都在内存中占用一定的存储空间，都需“先定义，后使用”等。但指针变量有其特殊性，主要有以下 4 点。

① 指针变量的内容不能是变量的值，只能是变量的地址，而且必须用相同基类型的变量的地址对指针变量进行赋值。

例如，有如下变量定义语句：

```
int  x, *p;
float  y;
```

则如下两种用于指针初始化的赋值语句都是错误的：

```
p = x;                          // 错误，指针 p 的内容应为地址值
p = &y;                         // 错误，必须用相同基类型的变量的地址对指针赋值
```

正确的初始化语句应为

```
p = &x;
```

② 指针变量必须初始化后才能使用，不要使用未初始化的指针（uninitialized pointer），否则指针所指向的存储单元是未知和不确定的。使用未初始化的指针是一个非常严重的错误。

如下面程序所示，在不知道指针变量究竟指向哪里的情况下，如果直接对它所指向的存储单元进行写操作，则会因为非法内存访问而使程序异常终止。这就像你手中握着枪但枪口尚未对准敌人或靶子就开枪射击一样危险。指针的强大在于它可以指向内存的任何地方，并

且可以通过它修改那个地方的值，但是其危险性也正源于此。

```c
1   // 错误程序
2   #include <stdio.h>
3   int main(void)
4   {
5       int  x = 10, *p;                    // 错误，指针变量 p 未初始化，不知道 p 指向哪里
6       *p = x;                             // 使用未初始化的指针 p，引起非法内存访问错误
7       printf("%d\n", *p);
8       return 0;
9   }
```

在 Code::Blocks 下编译这个程序时，编译器会给出如下警告信息，指出指针 p 未初始化：

```
warning: warning: 'p' is used uninitialized in this function
```

此时若忽略警告信息而运行程序，将弹出如图 7-5 所示的对话框，使程序异常终止。通常，如果程序运行时弹出类似对话框，大多是错误使用指针而造成的。

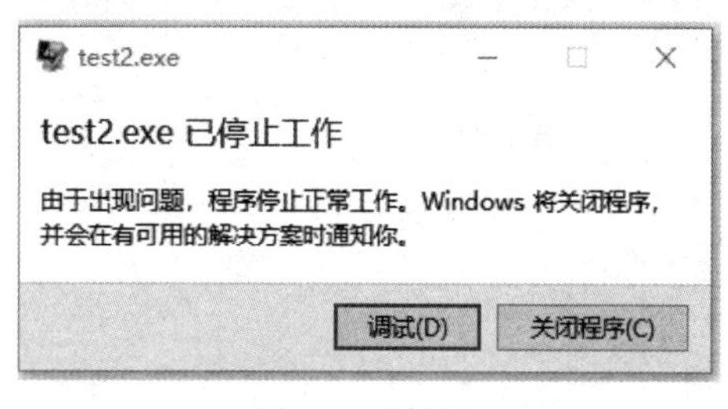

图 7-5　提示框

可见，指针变量在解引用前必须进行初始化，对指针变量进行初始化可以防止产生意想不到的结果。如果一个指针变量没有被正确初始化使其指向内存中某确定的存储单元，就对这个指针变量进行解引用，将引发一个致命的运行时错误。

指针变量的初始化可以在定义指针时进行，也可以通过一条赋值语句来完成。如果在定义指针变量时不能确定指针变量究竟指向哪里，那么可以将指针初始化为 NULL。值为 NULL 的指针表示它不指向任何对象。NULL 是一个在头文件<stdio.h>（以及其他头文件，如<stddef.h>）中定义的符号常量，其值通常被定义为 0，此时将指针初始化为 0 等价于初始化为 NULL，但是初始化为 NULL 更好，因为这样显式强调了该变量是一个指针变量。注意，0 是可以直接赋值给指针变量的唯一整数值。

③ 由于指针变量的值是一个地址值，指针运算实质上就是对地址值的运算，因此指针只能参与赋值运算、算术运算和关系运算，并且指针可以参与的算术运算只有有限的两种：加和减，即加、减一个整数或增 1、减 1 运算。

指针的赋值运算用于改变指针变量当前的指向。例如，执行如下语句

```c
p1 = &a;
p2 = &b;
```

的结果是，使 p1 指向变量 a，使 p2 指向变量 b。而执行如下语句

```c
p1 = p2;
```

相当于执行

```c
p1 = &b;
```

其结果是，修改 p1 的指向，使 p1 也指向变量 b。

④ 指针算术运算的规则不同于一般的算术运算，指针每次增 1，并非存储地址值简单地增加 1 字节，具体增加几字节取决于指针所指向的变量的类型（即指针的基类型）。

若指针的基类型是字符型，则指针变量的增 1 运算相当于指针的值增加 1 字节；若基类型是整型，则指针变量的增 1 运算相当于指针的值增加 sizeof(int)字节。一般而言，指针作为操作数加上或减去一个整数 n，其指针值的变化为：加上或减去 n*sizeof（基类型）字节。

对于如下语句

```
a = *p++;
```

因为运算符++与*同级，是右结合的，所以 a = *p++相当于 a = *(p++)，又因为运算符++位于变量 p 的后面，是后缀运算符，所以这条语句等价于如下两条语句：

```
a = *p;
p = p + 1;
```

其含义为：先取出变量 p 所指向的单元中的内容赋值给 a，再使 p 指向下一个地址单元。这里，指针变量 p 的指向发生了改变，而 p 所指向的存储单元中的内容并未发生变化。

而如下语句

```
a = (*p)++;
```

相当于如下两条语句：

```
a = *p;
*p = *p + 1;
```

其含义为：先取出变量 p 所指向的单元中的内容赋值给 a，再使 p 指向的单元中的内容加 1。注意：这里是 p 指向的存储单元中的内容发生了变化，而指针变量 p 的指向并未发生改变。

指针的算术运算和关系运算通常用于与数组有关的程序设计中。对指向数组元素的指针变量执行增 1（或减 1）运算意味着指向下一个（或者前一个）数组元素。同理，对指向同一个数组中的不同元素的两个具有相同基类型的指针变量进行关系运算，也才是有意义的，实际上是对它们所指向的数组元素在内存中的前后位置关系进行比较。

3. 指针变量作为函数参数时，如何得到经被调函数修改的数据值

【例 7-2】从键盘任意输入两个整数，用指针变量作为函数参数，编程实现两数互换功能，然后将交换后的数据重新输出。

编写程序如下：

```
1   #include <stdio.h>
2   void Swap(int *x, int *y);
3   int main(void)
4   {
5       int  a, b;
6       printf("Please enter a,b:");
7       scanf("%d,%d", &a, &b);
8       printf("Before swap: a = %d,b = %d\n", a,b);        // 输出互换前的a,b值
9       Swap(&a, &b);                   // 用a和b的地址值作为函数实参，调用Swap()实现a与b值的互换
10      printf("After swap: a = %d,b = %d\n", a, b);        // 输出互换后的a,b值
11      return 0;
12  }
13  // 函数功能：交换整型指针x和y指向的两个整型数的值
14  void  Swap(int *x, int *y)
15  {
```

```
16      int  temp;
17      temp = *x;                              // 执行图 7-6(b)中的步骤①
18      *x = *y;                                // 执行图 7-6(b)中的步骤②
19      *y = temp;                              // 执行图 7-6(b)中的步骤③
20  }
```

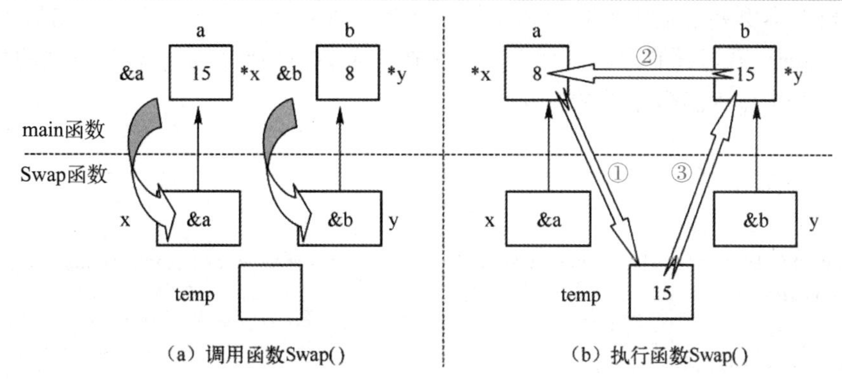

图 7-6　用指针变量作为函数参数实现两数互换函数

程序的运行结果如下：

```
Please enter a,b:15,8↙
Before swap: a = 15, b = 8
After swap: a = 8, b = 15
```

可以看出，用指针变量作为函数参数后，确实实现了两数互换的功能。

如图 7-6 所示，在主函数中，用变量 a 和变量 b 的地址值作为函数实参，在被调函数 Swap()中相应地用整型指针变量 x 和 y 作为函数形参来接收实参传过来的地址值。在函数调用时，&a 传给了指针变量 x，使得 x 指向了 a，*x 就代表 a 中的内容，改变*x 的值就相当于改变 a 的值。同理，&b 传给了指针变量 y，使得 y 指向了 b，*y 就代表 b 中的内容，改变*y 的值就相当于改变 b 的值。正因如此，在执行被调函数 Swap()时，借助临时变量 temp 对*x 和*y 进行的值互换，实际上相当于对 x 和 y 所指向的变量 a 和 b 的值进行了互换。

通过向被调函数传递待修改变量的地址值，使得被调函数获得了修改该变量内容的权限，这就是用指针变量作为函数参数可以得到经被调函数修改的数据值的真正原因。所谓一把钥匙开一把锁，若要得到 n 个被修改的变量的值，只要用 n 个指针变量作为函数参数即可。如果这 n 个待修改的变量是同一类型，可以用一个数组来表示，就不必定义 n 个指针形参了，如第 6 章所述，只要用数组名作为函数实参向被调函数传递待修改数组的数组名即可。无论是数组作为函数参数，还是指针变量作为函数参数，都属于模拟按引用传参的方法。

如第 5 章所述，return 用来从被调函数向主调函数返回一个值（或者在不返回值的情况下将控制从被调函数中返回），因为模拟按引用传参方式向函数传递的实参是一个地址值（数组的首地址或者一个变量的地址值），所以被调函数可以修改主调函数中的数组元素值或者变量的值，从而实现向主调函数"返回"多个值。反之，如果希望被调函数修改哪个数组或者变量的值，就将哪个数组或者变量的地址值作为实参传给被调函数。

【编码规范和编程实践】 如果某函数期待"模拟按引用传递"一个变量的地址值，却将变量的数据值按值传递给这个函数，那么在这种情况下，某些编译器会不分青红皂白地将这个数据值当作地址值来使用，并按照这个地址去访问其所指向的存储单元，这将导致在程序运行时出现“非法内存访问”或者“跨段”错误。当然，大多数编译器可以发现实参和形参在类型上的不匹配，并给出错误提示信息。

【例 7-3】 从键盘输入一个班学生一门课的成绩（每班最多不超过 40 人，具体人数由键盘输入），试用函数编程实现输出最高分及其学号。

问题分析：本例要求输出最高分和学号用函数编程实现，最高分可在求出后用 return 语句返回，但 return 语句只能返回一个值。那么在主函数中如何得到最高分学生的学号呢？这就要用到指针变量作为函数参数的方法。

编写程序如下：

```
1   #include <stdio.h>
2   #define      N    40
3   void FindMax(float score[], long num[], int n, float *pMaxScore, long *pMaxNum); // 函数声明
4   int main(void)
5   {
6       float  score[N], maxScore;
7       int  n, i;
8       long  num[N], maxNum;
9       printf("Please enter total number:");
10      scanf("%d", &n);                             // 从键盘输入学生人数 n
11      printf("Please enter the number and score:\n");
12      for (i = 0; i < n; i++)                      // 分别以长整型和实型格式输入学生的学号和成绩
13      {
14          scanf("%ld%f", &num[i], &score[i]);      // 字母 d 前为字母 l
15      }
16      FindMax(score, num, n, &maxScore, &maxNum); // 计算最高分和学号
17      printf("maxScore = %.0f, maxNum = %ld\n", maxScore, maxNum);
18      return 0;
19  }
20  // 函数功能：计算实型数组 score 中存储的 n 个学生成绩的最高分及其对应的学号
21  //           指针变量 pMaxScore，指向存储最高分的实型变量
22  //           指针变量 pMaxNum，指向存储最高分对应学号的长整型变量
23  void FindMax(float score[], long num[], int n, float *pMaxScore, long *pMaxNum)
24  {
25      int  i;
26      *pMaxScore = score[0];                       // 假设 score[0]为当前最高分
27      *pMaxNum = num[0];                           // 记录 score[0]的学号 num[0]
28      for (i = 1; i < n; i++)                      // 对所有 score[i]进行比较
29      {
30          if (score[i] > *pMaxScore)               // 若 score[i]高于当前最高分
31          {
32              *pMaxScore = score[i];               // 用 score[i]修改当前最高分
33              *pMaxNum = num[i];                   // 记录当前最高分学生的学号 num[i]
34          }
35      }
36  }
```

程序的运行结果如下：

```
Please enter total number:5↙
```

```
Please enter the number and score:
99011  84↙
99012  83↙
99013  88↙
99014  87↙
99015  61↙
maxScore = 88, maxNum = 99013
```

本例中，函数FindMax()的后两个形参被声明为指针变量，用于接收实参传来的变量的地址，将需要被调函数计算的变量的地址告诉被调函数，相当于告诉它计算后的结果值将要存在哪里，这样主调函数就可以到指定的地址单元中去读取由被调函数计算得到的数据值了。

【思考题】

① 就本例而言，如果不用指针变量作为函数参数，能否设计一个函数，同时返回学生成绩的最高分及其学号呢？提示：设计一个函数，返回数组score[]中最大元素的下标即可。

② 请读者模仿该例，编写一个同时计算最高分和最低分的函数，并思考这时如果不使用指针变量作为函数参数，还能实现吗？

【例7-4】 编程解决如下日期转换问题：① 任意给定某年某月某日，打印出它是这一年的第几天；② 已知某一年的第几天，计算它是这一年的几月几日。

问题分析：需要设计如下两个函数分别实现题目所要求的两个功能。

① 函数DayofYear()将某年某月某日转换为这一年的第几天，并从函数将该值返回。其实现算法为：若给定的月份是month，则将1, 2, 3,⋯, month−1月的各月天数依次累加，再加上指定的日，即得到它是这一年的第几天。

② 函数MonthDay()将某年的第几天转换为某月某日。由于该函数需要计算两个值，无法同时用return语句返回，因此考虑使用指针形参的方法。其实现算法为：对给定的某年的第几天yearDay，只要从yearDay中依次减去1, 2, 3,⋯, 各月的天数，直到正好减为0或不够减时为止。若已减了i个月的天数，则月份month的值为i+1。这时，yearDay中剩下的天数即"month月day日"的值。

然后考虑上述算法所需的数据结构。因为这两个函数需要同样的已知信息，即一张存放12个月每月天数的表格，所以将存储这张表的数组dayTab定义为静态全局数组类型。考虑到2月份的天数，对于平年为28天，而对于闰年为29天，为了将每月天数分成两行存放，所以需要定义一个2行13列的二维数组（设1～12列有效）。其中，第一行对应的每一列表示平年各月份的天数，第二行对应的每一列表示闰年各月份的天数。

可以采用习题4.3介绍的方法来判断year是否为闰年。若year是闰年，则令leap值为1，采用数组dayTab中第二行元素存放的每月天数dayTab[1][i]来计算；否则令leap值为0，采用数组dayTab中第一行元素存放的每月天数dayTab[0][i]来计算。

编写程序如下：

```
1   #include <stdio.h>
2   #include <stdlib.h>
3   static int dayTab[2][13] = {{0,31,28,31,30,31,30,31,31,30,31,30,31},
4                               {0,31,29,31,30,31,30,31,31,30,31,30,31}};
5   // 函数功能：对给定的年year、月month、日day，计算并返回它是这一年的第几天
6   int  DayofYear(int year, int month, int day)
7   {
```

```
8      int  i, leap;
9      leap = ((year % 4 == 0) && (year % 100 != 0)) || (year % 400 == 0);
10     for (i = 1; i < month; i++)
11     {
12        day = day + dayTab[leap][i];
13     }
14     return day;
15  }
16  // 函数功能：对给定的 year 年的第 yearDay 天，计算它是这一年的第几月第几日
17  //           指针变量 pMonth，指向存储这一年第几月的整型变量
18  //           指针变量 pDay，指向存储第几日的整型变量
19  void MonthDay(int year, int yearDay, int *pMonth, int *pDay)
20  {
21     int  i, leap;
22     leap = ((year % 4 == 0) && (year % 100 != 0)) || (year % 400 == 0);
23     for (i = 1; yearDay > dayTab[leap][i]; i++)
24     {
25        yearDay = yearDay - dayTab[leap][i];
26     }
27     *pMonth = i;                        // 将计算出的月份值赋值给 pMonth 所指向的变量
28     *pDay = yearDay;                    // 将计算出的日期赋值给 pDay 所指向的变量
29  }
30  // 函数功能：显示一个固定式菜单
31  void Menu(void)
32  {
33     printf("1. year/ month/day -> yearDay\n");
34     printf("2. yearDay -> year/ month/day \n");
35     printf("3. Exit\n");
36     printf("Please enter your choice:");
37  }
38  int main(void)
39  {
40     int  year, month, day, yearDay, choice;
41     Menu();                             // 调用函数 Menu()显示一个固定式菜单
42     scanf("%d", &choice);               // 输入用户的选择
43     switch (choice)                     // 根据用户的选择，执行相应的操作
44     {
45        case 1:     printf("Please enter year, month,day: ");
46                    scanf("%d,%d,%d", &year, &month, &day);
47                    yearDay = DayofYear(year, month, day);
48                    printf("yearDay = %d\n", yearDay);
49                    break;
50        case 2:     printf("Please enter year, yearDay:");
51                    scanf("%d,%d", &year, &yearDay);
52                    MonthDay(year, yearDay, &month, &day);
53                    printf("month = %d, day = %d\n", month, day);
54                    break;
55        case 3:     exit(0);
56        default:    printf("Input error!");
57     }
58     return 0;
59  }
```

程序的 4 次测试结果如下：

```
① 1. year/ month/day -> yearDay
   2. yearDay -> year/ month/day
   3. Exit
   Please enter your choice: 1↙
   Please enter year, month,day: 1984,3,1↙
   yearDay = 61
② 1. year/ month/day -> yearDay
   2. yearDay -> year/ month/day
   3. Exit
   Please enter your choice: 1↙
   Please enter year, month,day: 1981,3,1↙
   yearDay = 60
③ 1. year/ month/day -> yearDay
   2. yearDay -> year/ month/day
   3. Exit
   Please enter your choice: 2↙
   Please enter year, yearDay: 1984,61↙
   month = 3,day = 1
④ 1. year/ month/day -> yearDay
   2. yearDay -> year/ month/day
   3. Exit
   Please enter your choice: 2↙
   Please enter year, yearDay: 1981,60↙
   month = 3,day = 1
```

7.1.4 字符指针作为函数参数

字符指针（character pointer）是指向字符型数据的指针变量。如第 6 章所述，字符数组和字符指针都可用来存取字符串，但这两种方法在具体使用时有很多不同，具体归纳为以下 5 点。

① 定义方法不同。例如，语句

```
char  str[10];
```

定义的是一个字符数组，而语句

```
char  *ptr;
```

定义的是一个字符指针。

② 初始化含义不同。例如：

```
char  str[10] = {"China"};
```

表示定义了一个字符数组 str，在定义时为数组的前 5 个元素分别赋初值为'C'、'h'、'i'、'n'、'a'，后 5 个元素赋初值为'\0'。若在函数内定义数组 str，则字符串"China"被保存在动态存储区中。若将数组 str 定义为静态（static）数组或者在函数外定义数组 str，则字符串"China"被保存在静态存储区中。数组名 str 则代表字符串"China"在内存中存放的首地址。而

```
char  *ptr = "China";
```

表示定义了一个字符指针 ptr，并在定义时用保存在常量存储区中的字符串"China"在内存中的

首地址为指针变量ptr赋初值。这里不能理解为将字符串赋值给ptr，ptr是指针变量，只能将字符串常量"China"的首地址赋值给它。

③ 赋值方法和含义不同。指针变量可用如下方式赋值：

```
char  *ptr;
ptr = "China";                  // 正确
```

这里是把保存在常量存储区中的字符串"China"的首地址赋值给ptr，而对字符数组不能按如下方式对其进行整体赋值：

```
char  str[10];
str = "China";                  // 错误
```

因为C语言中的数组名代表数组元素的起始地址，是一个地址常量，不能在程序中改变它的值。将一个字符串赋值给字符数组必须使用函数strcpy()，如

```
strcpy(str, "China");
```

④ 输入字符串时略有不同。用scanf( )函数输入字符串到数组中：

```
char  str[10];
scanf("%s", str);
```

而以下语句

```
char  *ptr;
scanf("%s", ptr);               // 错误，使用了未初始化的指针变量ptr
```

是错误的。因为指针变量ptr尚未指向一个确定的存储单元，就把输入的字符串存入其中，将导致非法内存访问错误。

⑤ 字符数组的数组名是一个地址常量，其值不能改变，而字符指针是一个变量，它的值是可以改变的，改变字符指针的值就是改变字符指针的指向。虽然字符指针变量的值是可以改变的，但不等于字符指针指向的内容可以改变。

例如，数组名str指向字符串"China"的首地址，可通过*(str+i)来引用字符串中的第i+1个字符，即下标为i的元素str[i]，但不能试图通过str++操作使str指向字符串中的某个字符。

如果字符指针 ptr 指向了字符串"China"的首地址，则可以通过*(ptr+i)来引用字符串中的第i+1个字符，也可通过ptr++操作（即移动指针ptr）来使ptr指向字符串中的某个字符。例如，如下语句

```
for (ptr = str; *ptr != '\0'; ptr++)
{
    printf("%c", *ptr);
}
```

的作用是：依次输出字符指针ptr指向的字符串（假设已存于字符数组str中）中的每个字符。

但是，当字符指针 ptr 指向的字符串"China"存储在常量存储区时，因为常量存储区是只读的，所以此时不能修改字符指针指向的存储单元中的内容。例如，如下语句是错误的：

```
char  *ptr = "China";
scanf("%s", ptr);               // 非法内存访问错误，不能修改指针变量ptr指向的字符串常量
```

但是如果修改了字符指针的指向，使其指向一个字符数组，就可以修改字符指针指向的内存

单元中的字符了。例如：

```
static char  str[10];
char  *ptr = str;                    // 修改字符指针的指向，使其指向保存在静态存储区中的数组
scanf("%s", ptr);                    // 正确
```

【编码规范和编程实践】 正确使用字符数组和字符指针访问字符串的两个基本原则是：必须明确字符串被保存在哪里，字符指针指向哪里。

由于数组作为函数形参与指针变量作为函数形参的等价性，因此在用数组作为函数形参的函数体内部，可以对声明为形参数组的数组名进行和指针变量一样的自增、自减运算，除此之外，对数组名都不能进行自增、自减运算。

【例 7-5】 不使用字符串处理函数 strcpy()，编程实现字符串处理函数 strcpy()的功能。

为了与系统提供的函数 strcpy()有所区别，这里我们将自定义的字符串复制函数命名为 MyStrcpy()，并用如下两种方法编程实现。

方法 1：用字符数组编程实现函数 MyStrcpy()。实现过程如图 7-7 所示。

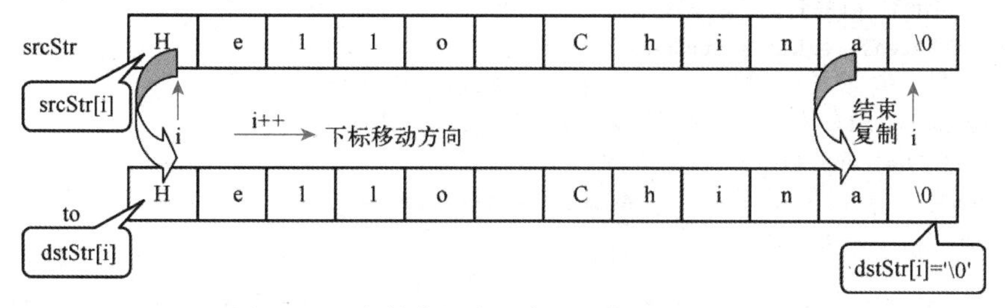

图 7-7 用字符数组编程实现函数 MyStrcpy()

```
1   // 函数功能：用字符数组作为函数参数，将数组 srcStr 中的字符串复制到数组 dstStr 中
2   void MyStrcpy(char dstStr[], char srcStr[])
3   {
4       int  i = 0;                         // 数组下标初始化为 0
5       while (srcStr[i] != '\0')           // 循环直到字符 srcStr[i]是字符串结束标志为止
6       {
7           dstStr[i] = srcStr[i];          // 复制下标为 i 的数组元素对应的字符
8           i++;                            // 移动下标
9       }
10      dstStr[i] = '\0';                   // 在字符串 dstStr 的末尾添加字符串结束标志
11  }
```

方法 2：用字符指针编程实现函数 MyStrcpy()。实现过程如图 7-8 所示。

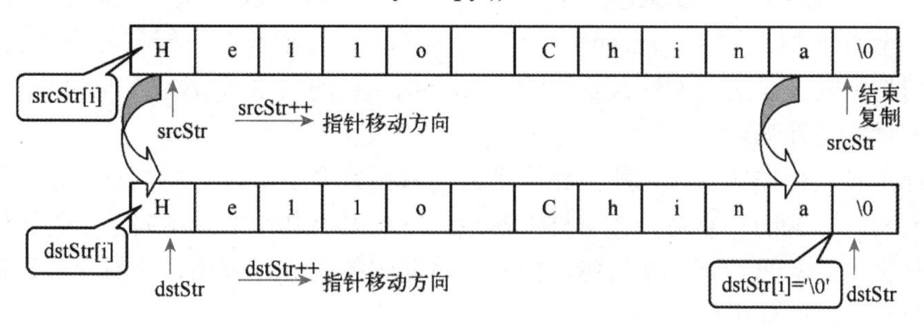

图 7-8 用字符指针编程实现函数 MyStrcpy()

```
1   // 函数功能：用字符指针作为函数参数，将 srcStr 指向的字符串复制到 dstStr 指向的内存单元中
2   void MyStrcpy(char *dstStr, const char *srcStr)
3   {
4       while (*srcStr != '\0')        // 循环直到 srcStr 所指字符是字符串结束标志为止
5       {
6           *dstStr = *srcStr;         // 复制当前指针所指向的字符
7           srcStr++;                  // 使 srcStr 指向下一个字符
8           dstStr++;                  // 使 dstStr 指向下一个存储单元
9       }
10      *dstStr = '\0';                // 在字符串 dstStr 的末尾添加字符串结束标志
11  }
```

主函数程序如下：

```
1   #include <stdio.h>
2   int main(void)
3   {
4       char  a[80], b[80];
5       printf("Please enter a string:");
6       gets(a);                       // 输入字符串，存放到数组 a 中
7       MyStrcpy(b, a);                // 将字符数组 a 中的字符串复制到 b 中
8       printf("The copy is:");
9       puts(b);                       // 输出复制后的字符串 b
10      return 0;
11  }
```

程序的运行结果如下：

```
Please enter a string:Hello China↙
The copy is: Hello China
```

事实上，还可用如下更为简洁的形式编写函数 MyStrcpy()，请读者分析它是如何执行的。

```
void  MyStrcpy(char *dstStr, const char *srcStr)
{
    while ((*dstStr++ = *srcStr++) != '\0')
    {
    }
}
```

这里，为什么要在 MyStrcpy()的第 2 个形参的类型前加上 const 修饰呢？

如果按照从右到左的顺序来读这个形参的声明，就是：“srcStr 是一个指针变量，可以指向一个 char 型常量（char constant）”。这意味着，*srcStr 是不能在程序中被修改的，否则将被视为非法。为什么要将函数 MyStrcpy()的第 2 个形参声明为一个指向字符型常量的指针呢？

当指针形参仅用作输入时，即只允许函数读取指针形参所指定的存储单元中的内容，而不允许其改写时，为防止它被函数意外地修改，一般要将其声明为指向常量的指针。若函数体内的语句试图改写该指针形参所指向的存储单元中的内容，则编译器将报告编译错误，从而对参数起到一定的保护作用。

【编码规范和编程实践】 将一个变量作为实参传递给一个函数时，若该变量不会在这个函

数体中被修改或者不希望它被修改，则应在这个变量的类型声明前加上 const，以确保其不会被意外地修改。

若有语句试图修改一个声明为 const 的变量的值，则编译器要么给出警告，要么提示错误，具体取决于所使用的编译系统。

【例 7-6】 不使用字符串处理函数 strlen()，编程实现字符串处理函数 strlen()的功能。

方法 1：用字符数组实现函数 MyStrlen()。

```
1    // 函数功能：计算字符型数组 str 中存储的字符串的长度
2    unsigned int MyStrlen(char str[])
3    {
4        int i ;
5        unsigned int len = 0;                    // 计数器置 0
6        for (i = 0; str[i] != '\0'; i++)
7        {
8            len++;                               // 利用循环统计不包括'\0'在内的字符个数
9        }
10       return len;                              // 返回字符串中实际字符的个数
11   }
```

方法 2：用字符指针实现函数 MyStrlen()。

```
1    // 函数功能：计算指针变量 pStr 指向的字符串的长度
2    unsigned int MyStrlen(const char *pStr)
3    {
4        unsigned int  len = 0;                   // 计数器置 0
5        for ( ; *pStr != '\0'; pStr++)
6        {
7            len++;                               // 利用循环统计不包括'\0'在内的字符个数
8        }
9        return len;                              // 返回字符串中实际字符的个数
10   }
```

主函数程序如下：

```
1    #include <stdio.h>
2    int main(void)
3    {
4        char  a[80];
5        unsigned int  len;
6        printf("Please enter a string:");
7        gets(a);                                 // 输入字符串
8        len = MyStrlen(a);                       // 计算字符串中实际字符的个数
9        printf("The length is:%u\n", len);       // 输出字符串长度
10       return 0;
11   }
```

程序的运行结果如下：

```
Please enter a string:Hello China↙
The length is:11
```

【例 7-7】最牛微信。如果 26 个英文字母 A～Z 或 a～z 分别等于 1～26，那么：

KNOWLEDGE（知识）= K+N+O+W+L+E+D+G+E = 11+14+15+23+12+5+4+7+5=96

WORKHARD（努力工作）= W+O+R+K+H+A+R+D = 23+15+18+11+8+1+18+4 =98

也就是说，知识和努力工作对我们人生的影响可以达到 96 和 98。

LUCK（好运）= L+U+C+K＝12+21+3+11=47

LOVE（爱情）= L+O+V+E＝12+15+22+5=54

看来，这些我们通常认为重要的东西并没起到最重要的作用。那么，什么可以决定我们满分的人生呢？是 MONEY（金钱）吗？M+O+N+E+Y=13+15+14+5+25=72，看来也不是。是 LEADERSHIP（领导能力）吗？L+E+A+D+E+R+S+H+I+P=12+5+1+4+5+18+19+9+16=89，还不是。金钱、权力也不能完全决定我们的生活。那是什么呢？其实，真正能使我们生活圆满的东西就在我们自己身上！

ATTITUDE（心态）=A+T+T+I+T+U+D+E＝1+20+20+9+20+21+4+5=100

我们对待人生的态度才能够 100%地影响我们的生活，或者说能够使我们的生活达到 100%的圆满！现在请编写程序测试上述计算结果的正确性。

用字符数组做函数参数编写的程序代码如下：

```
1   #include <stdio.h>
2   #include <string.h>
3   int Fun(char str[]);
4   int main(void)
5   {
6       char  a[80];
7       printf("Input a word:");
8       gets(a);
9       if (Fun(a) != -1)
10      {
11          printf("%s=%d%%\n", a, Fun(a));
12      }
13      else
14      {
15          printf("Input error!\n");
16      }
17      return 0;
18  }
19  // 函数功能：将字符数组 str 中的字符串转换为英文字母对应的编号数字，然后累加求和并返回
20  int Fun(char str[])
21  {
22      int  i, sum = 0;
23      for (i = 0; str[i] != '\0'; i++)
24      {
25          if (str[i] >= 'a' && str[i] <= 'z')
26          {
27              sum += str[i]-'a'+1;
28          }
29          else if (str[i] >= 'A' && str[i] <= 'Z')
30          {
31              sum += str[i]-'A'+1;
32          }
33          else
```

```
34          {
35              return -1;
36          }
37      }
38      return sum;
39  }
```

用字符指针做函数参数编写的程序代码如下：

```
1   #include <stdio.h>
2   #include <string.h>
3   int Fun(char *str);
4   int main(void)
5   {
6       char  a[80];
7       printf("Input a word:");
8       gets(a);
9       if (Fun(a) != -1)
10      {
11          printf("%s=%d%%\n", a, Fun(a));
12      }
13      else
14      {
15          printf("Input error!\n");
16      }
17      return 0;
18  }
19  // 函数功能：将 str 指向的字符串转换为英文字母对应的编号数字，然后累加求和并返回
20  int Fun(char *str)
21  {
22      int  sum = 0;
23      char  *p = str;
24      for ( ; *p != '\0'; p++)
25      {
26          if (*p >= 'a' && *p <= 'z')
27          {
28              sum += *p-'a'+1;
29          }
30          else if (*p >= 'A' && *p <= 'Z')
31          {
32              sum += *p-'A'+1;
33          }
34          else
35          {
36              return -1;
37          }
38      }
39      return sum;
40  }
```

程序的 2 次运行示例如下：

```
① Input a word:money↙
  money=72%
② Input a word:attitude↙
  attitude=100%
```

7.2 指针和数组间的关系

在 C 语言中，指针和数组的关系极为密切，犹如一对孪生兄弟，你中有我，我中有你。

首先，指针的算术运算和关系运算常常是针对数组中元素而言的。由于数组在内存中是连续存放的，因此指向同一数组中不同元素的两个指针的关系运算常用于比较它们所指元素在数组中的前后位置关系。指针的算术运算则常用于移动指针的指向，使其指向数组中的其他元素。当然，仅当指针的算术运算结果仍指向同一数组中的元素时才有意义。

其次，指针和数组的关系还表现在：在表达式中，数组名被自动转化为指向数组中第一个元素的常量指针（除用作 sizeof 运算的操作数之外）。例如：

```
int  a[10];
int  *p;
p = a;
```

因为 a 被自动转换为指向 a[0]的一个 int 型常量指针，所以经 p = a 赋值后，p 也指向了 a[0]。

再次，数组的下标运算符[ ]实际上是以一个指针作为其操作数的。例如，数组元素 a[i]被编译器解释为表达式*(a+i)，表示从数组首地址开始向后移动 i 个元素并取出其内容，而&a[i]表示取数组 a 的第 i+1 个元素的地址，它等价于指针表达式 a+i。因此，数组元素可以通过指针来引用，指针也可以用下标形式来表示。可用数组实现的操作也可用指针来实现。只是指针实现较数组实现效率高，而数组实现方法更易理解。下面具体针对一维数组和二维数组来分别讲述数组与指针之间的关系。

7.2.1 一维数组的地址和指针

1. 什么是一维数组的指针，以及一维数组元素的指针

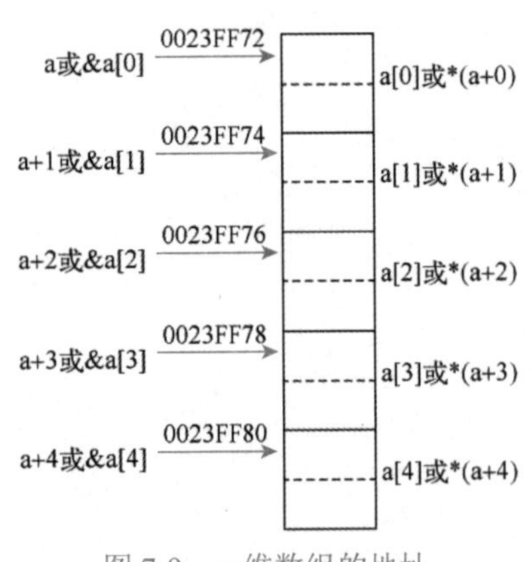

图 7-9 一维数组的地址

由于数组元素在内存中是连续存放的，即在内存中占用一段连续的存储单元，每个数组元素占用其中的一个存储单元，因此数组元素实质上就是一个变量，数组元素的指针就是该元素在内存中所占存储单元的首地址，而一维数组的指针就是数组中各元素所占连续存储单元的起始地址，即第一个（下标为 0）元素的指针。

例如，定义了一个有 5 个短整型元素的一维数组 a（如图 7-9 所示），因为数组 a 的每个元素在内存中占 2 字节的内存，所以有 5 个元素的数组 a 在内存中总计占 10 字节的连续存储单元，其起始地址可通过&a 来得到。因为数组名 a 代表数组的首地址，即元素 a[0]的地址（&a[0]），所以要定义一个指向一维短整型数组的指针变量 p，并使其指向数组 a 的首地址，可使用变量定

义语句“short　*p = a;”，相当于“short　*p = &a[0];”语句。

2．如何通过一维数组的指针来引用一维数组元素

既然数组名 a 代表数组的首地址（即&a[0]），那么表达式 a+1 表示首地址后下一个元素的地址，即&a[1]。由此可知，表达式 a+i 代表数组中下标为 i 的元素 a[i]的地址（&a[i]）。

不仅可以通过下标方式来引用数组中的元素，还可以通过使用间接寻址运算符“*”来引用数组中的元素。例如，*a 表示取出首地址 a 所指存储单元中的内容，即元素 a[0]，*(a+i)表示取出首地址元素后面第 i 个元素的内容，即下标为 i 的元素 a[i]。

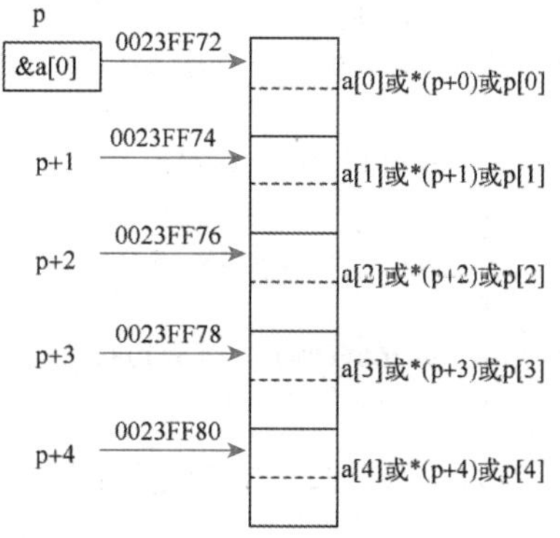

图 7-10　指针运算和数组的关系

此外，可以通过指向一维数组的指针变量 p 来引用数组 a 中的元素，如图 7-10 所示。

当指针变量 p 指向数组的首地址&a[0]时，*p 就表示取出 p 所指单元即元素 a[0]的值，此时，由于 p+i 代表当前指针所指元素后面的第 i 个元素的地址，因此*(p+i)表示取出 p+i 所指向的存储单元的内容，即元素 a[i]的值。*(p+i)也可用它的下标形式 p[i]来表示。

与通过*(a+i)来引用数组元素 a[i]不同的是，由于指针变量 p 不一定永远都指向数组的首地址&a[0]，因此仅当指针变量 p 指向数组的首地址&a[0]时，*(p+i)才是对 a[i]的引用。否则，如果通过增 1 运算改变指针变量 p 的指向，使 p 直接指向 a[i]，那么*p 就是对 a[i]的引用了。

注意，在传统的算术运算中，1000+1 的结果是 1001，但是对于指针的算术运算就不是这样了。当给指针加上一个整数或者从指针中减去一个整数时，并非简单地增、减这个整数值，而是这个整数值乘以指针所指向对象的字节长度，取决于指针所指向的对象的数据类型。不过，当对一个字符数组执行指针算术运算时，运算的结果与普通的算术运算的结果是一样的，因为每个字符只占 1 字节。

【编码规范和编程实践①】 数组名 a 是一个地址常量，不能通过赋值操作改变它的值。指针变量 p 是一个变量，可以通过赋值运算改变它的值，从而使 p 指向数组中的其他元素。

【编码规范和编程实践②】 虽然 p+1 和 p++都指向当前指针所指单元的下一个元素，但 p+1 并不改变当前指针的指向，p 仍然指向原来所指向的元素，而 p++相当于执行 p = p + 1，因此 p++操作改变了指针 p 的指向，表示将指针变量 p 向前移动使其指向了下一个元素。

【编码规范和编程实践③】 p+1 并非将指针变量 p 的值简单地增加 1 字节，事实上，它是增加了 1*sizeof(指针的基类型)字节。

【编码规范和编程实践④】 指针的算术运算仅在作用于数组时才是有意义的。因为我们不能假设同一数据类型的两个变量在内存中是相邻存储的，除非它们是数组中的两个相邻元素。同理，对并非指向同一数组的元素的两个指针进行相减运算，也是无意义的。

通过以上分析，可以得到如下 5 种输入、输出数组元素的方法。

方法 1：用下标法直接引用数组元素。

```
1    int  a[10], i;
2    for (i = 0; i < 10; i++)
3    {
4        scanf("%d", &a[i]);
```

```
5    }
6    for (i = 0; i < 10; i++)
7    {
8        printf("%d", a[i]);
9    }
```

方法 2：通过数组名间接引用数组元素。

```
1    int  a[10], i;
2    for (i = 0; i < 10; i++)
3    {
4        scanf("%d", a+i);
5    }
6    for (i = 0; i < 10; i++)
7    {
8        printf("%d", *(a+i));
9    }
```

方法 3：通过指针变量间接引用数组元素。

```
1    int  a[10], *p = NULL, i;
2    p = a;                                 // 在循环开始前，确保指针 p 指向数组首地址
3    for (i = 0; i < 10; i++)
4    {
5        scanf("%d", p+i);
6    }
7    p = a;                                 // 在循环开始前，确保指针 p 指向数组首地址
8    for (i = 0; i < 10; i++)
9    {
10      printf("%d", *(p+i));
11   }
```

方法 4：通过指针变量增 1 运算间接引用数组元素。

```
1    int  a[10], *p;
2    for (p = a; p < a+10; p++)             // 在循环开始前，确保指针 p 指向数组首地址
3    {
4        scanf("%d", p);
5    }
6    for (p = a; p < a+10; p++)             // 在循环开始前，确保指针 p 指向数组首地址
7    {
8        printf("%d", *p);
9    }
```

方法 5：用指针的下标表示法引用数组元素。

```
1    int  a[10], *p = NULL, i;
2    p = a;                                 // 在循环开始前，确保指针 p 指向数组首地址
3    for (i = 0; i < 10; i++)
4    {
5        scanf("%d", &p[i]);
6    }
7    p = a;                                 // 在循环开始前，确保指针 p 指向数组首地址
8    for (i = 0; i < 10; i++)
```

```
9     {
10        printf("%d", p[i]);
11    }
```

因为增 1 运算的执行效率较高，所以利用指针的增 1 运算实现指针的移动，省去了每寻址一个数组元素都要进行指针的算术运算。因此，在上面的方法中，方法 4 的效率最高。

【例 7-8】 在一个已排好序（由小到大）的数组中查找待插入数据 x 应插入的位置，使其插入后，数组元素仍保持由小到大的顺序。

问题分析：插入是数组的基本操作之一。实现将一个数据插入有序数组的的关键在于：找到实际应该插入的位置，然后依次移动插入位置及其后的所有元素，腾出这个位置放入待插入的元素。插入排序算法如图 7-11 所示。

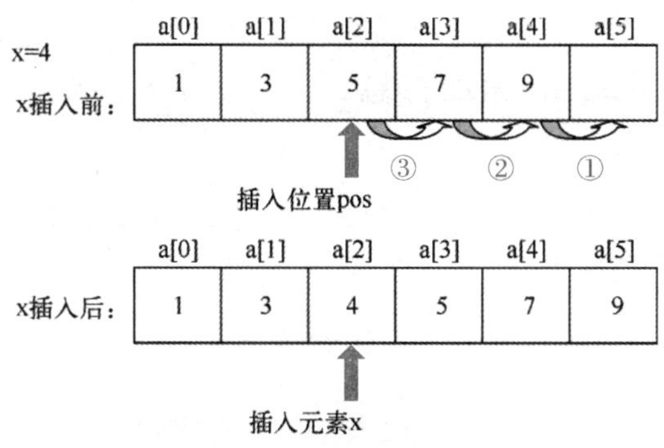

图 7-11 插入排序算法

算法描述如下：

step1 输入插入前已排好序的数组元素。

step2 输入待插入的元素 x。

step3 插入元素 x 到已排序数组中。

① 查找定位，确定元素 x 应插入的数组下标位置 pos。

② 将插入位置 pos 及其后的所有元素后移一个位置，以便腾出位置 pos。

③ 插入元素 x 到位置 pos。

step4 输出插入 x 后的数组元素。

先用数组名作为函数参数，编写程序如下：

```
1     #include <stdio.h>
2     #define       N    11                          // 能确保插入数据后数组不越界的数组最大元素个数
3     void Insert(int a[], int n, int x);          // 函数声明
4     int main(void)
5     {
6         int  a[N], x, i, n;
7         printf("Please enter n(n<=10):");
8         scanf("%d", &n);                         // 输入插入元素前的数组元素个数
9         printf("Please enter array:\n");
10        for (i = 0; i < n; i++)                  // 输入插入前已升序排序的数组元素
11        {
12            scanf("%d", &a[i]);
13        }
14        printf("Please enter x:");
```

```
15      scanf("%d", &x);                  // 输入待插入的元素 x
16      Insert(a, n, x);                  // 用数组名作为函数实参，调用函数插入元素 x 到升序排序的数组中
17      printf("After insert %d:\n", x);
18      for (i = 0; i < n+1; i++)         // 输出插入 x 后的数组元素
19      {
20         printf("%-4d", a[i]);          // 4d 前的负号用于控制输出数据左对齐
21      }
22      printf("\n");
23      return 0;
24   }
25   // 函数功能：将 x 插入含 n 个元素已按升序排序的数组 a
26   void Insert(int a[], int n, int x)    // 用数组作为函数形参接收数组名实参
27   {
28      int  i, pos;
29      for (i = 0; (i < n) && (x > a[i]); i++)          // 查找待插入位置
30      {
31      }
32      pos = i;                          // 记录元素 x 应插入的数组下标位置 pos
33      for (i = n-1; i >= pos; i--)      // 从尾部开始移动 pos 及其后所有的元素
34      {
35         a[i+1] = a[i];                 // 向后复制数组元素
36      }
37      a[pos] = x;                       // 插入元素 x 到位置 pos
38   }
```

程序的运行结果如下：

```
Please enter n(n<=10):5 ↙
Please enter array:
1  3  5  7  9 ↙
Please enter x: 4↙
After insert 4:
1  3  4  5  7  9
```

对于函数 Insert( )的调用和定义，还可采用以下三种方式。

方式 1：

```
1    int main(void)
2    {
3       int  a[N+1], pos, x, i;
4       //…
5       Insert(a, n, x);                  // 用数组名作为函数实参调用函数
6       //…
7       return 0;
8    }
9    void Insert(int *a, int n, int x)     // 定义函数时，用指针变量作为形参，接收数组名实参
10   {
11      //…
12   }
```

方式 2：

```
1   int main(void)
2   {
3       int  a[N+1], pos, x, i;
4       int  *p = NULL;
5       //…
6       p = a;
7       Insert(p, n, x);                      // 用指针变量作为函数实参调用函数
8       //…
9        return 0;
10  }
11  void Insert(int a[], int n, int x)    // 定义函数时用数组作为形参接收指针变量实参
12  {
13      //…
14  }
```

方式 3:

```
1   int main(void)
2   {
3       int  a[N+1], pos, x, i;
4       int  *p = NULL;
5       //…
6       p = a;
7       Insert (p, n, x);                     // 用指针变量作为函数实参调用函数
8       //…
9        return 0;
10  }
11  void Insert(int *a, int n, int x)      // 定义函数时用，指针变量作为形参，接收指针变量实参
12  {
13      //…
14  }
```

对于用指针变量作为函数参数的情况，函数 Insert()还可以写成:

```
1   void Insert(int *a, int n, int x)      // 定义函数时用指针变量作为函数形参
2   {
3       int  i, pos;
4       for (i = 0; (i < n) && (x > *(a+i)); i++)        // 查找定位
5       {
6       }
7       pos = i;                              // 找到元素 x 应插入的数组下标位置 pos
8       for (i = n-1; i >= pos; i--)          // 从尾部开始移动 pos 及其后的所有元素
9       {
10          *(a+i+1) = *(a+i);                // 向后移动
11      }
12       *(a + pos) = x;                      // 插入元素 x 到位置 pos
13  }
```

或写成

```
1   void Insert(int *a, int n, int x)      // 函数定义时，用指针变量作为函数参数
2   {
3       int  *p = NULL, *pos = NULL;
```

```
4       for (p = a; (p < a+n) && (x > *p); p++)// 查找定位
5       {
6       }
7       pos = p;                               // 找到元素 x 该插入的数组指针位置 pos
8       for (p = a+n-1; p >= pos; p--)         // 从尾部开始移动 pos 及其后的所有元素
9       {
10          *(p+1) = *p;                       // 向后移动
11      }
12      *pos = x;                              // 插入元素 x 到位置 pos
13  }
```

【思考题】 ① 下面两个函数也都实现了将一个数据插入有序数组的功能，但是所使用的算法与例 7-8 中的方法略有差异，请读者阅读程序，并思考其算法原理。

函数 1：

```
1   void Insert(int a[], int n, int x)         // 函数定义时用数组名作为函数参数
2   {
3       int  i;
4       for (i = n-1; (i >= 0) && (x < a[i]); i--)
5       {
6           a[i+1] = a[i];
7       }
8       a[i+1] = x;
9   }
```

函数 2：

```
1   void Insert(int *a, int n, int x)          // 函数定义时用指针变量作为函数参数
2   {
3       int  *p = NULL;
4       for (p = a+n-1; (p >= a) && (x < *p); p--)
5       {
6           *(p+1) = *p;
7       }
8       *(p+1) = x;
9   }
```

提示：从数组的最后一个元素开始，边比较边向后移动。

② 请读者参考例 7-8 并按下面的算法提示，编写在一个数组中删除指定元素的程序（假设数组元素互不相同）。提示：按图 7-12 所示原理设计算法。

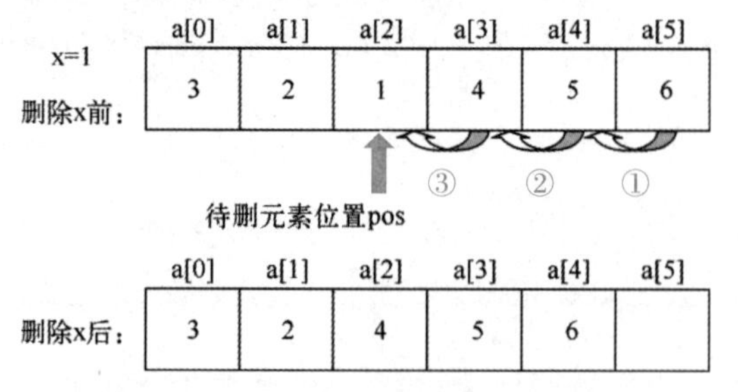

图 7-12　在数组中删除指定元素的算法

step1　输入执行删除操作前的数组元素。

step2　输入待删除的元素 x。

step3　在数组中顺序查找待删除元素 x。

① 查找定位，确定待删除元素 x 在数组中的下标位置 pos。

② 若找到，则删除 pos 处的元素，即将 pos 位置后的元素依次向前移动一个元素位置，否则输出“未找到”提示信息。

step4　输出删除 x 后的数组元素。

7.2.2　二维数组的地址和指针

1. 二维数组的行地址和列地址

在 C 语言中，可将一个二维数组看成由若干一维数组构成。若有如下定义语句：

```
int a[3][4];
```

	第0列	第1列	第2列	第3列
第0行	a[0][0]	a[0][1]	a[0][2]	a[0][3]
第1行	a[1][0]	a[1][1]	a[1][2]	a[1][3]
第2行	a[2][0]	a[2][1]	a[2][2]	a[2][3]

则其二维数组的逻辑结构如图 7-13 所示。

首先，可将二维数组 a 看成是由 a[0]、a[1]、a[2]三个元素组成的一维数组（如图 7-14 所示），a 是该一维数组的数组名，代表该一维数组的首地址，即第一个元素 a[0]的地址（&a[0]）。根据一维数组与指针的关系可知，表达式 a+1 表示首地址所指元素后面的第一个元素的地址，即 a[1]的地址（&a[1]）。同理，表达式 a+2 表示 a[2]的地址（&a[2]）。可通过这些地址引用元素的值，如*(a+0)或*a 即 a[0]，*(a+1)即 a[1]，*(a+2)即 a[2]。注意：所谓元素 a[0]、a[1]、a[2]事实上仍然是个地址。

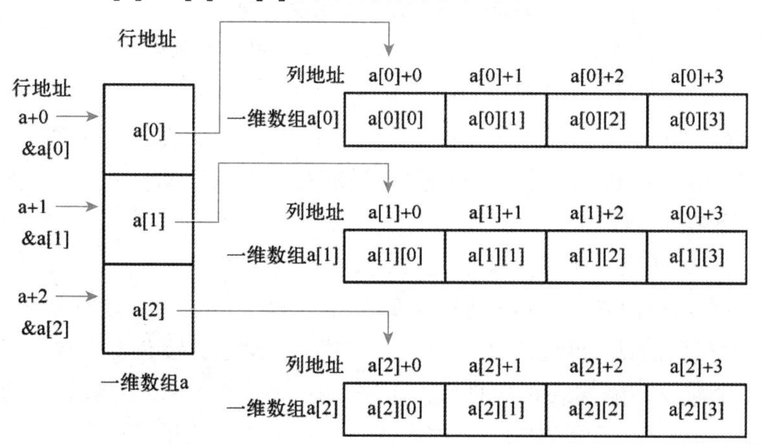

图 7-14　二维数组的行地址和列地址

其次，可以将 a[0]、a[1]和 a[2]三个元素分别看成由 4 个 int 型元素组成的一维数组的数组名。例如，a[0]可看成由元素 a[0][0]、a[0][1]、a[0][2]和 a[0][3]这 4 个整型元素组成的一维数组。a[0]就是这个一维数组的数组名，代表该一维数组的首地址，即第一个元素 a[0][0]的地址（&a[0][0]），表达式 a[0]+1 代表下一个元素 a[0][1]的地址（&a[0][1]），表达式 a[0]+2 代表 a[0][2]的地址（&a[0][2]），表达式 a[0]+3 代表 a[0][3]的地址（&a[0][3]）。因此，*(a[0]+0)即为 a[0][0]，*(a[0]+1)即为 a[0][1]，*(a[0]+2)即为 a[0][2]，*(a[0]+3)即为 a[0][3]。

注意：由于 a[0]可看成由 4 个 int 型元素组成的一维数组的数组名，因此表达式 a[0]+1 中的数字 1 代表的是一个 int 型元素所占的存储单元的字节数，即二维数组的一列所占的字节数为 1*sizeof(int)；而 a 可看成由 a[0]、a[1]、a[2]三个元素组成的一维数组的数组名，因此表达式 a+1 中的数字 1 代表的是一个含有 4 个 int 型元素的一维数组所占存储单元的字节数，即二维数组的一行所占的字节数为 4*sizeof(int)。

根据上述分析可知，a[i]即*(a+i)，可以看成一维数组 a 的下标为 i 的元素，同时 a[i]即*(a+i)，又可看成由 a[i][0]、a[i][1]、a[i][2]和 a[i][3]这 4 个元素组成的一维整型数组的数组名，代表这个一维数组的首地址，即第一个元素 a[i][0]的地址（&a[i][0]）；而 a[i]+j 即*(a+i)+j，代表这个数组中下标为 j 的元素的地址，即&a[i][j]。*(a[i]+j)即*(*(a+i)+j)，就代表这个地址所指向的元素的值，即 a[i][j]。因此，以下 4 种表示元素 a[i][j]的形式是等价的：

```
a[i][j]
*(a[i]+j)
*(*(a+i)+j)
(*(a+i))[j]
```

若将二维数组的数组名 a 看成一个行地址（第 0 行的地址），则 a+i 代表二维数组 a 的第 i 行的地址，a[i]可看成一个列地址，即第 i 行第 0 列的地址。行地址 a 每次加 1，表示指向下一行，而列地址 a[i]每次加 1，表示指向下一列。可按以下方式理解表达式*(*(a+i)+j)的含义：

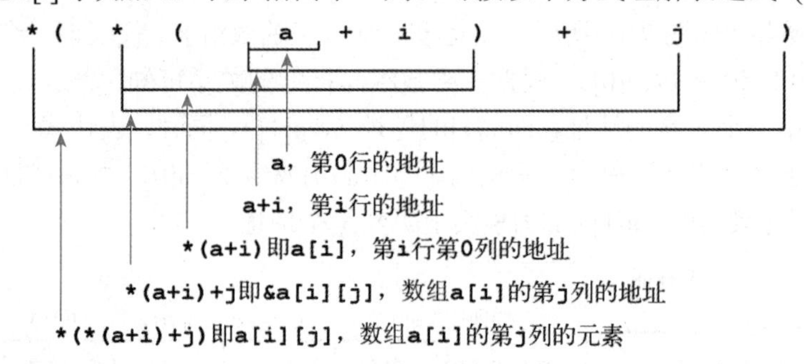

比如，二维数组的行地址好比一座教室楼的楼层号，二维数组的列地址好比大楼每层的房间号，如果用编号 D42 代表教学楼 D 的第 4 层的第 2 个教室的门牌号，我们要想找到这个教室，可以有如下两种方法：

① 先直接登上第 4 层，再在第 4 层上寻找第 2 个教室。

② 如果我们不知道门牌号的编排规律，就只能在每个楼层逐个教室寻找，先在第 1 层找遍所有的教室，没找到的话，再继续到上一层去寻找。假设每层楼有 5 个教室，若要找到 D42，则需遍历 3*5+2 个教室才能找到。此时相当于将二维数组等同于一维数组看待。

表 7-1　星期表的内容

0	Sunday
1	Monday
2	Tuesday
3	Wednesday
4	Thursday
5	Friday
6	Saturday

【例 7-9】 编程实现：任意输入英文的星期几，在查找星期表后输出其对应的数字。具体的算法是：若发现与表中的某项相同，则输出该字符串在表中的位置（序号）；若查到表尾，仍不相同，则输出错误提示信息。设星期表的内容如表 7-1 所示。

问题分析：用一个二维字符数组 weekDay 来存放星期表（7 个字符串），通过对数组初始化，使二维数组的每行存放一个字符串。此时，二维数组的行地址就是每个字符串的首地址，二维数组的列地址就是每个字符串中的每个字符的地址。

输入待查找的字符串，在星期表中顺序查找与输入字符串相匹配的字符串。找到的字符串在星期表数组中的第一维下标（行号）即为所求。编写程序如下：

```
1   #include <stdio.h>
2   #include <string.h>
3   #define      WEEKDAYS     7                 // 每星期天数
4   #define      MAX_LEN      10                // 字符串最大长度
5   int main(void)
6   {
7       int  i, pos;
8       int  findFlag = 0;                      // 置找到标志变量为假
9       char  x[MAX_LEN];
10      char weekDay[][MAX_LEN] = {"Sunday", "Monday", "Tuesday", "Wednesday", "Thursday", "Friday", "Saturday"};
11      printf("Please enter a string:");
12      scanf("%s", x);                         // 输入待查找的字符串
13      for (i = 0; i < WEEKDAYS && !findFlag; i++)
14      {
15          if (strcmp(x, weekDay[i]) == 0)
16          {
17              pos = i;                        // 记录找到的位置
18              findFlag = 1;                   // 若找到，则置找到标志为真，退出循环
19          }
20      }
21      if (findFlag)                           // 标志为真，说明找到
22      {
23          printf("%s is %d\n", x, pos);
24      }
25      else                                    // 找到标志为假，说明未找到
26      {
27          printf("Not found!\n");
28      }
29      return 0;
30  }
```

程序的两次测试结果如下：

```
①  Please enter a string: Thursday↙
    Thursday is 4
②  Please enter a string: Thursday↙
    Not found!
```

程序的第 15 行语句为什么用 strcmp(x, weekDay[i]) == 0 来比较字符串 x 和 weekDay[i]是否相等呢？因为 6.5.3 节已经介绍，不能直接使用关系运算符来比较字符串的大小，必须使用函数 strcmp()来比较，要求在实参列表中给出待比较的两个字符串的首地址。这里 x 是一维字符数组，数组名 x 代表其中存放的字符串的首地址，对于二维字符数组 weekDay（如图 7-15 所示），weekDay[i]代表 weekDay 数组的第 i 行第 0 列的首地址，即第 i+1 个字符串的首地址。

【思考题】 用函数编程实现在二维数组中查找指定的字符串，重新编写本例程序。

2. 如何通过二维数组的行指针和列指针来引用二维数组元素

根据前面对二维数组行地址和列地址的分析可知，二维数组中应有两种指针的概念：一种是行指针，它使用二维数组的行地址进行初始化；另一种是列指针，它使用二维数组的列地址进行初始化。

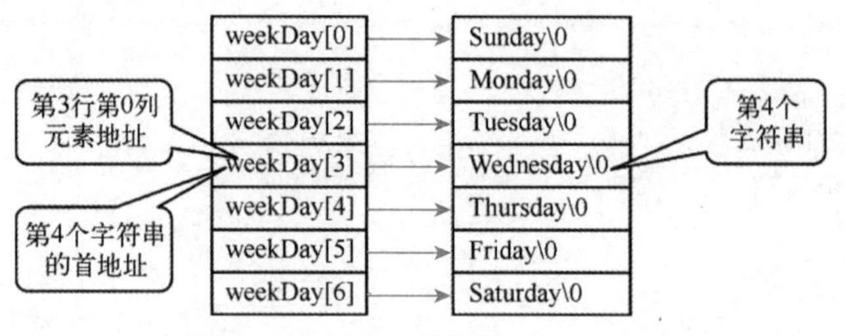

图 7-15　二维字符数组 weekDay

行指针是一种特殊的指针变量，专门用于指向一维数组，定义行指针的一般格式为

```
类型关键字 （*行指针名）[常量 N];
```

其中，“类型关键字”代表行指针所指一维数组的元素类型；“常量 N”规定了行指针所指一维数组的长度，不可省略。

例如，对于如图 7-13 所示的二维数组 a，因为其每行有 4 个元素，所以可定义如下行指针：

```
int  (*p)[4];
```

它定义了一个可指向含有 4 个整型元素的一维数组的指针 p。初始化方法如下：

```
    p = a;
或  p = &a[0];
```

通过行指针 p 引用二维数组元素 a[i][j]的方法可有以下 4 种等价形式：

```
p[i][j]
*(p[i]+j)
*(*(p+i)+j)
(*(p+i))[j]
```

由于列指针所指向的数据类型为二维数组的元素类型，因此列指针的定义方法和指向同类型简单变量的指针的定义方法是一样的。例如，对上面的例子，可定义列指针如下：

```
int  *p;
```

其初始化方法为

```
    p = a[0];
或  p = *a;
或  p = &a[0][0];
```

定义列指针 p 后，为了能通过 p 引用二维数组元素 a[i][j]，可将数组 a 看成一个由 m 行× n 列个元素组成的一维数组。由于 p 代表数组的第 0 行第 0 列的地址，而从数组的第 0 行第 0 列到数组的第 i 行第 j 列之间共有 i*n + j 个元素，因此，p+i*n+j 代表数组的第 i 行第 j 列的地址，即&a[i][j]，于是通过列指针 p 引用二维数组元素 a[i][j]的方法有以下两种等价的形式：

```
*(p+i*n+j)
p[i*n+j]
```

但注意，此时不能用 p[i][j]表示 a[i][j]。

在定义和使用二维数组的行指针时，必须在变量定义语句中指定其所指一维数组的长度（即二维数组的列数），且不能用变量指定列数。对该行指针执行增 1 或减 1 操作时，指针是沿着二维数组逻辑行的方向移动的，每次操作移动的字节数为：二维数组的列数×数组的基类型所占的字节数。显然，若不指定列数，则编译器无法计算指针移动的字节数。

在定义二维数组的列指针时，无须在变量定义语句中指定二维数组的列数。因为对该列指针执行增 1 或减 1 操作时，指针是沿着二维数组逻辑列的方向移动的，每次移动的字节数为二维数组的基类型所占的字节数。由于它与二维数组的列数无关，因此即使不指定列数，也能计算指针移动的字节数，此时相当于将二维数组等同于一维数组看待。在使用列指针访问数组元素时，因为二维数组的列数只用来计算地址偏移量，所以在计算地址偏移量的表达式中可以用变量表示列数。由于无须在声明二维数组的列指针时指定二维数组的列数，因此二维数组的列指针常用来作为函数参数，以实现二维数组的行列数用变量动态指定的场合。

【例 7-10】 编写一个计算任意 *m* 行 *n* 列二维数组中元素的最大值，并指出其所在的行列下标值的函数 FindMax()。利用函数 FindMax()计算三个班学生（假设每班 4 个学生）的某门课成绩的最高分，并指出具有该最高分成绩的学生是第几班的第几个学生。

编写程序如下：

```
1    #include <stdio.h>
2    #define       CLASS    3                   // 班级数
3    #define       STUD     4                   // 每班学生人数
4    int FindMax(int *p, int m, int n, int *pRow, int *pCol);
5    int main(void)
6    {
7       int  score[CLASS][STUD], i, j, maxScore, row, col;
8       for(i = 0; i < CLASS; i++)
9       {
10         printf("Please enter scores of class %d:\n", i+1);
11         for(j = 0; j < STUD; j++)
12         {
13            scanf("%d", &score[i][j]);
14         }
15      }
16      maxScore = FindMax(*score, CLASS, STUD, &row, &col);
17      printf("maxScore = %d, class = %d, number = %d\n",maxScore,row+1,col+1);
18      return 0;
19   }
20   // 函数功能：计算任意 m 行 n 列的二维数组中元素的最大值，并指出其所在的行列下标值
21   // 函数参数：整型指针变量 p，指向一个二维整型数组的第 0 行第 0 列
22   //          整型变量 m，二维整型数组的行数
23   //          整型变量 n，二维整型数组的列数
24   //          整型指针变量 pRow，指向数组最大值所在的行下标
25   //          整型指针变量 pCol，指向数组最大值所在的列下标
26   // 函数返回值：数组元素的最大值
27   int FindMax(int *p, int m, int n, int *pRow, int *pCol)
28   {
29      int  i, j, max;
30      max = p[0];                              // 置初值，假设第一个元素值最大
31      *pRow = 0;                               // 记录当前最大值所在的行下标
32      *pCol = 0;                               // 记录当前最大值所在的列下标
33      for (i = 0; i < m; i++)
34      {
35         for (j = 0; j < n; j++)
```

```
36          {
37              if (p[i*n+j] > max)                 // 将 p[i*n+j]与当前最大值 max 进行比较
38              {
39                  max = p[i*n+j];                 // 若 p[i*n+j]大，则修改当前最大值 max
40                  *pRow = i;                      // 记录当前最大值所在的行下标
41                  *pCol = j;                      // 记录当前最大值所在的列下标
42              }
43          }
44      }
45      return max;                                 // 返回最大值
46  }
```

程序的运行结果如下：

```
Please enter scores of class 1:
81  72  73  64↙
Please enter scores of class 2:
65  86  77  88↙
Please enter scores of class 3:
91  90  85  92↙
maxScore = 92, class = 3, number = 4
```

7.3 指针数组

指针不仅可用于指向一个数组，还可作为数组的元素，形成指针数组。由若干基类型相同的指针所构成的数组，称为指针数组（array of pointers）。由定义可知，指针数组的每个元素都是一个指针，且这些指针指向相同数据类型的变量。指针数组定义的一般形式为：

```
类型关键字  *数组名[常量 N];
```

其中，“类型关键字”代表指针数组元素可指向的数据类型，“常量 N”规定指针数组的长度。

例如，在解释如下变量定义语句时，说明符[]的优先级高于*，即先解释[]，再解释*。

```
char *pStr[5];
```

所以，这里 pStr 的类型被表示为 pStr⟶[5]⟶*⟶char，即 pStr 是有 5 个元素的数组，每个元素都是一个指向 char 型数据的指针。

指针数组通常用来构造一个字符串的数组（array of strings），或简称字符串数组（string array）。数组的每个元素都是一个字符串，但在 C 语言中，字符串实质上是指向其第一个字符的一个指针，即字符指针，而由若干字符指针构成的数组就是字符指针数组。所以，字符串数组的每个数据项实际上就是指向某字符串第一个字符的指针。

例如，表示扑克牌的花色名的字符串数组 suit 可定义如下：

```
char  *suit[4] = {"Hearts", "Diamonds", "Clubs", "Spades"};
```

它表示 suit 是一个拥有 4 个元素的字符指针数组，数组的每个元素的类型都是一个“指向字符的指针”。存放在数组中的 4 个字符串分别为"Hearts"、"Diamonds"、"Clubs"、"Spades"。表面上，这些字符串存放在数组 suit 中，但实际上数组中只存放了指向这些字符串的指针，每个指针指向相应字符串的第一个字符。

当然，也可以定义一个二维字符数组来存放这些字符串：

```
char  suit[4][10] = {"Hearts", "Diamonds", "Clubs", "Spades"};
```

这二者有什么区别吗？虽然有时指针数组和二维数组都可解决同样的问题，但相比二维数组而言，指针数组会更高效，尤其是对多个字符串进行排序等处理操作时。

【例 7-11】 编程将若干字符串按字母顺序由小到大排序后输出。

方法 1：用二维数组编写程序。

```
1   #include <stdio.h>
2   #include <string.h>
3   #define      M    9                          // 字符串最大长度，即二维数组的最大列数
4   #define      N    5                          // 字符串个数，即二维数组的行数
5   void Sort(char str[][M], int n);
6   int main(void)
7   {
8       int  i;
9       char  str[N][M] = {"Pascal", "Basic", "Fortran", "Java", "Visual C"};
10      printf("Before sorted:\n");
11      for (i = 0; i < N; i++)                  // 输出排序前的 N 个字符串
12      {
13          puts(str[i]);
14      }
15      Sort(str, N);
16      printf("After sorted:\n");
17      for (i = 0; i < N; i++)                  // 输出排序后的 N 个字符串
18      {
19          puts(str[i]);
20      }
21      return 0;
22  }
23  void Sort(char str[][M], int n)
24  {
25      int  i, j;
26      char  temp[M];
27      for (i = 0; i < n-1; i++)                // 交换法对 N 个字符串排序
28      {
29          for (j = i+1; j < n; j++)
30          {
31              if (strcmp(str[j], str[i]) < 0)
32              {   // 下面 3 条语句用于交换字符串 str[i]和 str[j]
33                  strcpy(temp,str[i]);
34                  strcpy(str[i],str[j]);
35                  strcpy(str[j],temp);
36              }
37          }
38      }
39  }
```

方法 2：用指针数组编写程序。

```
1   #include <stdio.h>
2   #include <string.h>
3   #define      M    9                               // 字符串最大长度，即二维数组的最大列数
4   #define      N    5                               // 字符串个数，即二维数组的行数
5   void Sort(char *ptr[], int n);
6   int main(void)
7   {
8       int  i;
9       char  *ptr[N] = {"Pascal", "Basic", "Fortran", "Java", "Visual C"};
10      printf("Before sorted:\n");
11      for (i = 0; i < N; i++)                       // 输出排序前的N个字符串
12      {
13          puts(ptr[i]);
14      }
15      Sort(ptr, N);
16      printf("After sorted:\n");
17      for (i = 0; i < N; i++)                       // 输出排序后的N个字符串
18      {
19          puts(ptr[i]);
20      }
21      return 0;
22  }
23  void Sort(char *ptr[], int n)
24  {
25      int  i, j;
26      char  *temp = NULL;
27      for (i = 0; i < n-1; i++)                     // 交换法对N个字符串排序
28      {
29          for (j = i+1; j < n; j++)
30          {
31              if (strcmp(ptr[j], ptr[i]) < 0)
32              {  // 下面3条语句交换字符指针ptr[i]和ptr[j]的指向，并不交换字符串
33                  temp = ptr[i];
34                  ptr[i] = ptr[j];
35                  ptr[j] = temp;
36              }
37          }
38      }
39  }
```

程序的运行结果如下：

```
Before sorted:
Pascal
Basic
Fortran
Java
Visual C
After sorted:
Basic
Fortran
```

```
Java
Pascal
Visual C
```

按如下方式定义的二维字符数组与指针数组之间的区别主要有三点。

```
char  str[N][MAX_LEN] = {"Pascal", "Basic", "Fortran", "Java", "Visual C"};
char  *ptr[N] = {"Pascal", "Basic", "Fortran", "Java", "Visual C"};
```

① 虽然str[i]和ptr[i]都代表第i+1个字符串的首地址，都是对第i+1个字符串的合法引用，但str与ptr的含义完全不同。str是二维字符数组的数组名，在内存中占用N×M字节的连续存储单元，字符数组元素的初始值是初始化列表中提供的字符串中的字符。而指针数组 ptr占内存的字节数为N×sizeof(指针类型)。与数组初始化列表中的字符串不同的是，指针数组初始化列表中的字符串是存储在只读的常量存储区中的，编译时用存放这些字符串的只读存储区的首地址对指针数组ptr进行初始化，此时指针数组元素的值（指针的指向）是可以修改的，但其指向的存储单元是只读的，所以不能修改其指向的存储单元中的内容。

② 如图7-16所示，用二维数组存储多个字符串时，需要按最长的字符串长度来定义这个二维数组的列数，然后每行存储一个字符串，由于二维数组的元素在内存中是连续存放的，存完第1行后，再存第2行，其余类推，因此不管每个字符串的实际长度是否一样，它们在内存中都占用相同长度的存储单元。而用指针数组存储每个字符串的首地址时，如图7-17所示，各字符串在内存中不占用连续的存储单元，而且它们所占存储空间的大小可以不同，由字符串的实际长度来决定，因此相对于二维数组而言，字符指针数组不会浪费内存空间。

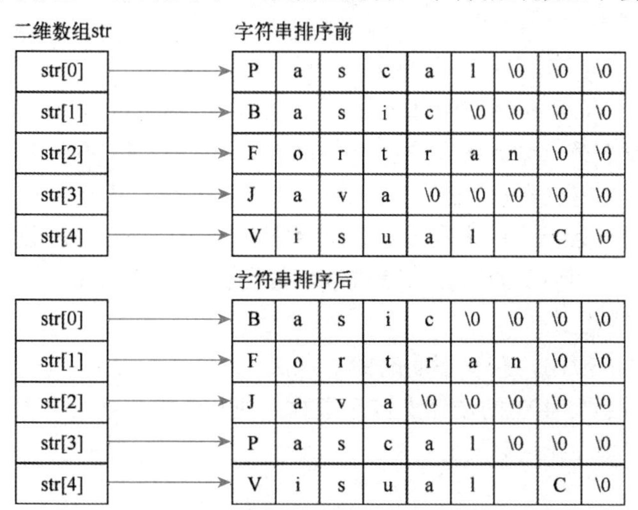

图7-16　用二维数组对多个字符串排序

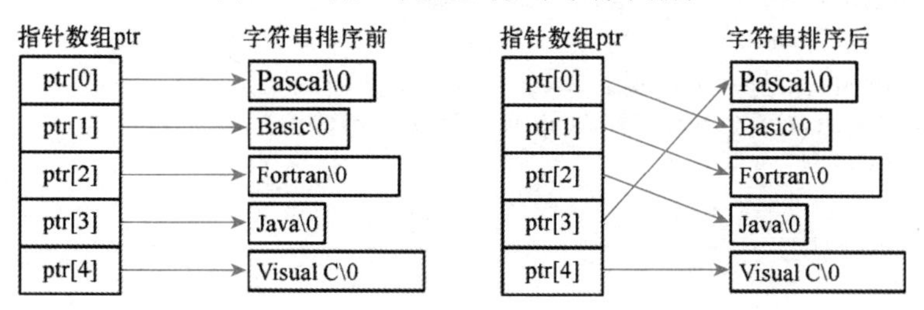

图7-17　用指针数组对多个字符串排序

③ 用二维数组存储多个字符串时，因为需要移动字符串的存储位置，所以字符串排序的速度很慢。这种通过移动字符串在实际物理存储空间中的存放位置而实现的排序，称为物理排序。而用指针数组存储每个字符串的首地址时，字符串排序不需要改变字符串在内存中的存放位置，只要改变指针数组中各元素的指向即可。这样，移动指针的指向比移动字符串要快得多。这种通过移动字符串的索引地址而不是字符串的实际存储位置实现的排序，称为索引排序。显然，索引排序，即用指针数组处理字符串，程序的执行效率相对更快一些。

【思考题】 ① 若将方法 1 程序中交换法排序的第 33～35 行代码改成如下代码，能否实现字符串 str[j]和 str[i]的交换？为什么？

```
33            temp = str[i];
34            str[i] = str[j];
35            str[j] = temp;
```

② 对于如下语句：

```
    char  *ptr[] = {"Pascal", "Basic", "Fortran", "Java", "Visual C"};
```

下面哪种计算指针数组大小的语句是正确的呢？提示：指针数组 ptr 的基类型是字符指针。

```
    int num = sizeof(pArray) / sizeof(char*);
    int num = sizeof(pArray) / sizeof(char);
```

③ 请用函数编程实现字符串的排序，重新编写方法 1 和方法 2 的程序。

*7.4 函数指针

指向函数的指针（pointer to a function），也称为函数指针（function pointer）。由第 6 章可知，数组名其实是数组第一个元素在内存中的地址，即数组在内存中的起始地址。同样，函数名就是执行该函数功能的程序源代码在内存中的起始地址，即函数的入口地址，也就是指向存储这个函数的第一条指令的内存地址。编译器将不带“()”的函数名解释为该函数的入口地址。因此，将不带“()”的函数名赋值给函数指针，也就意味着这个函数指针指向了该函数在内存中的入口地址。

为说明函数指针的应用，来看下面的例子。

【例 7-12】 修改例 6-4 中的选择法排序函数，使其既能实现对学生成绩的升序排序，又能实现对学生成绩的降序排序。

编写程序如下：

```
1     #include  <stdio.h>
2     #define        N    40
3     void DescendingSort(float score[], long num[], int n);
4     void AscendingSort(float score[], long num[], int n);
5     int main(void)
6     {
7        float  score[N];
8        long  num[N];
9        int  n, i;
10       int  order;                    // 值为 1 表示升序排序，值为 2 表示降序排序
11       printf("Please enter total number:");
```

```
12      scanf("%d", &n);                              // 从键盘输入学生人数 n
13      printf("Please enter the number and score:\n");
14      for (i = 0; i < n; i++)                       // 分别以长整型和实型格式输入学生的学号和成绩
15      {
16          scanf("%ld%f", &num[i], &score[i]);
17      }
18      printf("Enter 1 to sort in ascending order,\n");
19      printf("Enter 2 to sort in descending order:");
20      scanf("%d", &order);                          // 输入用户的选择
21      if (order == 1)
22      {
23          AscendingSort(score, num, n);             // 按升序排序
24          printf("Ascending sorting result:\n");
25      }
26      else
27      {
28          DescendingSort(score, num, n);            // 按降序排序
29          printf("Descending sorting result:\n");
30      }
31      for (i = 0; i < n; i++)                       // 输出排序结果
32      {
33          printf("%ld\t%4.0f\n", num[i], score[i]);
34      }
35      return 0;
36  }
37  // 函数功能：用选择法按成绩升序对学生成绩及学号进行排序
38  void AscendingSort(float score[], long num[], int n)
39  {
40      int  i, j, k;
41      float  temp1;
42      long  temp2;
43      for (i = 0; i < n-1; i++)
44      {
45           k = i;
46          for (j = i+1; j < n; j++)
47          {
48              if (score[j] > score[k])              // 这样比较表示按升序排序
49              {
50                  k = j;
51              }
52          }
53          if (k != i)
54          {  // 下面 3 条语句用于交换成绩
55              temp1 = score[k];
56              score[k] = score[i];
57              score[i] = temp1;
58              // 下面 3 条语句用于在交换成绩的同时交换学号
59              temp2 = num[k];
60              num[k] = num[i];
61              num[i] = temp2;
62          }
```

```
63      }
64   }
65   // 函数功能：用选择法按成绩降序对学生成绩及学号进行排序
66   void DescendingSort(float score[], long num[], int n)
67   {
68      int  i, j, k;
69      float  temp1;
70      long  temp2;
71      for (i = 0; i < n-1; i++)
72      {
73         k = i;
74         for (j = i+1; j < n; j++)
75         {
76            if (score[j] > score[k])                    // 这样比较表示按降序排序
77            {
78               k = j;
79            }
80         }
81         if (k != i)
82          { // 下面 3 条语句用于交换成绩
83            temp1 = score[k];
84            score[k] = score[i];
85            score[i] = temp1;
86            // 下面 3 条语句用于在交换成绩的同时交换学号
87            temp2 = num[k];
88            num[k] = num[i];
89            num[i] = temp2;
90         }
91      }
92   }
```

程序的两次测试结果如下：

```
①   Please enter total number:5 ↙
     Please enter the number and score:
     99011   84↙
     99013   83↙
     99015   88↙
     99017   87↙
     99019   61↙
     Enter 1 to sort in ascending order,
     Enter 2 to sort in descending order:1↙
     Ascending sorting result:
     99019   61
     99013   83
     99011   84
     99017   87
     99015   88
②   Please enter total number:5 ↙
     Please enter the number and score:
     99011   84↙
```

```
99013   83↙
99015   88↙
99017   87↙
99019   61↙
Enter 1 to sort in ascending order,
Enter 2 to sort in descending order:1↙
Descending sorting result:
99015   88
99017   87
99011   84
99013   83
99019   61
```

本例只是将例 6-4 程序中的 Sort( )函数改为两个函数 AscendingSort( )和 DescendingSort( )，分别实现成绩的升序和降序排序，同时相应地修改了主函数。主函数第 18～19 行显示了一个简单的固定式菜单，提示用户选择升序还是降序排序。第 20 行输入用户的选择。当用户输入 1 即选择升序排序时，在第 23 行调用函数 AscendingSort( )实现学生成绩的升序排序，当用户输入 2 即选择降序排序时，在第 28 行调用函数 DescendingSort( )实现学生成绩的降序排序。

不难发现，升序排序函数 AscendingSort( )和降序排序函数 DescendingSort( )仅在第 48 行和第 76 行的 if 语句不同而已，其他语句完全一致，能否编写一个通用的排序函数，既能实现对学生成绩的升序排序，又能实现对学生成绩的降序排序呢？答案是肯定的，这就要用到本节介绍的函数指针。用函数指针重新编写本例程序如下：

```
1   #include <stdio.h>
2   #define       N    40
3   void SelectionSort(float score[], long num[], int n, int (*compare)(float a, float b));
4   int Ascending(float a, float b);
5   int Descending(float a, float b);
6   int main(void)
7   {
8       float  score[N];
9       long  num[N];
10      int  n, i;
11      int  order;                                  // 值为 1 表示升序排序，值为 2 表示降序排序
12      printf("Please enter total number:");
13      scanf("%d", &n);                             // 从键盘输入学生人数 n
14      printf("Please enter the number and score:\n");
15      for (i = 0; i < n; i++)                      // 分别以长整型和实型格式输入学生的学号和成绩
16      {
17          scanf("%ld%f", &num[i], &score[i]);
18      }
19      printf("Enter 1 to sort in ascending order,\n");
20      printf("Enter 2 to sort in descending order:");
21      scanf("%d", &order);                         // 输入用户的选择
22      if (order == 1)
23      {
24          SelectionSort(score, num, n, Ascending);     // 函数指针指向 Ascending()
25          printf("Ascending sorting result:\n");
26      }
```

```
27      else
28      {
29          SelectionSort(score, num, n, Descending);     // 函数指针指向 Descending()
30          printf("Descending sorting result:\n");
31      }
32      for (i = 0; i < n;i++)                              // 输出排序结果
33      {
34          printf("%ld\t%4.0f\n", num[i], score[i]);
35      }
36        return 0;
37  }
38  // 函数功能：通用的选择法排序，通过调用函数指针 compare 指向的函数决定升序还是降序
39  void SelectionSort(float score[], long num[], int n, int (*compare)(float a, float b))
40  {
41      int  i, j, k;
42      float  temp1;
43      long  temp2;
44      for (i = 0; i < n-1; i++)
45      {
46          k = i;
47          for (j = i+1; j < n; j++)
48          {
49              if ((*compare)(score[j], score[k]))
50              {
51                  k = j;
52              }
53          }
54          if (k != i)
55          {  // 下面 3 条语句用于交换成绩
56              temp1 = score[k];
57              score[k] = score[i];
58              score[i] = temp1;
59              // 下面 3 条语句用于在交换成绩的同时交换学号
60              temp2 = num[k];
61              num[k] = num[i];
62              num[i] = temp2;
63          }
64      }
65  }
66  // 使数据按升序排序
67  int Ascending(float a, float b)
68  {
69      return a < b;                                  // 返回 a<b 比较的结果，这样比较决定了按升序排序
70  }
71  // 使数据按降序排序
72  int Descending(float a, float b)
73  {
74      return a > b;                                  // 返回 a>b 比较的结果，这样比较决定了按降序排序
75  }
```

这里，函数 SelectionSort()之所以能成为一个通用的排序函数，既可实现升序排序，也可实现降序排序，主要在于第 39 行 SelectionSort()的函数头部定义了如下形参：

```
int (*compare)(float a, float b)
```

在解释这个变量定义时，因为“()”的优先级最高，从左向右结合，所以先解释第一个“()”中的“*”，再解释第二个“()”。因此，compare 的类型被表示为 compare⟶*⟶()⟶float。注意，*compare 两侧的“()”不能省略，它将“*”与 compare 先结合，表示 compare 是一个指针变量。然后，(*compare)与其后的“()”结合，表示该指针变量可以指向一个函数，它指向的函数应有两个 float 类型形参、返回值为 int 类型，即 compare 是一个函数指针变量。

如果去掉*compare 两侧的“()”，即

```
int *compare(float a, float b)
```

则因为“()”的优先级最高，所以先解释“()”，再解释“*”。于是，compare 的类型被表示为 compare⟶()⟶*⟶float。这说明，它定义的不是一个函数指针，而是一个有两个 float 类型形参并返回 int 类型指针的函数。

程序第 19～20 行提示用户选择升序还是降序排序。第 21 行输入用户的选择。若用户输入 1，则用函数名 Ascending 作为函数实参调用 SelectionSort()，将函数 Ascending()的入口地址传给 SelectionSort()的函数指针形参 compare，使数组 score 按升序排序。若用户输入 2，则用函数名 Descending 作为函数实参调用 SelectionSort()，将函数 Descending()的入口地址传给 SelectionSort()的函数指针形参 compare，使数组 score 按降序排序。

函数指针形参所指向的函数在 SelectionSort()的第 49 行的 if 语句中被调用，即

```
if ((*compare)(score[j], score[k]))
```

就像对一个指向变量的指针进行解引用就可以访问它所指向的变量的值一样。当然，对一个指向函数的指针进行解引用就是调用它所指向的函数。这种调用函数的方式含义更直观，因为它显式地说明了 compare 是一个指向函数的指针。

当然，也可以不对函数指针进行解引用，直接把函数指针当作函数名来使用，格式如下：

```
if (compare(score[j], score[k])
```

这种调用函数的方式使得 compare 看上去很像一个真实的函数，容易误导用户到文件中寻找 compare 函数的定义，但是用户无法找到这个函数的定义，因此容易把用户搞糊涂。

从本例可以看出，利用函数指针编程有助于提高程序的通用性，减少重复代码。

指向函数的指针既可以作为实参传递给函数，也可以作为返回值从函数返回，还可以存入数组或者赋值给其他函数指针。例如，编写菜单驱动的程序时，需要程序提示用户通过输入一个数字，从菜单中选择一个选项，根据用户选项的不同，程序执行不同功能的函数。这样，你就可以将指向每个函数的指针存储在一个由很多函数指针构成的数组中。用户的选择将作为数组的下标，然后就可以用对应数组元素中的指针去调用相应的函数了。这样编写的程序是不是很简洁呢？读者不妨尝试。

*7.5 带参数的 main()函数

到目前为止，程序运行时需要的信息都是通过输入操作获得的，不够简练。操作系统的

许多命令和一些实用程序的使用方式很值得我们借鉴。例如，为将文件 file1.c 的内容复制到文件 file2.c 中，在 DOS 操作系统提示符下，可用如下命令实现：

```
copy  file1.c  file2.c↙
```

其中，命令名 copy 和另外两个代表文件名的参数 file1.c、file2.c 之间用一个或多个空格分隔。

上面这种使用形式称为命令行，copy、file1.c 和 file2.c 称为命令行参数（command line arguments）。现在的问题是，在 C 程序中，这些命令行参数是如何传递给程序的呢？事实上，C 程序的函数 main()是通过形参获得这些参数的。这时，函数 main()不再是前面例子中不带参数的形式，而要使用带参数的 main()函数形式：

```
int main(int argc, char *argv[])
{
    局部变量定义语句
    可执行语句序列
    return 0;
}
```

其中，两个内设形参用于接收命令行参数，一个是 argc，另一个是 argv。形参 argc 是整型变量，用于存放命令行中参数的个数，因为程序名也计算在内，所以 argc 的值至少为 1。形参 argv 是字符指针数组，数组中的每个元素都是一个字符串指针，指向命令行中的一个命令行参数，所有命令行参数都是字符串。argc 和 argv 来自惯例，实际上也可以取其他名字。

例如，若 copy 命令是用 C 语言程序写成的，而这个程序的函数 main()按上述形式定义，则在 copy 程序执行时，argc 指出命令行上给出的参数个数，而 argv 指针数组中的各元素依次指向这些命令行参数，argc 为 3，表明命令行上有 3 个参数，argv[0]指向字符串"copy.exe"，argv[1]指向字符串"file1.c"，argv[2]指向字符串"file2.c"。

【例 7-13】 命令行参数与函数 main()各形参之间的关系。

```
1   #include <stdio.h>
2   int main(int argc, char *argv[])
3   {
4       int  i;
5       printf("The number of command line arguments is:%d\n", argc);
6       printf("The program name is:%s\n", argv[0]);
7       if (argc > 1)
8       {
9           printf("The other arguments are following:\n");
10          for (i = 1; i < argc; i++)
11          {
12              printf("%s\n", argv[i]);
13          }
14      }
15      return 0;
16  }
```

假定上面程序的文件名是 echo.c，在程序成功编译和链接后（编译链接后的程序名为 echo.exe），我们可按如下命令行方式运行这个程序：

```
echo.exe programming is fun↙
```

则该程序将显示如下结果：

```
The number of command line arguments is: 4
The program name is: echo.exe
The other arguments are following:
programming
is
fun
```

如图 7-18 所示，argv[0]指向第一个命令行参数，即可执行程序的名字 echo.exe，它是由第 6 行语句输出的。当变量 i 从 1 依次增加到 argc−1 时，argv[i]依次指向第 2, 3,⋯, argc 个命令行参数，因此由程序第 10～13 行的 for 循环依次输出字符串"programming"、"is"、"fun"。

命令行参数很有用，尤其在批处理文件中使用较为广泛。例如，可以通过命令行参数向一个程序传递这个程序所要处理的文件的名字，还可用来指定命令的选项等。

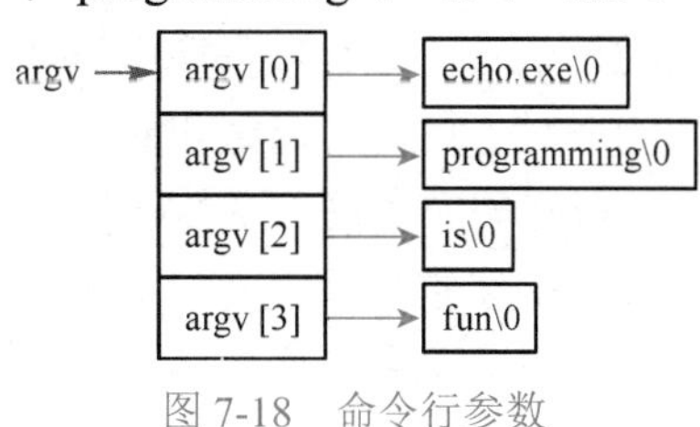

图 7-18 命令行参数

*7.6 动态数组的实现

7.6.1 C 语言程序的内存映像

一个已经完成编译的C语言程序取得并使用4块在逻辑上不同且用于不同目的的内存区域，如图 7-19 所示。第一块区域存放程序的机器代码，相邻的常量存储区用于存放字符串常量等，这两块内存都是只读的存储区；与其相邻的静态存储区用于存放全局变量和静态变量；其他两块区域分别是“堆（heap）”和“栈（stack）”，为动态存储区。栈用于保存程序的许多运行信息，如函数调用时的返回地址、函数参数、函数内的局部变量及 CPU 的当前运行状态等，分配在栈上的内存会随着函数调用的结束而自动释放。堆是一个自由存储区，程序可利用 C 的动态内存分配函数来使用它，但使用完毕必须通过调用 free()函数来显式地释放，否则在程序运行期间将一直被占用。虽然这些存储区的实际物理布局随 CPU 的类型和编译程序的实现而异，但图 7-19 仍从概念上描述了 C 程序的内存映像。

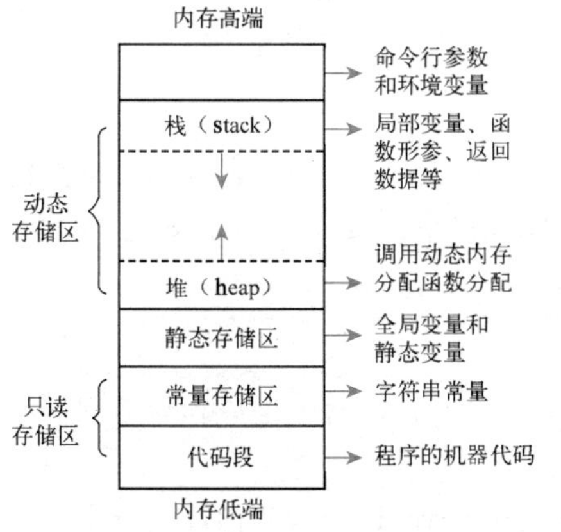

图 7-19 C 程序的内存映像

综上所述，C 程序中变量的内存分配方式有以下三种。

① 从静态存储区分配。程序的全局变量和静态变量都在静态存储区上分配，且在程序编译时就已经分配好了，在程序运行期间都是存在的，只有在程序终止前，才被操作系统收回。

② 在栈上分配。在执行函数调用时，函数内的局部变量及形参都是在栈上分配的，该函数执行结束时，这些内存自动被释放。栈内存分配运算内置于处理器的指令集中，效率很高，但是容量有限。

③ 在堆上分配。在程序运行期间，用动态内存分配函数来申请的内存都是在堆上分配的。动态内存的生存期由程序员自己来决定，使用非常灵活，但也最容易出现问题。有一点需要程序员时刻牢记：在不用这些内存的时候，一定用 free()将其释放，以防止内存泄漏的发生。

千万不可因程序结束自然会释放所有内存而存在侥幸心理，如果这段程序被用于一个需要连续运行数月的商业软件，那么不释放内存的后果将不堪设想。

7.6.2 动态内存分配函数

7.1.2 节讲过，指针为 C 语言的动态内存分配系统提供支持。动态内存分配（dynamic memory allocation）是指在程序运行时为程序分配内存的一种方法。全局变量是编译时分配的，非静态的局部变量使用栈空间，因此两者在程序运行时既不能添加，也不能减少。而在实际应用中，有时在程序运行中可能需要数量可变的内存空间，即可能在运行时才能确定要用多少存储单元来存储数据。例如，如果要求在运行程序以后由用户从键盘输入实际的班级数和每个班的学生数，那么在程序中该如何定义数组的长度呢？

一种方法是，将数组定义得足够大，但这样会占用过多的存储空间，造成存储空间的浪费。最好的方法是，按照实际需要的大小产生一个动态数组，然而 ANSI C 不支持动态数组的定义，即在定义数组时，必须明确指出数组的长度。

所以，当程序中需要动态定义数据结构（包括动态数组、链表、二叉树等）时，要求程序能根据需要动态分配和释放内存，这需要用动态内存分配函数来实现。

全局变量分配在全局变量存储区，非静态的局部变量（包括自动变量和形参）使用栈空间为其分配存储单元，而动态内存分配函数则从称为“堆”的自由内存区取得内存。

ANSI C 标准定义了 4 个动态分配函数：malloc()、calloc()、free()和 realloc()，可以随时分配和释放存储空间。ANSI C 规定，使用这些函数时要用#include 命令将 stdlib.h 文件包含进来。下面介绍这几个动态分配函数。

1．函数 malloc()

函数 malloc()用于分配若干字节的内存空间，返回一个指向该存储区地址的指针。若系统不能提供足够的内存单元，函数将返回空指针（NULL），NULL 是在 stdio.h 中定义为 0 的宏。

函数 malloc()的原型为：

```
void  *malloc(unsigned int size);
```

其中，参数 size 为无符号整型数，表示向系统申请的空间的大小，函数调用成功将返回一个指向 void 类型的指针。

ANSI C 标准要求，动态分配系统返回 void*指针（pointer to void），void*指针是一个可以表示任何指针类型的通用（generic）或无类型（typeless）的指针，常用来说明其基类型未知的指针，即定义一个指针变量，但不指定它指向哪一种基类型的数据。为什么不指定 malloc()函数返回指针的基类型呢？这是出于灵活性的考虑，因为 molloc 无法事先预知这些内存块中放什么类型的数据，用户希望放什么类型的数据，就强制转换为期望的类型即可。由第 7 章可知，仅在类型相同时，一个指针才能赋值给另一个指针。因此，如果将 malloc()函数调用的返回值赋值给某指针，则应先根据该指针的基类型，用强制类型转换将 malloc()函数返回的指针值强制转换为所需的类型，再进行赋值操作。例如：

```
int  *pi = NULL;
pi = (int *)malloc(2);
```

其中，malloc(2)表示申请一个长度为 2 字节的存储空间，malloc(2)的返回值经强制类型转换后再赋值给指针变量 pi，即执行语句 pi = (int *)malloc(2)后，表示用一个指向 int 数据的指针变量 pi 指向这段存储空间的首地址。

如果不知道所用机器上某种类型数据所占内存空间的字节数，可先用 sizeof( )计算出本系统中该类型需占内存空间的字节数，再用函数 malloc( )向系统申请具体的存储空间。

使用 sizeof( )确定所需申请的内存空间字节数能提高程序的可移植性，如

```
pi = (int *)malloc(sizeof(int));
```

2．函数 calloc()

函数 calloc( )用于给若干同一类型的数据项分配连续的存储空间，其中每个数据项的长度单位为字节。与 malloc( )不同的是：通过调用函数 calloc( )分配的存储单元，系统将其自动置初值 0。因此，从安全的角度而言，使用 calloc( )动态分配内存更明智。

函数 calloc( )的原型为

```
void  *calloc(unsigned int num, unsigned int size);
```

其中，参数 num 表示向系统申请的内存空间的数量，参数 size 表示申请的每个空间的字节数。若函数调用不成功，函数将返回空指针（NULL）；若函数调用成功，将返回一个 void 类型的连续存储空间的首地址。如果将该地址赋给某个指针，就应先根据该指针的基类型，将返回值进行相应的类型转换，再进行赋值操作。例如：

```
float  *pf = NULL;
pf = (float *)calloc(10, sizeof(float));
```

表示系统申请 10 个连续的 float 类型的存储单元，并用指针 pf 指向该连续存储单元的首地址，系统申请的总的存储单元字节数为 10*sizeof(float)。

显然，用函数 calloc( )申请的存储单元相当于一个一维数组。函数 calloc( )的第一个参数决定一维数组的长度，第二个参数决定数组元素的类型，函数的返回值就是数组的首地址。

3．函数 free()

函数 free( )的原型为

```
void  free(void *p);
```

其功能是释放动态申请的由指针 p 指向的存储空间，无返回值。函数 free( )中参数给出的地址只能是由函数 malloc( )和 calloc( )申请空间时返回的地址。该函数执行后，将以前分配的由指针 p 指向的存储单元交还给系统，由系统重新支配。

例如，释放前面已申请的指向 int 型数据的指针 pi 所指向的 sizeof(int)字节的存储空间，应使用如下语句：

```
free(pi);
```

4．函数 realloc()

函数 realloc( )用于改变原来分配的存储空间的大小，其原型为

```
void  *realloc(void *p, unsigned int size);
```

其功能是将指针 p 所指向的存储空间的大小改为 size 字节，函数返回值是新分配的存储空间的首地址，与原来分配的首地址不一定相同。

【编码规范和编程实践】 因为由动态内存分配得到的存储单元没有名字，只能通过指针来引用它，所以一旦改变了指针的指向，原来分配的存储单元及存放于其中的数据也就随之丢失了，从而造成内存泄漏。因此，虽然这个指针是一个变量，但不要轻易地改变它的值。

下面举两个利用动态内存分配函数实现动态数组（dynamically allocated array）的例子。利用动态内存分配函数实现链表等动态数据结构的例子将在第 8 章中介绍。

7.6.3 一维动态数组的实现

【例 7-14】 编程输入一个班的某课程的学生成绩，计算其平均分，然后输出。班级人数由键盘输入。

编写程序如下：

```
1   #include <stdio.h>
2   #include <stdlib.h>
3   int main(void)
4   {
5       int  *p = NULL, n, i, sum;
6       printf("Please enter array size:");
7       scanf("%d", &n);                          // 输入学生人数
8       p = (int *)malloc(n * sizeof (int));      // 申请 n 个 sizeof(int)字节的内存
9       if (p == NULL)                        // 确保指针使用前是非空指针，当 p 为空指针时结束程序运行
10      {
11          printf("No enough memory!\n");
12          exit(0);
13      }
14      printf("Please enter the score:");
15      for (i = 0; i < n; i++)                   // 输入 n 个学生的分数
16      {
17          scanf("%d", p+i);
18      }
19      sum = 0;                                  // 累加和变量 sum 初始化为 0
20      for (i = 0; i < n; i++)
21      {
22          sum = sum + *(p+i);                   // 计算总分，i 代表相对于起始地址 p 的偏移量
23      }
24      printf("aver = %d\n", sum/n);             // 输出平均分
25      free(p);                                  // 释放用 malloc()申请的内存
26      return 0;
27  }
```

程序的运行结果如下：

```
Please enter array size: 5↙
Please enter the score: 90  85  70  95  80↙
aver = 84
```

由于程序第 17 行中的指针 p 已经指向一维动态数组的起始地址，而 i 就代表针对这个起始地址 p 的偏移量（Offset），因此 p+i 表示要访问的一维动态数组中的第 i 个元素的地址值，第 22 行中的*(p+i)表示要访问的一维动态数组中的第 i 个元素的值。可见，偏移量 i 的值和数

组的下标值是相同的，这种表示法称为指针/偏移量表示法（pointer/offset notation）。因为指针运算符“*”的优先级高于算术运算符“+”的优先级，所以表达式*(p+i)中的“()”不能省略。

因为指针也可以像数组那样用下标的形式来引用，所以程序第 17 行中的 p+i 也可以表示为&p[i]，第 22 行中的*(p+i)也可以表示为 p[i]。这种表示法称为指针/下标表示法（pointer/subscript notation）。

【编码规范和编程实践】 因为堆空间是有限的，所以动态分配内存后，必须检查函数 malloc()的返回值，确保在指针使用前不是 NULL，即非空指针，任何空指针均意味着它不指向任何对象，不应该使用它。如果使用空指针，就可能导致程序崩溃。

虽然可以用关系运算符来比较两个指针，但是只有在这两个指针指向的是同一数组的元素时，这样的比较才是有意义的。指针比较就是比较存储于指针中的地址的大小，而并非其指向的数据的大小。

例如，通过比较两个指向同一个数组的元素的指针，可以确定哪个指针指向的是较大下标值的数组元素，这是因为数组在内存中都是连续存放的，较大下标值的数组元素的地址一定大于较小下标值的数组元素。

指针比较的另一个常见用途是判断一个指针是否是 NULL。例如，本例中的第 9 行语句。

7.6.4 二维动态数组的实现

【例 7-15】 编程输入 m 个班（每班 n 个学生）全部学生的某门课的成绩，计算最高分，并指出具有该最高分成绩的学生是第几个班的第几个学生。

编写程序如下：

```
1   #include <stdio.h>
2   #include <stdlib.h>
3   int FindMax(int *p, int m, int n, int *pRow, int *pCol);
4   int main(void)
5   {
6       int  *pScore = NULL, i, j, m, n, maxScore, row, col;
7       printf("Please enter array size m, n:");
8       scanf("%d, %d", &m, &n);                    // 输入班级数 m 和学生数 n
9       pScore = (int*)calloc(m*n,sizeof(int));     // 申请 m*n 个 sizeof(int)字节的内存
10      if (pScore == NULL)
11      {
12          printf("No enough memory!\n");
13          exit(0);
14      }
15      printf("Please enter the score:\n");
16      for (i = 0; i < m; i++)                     // 输入 m 个班学生的某门课成绩
17      {
18          for (j = 0; j < n; j++)
19          {
20              scanf("%d", &pScore[i*n+j]);
21          }
22      }
23      maxScore = FindMax(pScore, m, n, &row, &col);
24      // 输出最高分及其所在的班级和班级内的序号
```

```
25      printf("maxScore = %d, class = %d, number = %d\n", maxScore, row+1, col+1);
26      free(pScore);                                   // 释放用 calloc()申请的内存
27       return 0;
28  }
29  // 函数功能：计算任意 m 行 n 列的二维数组中元素的最大值，并指出其所在的行、列下标值
30  // 函数参数：整型指针变量 p，指向一个二维整型数组的第 0 行第 0 列
31  //           整型变量 m，二维整型数组的行数
32  //           整型变量 n，二维整型数组的列数
33  //           整型指针变量 pRow，指向数组最大值所在的行
34  //           整型指针变量 pCol，指向数组最大值所在的列
35  // 函数返回值：数组元素的最大值
36  int FindMax(int *p, int m, int n, int *pRow, int *pCol)
37  {
38      int  i, j, max;
39      max = p[0];                                     // 置初值，假设第一个元素值最大
40      *pRow = 0;                                      // 记录当前最大值所在的行下标
41      *pCol = 0;                                      // 记录当前最大值所在的列下标
42      for (i = 0; i < m; i++)
43      {
44          for (j = 0; j < n; j++)
45          {
46              if (p[i*n+j] > max)
47              {
48                  max = p[i*n+j];                     // 记录当前最大值
49                  *pRow = i;                          // 记录当前最大值所在的行下标
50                  *pCol = j;                          // 记录当前最大值所在的列下标
51              }
52          }
53      }
54      return max;                                     // 返回最大值
55  }
```

程序的运行结果如下：

```
Please enter array size m,n:3,4↙
Please enter the score:
81  72  73  64↙
65  86  77  88↙
91  90  85  92↙
maxScore = 92, class = 3, number = 4
```

*7.7 使用 const 修饰指针变量

当定义一个指针变量时，它本身的值以及该指针变量所指向的数据都可以被声明为 const。const 在变量定义语句中所处的位置不同，表示的含义也不同。下面举例说明。

① const 放在类型关键字的前面。假设有如下变量定义语句：

```
int  a, b;
```

那么，语句

```
const int  *p = &a;
```

说明*p 是一个常量，即只读的，而 p 不是。只要我们按照从右到左的顺序来读这条语句，就可以看到这一点，即“p 是一个指针变量，可以指向一个整型常量（integer constant）”。这时不可以在程序中修改*p，即执行“*p = 10”这样的赋值操作将被视为非法。在 Code::Blocks 下编译会显示如下错误信息提示：

```
error: assignment of read-only location '*p'
```

注意，虽然*p 是不可修改的，但是 p 指向的变量 a 的值仍然是可修改的，即执行“a = 10”这样的赋值操作是合法的。由于指针变量 p 的值是可以修改的，因此若执行 p = &b 这样的赋值操作，也是合法的。经过这个赋值语句后，指针变量 p 就不再指向变量 a，而是指向变量 b。

② const 放在类型关键字的后面和*变量名的前面。例如，语句

```
int const *p = &a;
```

说明*p 是一个常量，即只读的，而 p 不是。按照从右到左的顺序，这个定义可以读作“p 是一个指针变量，可以指向一个常量整数（constant integer）”，说明不能使用指针变量 p 修改这个“为常数的整型数”，它和第一种情况是等价的。

③ const 放在类型关键字*的后面和变量名的前面。例如，语句

```
int* const p = &a;
```

说明 p 是一个常量，即只读的，而*p 不是。按照从右到左的顺序，这个定义可以读作“p 是一个常量指针，可以指向一个整数（integer）”。这时指针 p 是一个常量，其值是不可以修改的，即不能在程序中修改指针 p 让它指向其他变量，但是它所指向的变量的值是可以修改的。

例如，执行“*p = 20”这样的赋值操作是合法的，而执行“p = &b”这样的赋值操作就是非法的。

④ 一个 const 放在类型关键字的前面，另一个 const 放在类型关键字“*”后和变量名前。例如，语句

```
const int* const  p = &a;
```

说明 p 和*p 都是一个常量，即只读的。按照从右到左的顺序，这个定义可以读作“p 是一个常量指针，可以指向一个整型常量（integer constant）”。这时，无论执行“*p = 20”还是执行“p = &b”，都是非法的。

【编码规范和编程实践】 C 语言的许多标准库函数都将某些指针参数的类型前加上了 const 修饰（上面第一种用法），目的是只允许函数访问该指针参数指定地址中的内容，不允许修改其内容，从而对参数起到一定的保护作用。

*7.8 代码风格

自 1968 年北大西洋公约的一次学术会议上提出“软件工程（software engineering）”一词，并将软件开发视为工程以来，软件结构构件化、开发自动化、表示形式化、接口自然化等逐渐成为研究热点。人们研究软件模型与方法、软件开发环境与工具，探讨软件体系结构，其根本目的是希望从总体上解决软件质量问题。现在，人们已把提高软件质量放在优于提高

软件功能和性能的地位。

在大型程序设计中，特别是在控制及生命财产相关事件的程序中，如航空航天、武器、金融、保险等应用软件中，对软件质量往往有更高的要求，这类高风险软件开发不允许程序中有任何潜在错误。虽然在很多情况下，尤其对于大型程序，程序正确性证明（correctness proof）很难，也无法彻底地测试程序，但是通过精心的设计和专业化的编程是可以避免由于程序员的个人失误而造成的错误的。例如，导致程序陷入死循环的错误条件、危及相邻代码或数据的数组越界、数据类型意外地溢出等。很多类似错误其实是由程序员的不良编程习惯引起的，因此养成良好的程序设计风格对保证程序的质量至关重要。

代码风格（coding style）是一种习惯，一旦养成良好的代码风格，将会使人终生受益。代码风格包括程序的版式、标识符命名、函数接口定义、文档等内容。标识符命名在第 2 章中已经简单介绍，本节重点介绍程序的版式、函数设计等内容。

7.8.1 程序版式

程序的版式虽然不会影响程序的功能，但却影响程序的可读性。程序的版式好比“书法”一样，追求的是清晰、整洁、美观，让人一目了然，是程序风格的重要构成因素。

1．代码行

① 虽然 C 语言允许在一行内写多条语句，但良好的程序设计风格应该是在一行内只写一条语句，一行代码只定义一个变量。这样的代码容易阅读，而且方便加注释和程序测试。

② 尽可能在定义变量的同时，初始化该变量。如果变量的引用处和其定义处相隔较远，变量的初始化很容易被遗忘，而引用未被初始化的变量，将可能导致程序错误。

③ if、for、while、do 等语句各自占一行，执行语句无论有几条都用“{”和“}”将其包含在内，通常不紧跟其后。这样既可以防止书写错误，也便于以后的代码维护。

2．对齐与缩进

对齐（alignment）和缩进（indent）是保证代码整洁、层次清晰的主要手段。

① 程序的分界符“{”和“}”一般独占一行，且位于同一列，同时与引用它们的语句左对齐。也有采取将“{”紧跟上一行末尾的，但是这样不便于查看“{”与“}”的配对情况，所以本书所有程序均采取第一种做法。

② 位于同一层“{”和“}”之内的代码在“{”右边数格处左对齐，即同层次的代码在同层次的缩进层上。

③ 一般用设置为 4 个空格的 Tab 键缩进。现在的许多开发环境、编辑软件都支持自动缩进，即根据用户代码的输入智能地判断应该缩进还是反缩进，替用户完成调整缩进的工作。

3．空行及代码行内的空格

① 在每个函数定义结束之后加一空行，能起到使程序布局更加清晰的作用。

② 在一个函数体中，相邻的两组逻辑上密切相关的语句块之间加空行。例如，所有变量定义语句后加一空行，所有输入语句后加一空行，所有输出语句之前也加一空行。

③ 关键字后加空格，以便突出关键字。例如，关键字 int、float 等后面至少加一个空格；关键字 if、for、while 等后一般只加一个空格。

④ 函数名之后不加空格，紧跟“(”，以便与关键字相区别。

⑤ 赋值、算术、关系、逻辑等双目运算符的前后各加一个空格，但单目运算符前后不加。

⑥ 对表达式较长的 for 和 if 语句，为了紧凑可在适当地方去掉一些空格。例如：

```
for (i = 0; i < 10; i++)
```

⑦ “(”向后紧跟，“)”、“,”和“;”向前紧跟，紧跟处不留空格。例如：

```
Function(x, y, z)
```

⑧ 函数参数的“,”分隔符和 for 中的“;”后加一个空格，可以增加单行的清晰度。

4. 长行拆分

代码行不宜过长，否则不便阅读。如果代码行实在太长，就要考虑在适当位置进行拆分，拆分出的新行要进行适当的缩进，使排版整齐。

5. 修饰符位置

修饰符“*”的位置应靠近数据类型还是靠近变量名，是有争议的。从语义上讲，靠近数据类型的写法比较直观，但对多个变量进行定义时容易引起误解。例如：

```
int*  x, y;                    // y 容易被误解为 int 型指针变量
```

因此，值得提倡的写法是将修饰符*的位置靠近变量名。例如：

```
int  *x, y;                    // 此处 y 不会被误解为 int 型指针变量
```

6. 注释

注释对于程序犹如眼睛对于人的重要性一样，写注释的最重要的功效在于传承：给自己看，便于设计思路连贯；给继任者看，可让继任者轻松阅读、复用、修改自己的代码。因此写注释应力求简单明了、准确易懂，防止二义性，不写无意义和多余的注释，好的注释是对设计思想的精确表述和清晰展现，能揭示代码背后隐藏的重要信息，而不好的注释不但白写，还可能扰乱读者的视线。那么，我们应该在哪些地方写注释呢？

① 在重要的程序文件的首部，对作者、版本、版权声明等信息加以注释说明。

② 在用户自定义函数的前面，对函数接口加以注释说明。

③ 在一些重要的语句行的右方，如在定义一些非通用的变量、函数调用、较长的多重嵌套的语句块结束处，加以注释说明。

④ 在一些重要的语句块的上方，对代码的功能、原理进行解释说明。例如：

```
// 函数功能：实现xxxx功能
// 函数参数：整型变量 x，表示xxxxx；整型变量 y，表示xxxxx
// 函数返回值：无
void Function(int x, int y)
{
    //…
    if (expression1 && expression2 && expression3)
    {
        for (initialization; condition; update)
        {
            //…
```

```
        }
    }
    //…
}
```

注释是与代码距离最近的文档，也是程序员在编写代码时最方便修改的文档。所以，很多软件都通过自动化工具将注释从代码中提取出来，直接作为程序文档。这类工具被称为自动文档工具，其中免费开放源代码软件 Doxygen 应用最广，定义了一套简便的注释格式，按此格式编写的注释会被自动抽取、排版生成非常漂亮的文档。欲了解详情，可浏览 Doxygen 的主页。这里仅以函数的注释为例进行说明。

对上面程序，如果我们把注释写成下面这样：

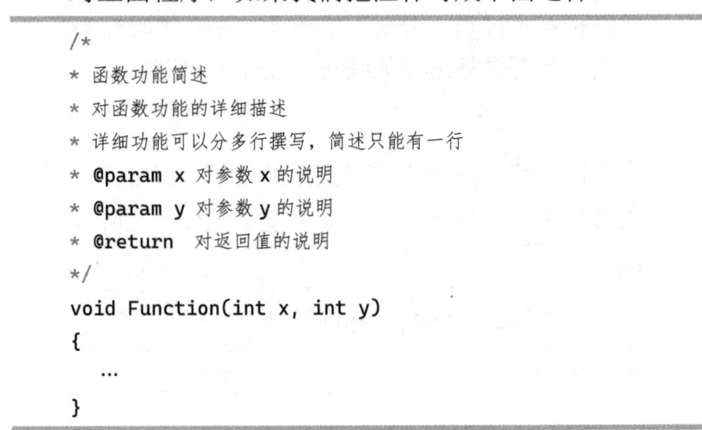

```
/*
* 函数功能简述
* 对函数功能的详细描述
* 详细功能可以分多行撰写，简述只能有一行
* @param x 对参数 x 的说明
* @param y 对参数 y 的说明
* @return  对返回值的说明
*/
void Function(int x, int y)
{
   …
}
```

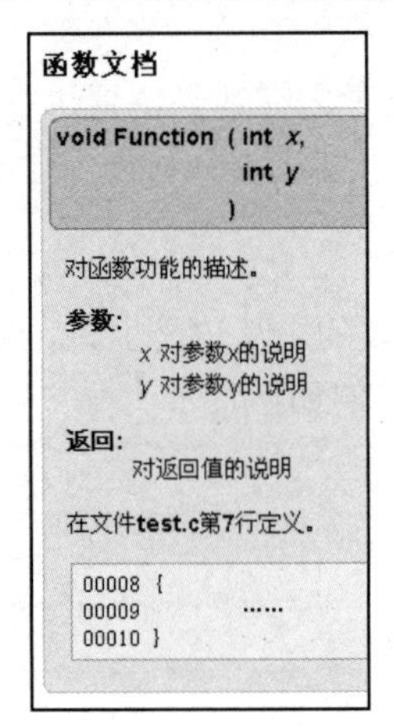

图 7-20　Doxygen 自动生成的文档

经过 Doxygen 的处理后，会生成如图 7-20 所示的文档。Doxygen 支持 HTML、RTF 和 LaTeX 等常用格式，以方便后期编辑和发布。但事实上，因为 Doxygen 具有强大的功能，很多软件都把生成的文档一字不动地对外发布。

7.8.2　命名规则

能被大多数程序员所采纳的有关标识符命名的共性规则已在第 2 章中介绍过。没有一种命名规则可以让所有的程序员满意，现在，比较著名的命名规则是 Microsoft 公司的“匈牙利”命名法（Hungarian notation）。其主要思想是：在变量和函数名前加上前缀，用于标识变量的数据类型等，以增进人们对程序的理解。但这样做有时会显得很烦琐。这里只选择一些常用的规则介绍给读者。

① 变量名和参数名用小写字母开头的单词组合而成，切忌用汉语拼音。

② 函数名用大写字母开头的单词组合而成，切忌用汉语拼音。

③ 宏和 const 常量全用大写字母，并用下画线分割单词，以区分于变量名。例如：

```
#define      PI   3.1415926
const int  MAX_LENGTH = 100;
```

④ 变量名使用“名词”或“形容词+名词”的形式，如变量名 oldValue 与 newValue 等。

⑤ 函数名使用“动词”或“动词+名词”（动宾词组）的形式，如函数名 GetMax()等。

⑥ 用恰当的反义词组命名具有互斥意义的变量或相反动作的变量或函数，如变量名 minValue 与 maxValue，函数名 GetValue()与 SetValue()等。

⑦ 静态变量前加前缀 s_，表示 static。

⑧ 全局变量前加前缀 g_，表示 global。

7.8.3 函数设计

如果某一功能重复实现三遍以上，就应考虑将其写成函数，便于以后复用，既方便自己，也方便别人。设计函数的基本原则是：把与函数有关的代码和数据对程序的其他部分隐藏起来。具体地，需要遵守以下 10 条原则：

① 函数功能要单一，不要设计多用途的函数。

② 函数规模要小，尽量控制在 50 行代码以内。

③ 每个函数只有一个入口和一个出口。

④ 向函数传递信息时，尽量不使用全局变量。

⑤ 几个有关联的函数需要使用全局变量时，全局变量应和访问全局变量的函数放在一个单独的文件中，与其他文件分别编译，且将全局变量定义为静态全局变量。这样，其他文件就不能访问这个全局变量了。

⑥ 函数参数要完整，不要省略参数的类型和名字，函数没有参数时，宜用 void 声明。

⑦ 不要省略函数返回值的类型，如果函数没有返回值，就应声明为 void。

⑧ 定义函数接口以后，应在文件的开头进行函数说明，不要轻易改动。

⑨ 尽量少用静态局部变量，以避免使函数具有“记忆”功能，即避免用相同的输入参数得到不同的函数输出结果。

⑩ 函数有责任向调用函数的代码报告自己所进行的操作成功与否，但尽量不要将正常值和错误标志混在一起一同返回。正常值最好用输出参数返回，而错误标志用 return 语句返回。

例如，按照用户的一般习惯，getchar()的返回值应定义为 char 型，但为了不与错误标志混在一起返回，而不得不将其定义为 int 类型。它在正常情况下返回单个字符，在发生错误时返回 EOF（通常定义为-1），而在有符号 char 型情况下，-1 也是有效字符，这使得该函数极易被用错。

7.8.4 防御性程序设计

在程序里增加一些代码以专门处理一些异常现象的技术，称为防御性程序设计（defensive programming），主要目标是增强程序的健壮性（robustness），使程序遇到不正确使用或非法数据输入时仍能保护自己，避免出错，使函数具有防弹（bulletproof）功能，提高程序的容错性能。即使出错，也可以尽可能地从错误条件下无损地恢复。设计容错级别较高的函数时，除了应严格遵守 7.8.3 节所述的规则，还应注意以下 5 个问题。

① 在函数接口中清楚地定义函数的行为，包括参数、返回状态、异常处理等，让调用者清楚函数所能进行的操作以及操作是否成功，尽可能多地考虑一些可能出错的情况。

② 在函数的入口处，对参数的有效性进行检查。

例如，处理学生成绩时用“if ((score<0) || (score>100))   printf("Input error!\n")”检查输入数据的合法性（包括成绩为负数和超过满分极限）。再如，计算二次方程的根之前检查方程是否为二次方程等，其目的是防止程序输出无意义的结果或避免发生数据溢出错误。

③ 对于与屏幕显示无关的函数，通常用函数返回值来报告错误。因此，调用函数时一定要校验函数的返回值，不能认为调用一个函数总会成功，要考虑到如果调用失败，应该如何处理。其目的是使我们有可能在错误还没有造成实际危害之前把它解决掉。

例如，调用动态内存分配函数时，要考虑可能因内存耗尽而导致调用失败；调用文件打开函数时，必须考虑可能因磁盘文件不存在或损坏等原因而导致调用失败。

④ 对于与屏幕显示有关的函数，应要求函数负责向用户发出警告，并进行相应的错误处理。错误处理代码一般放在函数末尾，对于某些错误，还要设计专门的错误处理函数。

⑤ 在执行某些敏感性操作（如执行除法、开方、取对数、赋值、函数参数传递等）前，应检查操作数及其类型的合法性，以避免发生除零错、数据溢出错、类型转换错、类型不匹配错等因思维不缜密而引起的错误。

例如，进行除法运算前检查除数是否为 0，是为了避免发生“除零错”。再如，计算平均值时，通常是直接用 aver = sum/n 进行计算，但防御性程序设计要求用“aver = (n <= 0) ? 0 : sum/n”来计算，这样可以提高程序的健壮性。

总之，在程序设计语言的发展中，一个重要的努力方向就是通过语言特征的设计帮助避免错误，如下标范围检查、限制使用指针或完全取消指针、垃圾收集、字符串数据类型检查、强类型检查等。但是没有任何语言能防止我们犯错误，每个为预防某些问题而设置的语言特征都会带给它自身额外的代价。在使用语言中有潜在危险和易引起错误倾向的那些机制（如 goto 语句、全局变量、无限制的指针和自动类型转换等）时，必须格外小心。

本章小结

本章重点讲述了指针这种 C 语言提供的特殊的数据类型，首先详细介绍了用指针作为函数参数与用简单变量作为函数参数的不同之处，以及指针与数组之间的关系；然后介绍了指针数组、函数指针等概念及其应用；最后讨论了动态数组的实现以及代码风格问题。

晚清国学大师王国维在其不朽之作《人间词话》中曾用形象的比喻提出治学的三种境界。古今之成大事业、大学问者，罔不经过三种之境界：“昨夜西风凋碧树。独上高楼，望尽天涯路”此第一境界也；“衣带渐宽终不悔，为伊消得人憔悴”此第二境界也；“众里寻他千百度，蓦然回首，那人却在灯火阑珊处”此第三境界也。学习指针也会经历类似的过程。从原理上深入理解指针的概念后，指针就不再令人生畏了。

首先，指针不过是 C 语言提供的一种比较特殊的数据类型而已。定义为指针类型的变量与其他类型的变量相比，主要区别在于指针变量的值是一个内存地址。

其次，在 C 语言中，指针和数组之间有着密不可分的关系，不带下标的数组名就是一个指针，它代表数组元素的首地址。只要让声明为相同基类型的指针变量指向数组元素的首地址，那么对数组元素的引用，既可以用下标法，也可以用指针法。用指针法存取数组比用数组下标存取数组速度快一些。反之，任何指针变量也可以取下标，可以像对待数组一样来使用。

指针的一个重要应用是用指针作为函数参数，为函数提供修改调用变量的手段。当指针作为函数参数使用时，需要将函数外的某个变量的地址传给函数相应的指针变量。这时，函数内的代码可以通过指针变量改变函数外的这个变量的值。

指针的另一个重要应用是与动态内存分配函数联用，使得定义动态数组成为可能。第 8

章还会讲解指针在定义诸如链表、二叉树等动态数据结构中的应用。

指针是“稀饭”最挚爱的武器，C 语言的高效、高能主要来自于指针，而指针的高效主要来源于它可以直接操作内存。大多数语言都有无数的“不可能”，而指针是“一切皆有可能”(Impossible is Nothing)。辩证唯物主义认为任何事物都是有其两面性的，指针也是如此，指针是 C 语言最强的特性之一，也是最危险的特性之一。就像倚天剑和屠龙刀一样，用好了可以呼风唤雨，威力无比，用不好也会伤及自身。C 程序中的很多错误都来源于数组下标越界或者指针使用不当，黑客攻击服务器利用的绝大部分 Bug 也都是指针和数组造成的。

指针使用不当常常会导致非法内存访问，即访问了不该访问的内存地址。为防止发生此类错误，使用指针时，必须恪守以下 4 条基本原则。

① 永远清楚每个指针指向什么位置。

② 永远清楚每个指针指向位置中的内容是什么。

③ 一个 x 类型的指针必须指向一个 x 类型的变量的地址。

④ 永远不要使用未初始化的指针。

另一类常见的内存异常错误是使用动态内存访问时容易出现的错误。例如，向系统动态申请了一块内存，使用结束后，忘记了释放内存，造成内存泄漏，或者释放了内存但却仍然继续使用它，导致产生“野指针”。养成良好的程序设计风格可以避免这类错误的发生。

本章常见的编程错误如表 7-2 所示。

表 7-2　本章常见编程错误列表

错误描述	错误类型
误以为用来定义指针变量的“*”会对同一个变量定义语句中的所有指针变量都起作用，而省略了其他指针变量名前的星号	运行时错误
在没有对指针变量进行初始化，或没有将指针变量指向内存中某个确定的存储单元的情况下，就利用这个指针变量去访问它所指向的存储单元	运行时错误
没有意识到某些函数形参是属于“传地址调用”的，把数值而不是指针当作实参赋值给这些形参。某些编译器会不分青红皂白地将这些值当作指针，而且按照这些“指针”去访问内存，导致程序在运行时出现非法内存访问等错误。另一些编译器会检查实参和形参的数据类型是否匹配，并给出错误提示信息	运行时错误或编译错误
对并不指向数组元素的指针进行指针算术运算	运行时错误
对并不是指向同一数组的元素的两个指针进行相减或比较运算	运行时错误
每个数组都有上、下两个边界，在对指向数组的指针进行算术运算时，使指针超出了数组的上、下边界，而发生越界访问内存的错误	运行时错误
当两个指针的类型都不是 void 时，将一种类型的指针赋值给另一种类型的指针	编译错误
对 void*指针进行解引用	编译错误
试图用指针算术运算来修改一个数组名	编译错误
没有意识到内存分配会不成功。如果内存分配未成功，就使用它，将导致非法内存访问错误。在使用内存之前，检查指针是否为空指针，可以避免该错误发生	运行时错误
没有变量初始化的观念，误以为没有初始化的内存变量的默认值全为 0。如果内存分配成功，但是尚未初始化就引用它，将会导致非法内存访问错误	运行时错误
向系统动态申请了一块内存，使用结束后，忘记了释放内存，造成内存泄漏	运行时错误
释放了内存，却仍然继续使用它，导致产生“野指针”	运行时错误
定义函数指针时，忘记将函数指针变量名及其前面的“*”用“()”括起来，使得本应定义为函数指针变量的变量定义语句变成了函数定义语句	编译错误
函数指针作为函数参数时，不在函数指针变量名后的一对“()”中列出各函数参数的类型	编译错误

习 题 7

7.1　选择题。

（1）下列对字符串的定义中，错误的是________。

A）char　str[7] = "FORTRAN";　　B）char　str[] = "FORTRAN";

C）char　*str = "FORTRAN";　　D）char　str[] = {'F','O','R','T','R','A','N',0};

（2）设有语句“int　array[3][4];”，则在如下几种引用下标为 i 和 j 的数组元素的方法中，不正确的是________。

A）array[i][j]　　B）*(*(array + i) + j)

C）*(array[i] + j)　　D）*(array + i*4 + j)

（3）声明语句“int　(*p)();”的含义是________。

A）p 是一个指向一维数组的指针变量

B）p 是指针变量，指向一个整型数据

C）p 是一个指向函数的指针，该函数的返回值是一个整型

D）以上都不对

（4）声明语句“int　*f();”的含义是________。

A）f 是一个用于指向整型数据的指针变量　B）f 是一个用于指向一维数组的行指针

C）f 是一个用于指向函数的指针变量　　D）f 是一个返回值为指针型的函数名

（5）有声明语句“int　*p[10];”，以下说法中错误的是________。

A）p 是数组名　　B）p 是一个指针数组

C）p 中每个元素都是一个指针变量　　D）p++是合法的操作

7.2　阅读程序，按要求在空白处填写适当的表达式或语句，使程序完整并符合题目要求。

（1）如下函数实现函数 strlen()的功能，即计算指针 p 所指向的字符串中的实际字符个数。

```
unsigned int MyStrlen(char *p)
{
    unsigned int  len;
    len = 0;
    for (; *p != ____①____; p++)
    {
        len ____②____;
    }
    return ____③____;
}
```

（2）如下函数也实现函数 strlen()的功能，但计算方法与（1）有所不同。

```
unsigned int MyStrlen(char s[])
{
    char  *p = s;
    while (*p != ____①____)
    {
        p++;
    }
    return ____②____;
}
```

提示：移动指针 p 使其指向字符串结束标志，此时指针 p 与字符串首地址之间的差值即为字符串中的实际字符个数。

（3）如下函数实现函数 strcmp()的功能，即比较两个字符串的大小，将两个字符串中第一个出现的不相同字符的 ASCII 值之差作为比较的结果返回。返回值大于 0，表示第一个字符串大于第二个字符串；返回值小于 0，表示第一个字符串小于第二个字符串；当两个字符串完全一样时，返回值为 0。

```
int MyStrcmp(char *p1, char *p2)
{
    for ( ; *p1 == *p2; p1++,p2++)
    {
        if (*p1 == '\0')
            return ____①____;
    }
    return ____②____;
}
```

（4）如下函数用于计算两个整数之和，并通过指针形参 z 得到 x 和 y 相加后的结果。

```
void Add(int x, int y, ____①____ z)
{
    ____②____ = x + y;
}
```

7.3　参考例 7-2，用指针变量作为函数参数实现两数交换函数，利用该函数交换数组 a 和数组 b 中的对应元素值。

7.4　参考例 7-3，从键盘任意输入 10 个整数，用指针变量作为函数参数编程计算最大值和最小值，并返回它们所在数组中的位置。

7.5　参考例 7-5 和习题 6.9，不使用函数 strcat()，用字符指针变量作为函数参数编程实现字符串连接函数 strcat()的功能，将字符串 srcStr 连接到字符串 dstStr 的尾部。

7.6　从键盘输入一个字符串，编程将其字符顺序颠倒后重新存放，并输出这个字符串。

*7.7　编程判断输入的一串字符是否为“回文”。所谓“回文”，是指顺读和倒读都一样的字符串，如"level"和"ABCCBA"都是回文。

提示：由题意可知，回文就是一个对称的字符串，利用这个特点可采用如下算法。

① 设置两个指针 pStart 和 pEnd，让 pStart 指向字符串首部，让 pEnd 指向字符串尾部。

② 利用循环从字符串两边对指针所指字符进行比较，当对应的两个字符相等且两个指针未超越对方时，使指针 pStart 向前移动一个字符位置（加 1），使指针 pEnd 向后移动一个字符位置（减 1），一旦发现对应的两个字符不等或两个指针已互相超越（不可能是回文），则立即停止循环。

③ 根据退出循环时两指针的位置，判断字符串是否为回文。

*7.8　参考例 7-10，用指针变量作为函数参数编程计算任意 $m \times n$ 阶矩阵的转置矩阵。

*7.9　用指针数组编程实现：从键盘任意输入一个数字表示月份值 n，程序输出该月份的英文表示。若 n 不在 1～12 之间，则输出“Illegal month”。

7.10　假设口袋中有若干红、黄、蓝、白、黑 5 种颜色的球，每次从口袋中取出 3 个球，编程输出得到 3 种不同颜色的球的所有可能取法。

提示：用三重循环模拟取球过程，但每次取出的球如果与前面的球颜色相同就抛弃。

第 8 章　结构体和共用体

内容关键词

- 结构体类型，共用体类型
- 结构体变量，结构体数组
- 动态数据结构，链表

重点与难点

- 向函数传递结构体变量和结构体数组，结构体指针作为函数参数
- 结构体、共用体占用内存的字节数

典型实例

- 洗牌游戏

8.1　结构体的应用场合

在日常生活中，我们经常需要处理如表 8-1 所示的学生成绩管理表这样复杂的表格数据。

表 8-1　某学校学生成绩管理表

学号	姓名	性别	入学时间	计算机原理	英语	数学	音乐
1	令狐冲	M	1999	90	83	72	82
2	林平之	M	1999	78	92	88	78
3	岳灵珊	F	1999	89	72	98	66
4	任莹莹	F	1999	78	95	87	90
…	…	…	…	…	…	…	…

如何用计算机程序实现对上述表格的管理呢？根据前几章的知识，显然可以使用数组来管理表格数据。为了能表示上述表格中的所有内容，需要设计多个数组，具体如下：

```
int  studentId[30];                              // 学生的学号
char  studentName[30][10];                       // 学生的姓名
char  studentSex[30][4];                         // 学生的性别
int  timeOfEnter[30];                            // 入学时间
int  score[30][4];                               // 4 门课程的成绩
```

根据上面的表格，需要对所定义的数组进行赋值。因为数组赋值只能在数组定义时完成，

否则必须单个元素进行赋值，所以，根据上述思想，重新定义数组并同时赋值：

```
int studentId[30] = {1,2,3,4};
char studentName[30][10] = {{"令狐冲"}, {"林平之"}, {"岳灵珊"}, {"任莹莹"}};
char studentSex[30][4] = {{"男"}, {"男"}, {"女"}, {"女"}};
int timeOfEnter[30] = {1999, 1999, 1999, 1999};
int score[30][4]={{90,78,89,78}, {83,92,72,95}, {72,88,98,87}, {82,78,66,90}};
```

显然，studentId[0]代表学生的学号（这里为 1），studentName[0][10]代表该学生的姓名，studentSex[0][4]代表该学生的性别……这种数据结构的内存管理方式如图 8-1 所示。

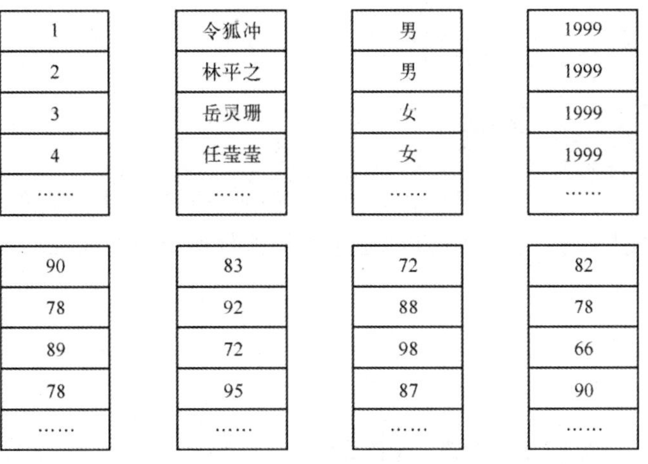

图 8-1　学生成绩管理表数组结构的内存分配

① 每个学生的信息分散在内存的不同地方，要了解一个学生的全部信息，必须到各数组的相应元素中寻找。因为内存不集中，所以寻址效率不高。

② 当分别对数组赋初值时，必须小心翼翼，一旦某位置的数据在录入时出现错误，发生错位，后面位置的所有数据都将因为该位置的错位而全部错位。

③ 结构显得比较零散，不容易管理。

能不能有一种数据类型，可将不同数据类型的数据集中在一起，统一分配内存（如图 8-2 所示），从而很方便地实现“表”这种数据结构呢？

1	2	3	4
令狐冲	林平之	岳灵珊	任莹莹
男	男	女	女
1999	1999	1999	1999
90	78	89	78
83	92	72	95
72	88	98	87
82	78	66	90

图 8-2　希望的内存分配

从图 8-2 中可以看出，我们希望的情况是，将每个学生的不同类型的数据集中存放在某段内存中。这种结构的优点是：结构紧凑，容易管理；每个局部的数据相关性强，查找方便迅速；赋值时只针对某个具体的学生，即使出现错位输入错误，也只是一个人的数据出现错误，不会影响其他人的数据。

C 语言为此提供了用户自定义数据类型（user-defined data type），即用户可以根据具体问题的需要，设计符合自己要求的新的数据类型。结构体与共用体就是两种用户自定义的数据类型。而这里使用结构体数据类型就可以满足图 8-2 的全部要求。

数组、结构体、共用体都属于派生数据类型（derived data type），即都是用其他数据类型的对象来构造的数据类型，其不同点在于：数组由相同类型的元素构成；结构体和共用体可由不同类型的成员构成，常用于实现对数据库的管理。

8.2 结构体类型与结构体变量

8.2.1 结构体类型的声明

结构体（structure）是一个或多个相同数据类型或不同数据类型的变量集合在一个名字下的用户自定义数据类型。结构体的声明指定了结构体数据类型的构成。其声明以关键字 struct 开始，标准形式如下：

```
struct  结构体名
{
    成员变量声明语句
};
```

结构体名（structure name）作为用户自定义的结构体类型的标志，用于区别此结构体而非其他结构体。“{ }”将构成结构体的数据类型集合为一体，不能省略。“;”是结构体声明的结束标志，也不能省略。丢掉“;”是初学者在声明结构体时经常犯的错误。“{ }”中的数据类型变量称为成员（member），成员可以由各种数据类型组成。

根据 8.1 节的学生成绩管理表中的信息，可以声明结构体类型如下：

```
struct  STUDENT
{
    int  studentID;                          // 学生的学号
    char  studentName[10];                   // 学生的姓名
    char  studentSex[4];                     // 学生的性别
    int  timeOfEnter;                        // 学生的入学时间
    int  score[4];                           // score[0]~score[3]分别代表学生的4门课程成绩
};
```

此处声明了一种新的数据类型 struct STUDENT，相当于一个模板，声明的这个结构体模板可理解为设计了表 8-1 的表头，而表中尚无实际内容。换句话说，声明一个结构体意味着告知编译系统，我们设计了一个用户自定义数据类型，编译系统将 struct STUDENT 作为一个新的数据类型进行理解，但并不为 struct STUDENT 分配内存，就像编译系统并不为 int 类型分配内存一样，应用数据类型编程必须定义该数据类型的变量，结构体类型也是同样道理。

8.2.2 用 typedef 定义结构体类型

为了增强程序的可读性，使程序更简洁，C 程序员经常用 typedef 为结构体类型定义一个更简单、直观、有意义和可读性更好的别名。关键字 typedef 用来为已经定义的数据类型定义一个别名，相当于为数据类型起了一个“绰号”。例如，如下语句用 typedef 为结构体类型 struct STUDENT 建立了一个别名 Student：

```
typedef struct STUDENT  Student;
```

注意，这里只是为已有的类型 struct STUDENT 定义了一个新的名字，并未定义一种新类型。这样以后就可以用 Student 来直接定义结构体变量、数组或指针了，如

```
Student stu,*p;
struct STUDENT stu, *p;
```

二者是等价的。但前者可以减少关键词 struct 的重复使用，并且具有更好的可读性。

为了增强程序的可移植性，有时可用 typedef 定义基本数据类型的别名。例如，在一种系统上用 typedef 为 int 类型定义了别名 Integer，而另一个系统上的整型需要使用 long 类型，这样一次性修改程序中的别名 Integer 就可使程序在另一个系统中运行了。

8.2.3 结构体变量的定义

C 语言规定了如下三种定义结构体变量的方法。

（1）先声明结构体类型，再定义结构体变量

8.2.1 节已经声明了一个名为 struct STUDENT 的结构体类型，像用其他普通的数据类型定义变量一样，也可以用 struct STUDENT 来定义结构体类型的变量。例如，如下语句定义了两个 struct STUDENT 结构体类型的变量 student1 和 student2：

```
struct STUDENT  student1, student2;
```

结构体所占内存的字节数不仅与所定义的结构体类型有关，还与计算机本身的体系结构有关，以如下结构体为例：

```
struct M
{
    char  m1;
    int  m2;
    char  m3;
} s;
```

对少数计算机而言，在内存中所有的结构体成员是按照变量相邻原则顺序存放的。例如，上面定义的结构体成员的存储形式为：

m1	m2	m3

假设 char 类型占 1 字节，int 类型占 4 字节，则上述结构体在此类计算机中占 6 字节的内存空间。而多数计算机需要所有的数据类型满足“内存地址对齐”的要求，即按照一定的边界（例如半字、字或双字边界）来存储不同类型的变量（具体与机器相关），以便提高内存访问的效率。按照此要求，上述结构体在内存中应该按如下形式存放：

m1				m2	m3			

假设 char 类型占 1 字节，int 类型占 4 字节，则上述结构体在此类计算机中占 12 字节的内存

空间。这是因为，为了保证只需一次内存访问操作就可以读取 m2 的值，就必须使 int 类型数据 m2 被对齐在 4 字节地址边界上，这样就需要在 char 类型成员的后面添加 3 字节的"补位"。因此想当然地直接用结构体的每个成员类型所占内存字节数的"和"作为结构体实际所占的内存字节数，显然是不正确的。在计算结构体所占内存字节数时，应使用 sizeof 运算符，不要用对各成员类型进行简单求和的方式来计算字节数，因为这样会使程序的可移植性变差。

注意：应使用"."或"->"运算符（见 8.2.5 节）引用结构体成员，不要按字节数计算地址的方法依次访问结构体成员。使用"."或"->"运算符引用结构体成员时，计算机会自动处理"内存对齐"问题，无须编程者了解结构体的具体存放地址。例如，对前面定义的结构体类型可用 sizeof(struct M)来计算该类型所占的内存字节数。

假设已用表 8-1 的前两项为 student1 和 student2 赋值，则变量中的内容如图 8-3 所示。struct STUDENT 代表学生成绩管理表的结构，student1 是 struct STUDENT 类型的变量，代表管理表中一个学生的信息，相当于 struct STUDENT 类型的具体化、实例化。

student1:

1	令狐冲	男	1999	90	83	72	82

student2:

2	林平之	男	1999	78	92	88	78

图 8-3　变量中的内容

（2）在声明结构体类型的同时定义结构体变量

例如：

```
struct  STUDENT
{
   int  studentID;
   char  studentName[10];
   char  studentSex[4];
   int  timeOfEnter;
   int  score[4];
} student1, student2;
```

这种方法的作用与第一种方法相同，只是在声明结构体的同时定义了两个 struct STUDENT 类型的变量 student1 和 student2。其一般形式为：

```
struct  结构体名
{
   成员变量定义语句
}变量名表列;
```

（3）直接定义结构体变量

不出现结构体名，声明结构体类型的同时定义结构体变量，一般形式为：

```
struct
{
   成员变量定义语句
}变量名表列;
```

例如，如下语句定义了结构体变量 birthDay，成员包括年、月、日：

```
struct
{
    int  year;
    int  month;                                // 用数字表示月份
    int  day;
} birthDay;
```

用户可根据实际应用的需要来设计结构体类型。例如，对于日期结构体类型，除了上面给出的设计方法，也可以设计为如下形式：

```
struct  date
{
    int  year;
    char  month[10];                           // 用英文单词表示月份
    int  day;
} birthDay;
```

注意，结构体类型非常方便实现表格数据形式，但表格的种类有很多种，图 8-4 是表 8-1 表头的一种变体。

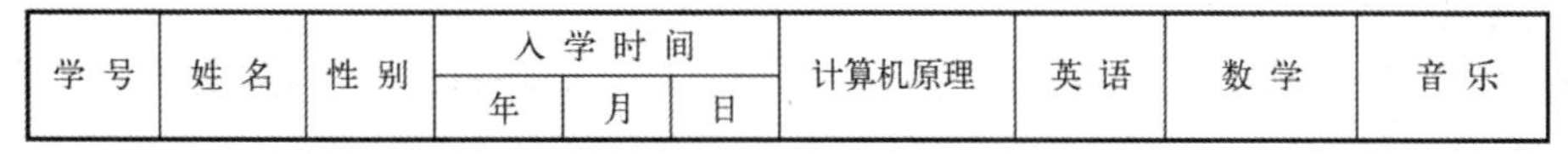

学 号	姓 名	性 别	入 学 时 间			计算机原理	英 语	数 学	音 乐
			年	月	日				

图 8-4　学生成绩管理表的表头

如何用结构体类型实现图 8-4 所示的表头呢？前面已经声明了日期结构体类型，同样声明了学生成绩管理表的结构体类型，但入学时间是用整型的成员变量来表示的。对于图 8-4 中的表头，只要用日期结构体类型变量代替“入学时间”的整型成员变量即可，其形式如下：

```
struct STUDENT
{
    int  studentID;
    char  studentName[10];
    char  studentSex[4];
    struct date  timeOfEnter;                  // 原来为 int  timeOfEnter;
    int  score[4];
} student1, student2 ;
```

由上面的结构体可知，结构体内部可以包含结构体类型的成员变量，即结构体出现了“嵌套”，C 语言支持这种“嵌套”形式的结构体定义。结构体成员可以是任意的数据类型，可以是基本数据类型，或是用户自定义的数据类型（数组、结构体、共用体、指针）。

8.2.4　指向结构体变量的指针

一个结构体变量的指针是该结构体变量所占内存的首地址。假设已声明一个结构体类型 struct STUDENT，则定义一个指向该结构类型的指针的方法为：

```
struct STUDENT  *pt;
```

这里定义的 pt 是指向 struct STUDENT 结构体数据类型的指针变量。但此时的 pt 并没有指向一个确定的内存单元，而是一个随机值，所以此时不能对 pt 进行解应用。

为使 pt 指向一个确定的内存单元，需要执行以下操作：

```
struct STUDENT student1;
pt = &student1;
```

上面第 2 行语句将指针 pt 指向了结构体变量 student1 的首地址。设 student1 已经被赋了初值（如图 8-5 所示），则指针 pt 就指向了该内存的首地址。

pt →

1
令狐冲
男
1999
90
83
72
82

图 8-5　指向结构体的指针

8.2.5　结构体变量的引用和初始化

定义一个结构体变量后，就可以引用此变量了。C 语言规定，不能将一个结构体变量作为一个整体进行输入、输出操作，只能对每个具体的成员进行输入/输出操作。例如，对于前面声明的结构体类型：

```
struct STUDENT  student1, student2;
```

不能这样引用：

```
printf("%d%s%d", student1);
```

但可以对具有相同结构体类型的变量进行整体赋值。若 student1 已经被赋初值，则下列指令操作是完全正确的：

```
student2 = student1;
```

执行时按成员逐一复制，复制的结果是两个变量的成员内容完全相同。

C 语言规定了两种运算符可用于访问结构体成员：一种是成员运算符，也称为圆点运算符（.）；另一种是指向运算符，也称为箭头运算符（->）。

访问结构体变量的成员用成员运算符，标准访问方式如下：

```
结构体变量名.成员名
```

例如，8.2.3 节定义的结构体变量 student1.studentID 表示存取结构体变量 student1 中的 studentID 成员，因为我们设计的 studentID 是 int 类型变量，所以 student1.studentID 将作为一个整体出现，它是 int 类型的变量。我们可以对它如下赋值：

```
student1.studentID = 10;
```

对于指向结构体的指针变量，用指向运算符访问其指向的结构体成员，访问形式如下：

```
指向结构体的指针变量名 -> 成员名
```

例如：

```
struct STUDENT  *pt, student1;              // 定义两个变量，其一为指针变量
pt = &student1;                             // 将指针 pt 指向结构体变量 student1
pt -> studentID = 12 ;
```

对于指向结构体的指针变量，也可以用成员运算符访问，但这种方式不常用。例如：

```
(*pt).studentID = 12 ;
```

因为“( )”的优先级比成员运算符的优先级高，所以先将(*pt)作为一个整体，取出 pt 指向的结构体的内容，再将其看成一个结构体变量，用成员运算符访问其成员，而用(*pt)->studentID

方式访问 pt 指向的结构体的成员，是错误的。

对于结构体成员，可以像普通变量一样进行赋值等运算。例如：

```
student1.studentID = 1;
student2.studentID = student1.studentID;
strcpy(student1.studentName, "令狐冲");
student1.score[0] = 90;
```

注意，上面第 3 行语句是对字符数组类型的结构体成员 studentName 赋值，studentName 是该数组的名字，代表字符型数组的首地址，是一个地址常量，赋值时必须用 strcpy 进行赋值，不能直接用赋值运算符对其进行赋值。

当出现结构体嵌套时，必须以级联方式访问结构体成员。例如：

```
struct date
{
    int  year;
    int  month;
    int  day;
};
struct STUDENT
{
    int  studentID;
    char  studentName[10];
    char  studentSex[4];
    struct date  timeOfEnter;
    int  score[4];
} student1, student2, *pt;
```

当要访问结构体变量 student1 的 timeOfEnter 成员时，由于 timeOfEnter 又是一个结构体变量，因此必须通过成员运算符级联的方式找到底层的成员。上例中必须按以下方式访问：

```
student1.timeOfEnter.year = 1999;
student1.timeOfEnter.month = 12;
student1.timeOfEnter.day = 20;
```

而不能用 student1.timeOfEnter 直接访问。对指向结构体的指针的引用方式如下：

```
pt = &student1;
pt->timeOfEnter.year = 1999;
pt->timeOfEnter.month = 12;
pt->timeOfEnter.day = 20;
```

引用结构体变量成员的地址，与引用结构体变量的地址的含义是不同的。例如：

```
scanf("%d", &student1.studentID);              // 输入某一学生的学号
scanf("%s", student1.studentName);             // 输入某一学生的名字，无须加&
scanf("%d", &student1.timeOfEnter.year);       // 嵌套结构体成员的输入
printf("%p", &student1);                       // 输出结构体变量的地址
```

结构体类型与其他数据类型一样，可在变量定义时初始化。因为结构体的成员类型千差万别，初始化时要注意数据类型的匹配。例如，在前面定义结构体类型的基础上定义如下：

```
struct STUDENT  student1 = {1, "令狐冲", "男", {1999,12,20}, {90,83,78,92}};
```

当然，也可以在声明结构体类型的同时，完成结构体变量的定义和初始化操作：

```
struct STUDENT
{
    int  studentID;
    char  studentName[10];
    char  studentSex[4];
    struct date  timeOfEnter;
    int  score[4];
} student1 = {1, "令狐冲", "男", {1999,12,20}, 90, 83, 78, 92};
```

结构体声明可以在所有函数体的外部，也可以在函数体内部。在函数体外部声明的结构体可以为所有函数使用，称为全局声明；在函数体内部声明的结构体只能在本函数体内使用，离开该函数，声明失效，称为局部声明。

8.3 结构体数组

8.3.1 结构体数组的定义

结构体变量只能存储表格中的一条记录，如何存储表格中的多条记录呢？答案是定义一个结构体数组。因为数组是相同数据类型的数据的集合。在声明结构体类型后，对这种数据类型的使用与其他数据类型相同。下面是结构体数组的具体实现过程。

① 声明结构体类型。例如：

```
struct  STUDENT
{
    int  studentID;
    char  studentName[10];
    char  studentSex[4];
    struct date  timeOfEnter;
    int  score[4];
};
```

② 定义结构体数组。与基本数据类型的数组定义方法相同。例如：

```
struct STUDENT  stu[30];
```

定义了一个数组，最多可包含 30 个元素，每个元素的数据类型为 struct STUDENT。该数组所占的内存空间大小为 30*sizeof(struct STUDENT)字节。

结构体数组的内存分布（假设结构体成员在内存中连续存储，实际上不是，可能存在“补位”）如图 8-6 所示。数组元素是连续存放的（见图 8-6(a)），每个元素是一个结构体，按内存单元展开（见图 8-6(b)）。

③ 初始化结构体数组。在定义的过程中初始化结构体数组，方法如下：

```
struct STUDENT  stu[30] ={{1,"令狐冲","男",{1999,12,20},90,83,72,82},
                         {2,"林平之","男",{1999,07,06},78,92,88,78},
                         {3,"岳灵珊","女",{1999,07,06},89,72,98,66},
                         {4,"任莹莹","女",{1999,07,06},78,95,87,90} };
```

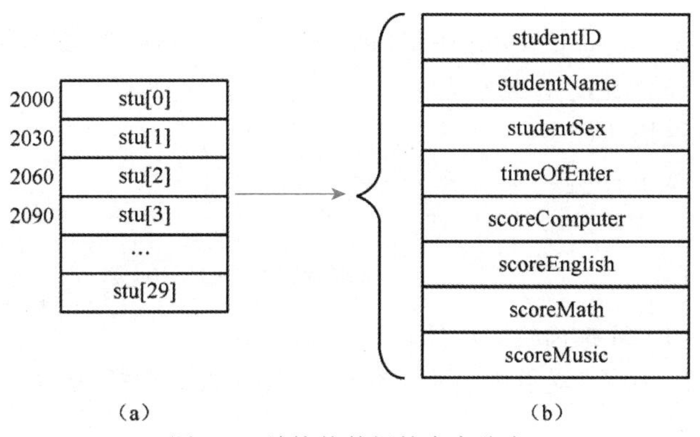

图 8-6　结构体数组的内存分布

上面这条语句只对数组的前 4 个元素赋了初值，其他数组元素将被系统自动初始化为 0 值。初始化后的结构体数组如图 8-7 所示。

	学号	姓名	性别	入学时间			计算机原理	C 语言	数学	音乐
				年	月	日				
stu[0]	1	令狐冲	男	1999	12	20	90	83	72	82
stu[1]	2	林平之	男	1999	07	06	78	92	88	78
stu[2]	3	岳灵珊	女	1999	07	06	89	72	98	66
stu[3]	4	任莹莹	女	1999	07	06	78	95	87	90
	…	…	…	…	…	…	…	…	…	…

图 8-7　表格初始化结果

8.3.2　结构体数组程序实例

【例 8-1】模拟洗牌和发牌过程。一副扑克有 52 张牌，分为 4 种花色（Suit）：黑桃（Spades）、红桃（Hearts）、草花（Clubs）、方块（Diamonds）。每种花色又有 13 张牌面（Face）：A，2，3，4，5，6，7，8，9，10，Jack，Queen，King。编程完成洗牌与发牌过程。

问题分析：显然每张牌由两个元素组成：花色、牌面。为了表示一张牌，我们可以设计如下的结构体表示一张牌的花色和牌面，花色和牌面分别用字符数组来表示：

```
struct CARD
{
    char  suit[10];                    // 花色
    char  face[10];                    // 牌面
};
```

完成发牌的过程就是将 52 张牌按照随机顺序存放。

首先，需要设计一个由 52 个元素组成的整型数组 result 用来存放发牌结果，result[0]代表发的第 1 张牌，result[1]代表发的第 2 张牌……result[51]代表发的最后一张牌。

其次，用上面声明的 struct CARD 结构体类型定义一个有 52 个元素的结构体数组 card，按花色与牌面的顺序存放 52 张牌，即 card[0]={"Spades", "A"}，card[1]={"Spades", "2"}，…，card[51]={"Diamonds", "K"}。

然后，用函数 rand()随机生成一个 0～51 间的随机数（设为 3），存于 result[0]中，则 result[0]

代表第 1 张要发的牌是 card[3]，card[3]={"Spades", "4"}表示第 1 张发的牌是黑桃 4。其余类推，再发第 2 张牌……直到发完 52 张牌。

将上述过程用算法描述如下：

step1　定义两个有 52 个元素的一维结构体数组：

```
int  result[52];                        // 存放洗牌结果
struct CARD  card[52];                  // 顺序存放 52 张扑克牌
```

step2　产生 0～51 的随机数，将其放于 result[i]中。

step3　i=i+1，判断 i 是否大于或等于 52，若 i>=52，则转 step4，否则转 step2。

step4　输出结果。

细心的读者会发现，该算法存在一个致命的问题：在重复 step2 时，产生的随机数可能与以前产生的随机数相同，若相同，则意味着在 52 张牌中会出现两张以上相同的牌。

为避免出现此问题，需增加一步，判断新出现的随机数以前是否出现过。若出现过，则放弃此次产生的随机数，重新生成；若未出现过，则保留此次生成的随机数。修改算法如下：

step1　定义两个有 52 个元素的一维结构体数组 result 和 card。

step2　产生 0～51 的随机数 m，将其放于 result[i]中。

step3　判断 result[i]在以前(result[0]～result[i–1])是否出现过，若出现过，则转 step2，否则 i++。

step4　判断 i 是否大于等于 52，若 i>=52，则转 step5，否则转 step2。

step5　输出洗牌结果。

编写程序如下：

```
1   #include <stdio.h>
2   #include <string.h>
3   #include <time.h>
4   #include <stdlib.h>
5   struct CARD
6   {
7      char  suit[10];
8      char  face[10];
9   };
10  int main(void)
11  {
12     char  *Suit[] = {"Spades", "Hearts", "Clubs", "Diamonds"};
13     char  *Face[] = {"A","2","3","4","5","6","7","8","9","10","Jack","Queen","King"};
14     int  i, j;
15     int  result[52] = {0};
16     struct CARD  card[52];
17     for (i = 0; i < 52; i++)
18     {
19        result[i] = -1;                // 将数组 result 各元素赋值为-1,可选择除了 0~51 外的任意数
20     }
21     for (i = 0; i < 52; i++)          // 将 card[i]按顺序赋值
22     {
23        strcpy(card[i].suit, Suit[i/13]);
24        strcpy(card[i].face, Face[i%13]);
```

```
25      }
26      srand(time(NULL));                    // 产生随机数的种子
27      i = 0;                                // 清发牌计数值
28      while (1)
29      {
30          result[i] = rand()%52;            // 产生0～51的随机数
31          for (j = 0; j < i; j++)
32          {
33              if (result[j] == result[i])   // 若产生的随机数以前出现过，则放弃此次产生的随机数
34                  break;
35          }
36          if (j < i)
37              continue;                     // 出现了相同的值，重新产生随机数
38          i++;                              // 没出现相同的值，计数器加1
39          if (i >= 52)
40              break;                        // 若52个随机数产生完毕，则退出循环
41      }
42      for (i = 0; i < 52; i++)              // 输出发牌结果
43      {
44          printf("%10s %5s\n", card[result[i]].suit, card[result[i]].face);
45      }
46      return 0;
47  }
```

该方法虽能实现题目要求，但仍然存在缺陷，因为随着随机数数量的增加，新的随机数与已经产生的随机数相同的可能性越来越大。若已产生了第 51 个随机数，当产生第 52 个随机数时，0～51 只有一个数没产生，其产生的机率非常低，因而有可能出现算法延迟问题。

为此，用 for 循环语句打乱 52 张牌（数组下标 0～51）的排列顺序。每次循环，程序都选择一个0～51的随机数j，然后将数组中当前的数组元素card[i]与随机选出的数组元素card[j]互换。经 52 次交换，即可把牌洗好。算法描述如下：

step1　声明结构体类型，定义有 52 个元素的一维结构体数组 card。

step2　将扑克牌按顺序放在 card[52]中。

step3　将计数器初始化为零，即 i=0。

step4　产生一个 0～51 的随机数 j，将 card[i]与 card[j]的内容交换。

step5　计数器加 1，即 i++。判断 i 是否大于或等于 51，若 i>=52，则转 step6，否则转 step4。

step6　输出洗牌结果。

编写程序如下，请读者运行下面的程序，检验程序的运行结果：

```
1   #include <stdio.h>
2   #include <string.h>
3   #include <time.h>
4   #include <stdlib.h>
5   struct CARD
6   {
7       char  suit[10];
8       char  face[10];
9   };
```

```
10  int main(void)
11  {
12      char  *Suit[] = {"Spades", "Hearts", "Clubs", "Diamonds"};
13      char  *Face[] = {"A","2","3","4","5","6","7","8","9","10","Jack","Queen","King"};
14      int  i, j;
15      struct CARD  card[52], temp;
16      for (i = 0; i < 52; i++)                          // 将牌顺序存放
17      {
18          strcpy(card[i].suit, Suit[i/13]);
19          strcpy(card[i].face, Face[i%13]);
20      }
21      srand(time(NULL));                                // 产生随机数的种子
22      for (i = 0; i < 52; i++)                          // 洗牌过程，打乱牌的先后顺序
23      {
24          j = rand()%52;
25          temp = card[i];
26          card[i] = card[j];
27          card[j] = temp;
28      }
29      for (i = 0; i < 52; i++)                          // 输出洗牌结果
30      {
31          printf("%10s%10s\n", card[i].suit, card[i].face);
32      }
33      return 0;
34  }
```

8.3.3 指向结构体数组的指针

结构体数组一旦定义，系统将为其申请一段连续的存储空间，指向该结构体数组的指针可用来对该结构体数组元素进行操作。

【例 8-2】 利用指向结构体数组的指针计算学生各科的平均成绩。

```
1   #include <stdio.h>
2   struct date
3   {
4       int  year;
5       int  month;
6       int  day;
7   };
8   struct  STUDENT
9   {
10      int  studentID;
11      char  studentName[10];
12      char  studentSex[4];
13      struct date  timeOfEnter;
14      int  score[4];
15  };
16  struct STUDENT  stu[30] = {{1,"令狐冲","男",{1999,12,20},{90,83,72,82}},
17                             {2,"林平之","男",{1999,07,06},{78,92,88,78}},
```

```
18                                  {3,"岳灵珊","女",{1999,07,06},{89,72,98,66}},
19                                  {4,"任莹莹","女",{1999,07,06},{78,95,87,90}}};
20  int main(void)
21  {
22      struct STUDENT  *pt = stu;              // pt 指向结构体数组 stu 的第一个元素 stu[0]
23      float  sum[4], average[4];
24      int  i;
25      char  *scoreName[] = {"Computer", "English", "Math", "Music"};
26      for (i = 0; i < 4; i++)
27      {
28          sum[i] = 0;
29          for (pt = stu; pt < stu+30; pt++)
30          {
31              sum[i] = sum[i] + pt->score[i];     // 计算第 i 门课的总分
32          }
33          average[i] = sum[i] / 4;                // 计算第 i 门课的平均分
34          printf("%10s: %4.2f\n", scoreName[i], average[i]);
35      }
36      return 0;
37  }
```

程序的运行结果如下：

```
Computer: 83.75
 English: 85.50
    Math: 86.25
   Music: 79.00
```

程序第 1 次执行第 29～32 行的循环体时，指针变量 pt 指向结构体数组元素 stu[0]，第 31 行语句中用指向运算符引用它所指向的结构体数组元素 stu[0]的成员 score[i]计算每门课的总分，每次循环结束后，如图 8-8 所示，指针 pt 增 1，指向下一个结构体数组元素，整个循环结束后也就计算出了第 i 门课的总分。第 33 行语句用来计算第 i 门课的平均分。

pt →	1
	令狐冲
	男
	1999/12/20
	90
	83
	72
	82
pt+1 →	2
	林平之
	男
	1999/06/07
	78
	92
	88
	78

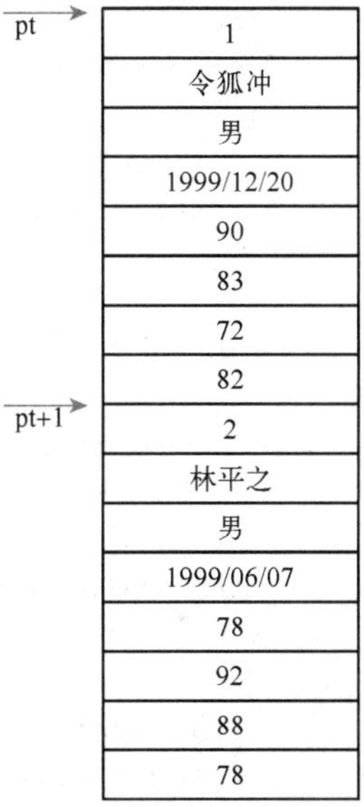

图 8-8　结构体指针运算

8.4　向函数传递结构体

把结构体传递给函数有如下三种方式：

① 用结构体变量的单个成员作为函数参数。用单个结构体成员作为实参，与普通的函数参数的值传递没有区别，都是单向值传递，在函数内部对参数进行操作，不会引起结构体成员值的改变。

② 用结构体变量或结构体数组作为函数参数。因为这种传递方式将结构体变量或数组的所有成员都传递给被调函数，所以效率较低，不常用，并且在函数内部对结构体成员值的改变，不会引起主调函数的结构体成员值的改变。

③ 用指向结构体的指针作为函数参数。因为该方式的实质是传递结构体变量或数组的首地址，并非将全部结构体成员的内容复制给被调函数，所以比前一种方式效率高。同时因为

是地址传递，所以在函数内部对结构体成员值的改变将影响主调函数的结构体变量的成员值。

按此方法重写例 8-1 程序如下：

```
1   #include <stdio.h>
2   #include <string.h>
3   #include <time.h>
4   #include <stdlib.h>
5   struct CARD
6   {
7       char  suit[10];
8       char  face[10];
9   };
10  // 函数功能：将结构体数组 wCard 中存储的 52 张牌，花色按黑桃、红桃、草花、方块的顺序（存于
11  //           指针数组 wSuit 中）排列，面值按 A~K 顺序（存于指针数组 wFace 中）排列
12  void FillCard(struct CARD wCard[], char *wFace[], char *wSuit[])
13  {
14      int  i;
15      for (i = 0; i < 52; i++)
16      {
17          strcpy(wCard[i].suit, wSuit[i/13]);
18          strcpy(wCard[i].face, wFace[i%13]);
19      }
20  }
21  // 函数功能：模拟洗牌过程，将结构体指针 wCard 指向的 52 张牌的顺序打乱，循环 52 次每次
22  //           产生一个 0～51 的随机数，将当前的一张牌与所产生的随机数的那张牌进行交换
23  void Shuffle(struct CARD *wCard)
24  {
25      int  i, j;
26      struct CARD  temp;
27      for (i = 0; i < 52; i++)
28      {
29          j = rand() % 52;
30          temp = wCard[i];
31          wCard[i] = wCard[j];
32          wCard[j] = temp;
33      }
34  }
35  // 函数功能：输出结构体指针 wCard 指向的结构体数组中存储的发牌结果
36  void Deal(struct CARD *wCard)
37  {
38      int  i;
39      for (i = 0; i < 52; i++)
40      {
41          printf("%10s%10s\n", wCard[i].suit, wCard[i].face);
42      }
43  }
44  int main(void)
45  {
46      char  *suit[] = {"Spades", "Hearts", "Clubs", "Diamonds"};
47      char  *face[] = {"A","2","3","4","5","6","7","8","9","10","Jack","Queen","King"};
```

```
48      struct CARD  card[52];
49      srand(time(NULL));
50      FillCard(card, face, suit);
51      Shuffle(card);
52      Deal(card);
53      return 0;
54  }
```

这里，struct CARD 为全局声明，在同一个程序中的其他函数也可以使用 struct CARD 类型。在主函数中定义了一个 struct CARD 类型的结构体数组 card。每个函数对 card 数组元素进行操作时，只需在函数的参数中声明一个指向 struct CARD 类型的指针，用传递地址的方式调用函数。这样，在函数中对结构体指针的操作都将影响主函数中 card 数组元素的值。

*8.5 动态数据结构

8.5.1 问题的提出

如前所述，结构体可以包含任意数据类型的成员。那么，在声明结构体类型时是否可以用正在声明的结构体类型本身来定义结构体成员呢？例如：

```
struct temp
{
    int  data;
    struct temp  temp;
};
```

在 Code::Blocks 下编译程序，会给出如下错误提示：

```
error: field 'temp' has incomplete type
```

在结构体类型的定义中，如果包含本结构体类型的成员，那么由于在本结构体类型尚未定义结束时，本结构体类型所占的内存字节数尚未确定，因此系统无法为其分配内存。

虽然在声明结构体类型时不能包含自身，但是可以包含指向本结构体类型的指针域，因为指针变量存放的数据是地址，系统为指针变量分配的内存字节数是固定的，即存放地址所需的内存字节数。包含指向本结构体类型的指针域的结构体类型声明方式如下：

```
struct temp
{
    int  data;
    struct temp  *temp;
};
```

在实际应用中，如对学生成绩进行管理，由于事先无法确定学生的总数，通常会设定一个最大的数组元素个数（如 30000），然后期望学生总数不要超过该最大值，因为数组属于静态内存分配，程序一旦运行该数就不能改变。若想改变该数，只能修改程序，对用户（不是程序员）而言，这是不能接受的。一方面，如果学生数超过数组元素最大数的限制，那么成绩管理程序将失效；另一方面，如果学生数远远低于所设定的元素最大数，那么将造成系统资源的浪费。能否有一个办法，添加一个元素时，程序自动添加？减少一个元素时，程序会动放弃该元素原来所占有的内存空间，保证系统资源的最合理运用？这就要用到第 7 章介绍的动态内存分配函数，即：

① 利用函数 malloc()申请一个 struct STUDENT 类型的结构体变量的内存：

```
struct STUDENT  *p;
p = (struct STUDENT *) malloc(sizeof(struct STUDENT));
```

因为函数 malloc()返回的是 void 型指针，所以这里用(struct STUDENT *)将申请的内存地址值强制转换为结构体指针类型。

② 利用函数 free()释放用 malloc()申请的内存，函数调用方法如下：

```
free(p);
```

8.5.2 链表的定义

链表（linked table）是数据结构中的概念。在这里讲解此数据结构是因为它可以将结构体、数组、指针等 C 语言的基本元素融合在一起。链表分为单向链表与双向链表。从链表中还可以引出一些特殊的数据结构，如堆栈、队列等。所以理解链表的概念、产生方法、查询方法是非常重要的。链表的简单原理如图 8-9 所示。

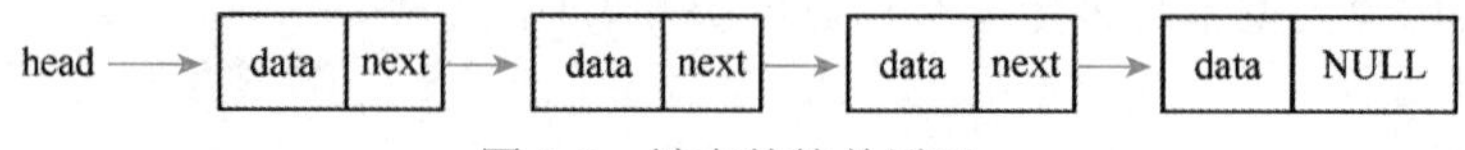

图 8-9 链表的简单原理

链表的每个元素称为一个节点（node）。每个节点都包含两部分：data 和 next。data 是用户需要的数据（可以是一个成员，或多个成员），称为链表的数据域；next 为下一个节点的地址，或称为指向下一个节点的指针，也称为链表的指针域。链表有一个头指针变量 head，指向存放链表的第一个元素，即指向第 1 个节点。可以看出，该链表涉及三个概念：链表的起始节点，链表的结束节点，链表的中间节点。

链表的头指针是指向第 1 个节点的指针，链表是一个节点链着一个节点，每个节点都存储在内存的不同位置，只有找到第 1 个节点才能通过第 1 个节点找到第 2 个节点，由第 2 个节点再找到第 3 个节点……所以指向第 1 个节点的指针必须保存，否则该链表将会消失。此处将指向第 1 个节点的指针存放在 head 中。

链表的尾部是链表的最后一个节点，即指针域为 NULL 的节点。链表的长度不是固定的，随时可以添加，如果添加到链表的尾部，则新的节点将成为链表的结尾。所以任何一个需要添加到链表尾部的新节点，其指针域 next 必须赋 NULL，并使原来链表的结尾指针域指向新的节点，从而使自己变成中间节点。

为了实现上述链表结构，必须用指针变量来实现。一个节点中应包含一个指针变量，用它来存放下一个节点的地址，所以该指针必须是与结构体相同的数据类型。例如：

```
struct Link
{
    int  data;
    struct Link  *next;
};
```

8.5.3 链表的特点及操作原理

链表最大的好处是可以方便地在链表中实现插入、删除节点操作，插入和删除的方法如图 8-10 和图 8-11 所示。

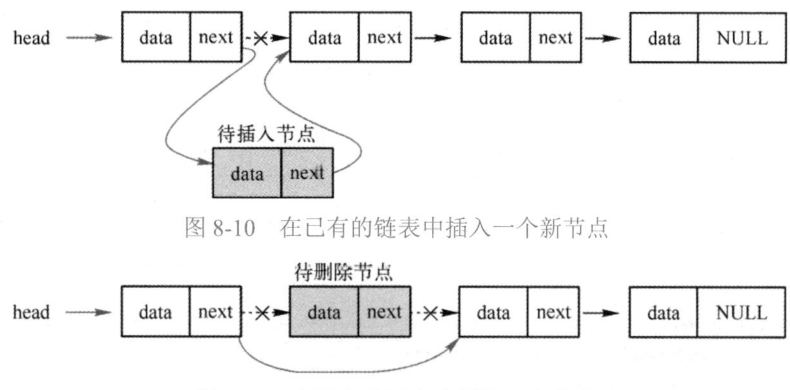

图 8-10　在已有的链表中插入一个新节点

图 8-11　在已有的链表中删除一个节点

如图 8-10 所示，要在第 1 个与第 2 个节点之间插入一个新节点，首先需要建立一个新节点；先将新节点的指针域 next 指向第 2 个节点，再将第 1 个节点的指针域 next 指向新节点，即将原来的第 1 个节点与第 2 个节点之间的链砍断，使得新节点成为紧接着第 1 个节点的节点，而原来的第 2 个节点变成了第 3 个节点，原来的第 3 个节点变成了第 4 个节点……

从图 8-11 可见，删除链表中的第 2 个节点的方法非常简单，将第 1 个节点中的指针域 next（原来指向第 2 个节点），直接指向第 3 个节点，则第 2 个节点从链表中消失，完成删除。同时，原来的第 3 个节点变成了第 2 个节点，原来的第 4 个节点变成了第 3 个节点……注意释放原来第 2 个节点所占用的内存空间。

可见，链表的优点是可以在任意位置插入和删除节点，其缺点主要表现在以下两方面。

① 不能实现快速查找。要想寻找链表中的某个节点，只能从第一个节点依次寻找下去，不能实现快速查找（如折半查找）。

② 容易出现断链。一旦由于其他原因导致链表中的某一个链丢失，即节点的指针不再指向下一个节点，则该节点后的所有节点将丢失，而且永远无法再重新找回来。

8.5.4 链表的建立

为方便叙述链表操作原理，我们采用 8.5.2 节的 struct Link 类型来设计一个只包含一个节点的链表结构。用向链表中添加节点的方式建立一个链表，向链表中添加新节点，先要为新建节点动态申请内存，让 p 指向新建节点，将新建节点添加到链表中时需考虑以下两种情况。

① 若原链表为空表，则将新建节点置为首节点，如图 8-12 所示。

② 若原链表为非空，则将新建节点添加到表尾，如图 8-13 所示。

将添加节点及节点数据后的链表按顺序显示后的结果如图 8-14 所示。

【编码规范和编程实践】 程序运行结束前，一定要释放系统申请的内存资源。

【例 8-3】 本程序是用函数 DeleteMemory()来实现的。

根据上述思想编写程序如下：

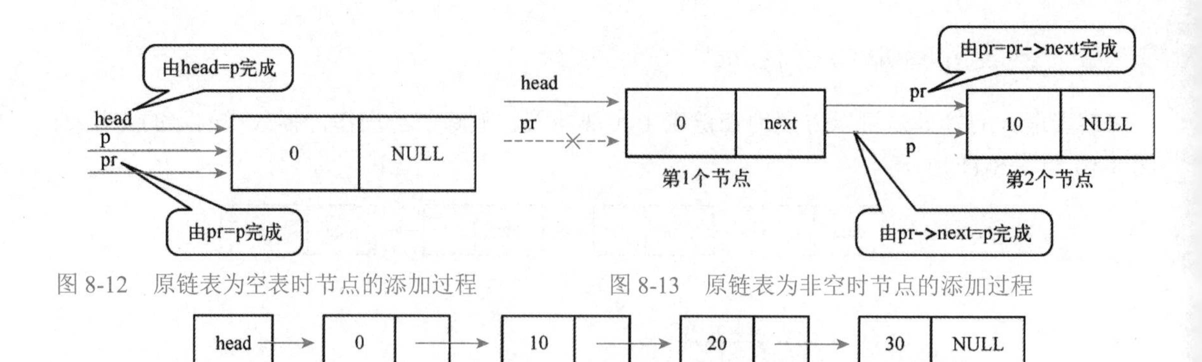

图 8-12　原链表为空表时节点的添加过程　　　　图 8-13　原链表为非空时节点的添加过程

图 8-14　建好的链表结构

```
1   #include <stdio.h>
2   #include <stdlib.h>
3   struct Link *AppendNode(struct Link *head);
4   void DispLink(struct Link *head);
5   void DeleteMemory(struct Link *head);
6   struct Link
7   {
8       int  data;
9       struct Link  *next;
10  };
11  int main(void)
12  {
13      int  i = 0;
14      char  c;
15      struct Link  *head = NULL;                       // 指向链表头
16      printf("Do you want to append a new node(Y/N)?");
17      scanf(" %c", &c);                                // %c 前面有一个空格
18      while (c == 'Y'  || c == 'y')
19      {
20          head = AppendNode(head);
21          DispLink(head);                              // 显示当前链表中的各节点信息
22          printf("Do you want to append a new node(Y/N)?");
23          scanf(" %c", &c);                            // %c 前有一个空格
24           i++;
25      }
26      printf("%d new nodes have been appended!\n", i);
27      DeleteMemory(head);                              // 释放所有已分配的内存
28      return 0;
29  }
30  // 函数功能：新建一个节点，并将该节点添加到链表的末尾，返回添加节点后的链表的头节点指针
31  struct Link *AppendNode(struct Link *head)
32  {
33      struct Link  *p = NULL;
34      struct Link  *pr = head;
35      int  data;
36      p = (struct Link*)malloc(sizeof(struct Link));  // 为新节点申请内存
37      if (p == NULL)                                   // 若申请内存失败，则输出错误信息，退出程序
```

```
38      {
39          printf("No enough memory to alloc");
40          exit(0);
41      }
42      if (head == NULL)                       // 若原链表为空表，则将新建节点置为首节点
43      {
44          head = p;
45      }
46      else                                    // 若原链表为非空，则将新建节点添加到表尾
47      {
48          while (pr->next != NULL)            // 若未到表尾，则继续移动指针 pr，直到 pr 指向表尾
49          {
50              pr = pr->next;
51          }
52          pr->next = p;                       // 将新建节点添加到链表的末尾
53      }
54      pr = p;                                 // 让 pr 指向新建节点
55      printf("Input node data:");
56      scanf("%d", &data);                     // 输入节点数据
57      pr->data = data;
58      pr->next = NULL;                        // 将新建节点置为表尾
59      return head;                            // 返回添加节点后的链表的头节点指针
60  }
61  // 函数功能：显示所有已经建立好的节点的节点号和该节点中的数据项内容
62  void DispLink(struct Link *head)
63  {
64      struct Link  *p = head;
65      int  j = 1;
66      while (p != NULL)                       // 若不是表尾，则循环输出
67      {
68          printf("%5d%10d\n", j, p->data);    // 输出第 j 个节点的数据
69          p = p->next;                        // 让 p 指向下一个节点
70          j++;
71      }
72  }
73  // 函数功能：释放 head 指向的链表中所有节点占用的内存
74  void DeleteMemory(struct Link *head)
75  {
76      struct Link  *p = head, *pr = NULL;
77      while (p != NULL)                       // 若不是表尾，则释放节点占用的内存
78      {
79          pr = p;                             // 在 pr 中保存当前节点的指针
80          p = p->next;                        // 让 p 指向下一个节点
81          free(pr);                           // 释放 pr 指向的当前节点占用的内存
82      }
83  }
```

8.5.5 链表的删除操作

链表的删除操作就是将一个待删除节点从链表中分离出来，不再与链表的其他节点有任

何联系（见图 8-11）。为了从链表中删除一个节点，需要考虑如下 4 种情况。

① 如果链表为空表，则无须删除节点，直接退出程序即可。

② 如果找到待删除的节点，而且它是首节点，那么只要将 head 指向该节点的下一个节点，即可删除该节点，如图 8-15 所示。

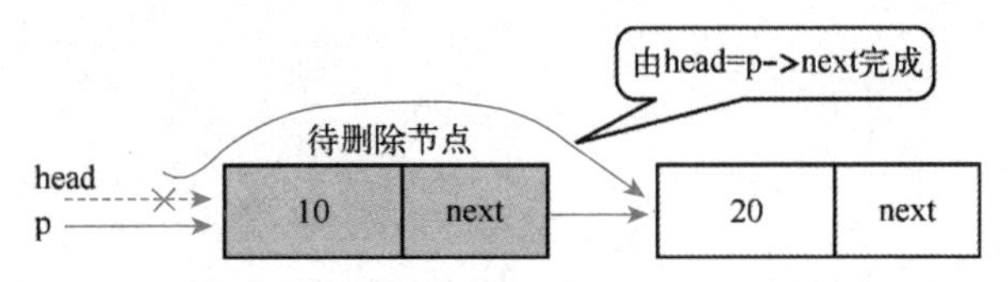

图 8-15　待删除节点是首节点的节点删除过程

③ 如果找到待删除的节点，但它不是首节点，那么只要将前一个节点的指针指向当前节点的下一个节点，即可删除当前节点，如图 8-16 所示。如果待删除节点是最后一个节点，则按图 8-16 进行操作时，由于 p->next 值为 NULL，经 pr->next=p->next 赋值后，pr->next 值也为 NULL，从而使 pr 所指的节点由倒数第 2 个节点变成最后一个节点。

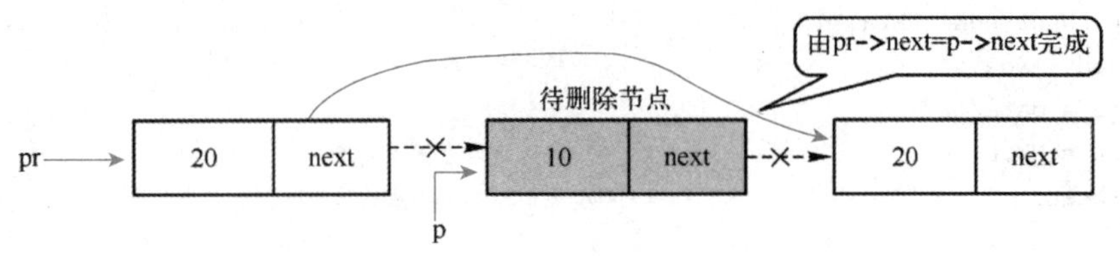

图 8-16　待删除节点不是首节点的节点删除过程

④ 如果已搜索到链表末尾（p->next == NULL）仍未找到待删除节点，就显示“未找到”。

【编码规范和编程实践】 删除节点后，一定要用函数 free()释放该节点所占用的内存。

【例 8-4】 用函数 DeleteNode()实现这一操作，编写程序代码如下：

```
1   // 函数功能：从 head 指向的链表中删除一个节点数据为 nodeData 的节点
2   // 函数返回删除节点后的链表的头节点指针
3   struct Link *DeleteNode(struct Link *head, int nodeData)
4   {
5       struct Link  *p = head, *pr = head;
6       if (head == NULL)                    // 链表为空，没有节点，无法删除节点
7       {
8           printf("No Linked Table!\n");
9           return(head);
10      }
11      while (nodeData != p->data && p->next != NULL)  // 若没找到节点 nodeData 且未到表尾，则继续找
12      {
13          pr = p;
14          p = p->next;
15      }
16      if (nodeData == p->data)             // 若找到节点 nodeData，则删除该节点
17      {
18          if (p == head)                   // 若待删除节点为首节点，则让 head 指向第 2 个节点
19          {
20              head = p->next;              // 注意此时链表的头节点指针发生了改变
21          }
22          else                        // 若待删除节点不是首节点，则将前一节点的指针指向当前节点的下一节点
```

```
22            {
23                pr->next = p->next;
24            }
25            free(p);                            // 释放为已删除节点分配的内存
26        }
27        else                                    // 没有找到待删除节点
28        {
29            printf("This Node has not been found!\n");
30        }
31        return head;                            // 返回删除节点后的链表的头节点指针
32    }
```

8.5.6 链表的插入操作

链表的插入操作是将一个待插入节点插入已经建立好的链表中的适当位置（见图 8-10)。向链表中插入一个新节点需要考虑以下 4 种情况：

① 若原链表为空表，则新插入节点作为首节点，让 head 指向新插入节点 p，且置新节点的指针域赋为空（p->next = NULL）即可。

② 若按节点数据的排序结果应在首节点前插入新节点，则将 head 指向新节点 p，而新节点的指针域指向原来链表的头节点（p->next = head），如图 8-17 所示。

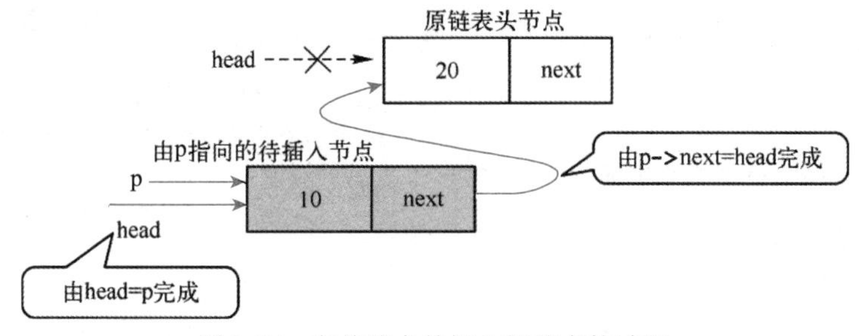

图 8-17　在首节点前插入新节点的过程

③ 若按节点数据的排序结果应在链表中间插入新节点，则将待插入节点 p 的指针域指向下一节点（p->next = pr->next），而前一节点的指针域指向待插入节点 p（pr->next = p），操作方法如图 8-18 所示。

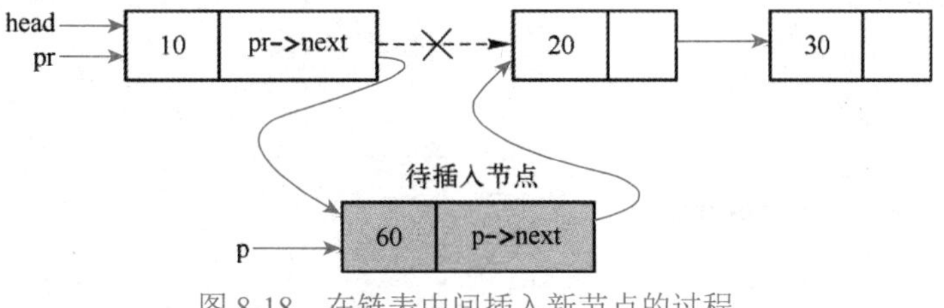

图 8-18　在链表中间插入新节点的过程

④ 若按节点数据的排序结果应在链表末尾插入新节点，则将链表的最后一个节点的指针域指向待插入节点 p（pr->next = p），而待插入节点的指针域置为 NULL，如图 8-19 所示。

【例 8-5】 用函数 InsertNode()实现向节点数据按升序排序的链表中插入一个新节点。

编写程序如下：

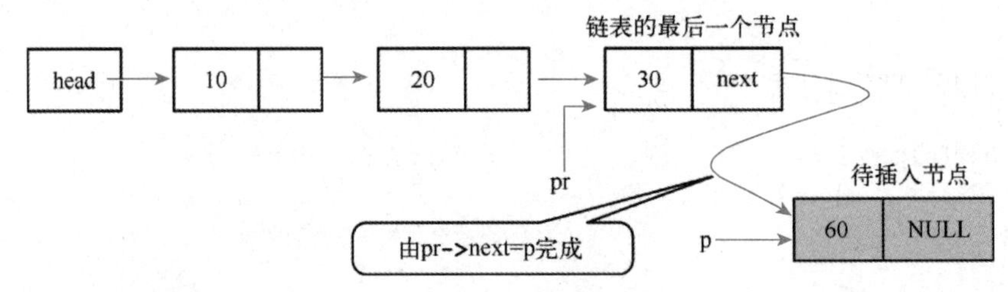

图 8-19　在链表末尾插入新节点的过程

```
1   // 函数功能：向节点数据按升序排序的链表中插入一个新节点，函数返回插入节点后的链表的头节点指针
2   struct Link *InsertNode(struct Link *head, int nodeData)
3   {
4       struct Link  *pr = head, *p = head, *temp = NULL;
5       p = (struct Link *)malloc(sizeof(struct Link));  // 为新插入节点申请内存
6       if (p == NULL)                                    // 若申请内存失败，则退出程序
7       {
8           printf("No enough memory!\n");
9           exit(0);
10      }
11      p->next = NULL;                                   // 置新节点的指针域赋为空
12      p->data = nodeData;                               // 为新节点数据域赋值 nodeData
13      if (head == NULL)                                 // 若原链表为空表，则新插入节点作为首节点
14      {
15          head = p;
16      }
17      else                                              // 若链表为非空
18      {                                                 // 若没找到待插入节点的位置，则继续找
19          while (pr->data < nodeData && pr->next != NULL)
20          {
21              temp = pr;
22              pr = pr->next;
23      }
24      if (pr->data >= nodeData)
25      {
26          if (pr == head)                               // 在首节点前插入新节点
27          {
28              p->next = head;
29              head = p;                                 // 注意此时链表的头节点指针发生了改变
30          }
31          else                                          // 在链表中间插入新节点
32          {
33              pr = temp;
34              p->next = pr->next;
35              pr->next = p;
36          }
37      }
38      else                                              // 在表尾插入新节点
39      {
40          pr->next = p;
41      }
42      return head;                                      // 返回插入新节点后的链表的头节点指针
43  }
```

【思考题】

① 请读者写出调用函数 DelNode()和 InsertNode()执行节点删除和节点插入操作的主函数。可以用 switch 配合 do-while 语句编写一个菜单，由用户选择执行哪种操作。

② 如果将函数 DelNode()和 InsertNode()的第 2 个参数 nodeData 修改为 struct Link 类型的指针变量 pNode，pNode 指向待删除或待插入的节点，那么这两个函数该如何修改？

8.6 共用体

共用体（union），又称为联合体，是将不同的数据类型组合在一起，共同占用同一段内存的用户自定义数据类型。共用体类型的声明方法与结构体类似，只是关键字为 union。例如：

```
union  number
{
    short  x;
    float  y;
};
```

注意，不要忘记“}”后的“;”。从上面的声明可知，新的共用体类型包含两个成员 x 和 y。根据共用体的定义，两个成员共同占用同一段内存，请思考如下 4 个问题：

① 不同字节长度的内存空间如何共用？

② 共用体的内存长度是多少？与结构体所占的内存空间长度有何不同？

③ 分别对共用体的成员进行操作，会引起内存的何种变化？

④ 在何种场合应用共用体？

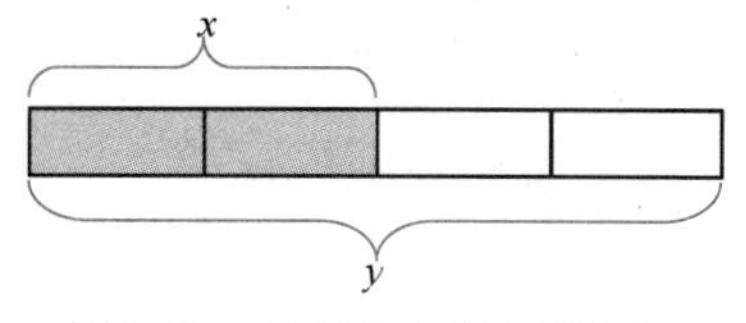

图 8-20　共用体内存分配示意

共用体的内存分配如图 8-20 所示。共用体采用与开始地址对齐的方式分配内存空间。不同类型的成员数据都是从同一起始地址开始存放的，如上例中的共用体成员 x 占 2 字节，y 占 4 字节，y 的前 2 字节也就是共用体成员 x 的内存空间。所以共用体所占的内存大小由占用内存空间字节数最大的成员所占的字节数决定，即 max(2, 4)= 4 字节，而不是 2+4 = 6 字节。

共用体使用的这种覆盖技术使得对成员 x 进行赋值操作时，成员 y 的内容将被改变，y 失去其自身的意义；当对成员 y 进行赋值操作时，成员 x 的内容被改变，x 失去其本身意义。显然，不能同时为共用体的成员进行赋值操作。共用体在同一时刻只有一个成员是有意义的，即共用体的成员具有唯一性。共用体的这种使相关变量共享内存空间的方式，有助于节省程序所需的内存空间。

共用体还有一个好处，可以避免逻辑上的冲突。例如，在谈到某个人的婚姻状况时，一般有三种可能：未婚、已婚、离婚。任何一个人在同一时间只能有一种状态存在。当他是未婚时，只需要知道一种状态即可；若是已婚，则需要了解其配偶的名字；若是离婚，就需要知道他的离婚时间。可用结构体的形式定义如下：

```
struct person
{
    int  single;
    char  spouseName[20];
```

```
    struct date  divorcedDay;
};
```

由于用结构体定义数据类型不占用同一段内存空间，因此对该结构进行维护时，必须注意在修改一个人的婚姻状况时，需要完成几种操作。例如，某人由已婚变成了离婚，在添加结构中离婚时间成员的同时必须修改结构体中配偶名字的成员、删除配偶的名字。如果由于马虎或其他原因，只添加了离婚时间，而没有删除配偶的名字，当再次调查该人的婚姻状况时，就出现该人“既已结婚有配偶，同时离婚了”这样一种矛盾的状态。如果将婚姻状况用共用体类型声明，那么当修改某人的婚姻状况时，原来的状况自动被新的状况所覆盖，所以不用担心操作失误引起的逻辑冲突。共用体的定义方式如下：

```
struct person
{
    union
    {
        int  single;
        char  spouseName[20];
        struct date  divorcedDay;
    }married;
};
```

但是上述定义仍存在一个问题：如何才能知道共用体内存放的是什么数据呢？即存取时是按未婚取整型值，还是按已婚取配偶姓名，或按离婚取离婚日期。为了解决这个问题，在共用体前应该加一个标志项，指明共用体中存储的数据形式，修改结构体如下：

```
struct person
{
    int  marryFlag;
    union
    {
        int  single;
        char  spouseName[20];
        struct date  divorcedDay;
    } married;
};
```

我们定义：当 marryFlag == 1 时，共用体中存储的数据是未婚标志；当 marryFlag ==2 时，共用体中存储的数据是配偶姓名；当 marryFlag==3 时，共用体中存储的数据是离婚日期。

C 语言规定，共用体的操作方式与结构体完全相同，可以赋值给具有相同类型的共用体，可以取地址（&），可以用成员运算符或指向运算符访问共用体的成员变量。例如：

```
wNumber.x = 20;
```

与结构体一样，共用体的声明与定义方式有三种。第一种是上面的“先声明类型，再定义变量”的定义方法；第二种是在声明共用体类型的同时定义变量，如

```
union number
{
    int  x;
    float  y;
```

```
} wNumber;
```

第三种是声明无名共用体类型的同时定义变量，如

```
union
{
    int  x;
    float  y;
} wNumber;
```

共用体不能进行比较操作，并且共用体在初始化时，只能对第一个成员进行初始化。

本章小结

本章介绍了C语言中的结构体和共用体两种用户自定义数据类型。对于用户自定义数据类型的使用一般都包含这样几个步骤：类型的声明，类型的重命名（可以省略），新数据类型变量的定义，新数据类型变量的初始化，新数据类型变量的引用。

在用户自己声明一种新的数据类型后，若要使用该类型，必须将数据类型实例化，即定义该类型的变量，其定义方法与用int、float等普通的数据类型定义变量的方法是一样的。自定义数据类型一般由基本数据类型组合而成，组成自定义数据类型的基本数据类型变量称为成员。自定义数据类型的一个共同点是，不能对数据类型进行整体操作，必须细化到成员级别才可以操作。访问自定义数据类型成员变量的两种方法是：成员访问法、指针访问法。

本章常见的编程错误如表8-2所示。

表8-2　本章常见编程错误列表

错误描述	错误类型
在定义一个结构体时，忘记在右花括号后加“;”	编译错误
将一种类型的结构体赋值给另一种类型的结构体	编译错误
对两个结构体或者共用体进行比较	编译错误
在结构体指向运算符的两个组成符号“-”与“>”之间插入了空格，或者写成“->”	编译错误
仅使用成员变量名访问结构体的一个成员	编译错误
没有标明结构体数组下标，就想访问其中的一个结构体数组元素	编译错误
误以为关键字 typedef 值可用来定义一种新的数据类型	概念错误

习 题 8

8.1　选择题。

（1）下列说法中正确的是________。

A）关键字typedef是定义一种新的数据类型

B）只能在相同类型的结构体变量之间进行赋值

C）可以使用==和!=来判定两个结构体相等或不等

D）结构体类型所占内存的字节数是所有成员占内存字节数的总和

（2）若有以下结构体定义，则选择________赋值是正确的。

```
struct position
```

```
{
    int  x;
    int  y;
} vs;
```

A）position.x = 10　　　　　　　B）position.vs.x = 10

C）struct position va; va.x = 10　　　D）struct position va = {10};

（3）已知学生记录可描述为：

```
struct student
{
    int  no;
    char  name[20];
    char  sex;
    struct
    {
        int  year;
        int  month;
        int  day;
    } birth;
} s;
```

设变量 s 中的“生日”是 1984 年 11 月 11 日，下列对“生日”的正确赋值方式是___________。

A）year = 1984; month = 11; day = 11;

B）birth.year = 1984; birth.month = 11; birth.day = 11;

C）s.year = 1984; s.month = 11; s.day = 11;

D）s.birth.year = 1984; s.birth.month = 11; s.birth.day = 11;

8.2　一万小时定律是作家格拉德威尔在《异类》一书中指出的定律：“人们眼中的天才之所以卓越非凡，并非天资超人一等，而是付出了持续不断的努力。一万小时的锤炼是任何人从平凡变成世界级大师的必要条件”。他将此称为“一万小时定律”。它给我们的启示就是，要想成为某个领域的专家，至少需要 10000 小时，按比例计算就是：如果每天工作 8 个小时，一周工作 5 天，那么成为一个领域的专家至少需要 5 年。假设某人从 2000 年 1 月 1 日起开始工作 5 天，然后休息 2 天。请编写一个程序，计算这个人在以后的某一天中是在工作还是在休息。

8.3　逆波兰表达式求值问题。在通常的表达式中，二元运算符总是置于与之相关的两个运算对象之间（如 a + b），这种表示法也称为中缀表示。波兰逻辑学家 J.Lukasiewicz 于 1929 年提出了另一种表示表达式的方法，按此方法，每个运算符都置于其运算对象之后（如 a b +），故称为后缀表示。后缀表达式也称为逆波兰表达式。例如，逆波兰表达式 a b c + d * +对应的中缀表达式为 a+(b+c)*d。请编写一个程序，计算逆波兰表达式的值。

8.4　循环报数问题。有 n 个人围成一圈，顺序编号。从第一个人开始从 1 到 m 报数，凡报 m 的人退出圈子。请编程计算最后留下的那个人的初始编号是什么？

8.5　链表排序问题。先输入原始链表的节点编号顺序，按 Ctrl+Z 组合键或输入非数字表示输入结束，然后编程输出链表按节点值升序排列后的结点顺序。

第 9 章　文件操作

📖 内容关键词

- ✍ 流，标准输入与标准输出
- ✍ 文件的各种读、写操作

📖 重点与难点

- ✍ 理解流
- ✍ 从文件操作理解流的基本操作
- ✍ 文件操作的错误处理

📖 典型实例

- ✍ 文件复制

9.1　计算机中的流

人脑是健忘的，记忆总随着雨打风吹去。于是祖先把自己所知道的事情写到纸上，让我们可以通过留传下来的文字了解他们的所做、所想。我们也在这么做，但是保存记忆的介质和手段更加丰富。

计算机的内存同样健忘，断电后所有数据都不复存在（这种特性叫挥发性），所以数据必须保存在硬盘、U 盘、光盘和磁带等“不健忘”的外存上。这些设备的控制方法区别很大，但对应用程序设计者来说几乎没有区别，都要靠操作系统提供的“文件”功能。而要驾驭文件必须先了解“流”。

孔子面对奔流的江水曾感慨时光“逝者如斯夫，不舍昼夜”。这句话时刻警醒着我们要珍视时光，爱惜时间。什么是流？时间像流水一样不停地流逝，一去不复返。这就是流（stream）。

计算机中的数据处理大量采用了流的概念。用同样的方法对同样地方进行连续读数，每次读到的却不相同。这是因为这一次读到的数据流走了，后来的数据流过来，占据了它的位置，于是下一次读数就读到新的数据。如此继续，数据常新，这就是“数据流”。

向数据流中写数，也大致相同。只要用同样的方法向同样的地方“泼洒”数据，计算机自会控制数据的先后顺序，引导它们流向目标。

必须有媒介来支持流的流动，除了各种外存，还有网络、总线和输入/输出线等。因为各种媒介的不同性质以及应用的功能需求，所以形成了多种多样的数据流。

时光不能倒流，但计算机中的很多流都是会倒流的。如果你想重新读已经读过的数据，或者修改已经写入的数据，可以发出流控（flow control）命令，让数据倒流，完成操作。流控命令也能指挥数据流加速流动，忽略当前数据，直奔后面的目标。如果所有的数据都有介质保存，这种流控是非常容易实现的。后面要学习的“文件流”就属此类。

不会倒流的数据流也很多，如网络上的数据流。网络和数据线等介质只有很小的数据缓冲区，没有大量存储的能力。数据流到，先在缓冲区暂存，被读走后，就马上释放空间，给后来的数据让地方。所以，不可能让数据倒流，而且，如果当前数据不马上读走，后面源源不断的数据就会把前面的数据冲走，再也找不回来了。流控又可发挥作用来解决这个问题。这里的流控不是控制流向，而是控制流的启动和暂停。当流的接收端有数据没读走，缓冲区处于满的状态时，计算机会通知流的发送端暂停发送，流便停止了。数据读走，缓冲区空闲，再通知发送端可以发送数据，流再次启动。

看上去流好像还挺复杂的，其实用起来很简单。现在就以最常用的文件流为例讲解流的基本使用方法。

9.2 文件

关于文件的话题，先要从存储设备谈起。不过存储设备的种类非常多，这里不可能也不需要全面介绍，仅以最常见的“盘”式存储设备为例。

9.2.1 存储设备的使用

常见的盘是磁盘和光盘。磁盘表面布满了磁介质，通过磁化介质，改变磁极的方向来表示 0 和 1。光盘的表面是反光材料，有很多的小坑，坑与平面对光的反射能力不同，于是就有了 0 和 1 的区别。这些都由机械进行处理，计算机并不关心是磁还是光，只关心怎样在指定的地方存取数据。

数据不能杂乱无章地写到盘面上，因为以后还要把数据原样读出。盘面的格式稍显复杂，要分成扇区、柱面和道等，还要为每个存储单元分配一个类似内存地址的唯一标识。计算机向盘发出指令，指明要将某某数据，保存在某某位置，数据就保存上了。读出时也如法炮制，说明位置，就能得到数据。

这时可以想象，按照如此过程保存数据将多么烦琐。程序 A 存入数据时指明存到 X 位置。程序 B 读出数据时，再到 X 位置读。但是，怎么才能让 B 知道是去 X 位置读数呢？即便两个程序之间有特别的通道传递位置信息，那怎样保证 X 这个位置不会有其他程序也在使用呢？即便不存在这种冲突，数据总要存入不同的介质中，要用不同的存取方法，各种介质的编址方法和地址范围也各不相同，我们的程序怎能支持如此众多的差异呢？

这些都不需要我们操心，操作系统把各种复杂的存储设备的复杂存取方法都抽象成文件（file），操作简单到只要指明文件的名字，就可以任意写入、读出数据。操作系统能够自动找到最佳位置存储用户的文件，保证不会出现冲突。不过还会有冲突的可能。如果文件同名，操作系统就不清楚用户要访问的是哪个，所以文件不允许同名。如果新建立的文件与已有文件同名，旧文件将被覆盖，数据丢失。这就有些麻烦了，好在有“目录（directory）”帮助我们。

9.2.2 目录

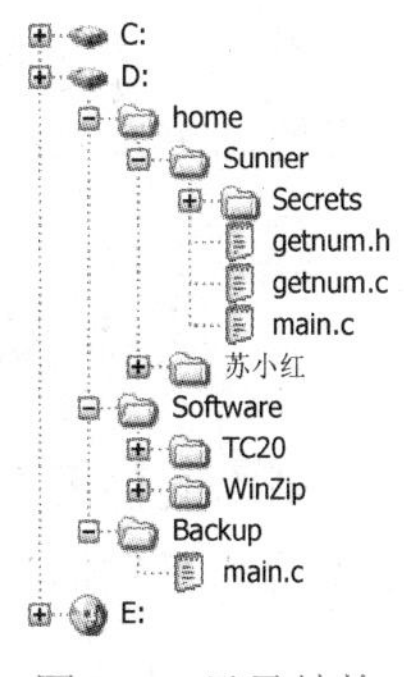

图 9-1 目录结构

Windows 中把目录形象化地称为文件夹（folder），不过学术上和习惯上还是叫目录。如图 9-1 所示，和图标表示目录，图标表示文件。它是树结构的，盘符可以当作根，也叫根目录。每个盘符代表不同的介质，例如图 9-1 中“C:”和“D:”分别代表硬盘的两个分区，“E:”代表光盘。每个目录可以有下层目录和文件，下层目录还可以再有下层目录和文件，如此下去可以建立多层目录。在同一目录下不允许出现同名的目录和文件，而在不同目录下可以同名，使文件名冲突的概率大大降低。

文件的唯一标识是其路径（path），如图 9-1 中 Sunner 目录下 main.c 文件的路径为“D:\home\Sunner\main.c”，WinZip 目录的路径为“D:\Software\WinZip\”。严格地说，这种从根开始一层层表示的路径称为绝对路径。还有一种相对路径，它是与当前目录配套使用的。

每个程序在运行时都有一个当前目录，一般为程序执行文件所在目录。还以图 9-1 为例，若当前目录为“D:\home\Sunner\”，则访问“main.c”相当于访问“D:\home\Sunner\main.c”；若当前目录为“D:\Backup\”，则访问“main.c”相当于访问“D:\Backup\main.c”。

不同操作系统对路径的表示和组织方法并不完全相同，如 Linux/UNIX 不用“\”而用“/”。但树状目录的思想被广泛接受，几乎所有的文件系统都采用这种模式。

9.2.3 文件格式

数据在文件中自然是以二进制方式保存。如图 9-2 所示，文件 test.bin（生成这个文件的程序见后面的例 9.2）内保存了三种类型的 100 和一个字符串"END"。上面一行方框内以十六进制数表示的文件内容，从左至右分别为文件的第 1, 2, 3,…, 14 字节。下面的长矩形中是各字节内容对应的 ASCII 字符。100 的 int 类型十六进制数形式是 0x0064（在 Turbo C 中 int 类型数据占 2 字节的情况下，下同），float 类型是 0x42C80000，这都在文件内容里很好地体现。字符串"100"和"END"直接以 ASCII 字符存储，并以'\0'为终结符，与普通的字符串没有两样。

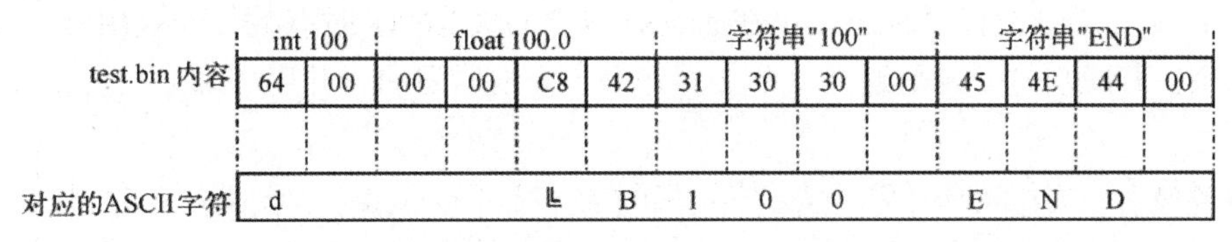

图 9-2 各种类型数据在文件中的保存形式

一般来说，数据必须按照存入的类型读出，才能恢复其本来面貌。例如，对图 9-2 中的 test.bin 文件来说，先按 int 类型读，会读到 0x0064，确实是整数 100。如果按其他类型读，如 float 型，将读出 0x00000064，对应的 float 值为 1.4012985e−43，近似为 0，面目全非。所以，文件的写入和读出必须匹配，两者约定一个文件格式，规定好文件的每字节是什么类型和什么数据。

很多种文件都有公开的标准格式，如 BMP、JPG 和 MP3 等类型的文件，所以有大量软件能够生成和使用这些类型的文件。也有不公开甚至加密的文件格式。例如，Microsoft Word 的 .doc 格式就不公开。尽管已经有不少人尝试分析它，但仍没有彻底搞清楚，所以至今还没有 Word 以外的其他软件能完美地读出 .doc 文件。

设计一个好的文件格式并不简单，除了要保存需要保留的数据，还要考虑查找、使用是否方便，更要兼顾扩展性和向下兼容性。这些都是后话，让我们先学会如何读、写文件吧。

9.3 基本文件操作

基本文件操作需要了解 5 个库函数：open()、read()、write()、close()和 lseek()。大多数编译器都将它们定义在 fcntl.h 中。

9.3.1 基本文件操作函数

1. 打开文件 open()

要读书，先得“Open the book”。读文件，也要先 open。它的原型声明及说明如下：

```
int open(const char *pathname, int access, unsigned mode);
```

各参数说明如下。

pathname：要打开的文件路径，可以是相对路径，也可以是绝对路径。

access：存取方式，用下列宏的“按位或”运算进行功能组合。

- O_RDONLY：以只读模式打开，不能进行写操作。
- O_WRONLY：以只写模式打开，不能进行读操作。
- O_RDWR：以读/写模式打开，可同时读/写。
- O_CREAT：建立新文件。
- O_TRUNC：若文件存在，则删除其所有内容再打开。
- O_EXCL：与 O_CREAT 联用，当文件存在时，返回-1，否则新建文件。
- O_APPEND：向文件末尾添加。
- O_TEXT：以文本方式打开。在 Windows 下，字符串"\r\n"自动转换成"\n"。
- O_BINARY：以二进制方式打开文件，原汁原味地体现文件内容。

mode：文件类型及权限标志，仅在 access 包含 O_CREAT 时有效，一般用常数 0666。

返回值：若成功打开，则返回一个文件句柄，否则返回-1，并用外部全局变量 errno 说明错误类型。

先解释概念：文件句柄（file handle），也叫文件描述符（file descriptor）。从其英文 Handle 的含义可以比较直观地理解它，Handle 是把手、把柄的意思，刀、叉和水杯等的把手都可称为 Handle，刀必须先抓住 Handle，然后才能使用。计算机中的文件就像刀一样，也有一个“把手”，它是一个整型数。要用文件，就必须先去抓文件的把手，也就是文件句柄。open()便是从文件名得到文件句柄的函数。以后再使用此文件，都是通过句柄使用。

open()有几种比较常见的用法组合。例如，如下语句以只读方式打开 C 盘根目录下的 autoexec.bat 文件：

```
int  fh = open("c:\\autoexec.bat", O_RDONLY | O_TEXT);
```

若文件不存在，则会返回-1 报错；若成功打开文件，则返回文件句柄，以备后用。

打开当前目录下的 data.bin 文件，向其后添加新的数据，使用如下语句：

```
int  fh = open("data.bin", O_WRONLY | O_APPEND | O_BINARY);
```

若 data.bin 不存在，则返回值为-1。若要求此时建立新文件并且打开，则用如下语句：

```
int  fh = open("data.bin", O_WRONLY | O_CREAT | O_APPEND | O_BINARY, 0666);
```

把上面两条语句中的 O_APPEND 换为 O_TRUNC，就成为覆盖式操作，文件内原有的数据全部消失。

有一个专门的函数用来建立并打开新文件：

```
int creat(const char *pathname, unsigned mode);
```

它相当于access为O_CREAT|O_WRONLY|O_TRUNC的open( )，参数和返回值的含义与open( )完全相同。

2. 读文件 read()

文件内的数据读入内存后才能被使用。read( )函数的原型和说明如下：

```
int read(int handle, void *buf, unsigned len);
```

各参数说明如下。

handle：文件的句柄。

buf：内存缓冲区指针。数据将读入该指针指向的内存。

len：试图读入的字节数。其值不能超过 buf 所指向的可用内存大小，否则可能产生越界。

返回值：实际读入的字节数。0 表示读到文件末尾，-1 表示出错，用 errno 说明错误类型。

在文件操作中，有一个隐含的文件位置指针，简称位置指针，它是一个整数，记录着当前读到的是文件的第几字节。无论 read( )函数还是马上要介绍的 write( )函数，都在位置指针指向的位置开始读、写操作。用 O_APPEND 模式打开的文件，位置指针直接指向文件末尾，否则指向文件首字节。每次读、写若干字节后，位置指针都向后移动同样数量的字节。整个文件就像水流一样从位置指针面前流过，形成了文件流。

read( )的返回值说明了实际读入的字节数，位置指针立刻按此数值向后移动，下一次调用read( )函数就会接着这次结束的位置继续。

返回值永远不会大于 len。在一般情况下，若数据内容的长度多于 len，则只读入 len 字节；若少于 len，就有多少读多少。

一个比较常用的读文件的流程描述如下：

```
1   #define      BUF_LEN      256
2   unsigned char  buf[BUF_LEN];
3   int  fh, len;
4   fh = open("data.bin", O_RDONLY | O_BINARY);
5   if (fh == -1)                                   // 在这里进行错误处理
6   {
7      return;
8   }
9   while ((len = read(fh, buf, sizeof(buf))) > 0)     // 在这里处理 buf[0]到 buf[len-1]的内容
10  {
11  }
12  if (len == -1)
```

```
13  {
14                                              // 在这里进行错误处理
15  }
16  else
17  {
18                                              // 文件全部读完后要做的工作
19  }
20  close(fh);
```

3. 写文件 write()

write()与 read()在形式和使用上都很像：

```
int write(int handle, void *buf, unsigned len);
```

各参数说明如下。

handle：文件的句柄。

buf，len：把从 buf 开始的 len 字节写入文件。

返回值：实际写入的字节数。-1 表示出错，用 errno 说明错误类型。

write()和 read()共用同一个位置指针。在以 O_RDWR 方式打开文件时要特别注意此问题。

在不出错的情况下，一般请求写入的数据都能如愿写入，也就是返回值与 len 相等。但返回值小于 len 的情况也不是不会出现。此时没有出错，不能进行错误处理，下一次 write()还能写入数据。编写严密的程序都会考虑这种情况。下面的写文件流程描述可供参考。

```
1   #define        BUF_LEN    256
2   char  buf[BUF_LEN];
3   int  fh, len, written;
4   fh = open("data.bin", O_WRONLY | O_CREAT | O_TRUNC | O_BINARY);
5   if (fh == -1)
6   {
7                                              // 在这里进行错误处理
8      return;
9   }
10  written = 0;                               // 还没有写入任何数据
11  while ( written < sizeof(buf) )
12  {
13     len = write(fh, buf+written, sizeof(buf) - written );
14     if (len == -1)
15     {
16                                             // 在这里进行错误处理
17     }
18     else
19     {
20        written += len;                      // 已经写入了 written 字节
21     }
22  }
23  close(fh);                                 // 数据全部写完后要做的工作
```

4. 关闭文件 close()

文件读、写完毕，必须关闭。每个被打开的文件都要占用一定的系统资源，只有关闭后才能释放这些资源。很多操作系统限制可以同时打开的文件数，及时地关闭才能使用更多的文件。尽管程序在退出时会自动关闭所有打开的文件，但把不再使用的文件尽快关闭仍然是个很好的习惯，至少能够保证其他程序正常使用此文件。

close()的语法非常简单：

```
int close(int handle);
```

若关闭失败，则返回-1，用 errno 说明错误类型；否则返回 0。

如同 malloc()和 free()一样，open()和 close()总是成对出现。建议不要把配套的 open()和 close()分开，尽量放在同一个函数中。在编写代码时，写下 open()的同时马上写下 close()，然后在它们之间插入代码。

5. 文件定位 lseek()

对文件流的流控体现在 lseek()函数上，可以随时让位置指针指向文件的任意位置。其语法形式如下：

```
long lseek(int handle, long offset, int fromwhere);
```

各参数说明如下。

handle：文件的句柄。

offset：从 fromwhere 开始，移动位置指针 offset 字节。offset 为正，表示向文件末尾移动；为负表示向文件头部移动。移动的字节数是 offset 的绝对值。

fromwhere：取值是下面三个宏中的任意一个：SEEK_SET，从文件头移动；SEEK_CUR，从当前位置指针位置移动；SEEK_END，从文件尾移动。

返回值：移动后的指针位置，-1L 表示出错，用 errno 说明错误类型。

例如，从当前位置向后跳过 4 字节：

```
lseek(fh, 4L, SEEK_CUR);
```

跳到文件倒数第 10 字节：

```
lseek(fh, -10L, SEEK_END);
```

如下代码巧妙地利用了 lseek()得到一些有用信息：

```
int  curPos = lseek(fh, 0L, SEEK_CUR);             // 得到当前位置指针的位置
int  fileLength = lseek(fh, 0L, SEEK_END);         // 得到文件长度
```

9.3.2 错误处理

文件操作产生的许多错误都是外界造成的，如文件意外被用户删除、修改，被其他程序打开，磁盘空间满等。这些状况都是程序无法控制的，所以文件操作的出错率很高，必须检查文件操作函数每次被调用的返回值，一旦报错，马上处理。

所有文件操作函数在出错时都返回-1，并把错误代码赋值给 errno 变量。通过判断 errno 的值可以知道发生了什么错误，并可采用恰当措施应对。因为错误种类很多，逐一处理不仅麻烦，而且效果不好。毕竟大多数错误都是外界引起的，需要借助外界（用户）的力量解决，所以普遍采用的处理方法是，输出错误信息给用户，等待用户的处理。库函数 perror()在这里可以发挥作用：

```
void perror(const char *s);
```

其功能是输出标准错误字符串 s，并附上错误文字说明。

【例 9-1】 在必然出错的情况下调用 open()函数，输出错误信息。

```
1   #include <stdio.h>
2   #include <errno.h>
3   #include <fcntl.h>
4   int main(void)
5   {                                         // 假设 C:\abc.abc 文件并不存在
6      int  fh = open("C:\\abc.abc", O_RDONLY | O_BINARY);
7      if (fh == -1)                          // 因为 C:\abc.abc 不存在，fh 必然为-1
8      {
9         perror("Can't open C:\\abc.abc. Error");
10        return -1;                          // 返回错误值给系统
11     }
12     return 0;
13  }
```

程序的运行结果如下：

```
Can't open C:\missing.file. Error: No such file or directory
```

其中，“No such file or directory”是操作系统提供的说明字符串，不同系统不尽相同。在中文系统里甚至会是中文。

9.3.3 程序示例

对文件操作来说，一个比较好的设计理念是将分散的数据集中，然后一起写入。读出时也是一起读出，再分散数据。这样不仅方便集中处理错误，保证程序运行稳定，而且可减少 I/O 操作次数，提高运行速度。例 9-2a 和例 9-2b 便是用这种思想完成的程序段。

【例 9-2a】 编程建立和读入如图 9-2 所示的 test.bin 文件。

```
1   #include <stdio.h>
2   #include <errno.h>
3   #include <io.h>
4   #include <fcntl.h>
5   #include <string.h>
6   #define FILENAME "test.bin"
7   #define MAX_STRING_LENGTH   3
8   int WriteData(int fh, void* buf, int len);
9   struct data
10  {
11     int  i;
12     float  f;
13     char  string[MAX_STRING_LENGTH + 1];          // 为'\0'多留出 1 字节
14     char  end[4];
15  };
16  int main(void)
17  {
18     struct data  block;
```

```
19      int  fh, rtn;
20      memset(&block, 0, sizeof(block));                    // 全部置零
21      block.i = 100;
22      block.f = 100.0;
23      strcpy(block.string, "100");
24      strcpy(block.end, "END");
25      fh = open(FILENAME,O_WRONLY | O_CREAT | O_TRUNC | O_BINARY, 0666);
26      if (fh == -1)
27      {
28          perror(FILENAME);
29          return -1;
30      }
31      rtn = WriteData(fh, &block, sizeof(block));
32      if (rtn < 0)
33      {
34          perror(FILENAME);
35          return -1;
36      }
37      close(fh);
38      return 0;
39  }
40  // 函数功能：把 buf 指向的 len 字节长的数据写入 fh，正常返回实际写入的字节数，出错则返回-1
41  int WriteData(int fh, void* buf, int len)
42  {
43      int  written = 0;                                    // 已经写入的字节数
44      int  val;
45      while ( written < len )
46      {
47          val = write( fh, ((char*)buf)+written, len-written );
48          if (val == -1)
49          {
50              return val;
51          }
52          written += val;
53      }
54      return written;
55  }
```

【例 9-2b】 读出 test.bin 文件。

```
1   #include <stdio.h>
2   #include <errno.h>
3   #include <fcntl.h>
4   #include <string.h>
5   #define      FILENAME              "test.bin"
6   #define      MAX_STRING_LENGTH     3
7   int ReadData(int fh, void* buf, int len);
8   struct data
9   {
10      int  i;
11      float  f;
```

```
12      char  string[MAX_STRING_LENGTH + 1];            // 为'\0'多留出1字节
13      char  end[4];
14  };
15  int main(void)
16  {
17      struct data  block;
18      int  fh, rtn;
19      fh = open(FILENAME, O_RDONLY | O_BINARY);
20      if (fh == -1)
21      {
22          perror(FILENAME);
23          return -1;
24      }
25      rtn = ReadData(fh, &block, sizeof(block));
26      if (rtn < 0)
27      {
28          perror(FILENAME);
29          close(fh);
30          return -1;
31      }
32      printf("The int is %d\n", block.i);
33      printf("The float is %f\n", block.f);
34      printf("The string is %s\n", block.string);
35      printf("The end is %s\n", block.end);
36      close(fh);
37      return 0;
38  }
39  // 函数功能：从fh读入len字节长的数据到buf。在不出错和未读到末尾的情况下，保证
40  //           读满len字节。出错返回-1，否则返回实际读入的字节数
41  int ReadData(int fh, void* buf, int len)
42  {
43      int  readBytes = 0;                              // 已经读入的字节数
44      int  val;
45      while (readBytes < len)
46      {
47          val = read(fh, ((char*)buf)+readBytes, len-readBytes);
48          if (val == -1)
49          {
50              return val;
51          }
52          else if (val != 0)
53          {
54              readBytes += val;
55          }
56      }
57      return readBytes;
58  }
```

程序的运行结果如下：

```
The int is 100
```

```
The float is 100.000000
The string is 100
The end is END
```

本例利用结构体的特性巧妙地实现了数据的拼装和拆分，使得程序具有良好的结构。ReadData()和 WriteData()具有通用性，保证数据能如愿地写入和读出，降低了编程的复杂度。

9.3.4 基本文件操作的意义

这里讲述的基本文件操作函数并非 ANSI C 所定义的。本书一直着重讲述 ANSI C，这里出现一个例外，是因为这套函数太有意义了。它们是 POSIX 规范定义的标准函数，所有符合 POSIX 规范的操作系统（主要以 UNIX/Linux 为主，Windows 也有符合 POSIX 的编译器）都支持它们。这是系统级别的支持，直接与操作系统内核交互而不用经过库函数，效率比较高。

这种先 open，再 read 或 write，最后 close 的思路被各种流操作广泛借鉴。例如，无处不在的网络数据流，基本操作是 connect、read、write 和 shutdown，参数形式也差不多。有的系统干脆把流设备定义为一个文件，直接用文件操作函数。例如，在 DOS 中，屏幕的文件名是“CON:”，打印机的文件名是“PRN:”。在 UNIX/Linux 中，网络也可用文件函数操作。

这套函数的思路也被各种不支持 POSIX 的语言、平台和操作系统所借鉴，成为通行的事实标准。它们的缺点在于功能稍逊。例如，读一篇英文文章，想每次读入一行，直接用 read()函数是不可能准确地读到换行符就停止的，必须先读进来大段的文本，然后从中搜索换行符。这实在是麻烦。ANSI C 中有封装好的库函数帮助我们完成这些功能。

9.4 高级文件操作

ANSI C 提供了一套跨平台的文件操作函数，定义在 stdio.h 中，封装了 open()或 close()这样低级别的文件操作函数，使用思路基本没变，但方便了许多，功能更强。

9.4.1 文件的打开和关闭

fopen()和 fclose()函数分别用来打开和关闭文件，原型如下：

```
FILE *fopen(const char *filename, const char *mode);
int fclose(FILE *fp);
```

从 fclose()的参数可以看出来，fopen()的返回值是一个类似文件句柄的东西。这里它被称为文件指针（file pointer）。FILE 是在 stdio.h 中定义的结构体类型，封装了与文件有关的一系列变量，包括文件句柄、位置指针及缓冲区等。如果文件打开失败，则返回值为 NULL，错误代码存放在 errno 中。

fopen()的参数 mode 是文件打开方式，可以按照表 9-1 取值。

例如，以读/写方式打开 F:\abc.txt 文件，保留原文件所有内容：

```
FILE* fp=fopen("F:\\abc.txt", "a+");
```

以读/写方式打开二进制文件 F:\abc.bin，保留原文件所有内容：

```
FILE* fp=fopen("F:\\abc.bin", "ab+");
```

表 9-1　文件打开方式

字符串	含　义
"r"	以只读方式打开文本文件
"w"	以只写方式建立并打开文本文件，已存在的文件将被覆盖
"a"	以只写方式打开文本文件，位置指针指向文件末尾，原文件数据保留
"+"	与上面的字符串组合，表示以读/写方式打开文件
"b"	与上面的字符串组合，表示以二进制方式打开文件

9.4.2　文件的读和写

ANSI C 提供了丰富的文件读、写函数。

1．读、写字符

```
int fgetc(FILE *fp);
```

从 fp 中读出一个字符并返回，若读到文件末尾，则返回 EOF。

```
int fputc(int c, FILE *fp);
```

向 fp 输出字符 c，若写入错误，则返回 EOF，否则返回 c。

2．读、写字符串

```
char *fgets(char *s, int n, FILE *fp);
```

从 fp 读入字符串，存入 s，最多读 n-1 个字符。当读到换行回车符、文件末尾或读满 n-1 个字符时，函数返回，且在字符串末尾添加'\0'结束符。

```
int fputs(const char *s, FILE *fp);
```

将字符串 s 输出到 fp。错误时，返回 EOF，否则返回一个非负数。

3．格式化读、写

```
int fscanf(FILE *fp, const char *format, …);
```

从 fp 中读入数据。其余参数和返回值与 scanf()的相同。

```
int fprintf(FILE *fp, const char *format, …);
```

向 fp 中写数据。其余参数和返回值与 printf()的相同。

4．按数据块读、写

```
unsigned fread(void *ptr, unsigned size, unsigned nmemb, FILE *fp);
```

从 fp 中读数据块到 ptr。size 是每个数据块的大小，nmemb 是最多允许读的数据块个数。返回值是实际读到的数据块个数。

```
unsigned fwrite(const void *ptr, unsigned size, unsigned nmemb, FILE *fp);
```

把 ptr 指向的数据块写入 fp。size 是每个数据块的大小，nmemb 是最多允许写的数据块个数。其返回值是实际写入的数据块个数。

5．文件定位

```
int fseek(FILE *fp, long offset, int fromwhere);
```

把 fp 的文件位置指针从 fromwhere 开始移动 offset 字节，若成功，则返回 0 值，否则返回非 0 值。fromwhere 的值也是 SEEK_CUR、SEEK_END 和 SEEK_SET。

```
void rewind(FILE *fp);
```

让 fp 的文件位置指针指向文件首字节。

```
long ftell(FILE *fp);
```

返回 fp 的当前文件位置指针。出错时，返回-1L。

6．判断文件是否结束

```
int feof(FILE *fp);
```

当文件位置指针指向 fp 末尾时，返回非 0 值，否则返回 0 值。

7．判断前一次文件操作是否有错误发生

```
int ferror(FILE *fp);
```

若有错误，则返回非 0 值，否则返回 0 值。

凭我们以往的经验，从函数名和参数名就能看出这些函数的功能。这里不准备详细、累赘地逐一介绍，只给出简短说明。使用时请参见附录 F 或查阅联机帮助手册。

C 语言为提高 I/O 性能，给每个打开的文件建立一个缓冲区。文件内容先被批量地读入缓冲区。当程序进行读操作时，实际上是在读缓冲区，所以速度很快。写入操作也是如此，首先写入缓冲区，然后在适当的时候（如关闭时）再批量写入磁盘中。这样虽好，但有副作用。例如，程序 A 向文件写入数据，程序 B 同时读出数据，在这种机制下，程序 B 可能等不来数据。通过文件函数对 I/O 设备进行操作时，这个问题尤其突出。再如，在缓冲区内容还没有写入磁盘中的时候，计算机突然死机或掉电，这些数据就都丢失了，永远也不可能找回来。

于是，C 语言提供了如下函数：

```
int fflush(FILE *fp);
```

它无条件地把缓冲区内所有数据写入物理设备。程序员可以自己决定在何时 flush 一下。

高级文件操作也罢，低级文件操作也罢，它们都是在操作文件。只要操作文件，出错的概率就非常大，所以一定要严查每次调用的返回值是否正确，出现错误应立刻处理。

9.4.3 程序实例

若能灵活应用高级文件操作函数，是很方便的，可以解决大多数文件操作问题，而且跨平台性更好。下面是用高级文件操作函数来完成文件复制功能的例子。

【例 9-3】 复制文件。

```
1    #include <stdio.h>
2    int CopyFile(const char* srcName, const char* dstName);
3    int main(void)
4    {
```

```
5       // FILENAME_MAX是文件路径的最多字符数。用户输入的任何路径都不可能超过此长度
6       char  srcFilename[FILENAME_MAX];                        // 源文件名
7       char  dstFilename[FILENAME_MAX];                        // 目标文件名
8       // 输入文件名
9       printf("The source filename:");
10      scanf("%s", srcFilename);
11      printf("The destination filename:");
12      scanf("%s", dstFilename);
13      if (CopyFile(srcFilename, dstFilename))
14      {
15          printf("Copy succeed.\n");
16          return 0;
17      }
18      else
19      {
20          perror("Copy failed:");
21          return -1;
22      }
23  }
24  // 函数功能：把srcName文件内容复制到dstName中，成功返回非0值，出错返回0值
25  int CopyFile(const char* srcName, const char* dstName)
26  {
27      FILE*  fpSrc = NULL;
28      FILE*  fpDst = NULL;
29      int  ch, rval = 1;
30      // 打开文件
31      fpSrc = fopen(srcName, "rb");
32      if (fpSrc == NULL)
33      {
34          goto ERROR;
35      }
36      fpDst = fopen(dstName, "wb");
37      if (fpDst == NULL)
38      {
39          goto ERROR;
40      }
41      // 复制文件
42      while ((ch=fgetc(fpSrc)) != EOF)
43      {
44          if (fputc(ch, fpDst) == EOF)
45          {
46              goto ERROR;
47          }
48      }
49      fflush(fpDst);                                          // 确保存盘
50      goto EXIT;
51  ERROR:
52      rval = 0;
53  EXIT:
54      if (fpSrc != NULL)
```

```
55      {
56          fclose(fpSrc);
57      }
58      if (fpDst != NULL)
59      {
60          fclose(fpDst);
61      }
62      return rval;
63  }
```

本例使用了 goto 语句，使流程变得清晰，代码集中。所有错误最后都由指向 ERROR 这个标号的语句来解决。无论是否出错都必须做的 fclose()操作，也统一在一起了。读者可以尝试不用 goto 语句，在达到同样健壮性的效果下，可读性会有所下降。

9.4.4 标准输入和标准输出

printf()与 fprintf()很像，差别仅在于一个 FILE　*fp。它们之间有什么血缘关系吗？

C 语言定义了三个特别的文件指针常数：stdin、stdout 和 stderr，分别称为标准输入、标准输出和标准错误输出。如果提供给 fprintf()的第一个参数是 stdout，与 printf()完全一样。这个道理对 fputc()与 putchar()，fgetc()与 getchar()，fputs()与 puts()，fgets()与 gets()等也适用。具体来说，函数 putchar()的实现只有一行语句：

```
int putchar(int c) {return fputc(c, stdout); }
```

getchar()和 puts()也一样：

```
int getchar(void) {return fgetc(stdin); }
int puts(const char *s) {return fputs(stdout, s); }
```

fgets()和 gets()有一些特别：

```
char *fgets(char *s, int size, FILE *stream);
char *gets(char *s);
```

因为 size 参数的存在（在对输入流的'\n'字符的处理上，两者也不同，前者保留它，后者把它替换为'\0'），使 gets()不会是简简单单的 fgets()的翻版。当初设计这对特别的函数时，设计者是怎么考虑的，已无从考证。但我们不得不对这个看似复杂、又不与整体风格一致的设计叫好。因为 gets()在读到'\n'或者流末尾的时候会停下来，把数据写入 s 指向的缓冲区，然后返回，并不理会缓冲区的大小。如果缓冲区只有 32 字节，当前读到的行多于 32 个字符时，就会溢出缓冲区边界，带来错误甚至危险。统计表明，80%以上的黑客攻击都是利用这种漏洞进行的，其中为数不少的攻击就是直接针对 gets()展开的。这种攻击称为缓冲区溢出式攻击。

fgets()恰恰解决了此问题。它的第二个参数 size 用来说明缓冲区的大小，限制 fgets()无论如何都不能超过缓冲区的界限。Linux 中关于 gets()和 fgets()函数的标准文档里斩钉截铁地写着：“Never use gets().…Use fgets() instead.”怎么替换呢？假如定义一个缓冲区 char buffer[32]，用 gets()读入字符串：

```
gets(buffer);
```

如果替换成

```
    fgets(buffer, sizeof(buffer), stdin);
```

这样就安全、健壮多了。不过不要忘了，如果行末换行符存在，还要酌情处理一下。

用 scanf()函数读入字符串时一样有缓冲区溢出的问题，所以也要用 fgets()函数来代替。例 9-4 中输入文件名的地方应该改为：

```
    fgets(srcFilename, sizeof(srcFilename), stdin);
```

再去掉末尾的换行符：

```
    srcFilename[strlen(srcFilename)-1] = '\0';
或  *(strrchr(srcFilename, '\n')) = '\0';
```

对 dstFilename 也如法炮制。

在讲标准输入、输出时大谈缓冲区溢出，实在文不对题，但这个问题确实很重要，如鲠在喉，不吐不快。现在收回来，再看标准输入和输出。

函数 printf()、putchar()等都是向标准输出设备输出，函数 scanf()、getchar()等都是从标准输入设备输入。在默认情况下，标准输入设备是键盘，标准输出设备是屏幕。操作系统可以重定向它们到其他文件或具有文件属性的设备，从而实现灵活的控制。例如，在没有显示器的主机上，把标准输出定向到打印机，各种程序不用做任何改变，输出内容就自动从打印机输出。

我们也可以临时改变某个程序的标准输入和标准输出。例如，这样运行程序 exefile.exe：

```
    C:\exefile > exefile.out
```

exefile 的标准输出被小小的“>”重定向到了 exefile.out 文件，于是 exefile 所有向标准输出设备的输出都进入了 exefile.out，屏幕上一点儿也不显示。如果是这样：

```
    C:\exefile < exefile.in
```

exefile 的标准输入被重定向到了 exefile.in 文件，它不再理会用户按的任何一个按键，专心致志地读 exefile.in。

还有一种管道操作符，可以在两个程序之间架起一座桥梁，例如：

```
    C:\exefile1 | exefile2
```

exefile1 向标准输出设备的输出，皆进入 exefile2 的标准输入设备。

本章小结

对流的控制和对文件格式的理解是两项程序员必备的技术。本章介绍了 POSIX 规范中的与文件操作相关的函数。它们极具代表性，理解其思想，能给日后在其他平台、语言下编程带来方便。本章还介绍了文件格式的基本概念，为实际开发中设计文件格式打下了基础。

ANSI C 定义的可移植的文件操作函数并没有详细介绍，相信学到此处的读者应该已经具备从联机帮助获得信息的能力，能够自学好它们。

标准输入/输出重定向也是一个重要概念，理解它便能把整个系统的所有输入/输出功能从宏观上统一起来看待。

表 9-2　本章常见编程错误列表

错误描述	错误类型
打开文件没有检查文件打开是否成功	设计错误
打开文件时，给出的文件路径错误，导致文件打开失败	设计错误
用 w 或 w+打开一个已存在的文件，误将已存在的文件覆盖	设计错误
用 r+方式打开一个并不存在的文件，导致文件打开失败	设计错误
写入文件的格式与读文件的格式不同，导致读出的数据与预期的不一样	设计错误

习 题 9

9.1　已知文件的前若干字符与文件类型的对应关系如下：

前若干字符	文件类型
MZ	EXE
Rar!	RAR
PK	ZIP
%PDF	PDF
BM	BMP
GIF	GIF
RIFF	AVI 或 WAV 等
MThd	MID

有些软件通过改变文件的扩展名隐藏文件的真实类型。例如，有些游戏的音乐和动画其实就是标准的 MID 和 AVI 文件，只要把扩展名改回来，就能直接播放。现在编写一个程序，使它从一个配置文件中获得字符串与文件类型的对应表，然后判断用户指定的文件的真实类型。

9.2　统计单词数。请编写一个程序，从一个文本文件中读入一篇英语诗歌（假设每句诗的字符数不超过 200），然后统计并输出其中的单词数。

提示：由于单词之间一定是以空格分隔的，因此新单词出现的基本特征是：当前被检验字符不是空格，而前一被检验字符是空格。根据这一特征就可以判断是否有新单词出现了。

9.3　编程计算每个学生的 4 门课程的平均分，将学生的各科成绩及平均分输出到文件 student.txt 中，再从文件中读出数据并显示到屏幕上。

9.4　请编写一个幸运抽奖程序，从文件中读取抽奖者的名字和手机号信息，从键盘输入奖品数量 n，然后循环向屏幕输出抽奖者的信息，按任意键后清屏，并停止循环输出，仅输出一位中奖者信息，从抽奖者中随机抽取 n 个幸运中奖者后结束程序的运行，要求已抽中的中奖者不能重复抽奖。

提示：检测是否有键盘输入请用函数 kbhit()，该函数在用户有键盘输入时返回 1（真），否则返回 0（假），按任意键暂停可用 getchar()，通过或 system("pause")定义一个标志变量来记录每位参与抽奖者是否已经中奖。

9.5　餐饮服务质量调查。学校为了提高服务质量，特邀请 n 个学生给校园餐厅的饮食和服务质量进行评分，分数划分为 10 个等级（1 表示最低分，10 表示最高分），请编写一个程序，按如下格式统计餐饮服务质量调查结果，同时计算评分的平均数（Mean）、中位数（Median）和众数

（Mode），将所有统计结果写入文件保存。

```
Grade          Count          Histogram
1                5            *****
2               10            **********
3                7            *******
…
```

先输入学生人数 n（假设 n 最多不超过 40），然后输出评分的统计结果。要求计算众数时不考虑两个或两个以上的评分出现次数相同的情况。

第 10 章　游戏程序设计

内容关键词

- 计算机动画
- 延时函数、清屏函数

重点与难点

- 理解动画设计的基本原理
- 掌握人机交互的基本方式

典型实例

- 走迷宫游戏

10.1　动画设计的基本原理

所谓计算机动画，就是动态地产生一系列静止、独立而又存在一定内在联系的画面，然后将其按一定的播放速度显示出来，其中当前帧画面是对前一帧画面的局部修改。那么，为什么一系列静止的画面会产生运动的视觉效果呢？计算机动画的产生与电影和电视拍摄的基本原理类似，都是利用了人眼的视觉暂留现象。所谓视觉暂留现象，就是指光对视网膜所产生的视觉在光停止作用后仍会保留一段时间，即在物体快速运动时，当人眼所看到的影像消失后，人眼仍能继续保留其影像 0.1～0.4 s 左右的图像。这样，在下一帧出现时就会产生物体连续运动的效果。

因此，计算机动画程序的基本代码框架如下：

```
while (1)                     // 循环显示每帧画面，当前帧画面是对前一帧画面所做的局部修改
{
    清屏
    显示当前帧画面
    延时
    更新图形
}
```

为什么在显示一帧画面后要有延时处理呢？这是因为像 CRT 显示器这样的刷新式显示器在显示每一帧图形时，图形在屏幕上的存留时间很短，为了保持一个持续稳定的图形画面，

就需要反复重绘屏幕图形，这个过程称为刷新（refresh）。每秒重绘屏幕图形的次数，称为刷新频率。刷新频率至少应在 60 帧/秒以上，才不会发生闪烁现象。为了降低屏幕图形闪烁现象，就需要确保让显示在屏幕上的图形在屏幕上停留几毫秒的时间，因此需要延时操作。为了实现延时操作，需要使用 Sleep()函数，其功能是将进程挂起一段时间。例如，Sleep(200)表示延时 200 ms，在 Windows 系统中使用这个函数需要包含 windows.h。标准 C 中的这个函数的首字母是小写的，但在 Code::Blocks 和 VS 下是大写的。

为了实现清屏操作，需要使用 system()函数，其功能是发出一个 DOS 命令。例如，system("cls")就是向 dos 发送清屏指令。必须在文件中包含 stdlib.h 才能使用该函数。

10.2 人机交互走迷宫

【例 10-1】 编写一个人机交互走迷宫的游戏。

首先，考虑如何通过键盘交互方式走迷宫。假如要生成和显示如图 10-1 所示的迷宫（“*”示障碍物，空格表示路，o 表示玩家的初始位置，出口是右下角），首先需要考虑将迷宫地图数据保存哪里的问题，既可以保存在一个二维字符数组中，也可以保存在一个文本文件中，前者实现简便，后者改变迷宫地图数据时更加灵活。

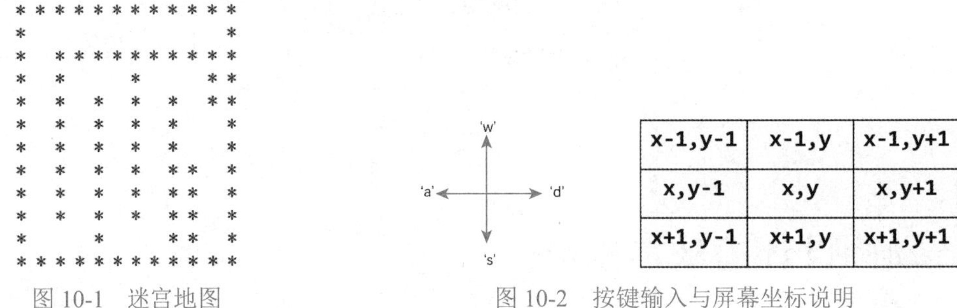

x-1,y-1	x-1,y	x-1,y+1
x,y-1	x,y	x,y+1
x+1,y-1	x+1,y	x+1,y+1

图 10-1 迷宫地图

图 10-2 按键输入与屏幕坐标说明

其次，要考虑如何检测并获取用户键盘输入。检测键盘是否有键按下，需要使用 kbhit()函数，该函数在用户有键盘输入时返回一个非 0 值，否则返回 0。因此，在没有检测到键盘输入时，if (kbhit())后的语句（包括等待用户键盘输入的语句）不会被执行，这样就可以避免出现用户不输入时游戏就暂停等待用户输入的情形。

在游戏程序设计中获取用户键盘输入通常使用 getch()函数。getch()函数与 getchar()函数的基本功能相同，都是暂停程序的运行，等待用户按键后继续执行。二者的区别在于，getch()函数是非缓冲输入函数，不需用户按回车键即可得到用户的输入，即只要用户按下一个键，getch()函数就立刻返回用户输入的 ASCⅡ值，出错时返回-1，并且该函数还有一个好处就是输入的字符不会回显在屏幕上，这样可以避免屏幕被用户的输入搞得乱七八糟。使用 kbhit()和 getch()这两个函数都需要包含 conio.h。

最后，需要考虑的是如何根据用户的输入移动玩家的位置，然后更新显示迷宫地图数据。正确移动玩家的位置，需要了解屏幕坐标系的设置。如图 10-2 所示，屏幕上垂直向下的方向代表 *X* 轴的正向，水平向右的方向代表 *Y* 轴的正向。对于屏幕上的每个字符位置(x, y)，按下 a 键表示左移，即 y 坐标减 1，按下 d 键表示右移，即 y 坐标加 1，按下 w 键表示上移，即 x 坐标减 1，按下 s 键表示下移，即 x 坐标加 1，用 switch 语句即可实现。擦除玩家位置的方法就是将其原来的坐标位置对应的字符修改为空字符，然后将移动后的新坐标位置对应的字符修改为'o'即可。

人机交互方式走迷宫的参考程序如下：

```
1   #include <stdio.h>
2   #include <stdlib.h>
3   #include <conio.h>
4   #include <windows.h>
5
6   #define       N    50
7   #define       M    50
8
9   int  high = 12;                                                      // 迷宫地图的行数（高度）
10  int  width = 12;                                                     // 迷宫地图的列数（宽度）
11
12  void Show(int a[][M], int n, int m);
13  void UpdateWithInput(int a[][M], int x, int y, int exitX, int exitY);
14
15  int main(void)
16  {
17      int  a[N][N] = {{1, 1, 1, 1, 1, 1, 1, 1, 1, 1, 1, 1},           // 初始化迷宫
18                      {1, 2, 0, 0, 0, 0, 0, 0, 0, 0, 0, 1},
19                      {1, 0, 1, 1, 1, 1, 1, 1, 1, 1, 1, 1},
20                      {1, 0, 1, 0, 1, 0, 1, 0, 1, 0, 1, 1},
21                      {1, 0, 1, 0, 1, 0, 1, 0, 1, 0, 0, 1},
22                      {1, 0, 1, 0, 1, 0, 1, 0, 1, 0, 0, 1},
23                      {1, 0, 1, 0, 1, 0, 1, 0, 1, 0, 0, 1},
24                      {1, 0, 1, 0, 1, 0, 1, 0, 1, 1, 0, 1},
25                      {1, 0, 1, 0, 1, 0, 1, 0, 1, 1, 0, 1},
26                      {1, 0, 1, 0, 1, 0, 1, 0, 1, 1, 0, 1},
27                      {1, 0, 0, 0, 1, 0, 0, 0, 1, 1, 0, 0},
28                      {1, 1, 1, 1, 1, 1, 1, 1, 1, 1, 1, 1}
29                     };
30      Show(a, high, width);
31      UpdateWithInput(a, 1, 1, 10, 10);                               // 与用户输入有关的更新
32      return 0;
33  }
34
35  // 函数功能：显示迷宫地图
36  void Show(int a[][M], int n, int m)
37  {
38      int  i, j;
39      for(i = 0; i < n; ++i)                                           // 显示n行m列迷宫地图数据
40      {
41          for(j = 0; j < m; ++j)
42          {
43              printf(" ");
44              if(a[i][j] == 0)
45              {
46                  printf(" ");
```

```
47              }
48              else if(a[i][j] == 1)
49              {
50                  printf("*");
51              }
52              else if(a[i][j] == 2)
53              {
54                  printf("o");
55              }
56          }
57          printf("\n");
58      }
59  }
60
61  // 函数功能：更新迷宫地图，若当前位置(x, y)已到达出口(exitX, exitY)，则玩家赢
62  void UpdateWithInput(int a[][M], int x, int y, int exitX, int exitY)
63  {
64      char  input;
65      while(x != exitX || y != exitY)
66      {
67          system("cls");                           // 清屏
68          Show(a, high, width);                    // 显示更新后的迷宫地图
69          Sleep(200);                              // 延时200ms
70          input = getch();
71          if(input == 'a' && a[x][y-1] != 1)       // 左移
72          {
73              a[x][y] = 0;                         // 由2改成0
74              a[x][--y] = 2;                       // 由0改成2
75          }
76          if(input == 'd' && a[x][y+1] != 1)       // 右移
77          {
78              a[x][y] = 0;
79              a[x][++y] = 2;
80          }
81          if(input == 'w' && a[x-1][y] != 1)       // 上移
82          {
83              a[x][y] = 0;
84              a[--x][y] = 2;
85          }
86          if(input == 's' && a[x+1][y] != 1)       // 下移
87          {
88              a[x][y] = 0;
89              a[++x][y] = 2;
90          }
91      }
92      system("cls");                               // 清屏
93      Show(a, high, width);                        // 显示更新后的迷宫地图
94      Sleep(200);                                  // 延时200ms
95      printf("You win!\n");
96  }
97
```

假如用户输入的起点和终点坐标分别为(1, 1)和(10, 10)：

```
* * * * * * * * * * * *
* o                   *
*   * * * * * * * * * *
*   *     *       * *
*   *   *   *   *   * *
*   *   *   *   *     *
*   *   *   *   *     *
*   *   *   *   * *   *
*   *   *   *   * *   *
*   *   *   *   * *   *
*       *       * *
* * * * * * * * * * * *
```

则最终程序运行结果为：

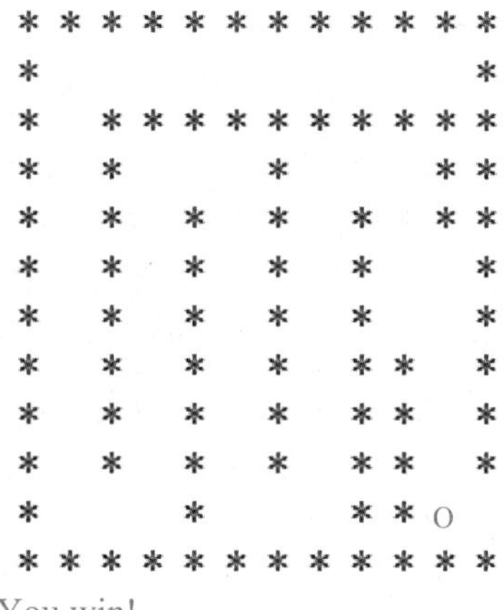

10.3　自动走迷宫

【例 10-2】 编写一个自动走迷宫的游戏。

在 10.2 节的游戏设计要求基础上，进一步增加如下功能，以实现自动寻路自动走迷宫：

（1）将迷宫地图保存到文本文件中，程序读取文件获取迷宫地图数据，允许用户选择不同的难度系数，根据不同的难度系数导入不同的迷宫地图数据；

（2）由用户键盘输入确定走迷宫的初始位置和迷宫的出口位置。

为了实现自动寻路走迷宫，本节介绍最简单的深度优先搜索算法。所谓深度优先搜索，简单地说就是“一条路跑到黑，不撞南墙不回头”。先由用户输入迷宫入口的起点坐标和迷宫的出口坐标，然后可以采用深度优先搜索的方式，从入口出发，尝试向上、向下、向右、向左是否有路（即是否为空格），若在某方向上有路可走，则继续走下一步，否则沿原路退回到上一步，换一个方向再继续探索，直至所有可能的通路都探索到为止。

那么在上述求迷宫通路的算法中，如何保证在任何位置上都能沿原路退回呢？这就要用到一种具有后进先出特点的数据结构即“栈”，用来保存从入口到当前位置的路径，通过压栈操作实现新路探索，通过弹栈操作实现原路退回。这里的“当前位置”指的是“在搜索过程中的某时刻到达的图中某个位置"，如图 10-3 所示，求迷宫中一条路径的算法的基本步骤如下。

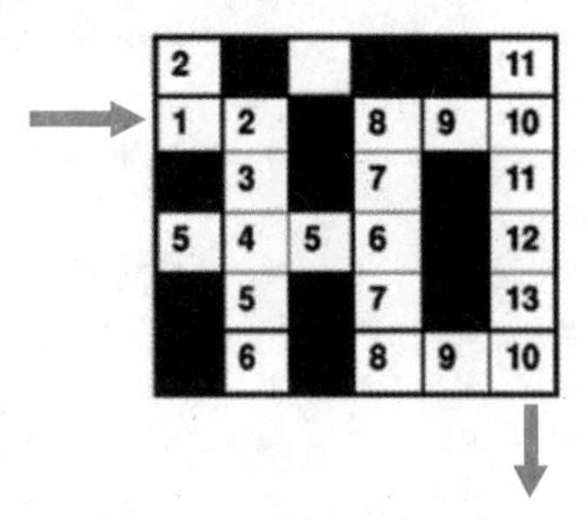

图 10-3　迷宫自动寻路

（1）若当前位置"可走"，则放入"当前路径"，并继续向着"下一位置"继续探索，同时将"下一位置"更新为"当前位置"，如此重复直至到达出口。

（2）若当前位置"不可走"，则顺着"来时的方向"退回到"前一位置"，然后向着除"来时的方向"之外的其他方向继续探索。

（3）若该位置周围的 4 个位置均"不可走"，则从"当前路径"上删除该位置。这里"下一位置"指的是当前位置周围上、下、左、右 4 个方向上相邻的位置。

以栈记录"当前路径"时，栈顶中存放的就是"当前路径上最后一次走过的位置"。因此，"放入路径"的操作就是"当前位置入栈"；"从当前路径上删除前一位置"的操作即为"栈顶位置出栈"。以图 10-3 为例，从标记为 1 的位置出发，先试探上方即向上走到 2 的位置，将 2 压入堆栈，因下一步无路可走，所以要退回到 1 的位置，即将 2 弹出堆栈，继续试探位置 1 处的下方位置，因下方位置不可以走，所以试探 1 的右侧方向，于是走到 1 右侧的 2 位置，因 2 的位置只有向下是可以走的，所以向下走到 3 的位置，将 3 压入堆栈，同样 3 的位置也是只有向下是可以走的，所以向下走到 4 的位置，将 4 压入堆栈，依次类推一直走到最下方 5 和 6 的位置，将 5 和 6 压入堆栈，由于再 6 的位置无路可走，所以依次将刚才压入堆栈的 5、6 按后进先出的顺序弹出堆栈，直到有路可走为止，再继续将新到达的位置压入堆栈。后面重复上述步骤，直到走出出口，堆栈中保存的就是从入口到达出口的一条路径。

深度优先算法的优点是内存消耗少，但是它不能保证找到的路径一定是最短路径。而广度优先搜索算法的优点是用时短，当问题有解时一定能找到最短路径，但是由于需存储全部扩展的节点，比较耗费空间。

自动寻路走出迷宫的程序可用递归函数来实现，具体参考程序如下：

```
1   #include <stdio.h>
2   #include <stdlib.h>
3   #include <conio.h>
4   #include <windows.h>
5   #define       N    50
6   #define       M    50
7   int  flag = 0;                                      // flag 用来标记是否路径全部走完
8   int a[N][N] = {{1, 1, 1, 1, 1, 1, 1, 1, 1, 1, 1, 1},  // 初始化迷宫
9                  {1, 0, 0, 0, 0, 0, 0, 0, 0, 0, 0, 1},
10                 {1, 0, 1, 1, 1, 1, 1, 1, 1, 1, 1, 1},
11                 {1, 0, 1, 0, 0, 0, 1, 0, 0, 0, 1, 1},
12                 {1, 0, 1, 0, 1, 0, 1, 0, 1, 0, 1, 1},
```

```
13                {1, 0, 1, 0, 1, 0, 1, 0, 1, 0, 0, 1},
14                {1, 0, 1, 0, 1, 0, 1, 0, 1, 0, 0, 1},
15                {1, 0, 1, 0, 1, 0, 1, 0, 1, 1, 0, 1},
16                {1, 0, 1, 0, 1, 0, 1, 0, 1, 1, 0, 1},
17                {1, 0, 1, 0, 1, 0, 1, 0, 1, 1, 0, 1},
18                {1, 0, 0, 0, 1, 0, 0, 0, 1, 1, 0, 0},
19                {1, 1, 1, 1, 1, 1, 1, 1, 1, 1, 1, 1}
20  };
21  void Show(int a[][M], int n, int m);
22  int Go(int x1, int y1, int x2, int y2);
23  int main(void)
24  {
25      int  x1, y1, x2, y2;
26      int  n = 12, m = 12;
27      Show(a, n, m);                                              // 显示初始迷宫
28      printf("Input x1, y1, x2, y2:");                            // 输入迷宫的入口和出口
29      scanf("%d,%d,%d,%d", &x1, &y1, &x2, &y2);
30      if (Go(x1, y1, x2, y2) == 0)                                // 设置了起始点为 1,1
31      {
32          printf("没有路径! \n");
33      }
34      else
35      {
36          printf("You win!\n");
37          system("PAUSE");
38      }
39      return 0;
40  }
41  // 函数功能：显示迷宫地图
42  void Show(int a[][M], int n, int m)
43  {
44      int  i, j;
45      for (i = 0; i < n; ++i)                                     // 显示 n 行 m 列迷宫地图数据
46      {
47          for (j = 0; j < m; ++j)
48          {
49              if (a[i][j] == 0)
50              {
51                  printf("  ");
52              }
53              else if (a[i][j] == 1)
54              {
55                  printf("* ");
56              }
57              else if (a[i][j] == 2)
58              {
59                  printf("o ");
60              }
61          }
62          printf("\n");
```

```
63      }
64  }
65  // 函数功能：自动走迷宫
66  int Go(int x1, int y1, int x2, int y2)
67  {
68      a[x1][y1] = 2;                                  // 迷宫入口
69      system("cls");                                  // 清屏
70      Show(a, 12, 12);                                // 显示更新后的迷宫地图
71      Sleep(200);                                     // 延时 200ms
72      if (x1 == x2 && y1 == y2)                       // 迷宫出口设置为 x2,y2
73      {
74          flag = 1;
75      }
76      if (flag != 1 && a[x1-1][y1] == 0)              // 判断向上是否有路
77      {
78          Go(x1-1, y1, x2, y2);
79      }
80      if (flag != 1 && a[x1+1][y1] == 0)              // 判断向下是否有路
81      {
82          Go(x1+1, y1, x2, y2);
83      }
84      if (flag != 1 && a[x1][y1+1] == 0)              // 判断向右是否有路
85      {
86          Go(x1, y1+1, x2, y2);
87      }
88      if (flag != 1 && a[x1][y1-1] == 0)              // 判断向左是否有路
89      {
90          Go(x1, y1-1, x2, y2);
91      }
92      if (flag != 1)
93      {
94          a[x1][y1] = 0;
95      }
96      return flag;
97  }
```

假如用户输入的起点和终点坐标分别为(1, 1)和(10, 10)：

```
* * * * * * * * * * * *
*                     *
*   * * * * * * * * * *
*   *       *       * *
*   *   *   *   *   * *
*   *   *   *   *     *
*   *   *   *   *     *
*   *   *   *   * *   *
*   *   *   *   * *   *
*   *   *   *   * *   *
*       *       * *
* * * * * * * * * * * *
Input  x1, y1, x2, y2: 1, 10, 1, 10,
```

则最终程序运行结果为：

```
* * * * * * * * * * * *
* o                   *
* o * * * * * * * * * *
* o * o o o * o o o * *
* o * o * o * o * o * *
* o * o * o * o * o   *
* o * o * o * o * o o *
* o * o * o * o * * o *
* o * o * o * o * * o *
* o * o * o * o * * o *
* o o o * o o o * * o
* * * * * * * * * * * *
You Win!
请按任意键继续...
```

本章小结

本章以迷宫游戏为例，介绍了动画程序设计的基本原理以及动画设计中常用的清屏函数、延时函数、检测用户键盘输入的函数等，并给出了人机交互和自动走迷宫的两个典型示例。

表 10-1　本章常见编程错误列表

常见错误描述和编程注意事项
在标准 C 中和 Linux 下延时函数是函数的首字母不大写，即 sleep( )；但在 Code::blocks 和 Windows 环境下首字母要大写，即 Sleep( )
在游戏中获取用户键盘输入时，建议使用 getch( )，不要使用 getchar( )。与 getchar( )不同的是，函数 getch( )不需用户按回车键即可得到用户的输入，只要用户按下一个键，就立刻返回用户输入字符的 ASCⅡ值，但输入的字符不会回显在屏幕上，出错时返回-1
kbhit( )的作用是检查当前是否有键盘输入，若有，则返回一个非 0 值，否则返回 0。注意，返回值不要搞反了，并且该函数只能检测是否有键盘输入，不能代替键盘输入

习 题 10

10.1　请编写一个随机生成迷宫地图的程序，采用深度优先算法自动生成迷宫地图，然后在此地图上进行自动走迷宫。

10.2　请编写一个贪吃蛇游戏。游戏设计要求：

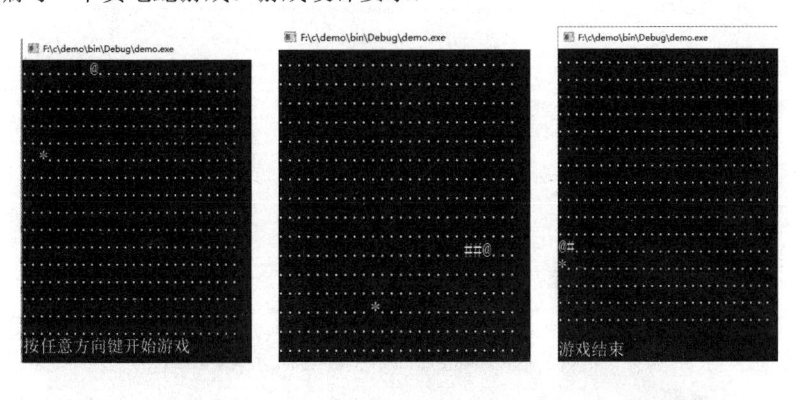

（1）游戏开始时，显示游戏窗口，窗口内的点用“·”表示，同时在窗口中显示贪吃蛇，蛇头用“@”表示，蛇身用“#”表示，游戏者按任意键开始游戏。

（2）用户使用键盘方向键↑↓←→来控制蛇在游戏窗口内上下左右移动。

（3）在没有用户按键操作情况下，蛇自己沿着当前方向移动。

（4）在蛇所在的窗口中随机显示贪吃蛇的食物，食物用“*”表示。

（5）实时更新显示蛇的长度和位置。

（6）当蛇的头部与食物在同一位置时，食物消失，蛇的长度增加一个字符“#”，即每吃到一个食物，蛇身长出一节。

（7）当蛇头到达窗口边界或蛇头即将进入身体的任意部分时，游戏结束。

附录 A　C 关键字

auto	break	case	char	const
continue	default	do	double	else
enum	extern	float	for	goto
if	int	long	register	return
short	signed	sizeof	static	struct
switch	typedef	union	unsigned	void
volatile	while			

ANSI C 定义了上面 32 个关键字。

1999 年 12 月 16 日，ISO 推出的 C99 标准新增了 5 个关键字：inline、restrict、_Bool、_Complex、_Imaginary。

2011 年 12 月 8 日，ISO 发布 C 语言的新标准 C11，新增了一个关键字：_Generic。

附录B GCC中各数据类型所占字节数和取值范围

数据类型	所占字节数（Byte）	取值范围
char，signed char	1	−128～127
unsigned char	1	0～255
short int，signed short int	2	−32768～32767
unsigned short int	2	0～65535
unsigned int	4	0～4294967295
int，signed int	4	−2147483648～2147483647
unsigned long int	4	0～4294967295
long int，signed long int	4	−2147483648～2147483647
long long	8	−9223372036854775808～9223372036854775807，即-2^{63}～$2^{63}-1$
unsigned long long	8	0～1844674407370955161，即0～$2^{64}-1$
float	4	-3.4×10^{38}～3.4×10^{38}
double	8	-1.7×10^{308}～1.7×10^{308}
long double	8	-1.7×10^{308}～1.7×10^{308}

注：每种数据类型的取值范围都是与编译器相关的。例如，很多编译器都没有按照IEEE规定的标准中的10字节（80位）支持long double类型，而是视为double类型。在Visual C++ 6.0中，双精度和长双精度型变量都占8字节。而在Code::Blocks的GCC编译器下，双精度型变量占8字节，长双精度型变量则占12字节。C语言提供了三种浮点型变量：单精度型（float）、双精度型（double）和长双精度型（long double）。由于ANSI C对每种浮点类型没有明确规定其长度、精度和数值范围，因此在不同环境下，这三者的数据表数范围会有所不同。有的系统使用更多的位来存储小数部分，以达到增加数值有效数字位数、提高数值精度的目的，但相应的表数范围就会缩小。也有的系统使用更多的位存储指数部分，以达到扩大变量值域（即表数范围）的目的，但精度就会降低。

此外，ANSI C对于int型数据所占内存的字节数并没有明确定义，只是规定其所占内存的字节数大于short型但不大于long型所占内存的字节数，通常与程序的执行环境的字长相同。在当今大多数平台上，int型和long int型整数的取值范围相同。

注意，long long，unsigned long long和long double是C99标准新加的，一些老的编译器（如Visual C++6.0等）不支持该类型，虽然现在的编译器大都支持C99和C11标准，但很多默认编译还是默认为C89标准，需要在IDE下指定按C99或C11标准编译。

附录 C　C 运算符的优先级与结合性

<table>
<tr><th>优先级</th><th>运算符</th><th>含　义</th><th>运算类型</th><th>结合方向</th></tr>
<tr><td>1</td><td>()
[]
->
.
++　--</td><td>圆括号、函数参数表
数组元素下标
指向结构体成员
引用结构体成员
后缀增 1、后缀减 1</td><td></td><td>自左向右</td></tr>
<tr><td>2</td><td>!
~
++　--
-
*
&
（类型标识符）
sizeof</td><td>逻辑非
按位取反
前缀增 1、前缀减 1
求负
间接寻址运算符
取地址运算符
强制类型转换运算符
计算字节数运算符</td><td>单目运算</td><td>自右向左</td></tr>
<tr><td>3</td><td>*　/　%</td><td>乘、除、整数求余</td><td>双目算术运算</td><td>自左向右</td></tr>
<tr><td>4</td><td>+ -</td><td>加、减</td><td>双目算术运算</td><td>自左向右</td></tr>
<tr><td>5</td><td><<　>></td><td>左移、右移</td><td>位运算</td><td>自左向右</td></tr>
<tr><td>6</td><td><　<=
>　>=</td><td>小于、小于等于
大于、大于等于</td><td>关系运算</td><td>自左向右</td></tr>
<tr><td>7</td><td>==　!=</td><td>等于、不等于</td><td>关系运算</td><td>自左向右</td></tr>
<tr><td>8</td><td>&</td><td>按位与</td><td>位运算</td><td>自左向右</td></tr>
<tr><td>9</td><td>^</td><td>按位异或</td><td>位运算</td><td>自左向右</td></tr>
<tr><td>10</td><td>|</td><td>按位或</td><td>位运算</td><td>自左向右</td></tr>
<tr><td>11</td><td>&&</td><td>逻辑与</td><td>逻辑运算</td><td>自左向右</td></tr>
<tr><td>12</td><td>||</td><td>逻辑或</td><td>逻辑运算</td><td>自左向右</td></tr>
<tr><td>13</td><td>?:</td><td>条件运算符</td><td>三目运算</td><td>自右向左</td></tr>
<tr><td>14</td><td>=
+=　-=　*=
/=　%=　&=　^=
|=　<<=　>>=</td><td>赋值运算符
复合的赋值运算符</td><td>双目运算</td><td>自右向左</td></tr>
<tr><td>15</td><td>,</td><td>逗号运算符</td><td>顺序求值运算</td><td>自左向右</td></tr>
</table>

附录D ASCII字符编码

十进制 ASCII 值	字 符	十进制 ASCII 值	字 符	十进制 ASCII 值	字 符
0	NUL	43	+	86	V
1	SOH(^A)	44	,	87	W
2	STX(^B)	45	-	88	X
3	ETX(^C)	46	.	89	Y
4	EOT(^D)	47	/	90	Z
5	EDQ(^E)	48	0	91	[
6	ACK(^F)	49	1	92	\
7	BEL(bell)	50	2	93	]
8	BS(^H)	51	3	94	^
9	HT(^I)	52	4	95	-
10	LF(^J)	53	5	96	`
11	VT(^K)	54	6	97	a
12	FF(^L)	55	7	98	b
13	CR(^M)	56	8	99	c
14	SO(^N)	57	9	100	d
15	SI(^O)	58	:	101	e
16	DLE(^P)	59	;	102	f
17	DC1(^Q)	60	<	103	g
18	DC2(^R)	61	=	104	h
19	DC3(^S)	62	>	105	i
20	DC4(^T)	63	?	106	j
21	NAK(^U)	64	@	107	k
22	SYN(^V)	65	A	108	l
23	ETB(^W)	66	B	109	m
24	CAN(^X)	67	C	110	n
25	EM(^Y)	68	D	111	o
26	SUB(^Z)	69	E	112	p
27	ESC	70	F	113	q
28	FS	71	G	114	r
29	GS	72	H	115	s
30	RS	73	I	116	t
31	US	74	J	117	u
32	Space(空格)	75	K	118	v
33	!	76	L	119	w
34	”	77	M	120	x
35	#	78	N	121	y
36	$	79	O	122	z
37	%	80	P	123	{
38	&	81	Q	124	|
39	’	82	R	125	}
40	(	83	S	126	~
41	)	84	T	127	del
42	*	85	U		

附录E　ASCII表和ASCII扩展码字符表

	0	1	2	3	4	5	6	7	8	9	A	B	C	D	E	F
0		☺	☻	♥	♦	♣	♠					♂	♀		♫	☼
1	►	◄	↕	‼	¶	§	▬	↨	↑	↓	→	←	∟	↔	▲	▼
2		!	"	#	$	%	&	'	(	)	*	+	,	-	.	/
3	0	1	2	3	4	5	6	7	8	9	:	;	<	=	>	?
4	@	A	B	C	D	E	F	G	H	I	J	K	L	M	N	O
5	P	Q	R	S	T	U	V	W	X	Y	Z	[	\	]	^	_
6	`	a	b	c	d	e	f	g	h	i	j	k	l	m	n	o
7	p	q	r	s	t	u	v	w	x	y	z	{	¦	}	~	⌂
8	Ç	ü	é	â	ä	à	å	ç	ê	ë	è	ï	î	ì	Ä	Å
9	É	æ	Æ	ô	ö	ò	û	ù	ÿ	Ö	Ü	¢	£	¥	₧	ƒ
A	á	í	ó	ú	ñ	Ñ	ª	º	¿	⌐	¬	½	¼	¡	«	»
B	░	▒	▓	│	┤	╡	╢	╖	╕	╣	║	╗	╝	╜	╛	┐
C	└	┴	┬	├	─	┼	╞	╟	╚	╔	╩	╦	╠	═	╬	╧
D	╨	╤	╥	╙	╘	╒	╓	╫	╪	┘	┌	█	▄	▌	▐	▀
E	α	β	Γ	π	Σ	σ	µ	τ	Φ	Θ	Ω	δ	∞	φ	∈	∩
F	≡	±	≥	≤	⌠	⌡	÷	≈	°	∙	·	√	ⁿ	²	■	

注：ASCII 值所在的字节中，最高位被用作奇偶校验位。奇偶校验是用来校验代码在传输过程中是否出现错误的一种方法，一般分为奇校验和偶校验两种。奇校验规定，如果在 1 字节的编码序列中 1 的个数是奇数，那么校验位置 1，否则置 0。偶校验与其正好相反。由于 ASCII 值的最高位没有使用，因此人们又造出了 ASCII 扩展码，它的值为 128～255。ASCII 扩展码用来存放英文制表符、部分音标字符和其他符号。

由于汉字编码出现在 ASCII 后，因此汉字编码必须兼容 ASCII，为此采用 2 字节表示一个汉字，这种编码称为 GB2312（国标 2312）。由于 ASCII 值占 7 位，因此规定，对连续的 2 字节，仅在其第 7 位均为 1 的情况下，才认为该 2 字节表示一个汉字。

不同的国家和地区都制定了不同的编码标准，它们互不兼容，无法实现将不同语言文字存储在同一段编码的文本中。为了方便国际间的信息交流，国际标准化组织（ISO）制定了 Unicode 字符集，为各种语言中的每个字符设定了统一且唯一的数字编号，以满足跨语言、跨平台进行文本转换、处理的要求。

注意，对于无符号字符型，ASCII 值的范围为 128～255，对于有符号字符型，ASCII 值的范围为-128～-1。

附录 F 常用的 ANSI C 标准库函数

不同的 C 编译系统所提供的标准库函数的数目和函数名及函数功能并不完全相同。限于篇幅，此处只列出 ANSI C 标准提供的一些常用库函数。读者在编程时若用到其他库函数，请查阅所用系统的库函数手册。

1．数学函数

使用数学函数时，应该在该源文件中包含头文件 math.h。

函数名	函数原型	功　能
acos	double acos(double x);	计算 $\sin^{-1}(x)$的值，返回计算结果。注意，x 应在−1 到 1 范围内
asin	double asin(double x);	计算 $\cos^{-1}(x)$的值，返回计算结果。注意，x 应在−1 到 1 范围内
atan	double atan(double x);	计算 $\tan^{-1}(x)$的值，返回计算结果
atan2	double atan2(double x, double y);	计算 $\tan^{-1}(x/y)$的值，返回计算结果
cos	double cos(double x);	计算 cos(x)的值，返回计算结果。注意，x 的单位为弧度
cosh	double cosh(double x);	计算 x 的双曲余弦 cosh(x)的值，返回计算结果
exp	double exp(double x);	计算 e^x 的值，返回计算结果
fabs	double fabs(double x);	计算 x 的绝对值，返回计算结果
floor	double floor(double x);	计算出不大于 x 的最大整数，返回计算结果
fmod	double fmod(double x, double y);	计算 x 除以 y 的浮点余数，返回计算结果。x=i*y+f，其中 i 为整数，f 与 x 有相同的符号，且 f 的绝对值小于 y 的绝对值，当 y=0 时，返回 NaN
frexp	double frexp(double val, int *eptr);	把双精度数 val 分解为小数部分(尾数)x 和以 2 为底的指数 *n*(阶码)，即 $val=x*2^n$，*n* 存放在 eptr 指向的变量中，函数返回小数部分 x，$0.5\leq x<1$
log	double log(double x);	计算 $\log_e x$，即 lnx，返回计算结果。注意，x>0
log10	double log10(double x);	计算 $\log_{10} x$，返回计算结果。注意，x>0
modf	double modf(double val, double *iptr);	把双精度数 val 分解为整数部分和小数部分，把整数部分存到 iptr 指向的单元。返回 val 的小数部分
pow	double pow(double base, double exp);	返回 base 为底的 exp 次幂，即 $base^{exp}$，返回计算结果。当 base 等于 0 而 exp 小于 0 时或者 base 小于 0 而 exp 不为整数时，出现结果错误。该函数要求参数 base 和 exp 以及函数的返回值为 double 类型，否则有可能出现数值溢出问题
sin	double sin(double x);	计算 sinx 的值，返回计算结果。注意，x 单位为弧度
sinh	double sinh(double x);	计算 x 的双曲正弦函数 sinh(x)的值，返回计算结果
sqrt	double sqrt(double x);	计算 $\sqrt{x}$ 的值，返回计算结果。注意，x≥0
tanh	double tanh(double x);	计算 x 的双曲正切函数 tanh(x)的值，返回计算结果

2．字符处理函数

ANSI C 标准要求在使用字符处理函数时，应包含头文件 ctype.h。

函数名	函数原型	功　能
isalnum	int isalnum(int ch);	检查 ch 是否为字母（alpha）或数字（numeric），是，则返回 1，否则返回 0
isalpha	int isalpha(int ch);	检查 ch 是否为字母，是，则返回 1，否则返回 0
iscntrl	int iscntrl(int ch);	检查 ch 是否为控制字符（ASCII 值为 0～0x1F），是，则返回 1，否则返回 0。
isdigit	int isdigit(int ch);	检查 ch 是否为数字（0～9），是，则返回 1，否则返回 0
isgraph	int isgraph(int ch);	检查 ch 是否为可打印字符（ASCII 值为 33～126，不包括空格），是，则返回 1，否则返回 0
islower	int islower(int ch);	检查 ch 是否为小写字母（a～z），是，则返回 1，否则返回 0
isprint	int isprint(int ch);	检查 ch 是否为可打印字符（ASCII 值为 32～126，包括空格），是，则返回 1，否则返回 0
ispunct	int ispunct(int ch);	检查 ch 是否为标点字符（不包括空格），即除字母、数字和空格以外的所有可打印字符，是，则返回 1，否则返回 0
isspace	int isspace(int ch);	检查 ch 是否为空格、跳格符（制表符）或换行符，是，则返回 1，否则返回 0
isupper	int isupper(int ch);	检查 ch 是否为大写字母（A～Z），是，则返回 1，否则返回 0
isxdigit	int isxdigit(int ch);	检查 ch 是否为一个十六进制数字字符（即 0～9，或 A～F，或 a～f），是，则返回 1，否则返回 0
tolower	int tolower(int ch);	将 ch 字符转换为小写字母，返回 ch 对应的小写字母
toupper	int toupper(int ch);	将 ch 字符转换为大写字母，返回 ch 对应的大写字母

3．字符串处理函数

ANSI C 标准要求在使用字符串处理函数时，应包含头文件 string.h。

函数名	函数原型	功　能
memcmp	int memcmp(const void *buf1, const void *buf2, unsigned int count);	比较 buf1 和 buf2 指向的数组的前 count 个字符。若 buf1<buf2，则返回负数。若 buf1=buf2，则返回 0；若 buf1>buf2，则返回正数
memcpy	void *memcpy(void *to, const void *from, unsigned int count);	从 from 指向的数组向 to 指向的数组复制 count 个字符，如果两数组重叠，不定义该数组的行为。函数返回指向 to 的指针
memmove	void *memmove(void *to, const void *from, unsigned int count);	从 from 指向的数组向 to 指向的数组复制 count 个字符；如果两数组重叠，则复制仍进行，但把内容放入 to 后修改 from。函数返回指向 to 的指针
memset	void *memset(void *buf, int ch, unsigned int count);	把 ch 的低字节复制到 buf 指向的数组的前 count 个字节处，常用于把某个内存区域初始化为已知值。函数返回指向 buf 的指针
strcat	char *strcat(char *str1, const char *str2);	把字符串 str2 连接到 str1 后，在新形成的 str1 串后添加一个'\0'，原 str1 后的'\0'被覆盖。因无边界检查，调用时应保证 str1 的空间足够大，能存放原始 str1 和 str2 两个串的内容。函数返回指向 str1 的指针
strcmp	int strcmp(const char *str1, const char *str2);	按字典顺序比较两个字符串 str1 和 str2。若 str1<str2，则返回负数；若 str1=str2，则返回 0；若 str1>str2，则返回正数
strcpy	char *strcpy(char *str1, const char *str2);	把 str2 指向的字符串复制到 str1 中，str2 必须是终止符为'\0'的字符串的指针。函数返回指向 str1 的指针
strlen	unsigned int strlen(const char *str);	统计字符串 str 中实际字符的个数（不包括终止符'\0'）。函数返回字符串 str 中实际字符的个数
strncat	char *strncat(char *str1, const char *str2, unsigned int count);	把字符串 str2 中不多于 count 个字符连接到 str1 后，并以'\0'终止该串，原 str1 后的'\0'被 str2 的第一个字符覆盖。函数指向返回 str1 的指针
strncmp	int strcnmp(const char *str1, const char *str2, unsigned int count);	按字典顺序比较两个字符串 str1 和 str2 的不多于 count 个字符。若 str1<str2，则返回负数；若 str1=str2，则返回 0；若 str1>str2，则返回正数
strstr	char *strstr(char *str1, char *str2);	找出 str2 字符串在 str1 字符串中第一次出现的位置（不包括 str2 的串结束符），返回该位置的指针。若找不到，则返回空指针
strncpy	char *strncpy(char *str1, const char *str2, unsigned int count);	把 str2 指向的字符串中的 count 个字符复制到 str1 中去，str2 必须是终止符为'\0'的字符串的指针。若 str2 指向的字符串少于 count 个字符，则将'\0'加到 str1 的尾部，直到满足 count 个字符为止；若 str2 指向的字符串长度大于 count 个字符，则结果串 str1 不用'\0'结尾。函数返回指向 str1 的指针

注：根据 C 标准，size_t 代表无符号整数类型。在某些编译器中，size_t 代表 unsigned int；而在另一些编译器中，size_t 代表 unsigned long。该类型被推荐用于定义表示数组长度或下标的变量。size_t 类型的定义包含在头文件<stddef.h>中，而该头文件又常常包含在其他头文件中（如<stdio.h>）。

4．缓冲文件系统的输入/输出函数

使用以下缓冲文件系统的输入/输出函数时，应该在源文件中包含头文件 stdio.h。

函数名	函数原型	功　能
clearerr	void clearerr(FILE *fp);	清除文件指针错误指示器。函数无返回值
fclose	int fclose(FILE *fp);	关闭 fp 指向的文件，释放文件缓冲区。成功返回 0，否则返回非 0
feof	int feof(FILE *fp);	检查文件是否结束。若遇文件结束符，则返回非零值，否则返回 0。注意，在读完最后一个字符后，feof()并不能探测到文件尾，直到再次调用 fgetc()执行读操作，feof()才能探测到文件尾
ferror	int ferror(FILE *fp);	检查 fp 指向的文件中的错误。若无错，则返回 0；若有错，则返回非零值
fflush	int fflush(FILE *fp);	若 fp 指向输出流，即 fp 指向的文件是“写打开”的，则将输出缓冲区中的内容物理地写入文件。若函数调用成功，则返回 0；若出现写错误，则返回 EOF。若 fp 指向输入流，即 fp 指向的文件是“读打开”的，则 fflush()函数的行为是不确定的。某些编译器（如 VC6）支持用 fflush(stdin)清空输入缓冲区中的内容，fflush()函数操作输入流是对 C 标准的扩充。但是并非所有编译器都支持这个功能（Linux 下的 gcc 就不支持），因此使用 fflush(stdin)清空输入缓冲区会影响程序的可移植性
fgetc	int fgetc(FILE *fp);	从 fp 指定的文件中取得下一个字符，返回所得到的字符；若读入出错，则返回 FOF
fgets	char *fgets(char *buf, int n, FILE *fp);	从 fp 指向的文件读取一个长度为（n-1）的字符串，存入起始地址为 buf 的空间，返回地址 buf；若遇文件结束或出错，返回 NULL。注意，与 gets()不同，fgets()从指定的流读字符串，读到换行符时将换行符也作为字符串的一部分读到字符串中
fopen	FILE *fopen(const char *filename, const char *mode);	以 mode 指定的方式打开名为 filename 的文件。若成功，则返回一个文件指针；若失败，则返回 NULL 指针，错误代码在 errno 中
freopen	FILE *freopen(const char *filename, const char *mode, FILE *stream);	重定向输入输出流，以指定模式将输入或输出重定向到另一个文件，可在不改变代码原貌的情况下改变输入输出环境。filename 指定需重定向到的文件名或文件路径，mode 指定文件的访问方式，stream 指定需被重定向的文件流。若函数调用成功，则返回指向该输出流的文件指针，否则返回为 NULL
fprintf	int fprintf(FILE *fp, const char *format, ...);	把 args 的值以 format 指定的格式输出到 fp 指定的文件中，返回实际输出的字符数
fputc	int fputc(int ch, FILE *fp);	将字符 ch 输出到 fp 指向的文件中（尽管 ch 为 int 型，但只写入低字节），若成功，则返回该字符，否则返回 EOF
fputs	int fputs(const char *str, FILE *fp);	将 str 指向的字符串输出到 fp 指定的文件，若成功，则返回 0，否则返回非 0。注意，与 puts()不同，fputs()不会在写入文件的字符串末尾加换行符
fread	int fread(char *pt, unsigned int size, unsigned int n, FILE *fp);	从 fp 指定的文件中读取长度为 size 的 n 个数据项，存到 pt 指向的内存区，返回所读的数据项个数，若遇文件结束或出错，则返回 0
fscanf	int fscanf(FILE *fp, char format, ...);	从 fp 指定的文件中按 format 给定的格式将输入数据送到 args 指向的内存单元（args 是指针），返回已输入的数据个数
fseek	int fseek(FILE *fp, long offset, int base);	将 fp 指向的文件的位置指针移到以 base 指向的位置为基准、以 offset 为位移量的位置，返回当前位置，否则返回-1
ftell	long ftell(FILE *fp);	返回 fp 所指向的文件中的读写位置
fwrite	unsigned int fwrite(const char *prt, unsigned int size, unsigned int n, FILE *fp);	把 ptr 所指向的 n*size 字节输出到 fp 指向的文件中，返回写到 fp 文件中的数据项的个数

（续）

函数名	函数原型	功　　能
getc	int getc(FILE *fp);	从 fp 指向的文件中读入一个字符，返回所读的字符；若文件结束或出错，则返回 EOF
getchar	int getchar();	从标准输入设备读取并返回下一个字符，返回所读字符；若文件结束或出错，则返回-1
gets	char　*gets(char *str);	从标准输入设备读入字符串，放到 str 指向的字符数组中，一直读到接收新行符或 EOF 时为止，新行符不作为读入串的内容，变成'\0'后作为该字符串的结束。若成功，则返回 str 指针，否则返回 NULL 指针
perror	void　perror(const char *str);	向标准错误输出字符串 str，并随后附上冒号以及全局变量 errno 代表的错误消息的文字说明。函数无返回值
printf	int　printf(const char *format, …);	将输出表列 args 的值输出到标准输出设备。函数返回输出字符的个数；若出错，则返回负数
putc	int　putc(int ch, FILE *fp);	把一个字符 ch 输出到 fp 所指的文件中。函数返回输出的字符 ch；若出错，则返回 EOF
putchar	int　putchar(char ch);	把字符 ch 输出到标准输出设备。函数返回输出的字符 ch；若出错，则返回 EOF
puts	int　puts(const char *str);	把 str 指向的字符串输出到标准输出设备，将'\0'转换为回车换行。若成功，则返回非负数；若失败，则返回 EOF
rename	int　rename(const char *oldname, const char *newname);	把 oldname 所指的文件名改为由 newname 所指的文件名。若成功，则返回 0；若出错，则返回 1
rewind	void　rewind(FILE *fp);	将 fp 指示的文件中的位置指针置于文件开头位置，并清除文件结束标志。函数无返回值
scanf	int　scanf(const char *format, …);	从标准输入设备按 format 指向的字符串规定的格式，输入数据给 args 指向的单元。以 s 格式符输入字符串，遇到空白字符（包括空格、回车、制表符）时，系统认为读入结束（但在开始读之前遇到的空白字符会被系统自动跳过）。函数返回读入并赋给 args 的数据个数，若遇文件结束，则返回 EOF；若出错，则返回 0

5. 动态内存分配函数

ANSI C 标准建议在 stdlib.h 头文件中包含有关动态内存分配函数的信息，也有编译系统用 malloc.h 来包含。

函数名	函数原型	功　　能
calloc	void *calloc(unsigned int n, unsigned int size);	分配 n 个数据项的连续内存空间，每个数据项的大小为 size 字节，与 malloc()不同的是 calloc()能自动将分配的内存初始化为 0。如果分配成功，则返回所分配的内存的起始地址；如果内存不够导致分配不成功，则返回空指针 NULL。
free	void free(void *p);	释放 p 所指向的存储空间。函数无返回值。
malloc	void *malloc(unsigned int size);	分配 size 字节的存储空间。如果分配成功，则返回所分配的内存的起始地址；如果内存不够导致分配不成功，则返回空指针 NULL。
realloc	void *realloc(void *p, unsigned int size);	将 p 指出的已分配内存区的大小改为 size。size 可比原来分配的空间大或小。返回指向该内存区的指针

6. 其他常用函数

函数名	函数原型及其头文件	功　　能
atof	#include <stdlib.h> double atof(const char *str);	把 str 指向的字符串转换成双精度浮点值，串中必须含合法的浮点数，否则返回值无定义。函数返回转换后的双精度浮点值
atoi	#include <stdlib.h> int atoi(const char *str);	把 str 指向的字符串转换成整型值，串中必须含合法的整型数，否则返回值无定义。函数返回转换后的整型值
atol	#include <stdlib.h> long int atol(const char *str);	把 str 指向的字符串转换成长整型值，串中必须含合法的整型数，否则返回值无定义。函数返回转换后的长整型值
exit	#include <stdlib.h> void exit(int code);	使程序立即终止，清空和关闭任何打开的文件。程序正常退出状态由 code 等于 0 或 EXIT_SUCCESS 表示，非 0 值或 EXIT_FAILURE 表明定义实现错误。函数无返回值

（续）

函数名	函数原型及其头文件	功　能
rand	#include <stdlib.h> int rand(void);	产生伪随机数序列。函数返回 0 到 RAND_MAX 之间的随机整数，RAND_MAX 至少是 32767
srand	#include <stdlib.h> void srand(unsigned int seed);	为函数 rand()生成的伪随机数序列设置起点种子值。函数无返回值
time	#include <time.h> time_t time(time_t *time);	调用时可使用空指针，也可使用指向 time_t 类型变量的指针，若使用后者，则该变量可被赋予日历时间。函数返回系统的当前日历时间；若系统丢失时间设置，则函数返回-1
ctime	#include <time.h> char *ctime(const time_t *time);	把日期和时间转换为由年、月、日、时、分、秒等时间分量构成的用"YYYY-MM-DD hh:mm:ss"格式表示的字符串
clock	#include <time.h> clock_t clock(void);	clock_t 其实就是 long 类型。该函数返回值是硬件滴答数，要换算成秒或者毫秒，需要除以 CLK_TCK 或者 CLOCKS_PER_SEC。例如，在 VC6.0 下，这两个量的值都是 1000，表示硬件滴答 1000 次是 1 秒，因此计算一个进程的时间是用 clock()除以 1000。注意：本函数仅能返回 ms 级的计时精度

Sleep	#include <stdlib.h>
	Sleep(unsigned long second);
		在标准 C 中和 Linux 下是函数的首字母不大写，但在 VC 和 Code::blocks 环境下首字母要大写。其功能是将进程挂起一段时间，即起到延时的作用。参数的单位是毫秒

system	#include <stdlib.h> int system(char *command);	发出一个 DOS 命令。例如，system("CLS")可以实现清屏操作
kbhit	#include <conio.h> int kbhit(void);	检查当前是否有键盘输入，若有则返回一个非 0 值，否则返回 0
getch	#include <conio.h> int getch(void);	不需用户按回车键即可得到用户的输入，只要用户按下一个键，就立刻返回用户输入字符的 ASCII 值，但输入的字符不会回显在屏幕上，出错时返回-1，该函数在游戏中比较常用，在输入字符后不需按回车键，也不会在屏幕上回显

7．非缓冲文件系统的输入/输出函数

使用以下非缓冲文件系统的输入/输出函数时，应该在源文件中包含头文件 io.h 和 fcntl.h，这些函数是 UNIX 系统的一员，不是由 ANSI C 标准定义的，但由于这些函数比较重要，而且本书中部分程序使用了这些函数，所以这里仍将这些函数列在下面，以便读者查阅。

函数名	函数和形参类型	功　能
close	int close(int handle);	关闭 handle 说明的文件。若关闭失败，返回-1，errno 说明错误类型，否则返回 0
creat	int creat(const char *pathname, unsigned int mode);	专门建立并打开新文件，相当于 access 为 O_CREAT | O_WRONLY | O_TRUNC 的 open()函数。若成功，则返回一个文件句柄，否则返回-1，外部变量 errno 说明错误类型
open	int open(const char *pathname, int access, unsigned int mode);	以 access 指定的方式打开名为 pathname 的文件，mode 为文件类型及权限标志，仅在 access 包含 O_CREAT 时有效，一般用常数 0666。若成功，则返回一个文件句柄，否则返回-1，外部变量 errno 说明错误类型
read	int read(int handle, void *buf, unsigned int len);	从 handle 说明的文件中读取 len 字节的数据存放到 buffer 指针指向的内存。实际读入的字节数。0 表示读到文件末尾；-1 表示出错，errno 说明错误类型
lseek	long lseek(int handle, long offset, int fromwhere);	从 handle 说明的文件中的 fromwhere 开始，移动位置指针 offset 字节。offset 为正，表示向文件末尾移动；为负，表示向文件头部移动。移动的字节数是 offset 的绝对值。移动后的指针位置。-1L 表示出错，errno 说明错误类型
write	int write(int handle, void *buf, unsigned int len);	把从 buf 开始的 len 字节写入 handle 说明的文件中。实际写入的字节数。-1 表示出错，errno 说明错误类型

附录G　Intel x86 系列处理器与华为鲲鹏处理器的异同

在将 C 语言程序编译并生成可执行程序的过程中，首先是编译环节，利用编译程序（编译器）将 C 语言程序翻译成汇编语言程序。汇编语言程序是由便于人阅读和书写、用符号表示的机器指令组成的程序。随后是汇编环节，使用汇编器将汇编语言程序中的汇编指令翻译成 0/1 二进制的机器指令，并将程序中的数据、机器指令等信息按一定格式规范保存到磁盘文件，生成目标文件。最后是链接环节，使用链接程序（链接器）将目标文件、用到的库文件等，“拼接”、“整理”，并按一定的格式规范写入磁盘文件，从而生成可执行程序。操作系统能识别该格式规范的文件，从而可将其载入内存运行。

从可执行程序的生成过程可知，可执行程序就是计算机处理器的二进制机器指令和数据的集合。而不同类型处理器的机器指令集合不同，往往差异很大。根据处理器指令集合的特点，处理器可以分成两大类型，一类是复杂指令集计算机（Complex Instruction Set Computer，CISC)，主要特点是：指令数量多、功能丰富、指令编码长度不一、支持多种内存寻址方法等。Intel 处理器是 CISC 的典型代表。另一类是精简指令集计算机（Reduced Instruction Set Computer，RISC)，主要特点是：指令数量少、指令编码长度固定、处理器内的寄存器数量多、更适合流水线机制等。ARM（Advanced RISC Machine）和 MIPS（Microprocessor without Interlocked Pipeline Stage）是 RISC 的典型代表。目前，Intel 依旧是处理器领域的霸主，而 MIPS 已经逐渐没落，但 ARM 正生机勃勃地高速发展。尤其是最近几年，64 位的 ARMv8 处理器性能有重大突破并开始应用于服务器领域，对 Intel 形成了强有力的挑战。华为技术有限公司、飞腾信息技术有限公司都生产了 64 位的 ARMv8 处理器。其中，华为鲲鹏 920 是世界首款 64 核心的 ARM CPU。基于鲲鹏 920 处理器的华为泰山服务器拥有很强的计算能力，其性能可以与基于高端 Intel 志强处理器的服务器相媲美。

运行流畅、性能优良是程序质量的重要指标，也是程序员能力的综合体现。程序运行速度涉及的因素有很多，诸如算法复杂度、程序的质量、编译的优化选项、流水线功能是否开启、处理器特殊运算特性是否使用等等。一般编译时指定的优化等级越高，则速度越快。优化等级从低到高划分为：O0、O1、O2、O3。除了上述因素，不同类型的处理器其性能特点差异也较大，也需要程序员关注。对于相同的 C 语言程序，编译器为不同类型处理器生成的机器指令序列是完全不同的。不同的处理器对程序的运行模式、性能会有明显差异。例如，ARMv8 处理器中有 31 个 64 位通用寄存器，而 Intel 64 位处理器只有 16 个通用寄存器。其次，在函数调用过程中涉及参数传递、返回地址保存、结果返回等操作。ARM 处理器和 Intel 处理器的处理方式差异很大，具体如表 G-1 所示。

表 G-1　Linux 下不同处理器 64 位程序的函数调用规范比较

	Intel 处理器	ARM 处理器
参数传递	整数类型的参数用寄存器 rdi、rsi、rdx、rcx、r8 和 r9 传递，最多可以使用 6 个寄存器 浮点型参数使用寄存器 xmm0、xmm1、…、xmm7 传递，最多可用 8 个寄存器 额外的参数需要通过位于内存中的栈（stack）传递	整数类型的参数使用寄存器 X0～X7，最多可以用 8 个寄存器 SIMD/浮点型数据用寄存器 V0～V7 额外的参数需要通过位于内存中的栈（stack）传递
返回地址保存	保存在栈中：通过函数调用指令将返回地址保存到栈中（入栈），函数返回指令从栈中读取（出栈）	保存在寄存器 LR 中（LR 是复用的通用寄存器 X30）：通过分支指令保存在 LR 中，函数返回时直接从 LR 中读取返回地址
函数返回值传递	整型的函数返回值通过寄存器 rax 返回 浮点型的函数返回值通过寄存器 xmm0 返回 结构体结果保存在临时的栈内空间中，并返回结构体的地址。在调用函数、被调用函数中需要进行内存复制	普通结果用 X0～X7 返回 SIMD/浮点结果用矢量寄存器 V0～V7 返回 小的结构体结果返回用 X0～X7 直接返回，从而减少了内存复制过程 大的结构体结果，用寄存器返回结构体地址

例如，对于如下 C 语言程序：

```
int mysum(int a, int b, int c)
{
  int  sum= a + b + c;
  return sum;
}
int main()
{
  int  result = mysum(101, 102, 103);
  return result;
}
```

对应的 Intel 汇编语言程序主要代码和注释如下：

```
mysum:
    addl  %esi, %edi          // 寄存器 esi 和 edi 的数值相加，结果存入寄存器 edi（rdi 的低 32 位部分）
    leal (%rdi,%rdx), %eax    // 寄存器 rdi 和 rdx 的数值相加，结果存入寄存器 eax（rax 的低 32 位部分）

main:
    movl $103, %edx           // 参数值 103 存入寄存器 rdx（仅用低 32 位部分，即 edx）
    movl $102, %esi           // 参数值 102 存入寄存器 rsi（仅用低 32 位部分，即 esi）
    movl $101, %edi           // 参数值 101 存入寄存器 rdi（仅用低 32 位部分，即 edi）
    call mysum                // 调用函数 mysum
    rep ret
```

对应的 ARM 汇编语言程序主要代码和注释如下，其中 w0、w1、w2 是寄存器 X0、X1 和 X2 的低 32 位部分的名字：

```
mysum:
    add  w0, w0, w1           // w0 和 w1 相加，结果存到 w0 中
    add  w0, w0, w2           // w0 和 w2 相加，结果存到 w0 中
    ret
main:
    stp  x29, x30, [sp, -16]!
    add  x29, sp, 0
    mov  w2, 103              // 参数存入寄存器 w2 中
```

```
mov  w1, 102            // 参数存入寄存器 w1 中
mov  w0, 101            // 参数存入寄存器 w0 中
bl   mysum              // 调用函数 mysum
ldp  x29, x30, [sp], 16
ret
```

对汇编语言程序细节感兴趣的读者可以查阅参考文献中的相关资料。

另一方面，在 C 语言程序中有 register 类型的变量。而这种类型的变量只能看成程序设计人员的一种美好愿望：希望编译器在将 C 语言程序翻译成汇编/机器指令程序的时候，尽量用寄存器（register）实现这些变量，以提高程序的运行速度。然而现实情况是：编译器只能尽量满足程序员的这种美好愿望。原因无他，就是巧妇难为无米之炊：CPU 中的寄存器总是稀缺的，尤其是 CISC 处理器，如 Intel 64 位处理器中通用寄存器仅仅 16 个，编译器用寄存器实现变量的难度就很大，甚至很多时候无法满足。例如，程序运行时，同一时刻要用多个甚至超过 16 个 register 类型的变量，这根本就无从实现。但在 ARM 处理器中，通用寄存器的数量几乎是 Intel 处理器的 2 倍，因此可以用更多的寄存器来实现变量的存储，编译器就能更大程度地满足程序员的这种美好愿望，从而让程序运行得更快。

参考资料

[1] Intel. Intel® 64 and IA-32 Architectures Software Developer's Manual Volume 1 : Basic Archi-tecture. 2011.4

[2] Intel. Intel® 64 and IA-32 Architectures Software Developer's Manual Volume 2A : Instruction Set Reference, A-M. 2011.4

[3] Intel. Intel® 64 and IA-32 Architectures Software Developer's Manual Volume 2B : Instruction Set Reference, N-Z. 2011.4

[4] ARM. Arm® Compiler Version 6.6.4 armasm User Guide. 2020.8

[5] ARM. ARM® Architecture Reference Manual ARMv8, for ARMv8-A architecture profile. 2014

[6] ARM. ARM® Cortex®-A Series Version : 1.0 Programmer's Guide for ARMv8-A. 2015.3

参考文献

[1] （美）Herbert Schildt．C 语言大全（第四版）．王子恢，戴健鹏等，译．北京：电子工业出版社，2001.

[2] （瑞士）N Wirth．算法+数据结构=程序．北京：科学出版社，1990.

[3] （美）H M Deitel, P J Deitel．C 程序设计教程．薛万鹏等，译．北京：机械工业出版社，2000.

[4] Paul Kelly（爱尔兰），苏小红．双语版 C 程序设计．2 版．北京：电子工业出版社，2017.

[5] （美）Brian W．Kernighan, Rob Pike．程序设计实践．裘宗燕，译．北京：机械工业出版社，2000.

[6] Alice E.Fischer，David W.Eggert，Stephen M.Ross．Applied C：An Introduction and More．北京：清华大学出版社，2001.

[7] 胡正国，蔡经球．程序设计方法学（1992 年修订本）．西安：西北工业大学出版社，1992.

[8] （希腊）Diomidis Spinellis．高质量程序设计艺术．韩东海，译．北京：人民邮电出版社，2008.

[9] （美）Terrence W Pratt．Marvin V Zelkowitz．程序设计语言：设计与实现．北京：电子工业出版社，2001.

[10] 杨世明，王雪琴．数学发现的艺术．青岛：中国海洋大学出版社，1998.

[11] 尹宝林．C 程序设计思想与方法．北京：机械工业出版社，2010.

[12] 尹宝林．C 程序设计导引．北京：机械工业出版社，2013.

[13] 裘宗燕．从问题到程序——程序设计与 C 语言引论．北京：机械工业出版社，2011.

[14] 唐培和，徐奕奕．数据结构与算法——理论与实践．北京：电子工业出版社，2015.

[15] 左飞．代码揭秘：从 C/C++的角度探秘计算机系统．北京：电子工业出版社，2010.

[16] 苏小红，赵玲玲，孙志岗，王宇颖．C 语言程序设计（第 4 版）．北京：高等教育出版社，2019.

[17] 苏小红，王甜甜，赵玲玲，范江波，车万翔．C 语言程序设计学习指导（第 4 版）．北京：高等教育出版社，2019.

[18] 苏小红，邱景，郑贵滨．程序设计实践教程（C 语言）．北京：机械工业出版社，2021.